스마트 식품학

SMART FOOD SCIENCE

스마트 식품학

황인경 · 김정원 · 변진원 · 한진숙
김수희 · 박찬경 · 강희진

수학사

머리말

4차 산업혁명 시대에 들어서면서 현대 소비자들의 식생활 양상도 크게 바뀌고 있다. 모바일과 인터넷을 이용한 장보기와 외식 메뉴의 구매가 보편화되었으며, 건강하고 안전한 식품을 추구하면서 식품안전 이슈에 매우 민감하게 반응한다. 또한 좀 더 편리한 식생활을 추구하면서 HMR(home meal replacement) 시장이 급증하고 있으며, 다양한 미디어에서 얻은 정보를 바탕으로 맛있고 멋있는 음식을 찾아 즐기는 식문화가 확산되는 등 큰 변화를 겪고 있다.

그러나 실제 소비자들의 식생활을 들여다보면 식품에 대한 과학적 기초지식이 부족하여 바람직한 식생활을 영위하지 못하는 경우를 쉽게 찾아볼 수 있다. 이런 점에 착안하여 저자들은 식품영양학, 조리학, 식품공학 등 식품을 전공 대상으로 하는 학생뿐 아니라 식품에 대한 과학적 이해와 정보를 얻고자 하는 일반 독자들까지 포함하여, 식품에 대한 체계적인 이해와 활용 능력을 제공할 수 있는 기초적인 식품학 교재를 개발하고자 하였다. 이에 저자들은 최신의 식품학 연구결과 및 식생활 동향을 반영하고자 노력하였으며, 그 결과로 드디어 『스마트 식품학』을 출간하게 되었다.

『스마트 식품학』은 총 4개의 Part로 구성되어 있다. Part I에서는 '4차 산업혁명 시대의 식품학'이란 제목으로 최신의 식품학 동향을 다뤄 식품학의 중요성을 인식하고 조망할 수 있도록 하였다. Part II '식품의 구성성분 이해하기'에서는 식품을 구성하는 6가지 주요 영양소인 탄수화물, 단백질, 지질, 비타민과 무기질, 그리고 물의 순서로 구성하여 각 영양소별 종류, 구조, 기능 등 식품영양학적 특성뿐만이 아니라 해당 영양소를 얻을 수 있는 식품과 함량, 그리고 건강과 관련한 최신 정보를 담아 독자들이 일상생활에 활용할 수 있도록 도모하였다. Part III '식품의 특성 이해하기'에서는 식품이 갖고 있는 특성으로서 향미, 색, 물성, 그리고 기능성에 대하여 쉽게 이해할 수 있도록 기초 과학적인 내용과 함께 식품을 과학적으로 이해할 수 있도록 제시하였다. Part IV '다양한 식품 이해하기'에서는 식품을 동물성 식품, 식물성 식품, 기호식품, 그리고 식품첨가물로 대별하여, 각 식품군별 식품의 종류를 제시하고 해당 식품의 일반적 특성과 성분, 조리 및 영양학적 특성을 담았다.

각 장의 시작 부분에는 학습목표를 제시하고 뒷부분에는 연습문제를 실음으로써 학습목표를 명확히 하고 공부할 수 있도록 함은 물론이고 배운 내용을 정리하면서 학습 성취도를 높이고자 하였다. 전체적으로 선명하고 컬러풀한 사진과 도표를 제시하여 시각적인 학습 효과를 높이고자 하였으며, 최근의 연구결과나 정보를 제공함으로써 스마트한 식품학 교재로서의 최신성을 추구하였다.

저자들은 앞으로도 관련 학자 및 독자들의 의견을 지속적으로 수렴하여 충실한 식품학 교재가 될 수 있도록 개선해 나갈 것을 약속드리며, 이 책이 출간될 수 있도록 많은 도움을 주신 수학사 관계자분들께 감사의 뜻을 전한다.

저자 일동

차례

Part 1
식품학 들어가기

SMART
FOOD
SCIENCE

CHAPTER 1 · FOOD SCIENCE

4차 산업혁명 시대의 식품학

학습목표

1. 식품학의 개념과 현대인에게 있어 식품학이 갖는 중요성을 설명할 수 있다.
2. 식품학의 영역과 각 영역별 주요 내용을 기술할 수 있다.
3. 최근 식품학의 동향을 이해하고 발전시킬 수 있다.

1. 식품학의 정의

식품학이란 우리가 섭취하는 음식의 원료가 되는 식품의 특성과 생활 속에서의 활용을 체계적으로 연구하는 학문이다. 식품학에서는 식품 자체의 물리화학적 그리고 생물학적 특성을 연구함과 동시에 식품의 가공 및 조리, 포장, 저장 등 식품의 활용과 관련한 과학적 원리를 탐구한다(그림 1-1). 이를 통해 인간에게 영양이 풍부하고 안전하며 질 높은 식품을 공급할 수 있도록 하며 인간의 건강 유지와 삶의 질 향상에 직접적으로 기여하기 때문에, 식품학은 현대인의 웰빙 추구에 필수 불가결한 학문 분야라고 할 수 있다.

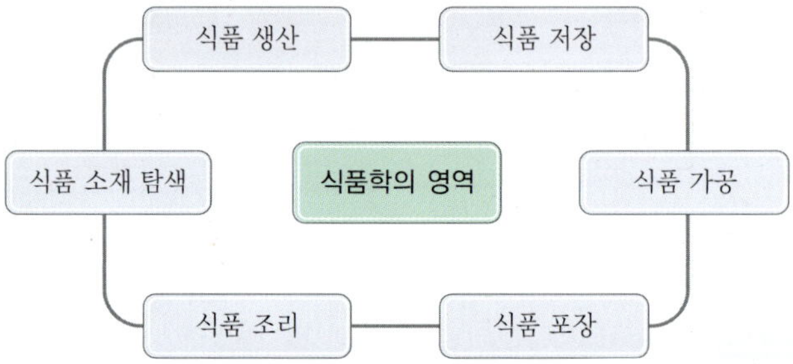

그림 1-1 식품학의 푸드체인별 영역

모든 식품은 6대 영양소, 즉 탄수화물, 단백질, 지질, 비타민, 무기질, 물을 비롯하여 수많은 화학물질로 구성되어 있다. 따라서 식품은 아주 복잡한 화학물질의 복합체인 것이다. 이 화학물질들은 자연에서 수확된 후부터 소비 단계에 이르기까지 여러 가지 물리적 또는 화학적 반응을 거치게 된다. 예를 들어, 식품을 자르거나 열처리하여 음식을 만드는 과정은 가열 온도나 압력 등에 따라 식품의 품질에 영향을 미치게 된다. 우리가 식품을 가공 조리하여 섭취하는 것은 이런 화학적 변화와 함께 주로 물리적 변화를 일으켜 맛과 소화 흡수를 촉진하는 과정인 것이다.

식품의 조성, 구조, 성질, 그리고 식품에서 진행되는 각종 화학적 반응을 이해하여 그 식품이 갖고 있는 특성을 알게 되면, 식품을 처리하거나 보관할 때 어떤 방법으로 하는 것이 가장 적합한지, 어떤 조리 방법을 사용하였을 때 섭취하는 사람의 기호도를 만족시키는지, 또는 어떤 미생물이 성장할지를 예측하여 적합한 방법으로 처리 및 보관이 가능하다. 특히, 최종적으로 소비되는 음식의 맛, 조직감, 향미 등은 식품의 구성성분과 재료에 달려 있기 때문에, 식품학은 식품의 가공, 조리 등에 기초가 되는 학문이다.

식품학(Food Science)

식품 자체의 물리화학적 또는 생물학적 특성과 함께 식품의 가공, 조리, 저장 등 각종 식품 이용 과정의 과학적 원리를 탐구하여 인간의 식생활에 적용할 수 있도록 연구하는 체계적이며 종합적인 과학이다.

2. 현대사회와 식품학의 중요성

인류의 조상들은 지혜롭게도 수확한 곡식을 햇볕에 말려 곡식을 수확할 수 없는 시기에 이용할 수 있도록 하는 식품 보관법을 알고 있었다. 물론, 수많은 시행착오를 거쳐 얻어진 결과일 것이나 여기에는 식품을 건조시켜 수분활성도를 낮춤으로써 미생물의 번식을 억제하고, 따라서 오랫동안 식품을 보관할 수 있게 하는 과학적 원리가 숨어 있다.

76억에 달하는 지구상 인류의 생명 유지에 근간이 되는 식품의 생산과 공급은 가장 기본적이면서도 중요한 사항이다. 과거에는 재배되거나 구입한 원상태 그대로의 식품을 직접 조리하여 가족들과 함께 식사하는 생활 방식을 유지해 왔으나, 현대사회에서는 새로운 생활양식과 가족 형태로 인해 다듬어져 전처리가 된 소포장 신선 채소나 과일류, 전자레인지로 가열하면 바로 먹을 수 있는 편의식품, 통조림 등 다양한 형태의 신선 또는 가공 식품이 등장하였으며, 이런 식품들은 조리에 필요한 노동력 감소에 크게 기여하고 있다.

이런 가공식품의 섭취 증가와 함께 바쁜 현대인의 생활에서 외식의 비중도 점차 커지고 있어 소비자들은 자신의 건강을 유지하기 위해 올바른 식품 선택과 균형 잡힌 식생활, 그리고 안전한 식생활에 대한 지식을 기초적인 생활기술로 갖출 필요가 있다. 식품학을 전공하는 사람뿐 아니라 식생활을 영위하는 현대인들은 누구나 식품과학의 기초 원리를 이해하고, 식품 취급이나 조리 과정 중에 적용할 수 있는 실질적인 생활 역량을 갖추고 있어야 한다.

현대인들의 건강에 대한 관심이 더욱 높아지면서 식품이나 식생활에 있어 다음과 같은 요구가 커지고 있다(그림 1-2).

첫째, 식품을 통해 건강을 얻고자 하는 요구이다. 풍족해진 식생활과 함께 영양소 부족보다는 영양 과다에 의한 비만과 생활습관병이 전 세계적으로 만연하는 상황에서, 자신의 건강과 먹을거리 간의 상관관계를 중요하게 인지하고 있는 현대인들은 식품을 통해 질병을 예방하고 건강을 유지해 나가고자 하는 요구를 표출하고 있다.

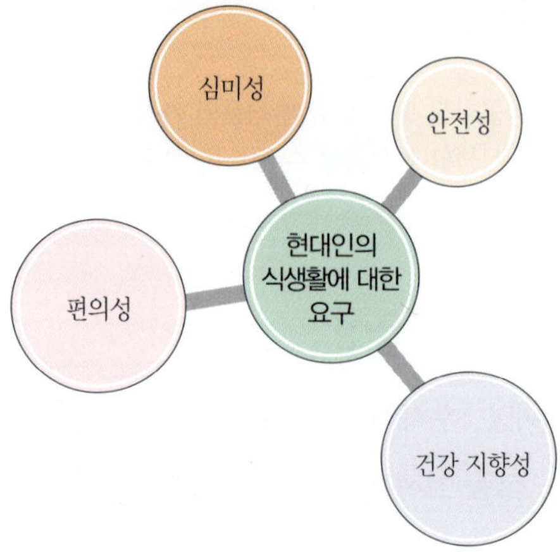

그림 1-2 현대인들의 식생활에 대한 요구

둘째, 식품의 안전성에 대한 요구가 지속적으로 증가하고 있다. 대형 식중독, 조류독감, 각종 유해물질 오염 사건 등 일련의 식품 안전과 관련된 사건들이 지속적으로 발생하면서 소비자들은 자신이 섭취하는 식품의 안전성에 대해 불안해 하고 있다. 따라서, 좀 더 안전한 식품에 대한 수요는 앞으로도 계속 증가할 것이다.

셋째, 바쁘게 생활하는 현대인들은 기본적으로 편리한 식생활을 추구한다. 농부가 아닌 이상 식품 생산부터 조리에 이르기까지 일련의 과정을 손수 할 수 있는 시대는 먼 옛날이 되었으며, 가정에서의 조리도 간편하게 해결할 수 있는 편의성에 대한 요구가 증가하고 있다. 이런 변화는 김치류나 고추장, 간장, 된장과 같은 장류가 많은 부분 산업화되어 소비되고 있는 것을 보면 실감할 수 있다. 또한 편의점에서 간편하게 삼각김밥과 컵라면으로 끼니를 해결하는 젊은 층의 모습도 이러한 요구의 반영이라 할 수 있다.

1인 가구가 증가하고 있는 우리나라에서도 생활의 편의성을 고려한 편의식품(convenience foods)의 수요가 늘고 있다. 편의식품은 준비하는 데 시간과 노동력이 거의 들지 않는 식품을 말한다. 통조림류, 세척 후 다듬어져 포장된 신선 또는 냉동 채소류, 씻지 않아도 되는 쌀, 전자레인지에 바로 데우기만 하면 되는 즉석밥이나 레토르트 식품 등이 최근 우리나라에서 쉽게 찾아볼 수 있는 편의식품의 예가 될 것이다.

가정에서 식사 준비에 많은 시간을 할애할 수 없는 가족, 집단급식 업체 등에는 전 처리된 식재료가 노동력과 시간을 크게 줄여 주어 다른 활동에 시간을 쓸 수 있도록 해준다. 회도 간편하게 먹을 수 있도록 준비된 식사인 가정대체식(home meal replacement,

HMR)이 급부상하고 있는 것도 바쁜 현대인의 이러한 요구에 부응한 것이다.

넷째, 식품 또는 식생활을 문화의 중요한 부분으로 향유하고자 하는 심미성에 대한 경향이 커지고 있다. 시각적으로도 아름답고 풍미있는 음식을 즐기며 삶의 여유를 찾고자 하는 현대인의 욕구는 푸드스타일리스트의 등장, 다양한 전문 음식점이나 음료점 등의 보편화에서 찾아볼 수 있다.

이처럼 현대 소비자에게 식생활과 관련한 건강, 안전, 심미 그리고 편의성을 모두 충족시켜 주는 식품을 공급하는 것은 결코 간단하고 쉬운 일이 아니다. 식품과학자들과 식품산업체들은 식품학을 기초로 위와 같은 수요에 부응하여 영양가 높고, 안전하면서도 품질 좋은 식품을 공급해야 하는 의무를 수행하고 있다. 따라서, 식품학은 현대인의 식생활 요구를 충족시키기 위한 필수적인 학문이라는 데 그 중요성이 있다.

식품학자뿐 아니라 식품산업체 종사자, 외식 및 급식산업체 종사자, 가정주부 등 식생활을 영위하는 현대인 모두에게 식품학은 건강하고 안전한 식품의 공급과 소비에 필요한 기초과학으로 기여하고 있다.

3. 식품학의 영역과 내용

식품학은 인간의 생명 유지에 근간이 되는 식품이라는 소재를 대상으로, 식품 자체의 물리화학적 특성을 규명하고 인간의 일상생활에 활용할 수 있도록 하는 종합 응용과학이며, 광범위한 영역을 포괄하고 인간의 식생활 변화와 함께 지속적으로 확대·발전되어 나아가는 특성을 가지고 있다. 협의의 식품학은 식품의 종류와 구성 등 식품을 연구하는 데 필요한 기초적인 내용을 다루는 학문 영역으로 이해되기도 하나, 광의의 식품학은 식품화학 및 독성학, 식품공학, 식품미생물학 및 안전성, 기능성식품학, 조리과학, 그리고 식품생물공학의 대영역으로 구분될 수 있다.

식품화학은 식품학의 기초라고 해도 과언이 아닌데, 식품의 구성성분과 특성을 연구하여 식품을 활용하는 데 기초적인 지식과 원리를 공급하기 때문이다. 이를 바탕으로 식품의 대량생산 및 공급을 위한 가공, 처리 등 공학적 접근이 이루어져 세계인의 식량 공급에 기여하여 왔다. 식품의 안전성 확보에 대한 요구는 지속적으로 증가하고 있어 식품위해요소의 통제에 대한 연구와 HACCP 등 식품산업적 적용이 이루어지고 있다. 근래 들어 소비자들의 건강과 웰빙 추구 경향과 맞물려 단순한 먹을거리로서의 식품이 아니라

표 1-1 식품학의 세부 학문별 영역

식품학 영역	내 용
식품화학 및 독성학	식품 자체 특성 및 식품 가공, 처리, 저장 등 연구
식품공학	식품의 대량 가공, 처리, 저장 등 공학적 접근 연구
식품미생물학 및 안전성	식품 발효, 식품 위해 미생물 제어와 안전성 확보 연구
기능성식품학	새로운 건강기능성 식품 소재의 개발과 적용
조리과학	식품 조리의 과학적 적용 및 신체 내 활용 촉진
식품생물공학	새로운 식품을 생명공학 기술을 활용하여 개발, 활용

질병의 사전 예방적 차원에서 기능성식품학이 식품학의 중요 영역으로 확대되고 있다.

또한 집단급식이나 외식산업의 성장으로 인한 조리과학 영역과 함께, 생명공학 기술을 활용하여 새로운 기능을 갖춘, 또는 부족한 식량을 양산하려는 노력들도 식품학의 한 영역이다. 베타카로틴이 강화된 황금쌀, 잘 무르지 않는 토마토 등 유전자변형식품(Genetically Modified Organisms, GMO)들이 그 예가 될 수 있다.

4. 식품 소비 및 식품학의 최근 동향

최근 우리나라 사람들의 식품 소비 행태를 살펴보면 과거에 비해 곡류의 섭취가 크게 감소하여 밥을 위주로 한 식사 비율이 줄고 서구식 식생활 패턴으로 옮아가는 것을 확인할 수 있다. 또한, 외식 형태의 소비가 급속히 증가하고, 조리가 복잡하거나 시간이 많이 드는 식품보다는 HMR과 같은 간편한 편의식품이나 가공식품에 대한 선호도가 증가하고 있다. 이와 함께 다양한 소비자의 수요에 대응하여 식품의 품질이나 이미지로 차별화한 브랜드 식품이 쌀을 비롯하여 다양한 식품군에 등장하고 있다. 과거 식품의 가격이 식품을 선택하는 구매 결정력에 가장 중요한 요인이었다면 이제는 맛, 영양, 안전성, 브랜드 이미지 등 품질적 요인이 식품 선택의 기준으로 변화하는 것이다. 이런 경향은 국내외적으로 동일하게 나타나고 있다. 따라서, 식생활의 서비스산업 의존도 증가, 편리화, 브랜드화 또는 고급화, 건강이나 안전 지향 등의 경향은 식품과학자 및 식품산업체가 대응해 나아가야 하는 방향을 제시하고 있다.

2016년 세계경제포럼(WEF)에서 언급되기 시작한 4차 산업혁명은, 수렵에서 농경사회,

산업사회에 이어 정보화 사회로 전환되면서 식품, 푸드시스템, 식품산업 등에도 큰 영향을 미칠 것으로 예상된다. 식품 분야에서는 2050년까지 전 세계 90억 명의 인구를 먹여 살려야 하는 것이 큰 도전과제인 가운데, 이제부터는 지속 가능 푸드시스템을 가져가야 한다는 데 공감대를 형성하고 있다(윤석후, 2017). 지속 가능 푸드시스템(sustainable food system)이란 개인의 식생활 및 삶의 질을 향상시키는 동시에 푸드체인(food chain)도 건강하게 유지되어야 한다는 것이다.

이런 과정에서 4차 산업혁명의 기술 발전은 정밀농업, 분자농업이 가능한 식물공장, 스마트 팜 등 식품을 생산하는 농업에도 큰 변화를 가져올 것이다. 이뿐만이 아니라 식품의 제조, 가공, 저장, 유통, 판매, 소비까지도 변화를 피할 수 없을 것으로 예측한다. 예를 들어, 3D 식품 프린팅 기술은 노인용 건강기능식품이나 저작 및 연하가 쉬운 노인식, 개인형 맞춤음식 등에 효율적으로 사용될 것으로 예측되고 있다(윤석후, 2017).

식품산업에서의 메가트랜드는 모바일인터넷, 빅데이터, 그리고 정보공개로 예상되고 있다. 소비자는 대다수가 모바일인터넷을 통해 식품을 주문할 것이며, 언제 어디서나 식사가 가능한 간편 조리식품, HMR의 수요가 크게 증가할 것이며, 빅데이터 분석을 통해 개별화된 다양한 소비자의 기호에 맞춘 제품들만이 시장에서 살아남을 것이다. 또한, 소비자는 선택한 식품에 관한 정확하고 풍부한 정보를 요구할 것이기 때문에 원재료, 원산지, 알레르기 유발물질, 영양 성분 등 신뢰도 높은 정보가 제공되어야 할 것이다.

5. 식품의 구성

식품은 탄수화물, 단백질, 지질, 비타민, 무기질, 그리고 물의 6대 영양소를 포함하여 다양한 화학물질로 구성되어 있다. 이들 영양소는 인체에 흡수되어 에너지를 내고, 신체를 구성하며, 신체 기능을 조절해 주는 역할을 한다. 건강한 식생활을 영위하기 위해서는 식품의 영양학적 특성과 물성을 제대로 이해하고, 이를 바탕으로 신선하고 위생적인 우수한 품질의 식품을 선택할 수 있어야 한다.

식생활에서 어떤 식품을 선택해야 하는가는, 일반 소비자들을 대상으로 균형 잡힌 식생활을 유도하기 위해 만들어진 식품구성자전거를 활용하면 좋다. 식품구성자전거는 우리가 건강을 위해 섭취해야 할 식품을 5개의 군으로 나눠 자전거 뒷바퀴의 면적에 비례하여 배치함으로써 그 상대적 섭취량의 중요성을 알기 쉽게 그림으로 표시한 것이다. 앞

그림 1-3 식품구성자전거

자료 : 보건복지부·한국영양학회(2015), 2015 한국인 영양소 섭취기준

표 1-2 식품구성자전거에 따른 식품 구성

식품군	주요 영양소	품목	식품 예
곡류	탄수화물	곡류	쌀, 보리쌀 등
		면류	삶은 면, 건면, 냉면, 국수, 메밀국수, 당면 등
		떡류	흰떡, 절편 등
		빵류	식빵, 모닝롤, 베이글 등
		씨리얼류	콘푸레이크, 현미푸레이크 등
		감자류	감자, 고구마 등
		묵류	메밀묵, 도토리묵 등
		견과류	밤, 도토리 등
채소류	비타민 무기질	채소류	시금치, 풋고추, 배추, 김치, 파, 마늘, 토마토주스 등
		해조류	다시마, 미역, 파래(생것), 김 등
		버섯류	느타리, 양송이, 팽이, 표고(생것) 등
과일류	비타민 무기질	과일류	딸기, 수박, 참외, 감, 귤, 복숭아 등
		주스류	오렌지주스, 포도주스 등
고기·생선· 달걀·콩류	단백질 비타민 무기질	육류	쇠고기, 돼지고기, 닭고기, 햄 등
		어패류	갈치, 꽁치, 고등어, 새우, 굴, 건멸치, 꽃게, 조개 등
		난류	달걀, 메추리알 등
		콩류	검정콩, 대두, 두부, 두유 등
우유·유제품류	무기질(칼슘) 단백질	우유	우유
		유제품	치즈, 요구르트(액상, 호상), 아이스크림 등

바퀴에는 물컵을 배치하여 물도 중요한 영양소임을 나타내고 있으며, 기존의 정적인 식품 구성탑과는 달리 자전거를 통해 식품 섭취와 함께 적절한 신체활동의 중요성도 강조하고 있다.

식품구성자전거의 가장 넓은 식품군은 주식인 곡류로서 탄수화물을 공급해 준다. 채소류와 고기·생선·달걀·콩류의 두 식품군은 두 번째로 넓은 면적을 차지하고 있는데 각각 비타민과 무기질, 그리고 단백질을 공급한다. 다음으로 우유 및 유제품류는 우리 국민에게 부족하기 쉬운 무기질인 칼슘을, 과일류는 비타민, 수분, 당 등을 공급해 준다. 「한국인 영양소 섭취기준」의 2015년 개정판에서는 유지 및 당류가 사라졌는데, 이는 균형 잡힌 식사 가이드를 하기 위함이다. 유지·당류는 굳이 열량 공급원으로 포함하기보다는 다른 군의 식품을 조리하여 섭취할 때에 소량씩 섭취하도록 한 것이다. 유지 및 당류는 농축된 열량 공급원이므로 소량만 섭취하여야 한다.

연습문제

1. 식품학은 어떻게 정의되는지 설명하시오.

2. 현대사회에서 식품학이 갖는 중요성은 무엇인지 설명하시오.

3. 광의의 식품학이 포괄하는 학문 영역은 무엇인지 설명하시오.

4. 자신이 섭취한 밥상을 식품군에 따라 분류하여 보시오.

5. 4차 산업혁명시대의 소비자들은 어떠한 식품을 요구할 것인지 예측해 보시오.

Part 2

식품의 구성성분 이해하기

SMART
FOOD
SCIENCE

탄수화물

학습목표

1. 탄수화물의 구조에 따라 종류를 설명할 수 있다.
2. 단당류, 이당류, 소당류와 다당류의 종류와 특성을 기술할 수 있다.
3. 전분의 성질, 분자구조, 호화와 노화 과정을 설명할 수 있다.
4. 전분 이외 다당류의 특성을 설명할 수 있다.

탄수화물은 당류, 곡류, 콩류, 구근류 등의 형태로 자연계에 널리 분포되어 전 세계의 많은 사람이 주식으로 이용하고 있다. 탄수화물은 탄소(C), 수소(H), 산소(O)의 세 원소로 구성되어 있으며, 구성 원소의 비율은 $C_x(H_2O)_y$로 광합성을 통해 녹색식물에서 만들어진다. 탄수화물은 체내에서 중요한 에너지원이며 식품 가공에서는 감미료나 여러 형태의 첨가제로 이용되기도 한다.

일반적으로 탄수화물은 연결되어 있는 기본 당의 수에 따라 단당류, 이당류, 소당류와 다당류로 분류한다.

1. 탄수화물의 분류

탄수화물은 단당류(monosaccharides), 이당류(disaccharides), 소당류(oligosaccharides)와 다당류(polysaccharides)로 분류한다(표 2-1). 단당류는 포도당이나 과당과 같이 더 이상

표 2-1 탄수화물의 분류

당의 종류			당류의 일반 명칭
단당류	삼탄당		글리세르알데하이드, 다이하이드록시아세톤
	오탄당		리보스, 데옥시리보스, 자일로스, 아라비노스
	육탄당	알도스	포도당, 갈락토스, 만노스
		케토스	과당
소당류	이당류		자당, 맥아당, 유당, 셀로바이오스
	삼당류		라피노스(포도당+과당+갈락토스)
	사당류		스타키오스(갈락토스 2분자+과당+포도당)
다당류	단순다당류		전분, 덱스트린, 셀룰로스, 글리코겐, 키틴
	복합다당류		헤미셀룰로스, 펙틴, 이눌린, 식물성 검류, 한천, 알긴산 등
당유도체	배당체(당+비당 부분)		솔라닌, 안토사이아닌, 나린진, 헤스페리딘, 시니그린, 루틴, 아미그달린 등
	당알코올		자일리톨, 솔비톨, 리비톨, 만니톨, 이노시톨
	아미노당		글루코사민, 갈락토사민
	티오당		티오글루코스
	데옥시당		데옥시리보스
	우론산		갈락투론산, 글루쿠론산

간단한 화합물로 가수분해될 수 없는 탄수화물이다. 이당류는 2개의 단당이 결합된 것이고, 소당류는 3~10개 정도의 단당류가 연결되어 있는 당류로, 연결되어 있는 단당류의 수에 따라 삼당류, 사당류 등이 된다. 다당류는 다수의 단당류가 연결되어 있는 중합체이다. 또한, 다당류는 단일당으로만 구성된 단순다당류와 당류 이외의 다른 화합물과 당류가 여러 개 결합된 복합다당류로 분류한다.

2. 당류의 화학구조

단당류는 화학구조상 두 개 이상의 수산기(hydroxy : −OH)와 한 개의 알데하이드기(aldehyde : −CHO) 또는 케톤기(ketone : > C=O)를 가지고 있는데, 카보닐기가 알데하이드기인 것을 알도스(aldose), 케톤기인 것을 케토스(ketose)라고 한다(그림 2-1).

단당류는 대체로 물에 잘 녹고 단맛을 가지는 환원성 물질이며 천연식품에 널리 분포되어 있다. 식품 제조 및 가공에 널리 사용되는 단당류는 화학구조상 6개의 탄소로 구성된 육탄당(hexose)이며 몇 가지 오탄당(pentose)은 섬유소나 식물성 검의 중요한 성분이 된다.

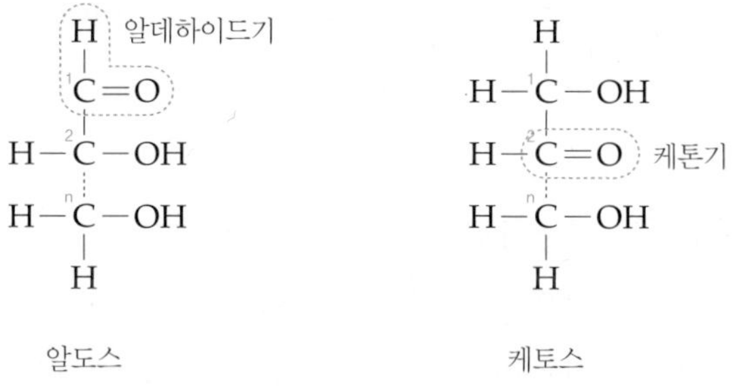

그림 2-1 단당류의 화학구조

1) 비대칭탄소와 이성질체

삼탄당인 글리세르알데하이드(glycelaldehyde)의 중앙 탄소는 서로 다른 4개의 원자단이 결합되어 있는데 이러한 탄소를 비대칭탄소(asymmetric carbon atom) 또는 부제탄소(chiral carbon)라고 한다. 비대칭탄소는 서로 포개 놓을 수 없는 거울상 이성질체(enantiomer)를 가진다. 거울상 입체이성질체는 구성 원자나 결합 종류는 같으나 공간적 배치만 달라 비대칭탄소의 오른쪽에 위치하고 있는 원자단이 거울을 통해 보면 탄소의 왼쪽에 있는 것으로 비쳐진다.

입체이성질체는 비대칭탄소에 결합되어 있는 수산기의 위치에 따라 L-형과 D-형으로 구분한다. 글리세르알데하이드는 2번 탄소 위치에 비대칭탄소를 가지고 있으며 비대칭탄소의 수산기가 오른쪽에 있으면 D-형, 왼쪽에 있으면 L-형이 된다(그림 2-2).

수산기가 많은 당의 경우에는 1번 탄소에서 가장 멀리 있는 비대칭탄소와 결합한 수산기의 위치에 따라 D-형과 L-형이 결정된다(그림 2-2).

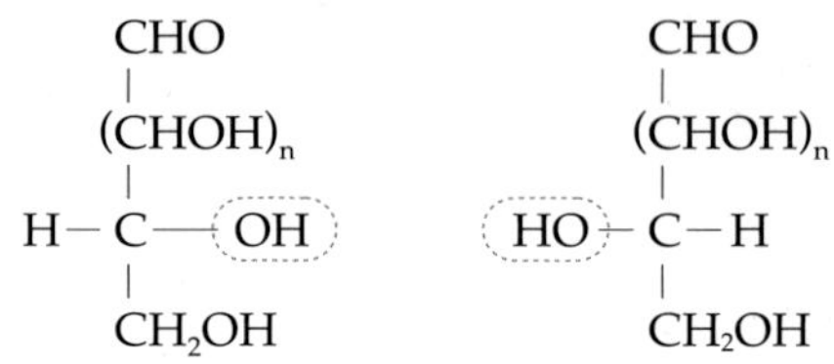

D-알도스 L-알도스

그림 2-2 단당류의 비대칭탄소 구조

2) 단당류의 구조

단당류는 사슬구조와 환상구조로 존재한다. 사슬구조는 비대칭탄소에 결합된 수산기와 수소가 좌우 양쪽에 배치되어 있는 탄소들이 세로로 연결되어 있다.

당은 같은 분자 내에 수산기와 알데하이드기 또는 케톤기가 결합하여 헤미아세탈(hemiacetal)을 형성함으로써 안정화된 고리 모양의 환상구조를 가지게 된다. 환상구조에는 육각형의 피라노스(pyranose)와 오각형의 푸라노스(furanose)가 있다. 알도스인 포도당은 5번 탄소의 수산기가 1번 탄소의 알데하이드기와 반응하여 피라노스를 형성하고, 케토스인 과당은 5번 탄소의 수산기가 2번 탄소의 케톤기와 반응하여 푸라노스를 형성한다(그림 2-3).

포도당을 환상구조로 나타내면 1번 탄소가 비대칭탄소가 되며 1번 탄소에 결합된 수소와 수산기의 위치에 따라 α형과 β형 두 개의 이성질체가 생기게 된다. 이때 1번 탄소에 결합된 수산기가 평면 아래에 배치되면 α형, 평면 위로 배치되면 β형이라 하며, 이와 같은 이성질체를 아노머(anomer)라고 한다. 따라서 α-D-포도당과 β-D-포도당은 아노머 관계이다(그림 2-3).

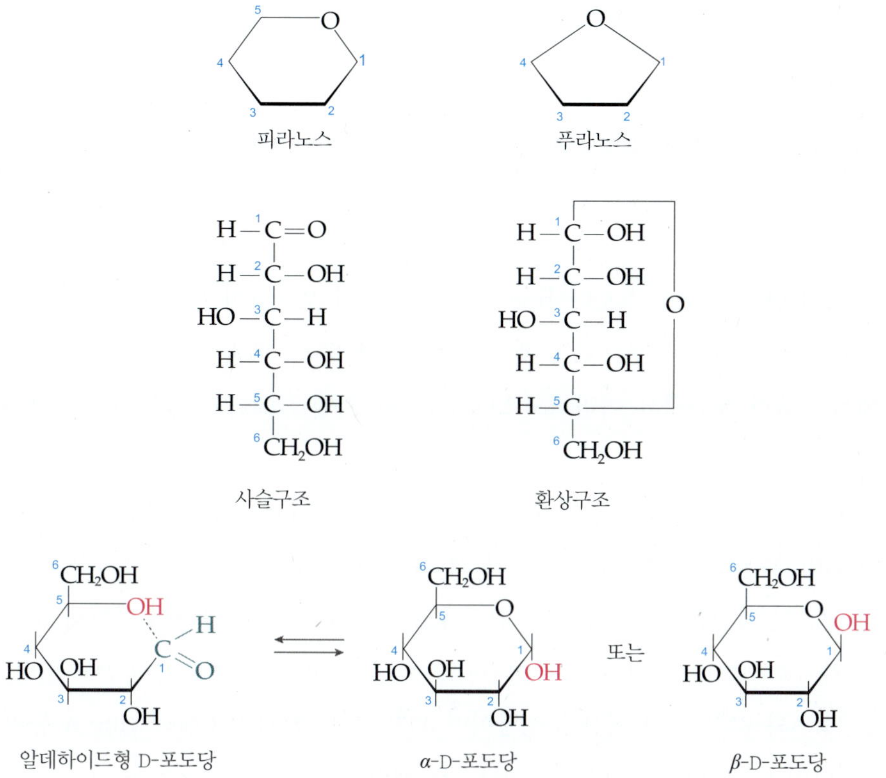

그림 2-3 단당류의 사슬구조와 환상구조

3) 환원당

당이 환상구조가 되면서 새롭게 생성된 수산기는 다른 탄소에 결합되어 있는 수산기보다 반응성이 높고 환원성이 강한데, 이것을 글리코사이드(glycoside)성 수산기라 한다. 단당류와 이당류는 글리코사이드성 수산기의 유무에 따라 환원당과 비환원당으로 구분된다. 모든 단당류와 맥아당 같은 대부분의 이당류는 글리코사이드성 수산기가 있어 환원당(reducing sugar)이며, 이당류 중 자당은 글리코사이드성 수산기를 가지고 있지 않아 비환원당(non-reducing sugar)이라 한다. 당의 환원성은 펠링 테스트(Fehling's test)와 같은 당류의 정량시험에 이용된다.

3. 단당류

단당류(monosaccharides)는 당을 구성하는 탄소 원자 수에 따라 삼탄당, 사탄당, 오탄당과 육탄당 등으로 구분되는데 식품에서 중요한 단당류는 주로 오탄당과 육탄당이다.

1) 오탄당

다섯 개의 탄소로 구성된 오탄당(pentose)은 다수의 오탄당이 축합하여 결합된 펜토산(pentosan)이나 핵산의 성분으로 존재하며 자연계에 유리 상태로 거의 존재하지 않는다. 식품에서 주요한 오탄당은 아라비노스(arabinose), 자일로스(xylose)와 리보스(ribose) 등이다.

L-아라비노스는 아라비아 검의 주성분인 아라반(araban)의 구성 단당류이며 과즙 및 검류의 헤미셀룰로스 성분으로 단백질과 결합된 상태로 많이 존재한다. D-자일로스는 펜토산의 일종인 자일란(xylan)의 구성 단당류로 비교적 단맛이 강하여 설탕의 60% 정도 단맛을 가지고 있으나 에너지로 이동되지 않아 무칼로리 감미료로 주목받고 있다. D-리보스는 DNA와 RNA 등의 핵산 구성당이며 ATP, NAD, NADP, Coenzyme A 등의 조효소 및 비타민 B_2, 비타민 B_{12}의 구성성분으로 생리적으로 중요한 물질을 구성하는 데 필요 당이기도 하다.

2) 육탄당

여섯 개의 탄소로 구성된 육탄당(hexose)은 동식물계에 널리 분포되어 있으며 대부분의 탄수화물의 주요 구성성분이다. 단맛을 가지고 있어 감미료로 널리 사용되고 있으며, 식품 저장과 가공 과정에서 중요한 역할을 한다. D-포도당, D-과당, D-갈락토스, D-만노스 등이 대표적인 육탄당이다(그림 2-4).

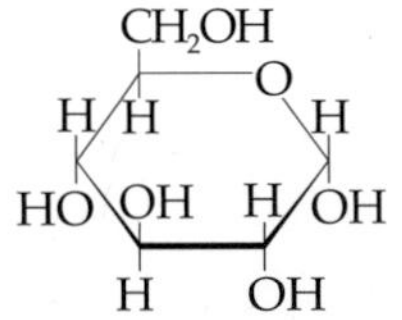
α-D-포도당

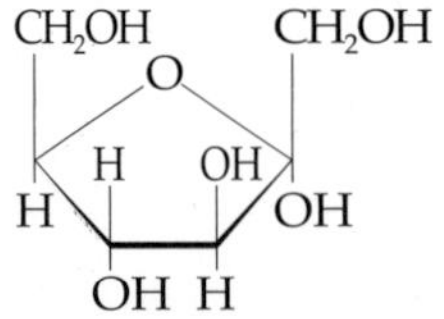
α-D-과당

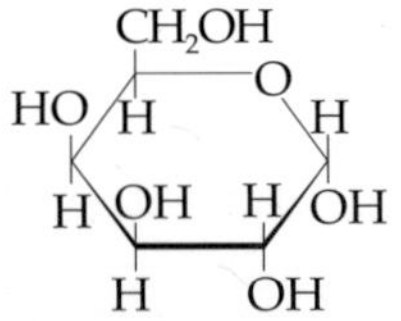
α-D-갈락토스

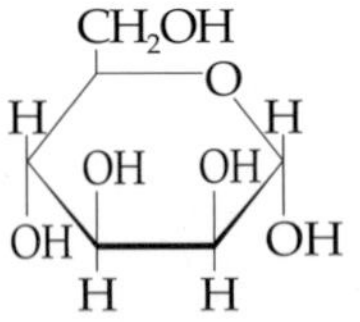
α-D-만노스

그림 2-4 대표적인 육탄당의 구조

(1) 포도당

포도당(D-glucose)은 식품에 가장 널리 분포되어 있는 당으로 모든 과일과 채소에 많이 존재한다. 인체 내 혈당으로 약 0.1% 존재하며 전분, 글리코겐, 셀룰로스 등의 다당류와 자당 등의 구성당으로 탄수화물 중 가장 많이 분포한다. 단맛은 자당의 70% 정도이며, 결정형 포도당과 옥수수 시럽은 제빵과 다양한 가공식품을 만들 때 감미료로 널리 이용된다.

포도당 없이 살 수 없는 뇌

뇌와 적혈구는 오직 포도당만을 에너지로 사용한다. 인간 생존에 있어서 포도당은 산소만큼이나 중요한 것으로 잠시라도 뇌에 포도당이 공급되지 못하면 인간은 살 수 없기 때문에 일정한 양을 지속적으로 공급해야 한다. 그래서 인간의 몸에는 혈당을 일정한 수준으로 유지하려는 복잡한 체계가 발달되어 있다. 포도당을 가장 빠르게 만들 수 있는 방법은 포도당 주사를 직접 혈관에 놓는 것을 제외한다면, 설탕이나 꿀과 같은 단순당을 섭취하는 것이다. 등산객이 비상용 식품으로 사탕이나 초콜릿을 준비해 가는 것도 이러한 이유이다.

자료 : 엄우흠외 2인 (2005), 설탕, 김영사

(2) 과당

과당(D-fructose)은 여러 과일에서 발견되어 과일당이라 불리기도 하는 환원성 당으로 벌꿀에도 많다. 돼지감자와 달리아 뿌리에 많이 들어 있는 다당류인 이눌린(inuline)의 구성성분이기도 하다. 과당은 천연 당류 중 가장 단맛이 강하고 상쾌한 단맛을 가지며, 용해성이 커서 쉽게 결정을 형성하지 않는다. 포도당을 과당으로 전환하는 효소를 이용하여 고과당 시럽을 만들어 탄산음료와 같은 가공식품에 이용하고 있다.

찬 과일이 더 단 이유

냉장고에서 막 꺼내 먹는 과일은 훨씬 더 달게 느껴진다. 찬 과일이 더 달게 느껴지는 것은 과일 속 과당 때문이다. 과일 속의 포도당과 과당은 알파형과 베타형의 비율에 따라 단맛을 느끼는 강도가 달라진다. 과당은 베타형이 알파형에 비해 세 배나 달다. 과일 속의 과당 함량은 언제나 일정하지만 베타형과 알파형 비율이 온도에 따라 변한다. 즉, 온도가 내려가면 알파형이 베타형으로 바뀌어 베타형의 비율이 높아지고, 반대로 온도가 올라가면 알파형이 많아진다. 이러한 이유로 같은 과일이라도 온도에 따라 단맛의 차이가 생기는 것이다.

자료 : 엄우흠외 2인 (2005), 설탕, 김영사

(3) 갈락토스

갈락토스(D-galactose)는 일반적으로 천연식품에 유리 상태가 아닌 우유와 모유에 유당 형태로 포도당과 결합한 이당류로 존재한다. 우유가 발효될 때 유당이 분해되면서 생성된다. 또한 라피노스(raffinose) 같은 일부 소당류나 갈락토스의 유도체인 갈락투론산(galacturonic acid)으로 만들어진 펙틴 물질에도 존재하며 갈락탄, 검류, 한천 등의 구성성분으로 자연계에 널리 분포되어 있다. 갈락토스는 지질과 결합하여 동물의 뇌, 신경조직의 구성당이 되기 때문에, 뇌 발달이 이루어지는 영유아에게 유당을 통한 갈락토스의 공급이 중요하다.

(4) 만노스

만노스(D-mannose)는 감귤류나 발아 종자에 존재하나 자연계에 유리 상태로는 거의 존재하지 않고 만난(manan), 갈락토만난(galactomanan)과 같은 다당류의 구성당으로 곤약, 감자 등에 들어 있다. 약간의 단맛은 있으나 뒷맛이 쓴 특징이 있으며, 인체에서 대사되지 않는다.

3) 단당류의 유도체

단당 분자의 기본형을 유지하면서 화학구조의 일부가 변형된 단당류의 유도체에는 배당체, 당알코올, 아미노당, 티오당, 우론산, 데옥시당 등이 있다(그림 2-5).

(1) 배당체

배당체(glycosides)는 당과 비당 부분으로 구성되어 있으며, 당류의 수산기와 비당류인 아글리콘(aglycone)의 수산기가 축합반응에 의해 형성된 것으로 식물계에 광범위하게 분

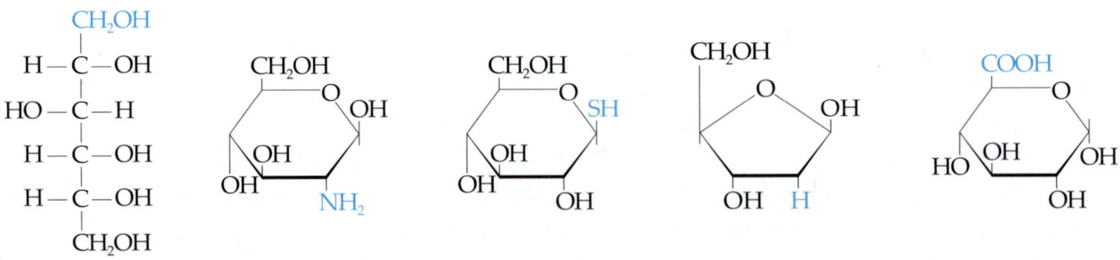

D-솔비톨 D-글루코사민 티오글루코스 2-데옥시-D-리보스 D-글루쿠론산

그림 2-5 식품 중에 존재하는 주요 유도당

포되어 있는 식물성 화합물이다. 아글리콘의 종류에 따라 여러 가지 배당체가 생긴다. 배당체는 대부분이 약리작용이나 독성을 가지거나 색, 맛 등의 기호성에 관여하는 성분들이 많다. 감자 싹에 있는 솔라닌(solanine), 오디와 포도의 안토사이아닌(anthocyanin), 밀감류 껍질에 존재하는 나린진(naringin)과 헤스페리딘(hesperidin), 고추냉이와 겨자의 시니그린(sinigrin), 메밀의 루틴(rutin), 매실의 아미그달린(amygdalin) 등이 있다.

(2) 당알코올

1번 탄소의 알데하이드기가 환원되어 알코올기($-CH_2OH$)로 바뀐 것을 당알코올(sugar alcohol)이라 한다. 단당류 알코올에는 솔비톨, 만니톨, 이노시톨, 자일리톨, 리비톨, 에리트리톨, 이당류 알코올에는 락티톨과 말티톨 등이 있다. 당알코올은 물에 잘 녹고 단맛을 가지고 있으며 칼로리가 낮아 저열량 대체 감미료로 사용된다(표 2-2).

표 2-2 주요 당알코올의 종류와 특성

종류	특성
D-자일리톨	• 오탄당인 자일로스가 환원된 것 • 단맛(감미도 75)이 있고 충치 예방 효과 • 체내 대사율이 낮아 당뇨병 환자들을 위한 감미료로 사용
D-리비톨	• 오탄당인 리보스가 환원된 것 • 비타민 B_2의 구성성분
D-솔비톨	• 포도당이 환원된 것 • 비타민 C의 합성 원료 • 과일에 많이 분포 • 인공감미료로 사용
D-만니톨	• 만노스가 환원된 것 • 해조류, 버섯, 미생물 등에 존재 • 곶감, 다시마, 건미역 표면의 흰가루 • 흡습성이 없음 • 단맛이 있고(감미도 45) 체내에서 이용되지 않아 당뇨병 환자의 감미료로 사용
이노시톨	• 환상의 다가 알코올로서 생체 내에서는 포도당으로부터 합성된 것 • 콩류와 과일, 동물의 근육, 뇌, 내장 등에 존재 • 동물의 근육조직에 미오이노시톨(myo-inositol)로 존재 • 식물에서 이노시톨은 피트산(phytic acid)의 형태로 존재하여 칼슘, 아연, 철 등의 2가 양이온과 매우 강하게 결합하여 이들 무기질의 생체이용률을 감소시킴

(3) 아미노당

단당류 2번 탄소에 있는 수산기가 아미노기로 치환된 것으로 자연계에서 볼 수 있는 아미노당(amino sugar)은 글루코사민(D-glucosamine)과 갈락토사민(D-galactosamine)이다. 글루코사민인 키토사민은 곤충, 갑각류 껍질의 주성분인 키틴(chitin)의 구성성분이며, 갈락토사민은 연골의 당단백질인 황산콘드로이틴(chondroitin sulfate)의 구성성분이다.

(4) 티오당

티오당(thio sugar)은 무, 마늘, 고추냉이, 겨자 등의 매운 성분인 배당체 시니그린(sinigrin)의 구성당으로 그 대표적인 것이 티오글루코스(thioglucose)이다.

(5) 데옥시당

데옥시당(deoxy sugar)은 당의 수산기가 수소로 환원된 화합물로 DNA를 구성하는 2-데옥시리보스(2-deoxyribose)가 대표적인 것으로 동식물계에 널리 분포한다.

(6) 우론산

우론산(uronic acid)은 단당류의 말단에 있는 알코올기(-CH_2OH)가 산화되어 카복실기(-COOH)로 바뀐 당으로, 한 분자 내에 알데하이드기와 카복실기를 동시에 가지고 있다.

보통 육탄당에서 유도되는 우론산이 식품 중에 많이 존재한다. 포도당의 우론산은 글루쿠론산(glucuronic acid)으로 페놀류 등의 유독물질과 결합하여 소변으로 배설시키는 해독작용을 한다.

4. 소당류

소당류는 일반적으로 2~10개의 단당류가 결합된 당류로, 구성하는 단당류의 수에 따라 이당류, 삼당류, 사당류 등이 있다.

1) 이당류

이당류(disaccharides)는 두 분자의 단당류가 글리코사이드 결합을 한 것으로, 가수분해되면 두 개의 단당류가 생성된다. 식품에서 특히 관심이 있는 이당류는 자당, 유당과 맥아당이며 식품 성분뿐 아니라 식품 제조 및 가공에 있어서도 매우 중요한 당이다(그림 2-6).

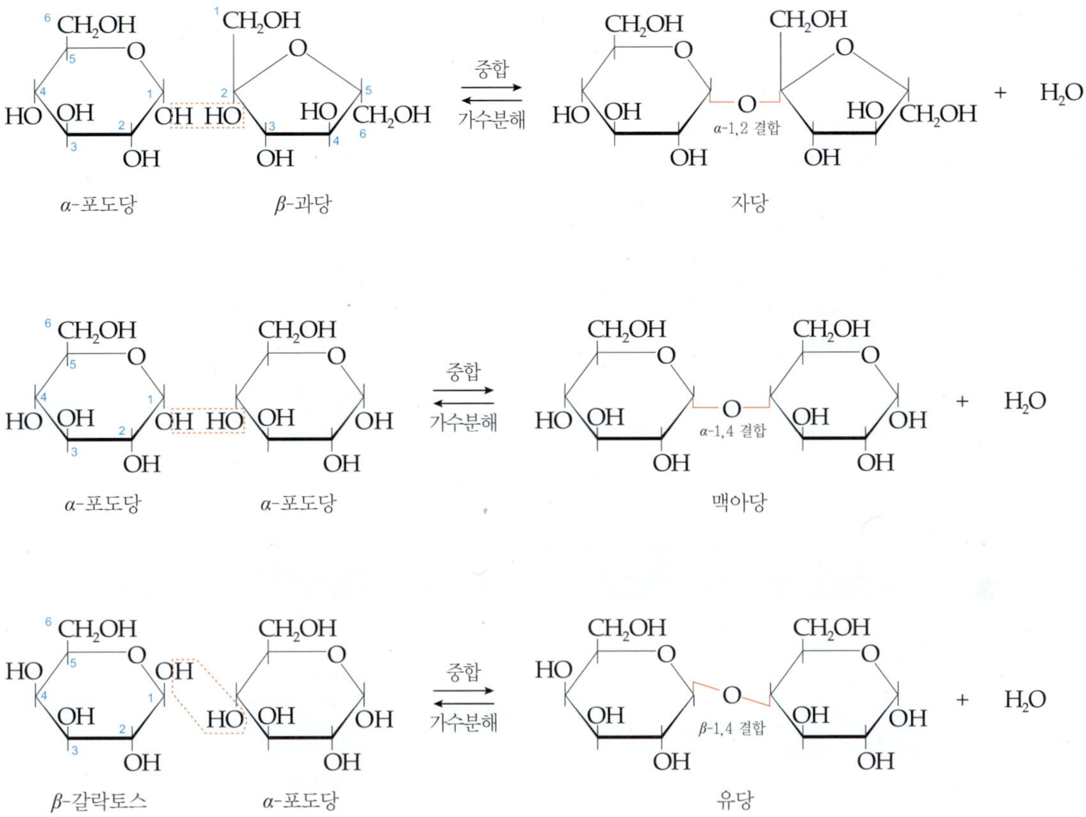

그림 2-6 이당류의 구조

(1) 자당

자당(sucrose)은 서당이라고도 하며, 포도당의 알데하이드기와 과당의 케톤기가 α-1,2-글리코사이드 결합하고 있는 비환원성 당이다(그림 2-6). 자당은 과일, 꽃, 종자, 벌꿀 등의 식물계에 널리 분포되어 있으며, 특히 사탕수수 줄기(10~16%)나 사탕무 뿌리(13~17%)에 많아 여기서 얻은 즙을 농축하고 결정화한 후 정제하여 만든다.

자당이 묽은산, 알칼리, 효소(invertase) 등에 의해 가수분해되면 동량의 포도당과 과당을 포함하는 혼합물이 생성되는데 이를 전화당(invert sugar)이라 하며, 전화당으로 되면서 설탕(100)보다 단맛이 증가(130)한다. 전화당은 흡습성과 감미가 높으면서 결정 형성이 잘 되지 않아 농후한 시럽을 만들 때 효과적이다.

자당은 자연식품의 주요한 감미 성분이며, 당류 중 단맛의 수용도가 가장 높고 환원력이 없기 때문에 감미의 기준물질로 이용된다. 당류의 감미도는 과당 > 자당 > 포도

최초의 설탕 생산국, 인도

기원전 4세기에 이미 인도에서는 설탕을 제조하고 있었다. 기원전 327년 알렉산더가 인도를 침략했을 때 알렉산더 군대의 사령관인 네아르쿠스(Nearchus) 장군은 벌의 도움 없이도 갈대 줄기에서 꿀을 만들 수 있다는 사실에 놀랐다. 그는 사탕수수를 가리켜 '꿀벌 없이 꿀을 만드는 갈대(reed)'라고 했다. 기원전 320년에 인도를 다녀온 그리스인 메가스테네스(Megasthenes)는 설탕을 '돌꿀(stone honey)'이라고 소개했다. 돌이라고 표현한 것으로 보아, 그때 이미 액체 상태의 사탕수수즙이 아닌 결정화된 상태의 설탕이 생산되고 있었음을 말해 준다.

사탕수수즙을 끓이고 햇볕에 말려서 만든 이 덩어리는 요즘처럼 고도의 기술로 정제되지 않은 조악한 수준의 설탕으로 원당(原糖)에 가깝다고 할 수 있다. 인도에서 설탕을 제조하는 과정에 대한 기록은 5세기의 힌두교 관련 문헌들에 나타난다. 수액을 끓이고 당밀을 만들고 설탕 덩어리를 굴린다는 표현들이 종교적 가르침을 설파하는 데에 비유적으로 사용되었던 것이다.

자료 : 엄우흠 외 2인 (2005), 설탕, 김영사

표 2-3 각종 당의 상대적 감미도

당의 분류	당의 종류	상대 당도(자당＝100)	주요 식품
당류	유당	39	유제품
	맥아당	46	발아 종자
	포도당	70	옥수수 시럽
	자당	100	대부분의 단 식품
	전화당	130	사탕류, 꿀
	과당	120~180	과일, 꿀, 탄산수
당알코올류	솔비톨	60~70	다이어트 사탕, 무설탕 껌
	만니톨	75~80	다이어트 사탕
	자일리톨	100	무설탕 껌

당 > 맥아당 > 유당의 순이며 이것은 당의 용해도 순서와 같다(표 2-3).

자당은 녹는점보다 높은 온도로 가열하면 당류의 분해산물들이 상호작용하여 갈색 색소를 형성하는 캐러멜화(caramelization) 반응이 일어난다. 이 반응으로 생성된 갈색의 캐러멜은 약간 쓴맛을 내며, 독특한 향과 색을 가지므로 식품 가공 시 착색이나 향을 위한 첨가제로 이용한다.

(2) 맥아당

맥아당(maltose)은 엿당이라고도 하며 두 분자의 포도당이 α-1,4 글리코사이드 결합으

고소한 밥맛의 비밀, 맥아당

엿은 맥아당(maltose)을 많이 함유하고 있어서 맥아당을 엿당이라 부르기도 한다. 맥아당은 포도당 두 분자가 결합된 것이다. 포도당과 과당이 한 분자씩 결합된 설탕과 마찬가지로 맥아당도 이당류이다. 곡물에 엿기름(보리에 물을 부어 싹을 내어 말린 것)을 넣으면 다당류의 탄수화물이 맥아당으로 분해된다. 이것은 엿기름 속에 든 아밀레이스(amylase)가 당화(糖化)라는 효소작용을 일으키기 때문이다. 밥을 오래 씹고 있으면 단맛이 나는데 이것은 침 속의 아밀레이스가 전분을 맥아당으로 분해하였기 때문이다.

자료 : 엄우흠외 2인 (2005), 설탕, 김영사

로 연결된 환원성 당이다(그림 2-6). 전분이 가수분해되면서 만들어지므로 발아 곡식, 즉 발아 보리나 전분을 산이나 아밀레이스(amylase)로 당화시킨 식혜와 물엿에 함유되어 있다. 식혜는 엿기름에 존재하는 α-아밀레이스가 쌀 전분을 당화시켜 만든 발효식품으로, 전분이 부분적으로 맥아당으로 분해되면서 단맛을 가지게 된다.

(3) 유당

유당(lactose)은 식물에서 발견되지 않고 포유동물의 젖에 함유되어 있는 당으로, 포도당과 갈락토스가 β-1,4 글리코사이드 결합을 한 환원성 당이다(그림 2-6). 모유에는 6~7%, 우유에는 4~5% 정도 함유되어 있으며 소장에서 분비되는 락테이스(lactase)에 의해 가수분해된다.

유당은 포유동물의 성장과 뇌신경조직 형성에 주요한 역할을 한다. 또한, 소장에서 유산균의 발육을 왕성하게 하여 다른 유해균의 번식을 억제하는 정장작용을 한다. 유산균의 번식은 장을 산성 환경으로 만들어 칼슘의 흡수를 좋게 하여 아기의 골격 형성에 도움을 준다. 유당은 다른 당에 비해 물에 대한 용해도가 낮아 단맛이 적다.

(4) 그 외의 이당류

겐티오바이오스(gentiobiose)는 두 분자의 포도당이 β-1,6 글리코사이드 결합을 한 당으로 전분의 가수분해 과정에서 맥아당과 함께 소량 형성되는데 아미그달린(amygdalin) 배당체의 구성당이다.

아이소말토스(isomaltose)는 전분의 가수분해 과정에서 얻어지는 부산물이며 셀로바이오스(cellobiose)는 두 분자의 포도당이 β-1,4 글리코사이드 결합한 것으로 자연에 유리 상태로 존재하지 않고 섬유소의 구성 단위로만 존재한다.

2) 삼당류 이상의 소당류

삼당류 이상의 소당류는 3~10개의 단당류가 결합한 당류로 올리고당이라고도 한다. 소당류를 구성하는 단당류의 수에 따라 삼당류인 라피노스와 사당류인 스타키오스가 포함되며 최근에는 기능성 올리고당에 대한 관심이 높아지고 있다. 올리고당류는 단당류와 마찬가지로 물에 잘 용해되며, 산에 의해 쉽게 분해되나 알칼리에는 비교적 안정하다. 이러한 당류는 사람의 소화기관에서 가수분해되지 않고 대장에 있는 일부 세균에 의해 분해된다.

라피노스(raffinose)는 포도당, 과당과 갈락토스로 이루어진 삼당류로 식물의 종자, 뿌리, 줄기 등에 광범위하게 분포되어 있다. 비환원성 당이며 약간의 단맛을 가지고 있다.

스타키오스(stachyose)는 면실과 대두에 비교적 많이 함유되어 있으며 라피노스에 갈락토스 하나가 더 결합된 사당류로 비환원성 당이다. 장내 세균의 발효에 의해 가스를 형성하고 복통을 유발하기도 한다. 그러나 최근 부패균의 활성을 억제하고 비피더스균 활성을 증가시키며 변비 예방 및 혈압 강하에 효과가 있다는 연구 보고가 있었다.

최근에는 프럭토올리고당, 아이소말토올리고당, 갈락토올리고당 등의 기능성 올리고당을 식품에 많이 사용하고 있다('10장 식품의 기능성' 참조).

기능성 올리고당이란?

아이소말토올리고당, 프럭토올리고당 및 갈락토올리고당은 독특한 감미, 비우식성이나 비피더스균에 선택적으로 이용되기 때문에 기능성식품 소재로서 주목되어, 청량음료 등의 식품에 활발히 응용되고 있다. 키토올리고당의 일부는 면역 활성 촉진 기능이 있어 새로운 형의 기능성 올리고당으로 주목받고 있다.

자료 : 한국식품과학회 편 (2008), 식품과학기술대사전, 광일문화사

5. 다당류

다당류(polysaccharides)는 많은 단당류가 글리코사이드 결합으로 결합된 고분자 탄수화물로 생물체의 구조와 영양에 중요한 물질이다. 한 가지 종류의 단당류로 이루어진 단순다당류와 두 가지 이상의 다른 단당류로 구성된 복합다당류로 분류하며, 그 출처에 따라 동물성 다당류, 식물성 다당류, 검류로 나뉜다(표 2-4).

표 2-4 출처에 따른 다당류의 분류

분류		종류
식물성 다당류	저장다당류	전분, 덱스트린, 이눌린, 글루코만난
	구조다당류	셀룰로스, 헤미셀룰로스, 펙틴
동물성 다당류	저장다당류	글리코겐
	구조다당류	키틴, 황산콘드로이틴
검류	식물성 검	아라비아검, 구아검
	해조 검	한천, 알긴산, 카라기난
	미생물 검	덱스트란, 잔탄검

1) 전분

전분(starch)은 포도당이 수백만 개 연결된 단순다당으로, 녹색식물 잎의 엽록소에서 공기 중의 이산화탄소와 흙 속의 수분을 이용하여 태양에너지를 흡수하는 광합성으로부터 만들어지는 식물성 저장 탄수화물이다. 쌀, 보리, 밀 등의 곡류와 감자, 고구마 등 서류의 주성분으로 동식물의 주요 에너지원이다.

(1) 전분 입자

탄소동화작용에 의해 생성된 전분은 식물세포 내 세포질에 존재하는 색소체(plastid) 내부에 축적되어 단단하게 조직화된 모양의 전분 입자(granules)를 형성한다. 전분 분자는 입자 중앙의 생장점(hilum) 주위로 층을 형성하면서 쌓여 있어 결정과 같은 형태의 체

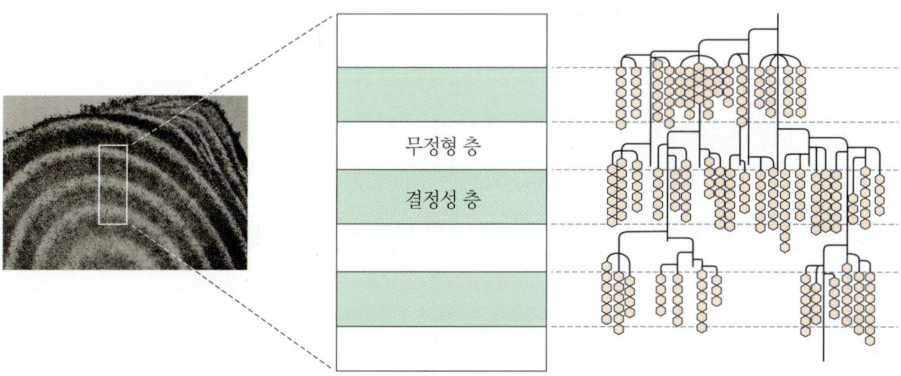

그림 2-7 전분의 결정화 구조
자료 : Radley (1982), Examination and analysis of starch and starch products.

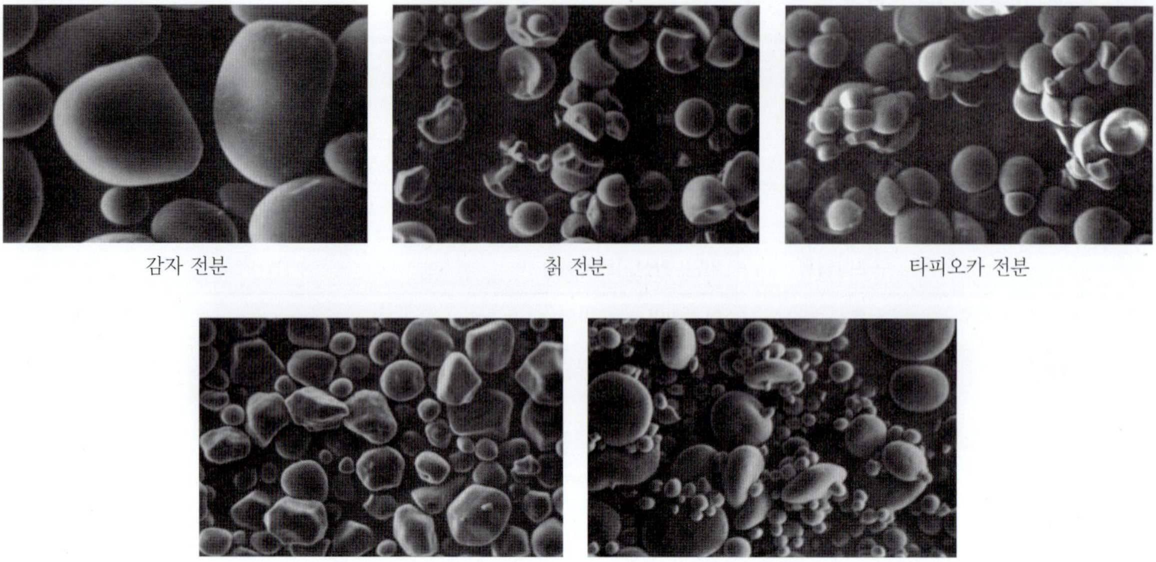

그림 2-8 다양한 식물성 식품의 전분 입자 모양
자료 : Marion Bennion (2000), Introductory foods.

계적인 구조를 가지고 있다(그림 2-7).

전분 입자의 형태와 크기는 전분의 출처, 식물의 종류에 따라 다르다. 형태는 원형, 타원형, 렌즈형, 다각형 등 식물 종류에 따라 다양하다. 곡류의 전분 입자는 소형이며 크기 차이가 작고(직경 2~20 μm), 감자나 고구마 등 근경류의 전분 입자는 5~150 μm로 입자의 크기 차이가 심하다(그림 2-8).

(2) 전분 구조

전분의 구조는 α-1,4 결합으로 포도당이 직쇄상으로 결합한 아밀로스(amylose)와 직쇄상의 기본 구조에 포도당 15~30개마다 α-1,6 결합으로 가지를 친 형태인 아밀로펙틴(amylopectin)으로 구성되어 있다(그림 2-9).

아밀로스와 아밀로펙틴은 분자구조가 현저히 다르기 때문에 서로 다른 화학적·물리적 성질을 가진다(표 2-5).

대부분의 전분은 아밀로스와 아밀로펙틴의 비율이 20 : 80 정도로 구성되어 있으나 전분의 종류에 따라 차이가 있다(표 2-6). 옥수수, 쌀, 귀리와 보리 등의 찰 품종(waxy varieties)은 아밀로스가 거의 없이 아밀로펙틴만으로 구성되어 있다. 이들의 구성비는 전

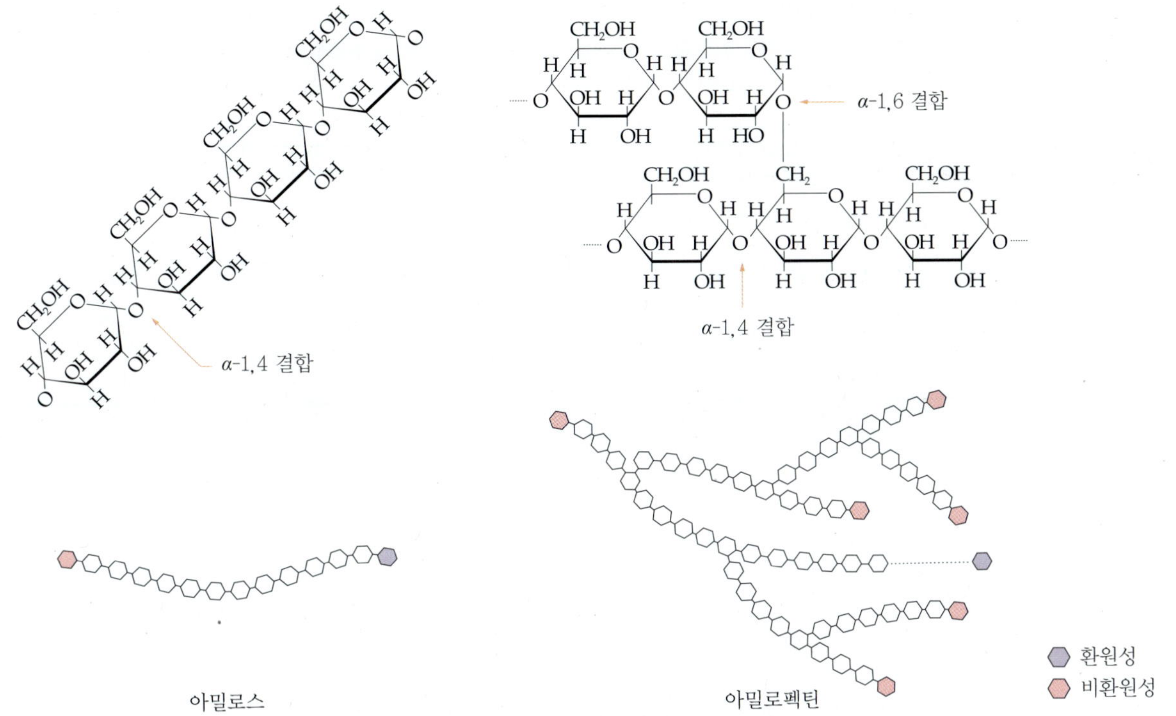

그림 2-9 아밀로스와 아밀로펙틴의 구조

표 2-5 아밀로스와 아밀로펙틴의 특성 비교

구분	아밀로스	아밀로펙틴
모양	직선형의 분자구조 6개의 포도당이 1회전하는 나선형	가지를 친 분자구조 전체적으로 나뭇가지 모양
결합 방식	α-1,4 결합	α-1,4 결합 분지점은 α-1,6 결합
분자량	40,000~340,000	4,000,000~6,000,000
요오드 반응	청색	적자색
수용액에서의 안정도	노화	안정
물에 대한 용해도	잘 녹음	거의 녹지 않음
X선 분석	고도의 결정성	무정형
호화·노화 반응	쉬움(직선구조)	어려움(가지 모양)
포접화합물	형성	형성하지 않음

표 2-6 각종 전분의 아밀로스 함량

(단위 : %)

전분의 종류	아밀로스 함량	전분의 종류	아밀로스 함량
쌀	14~32	수수	21~34
찹쌀	1	호밀	28
보리	22~29	귀리	27
밀	26~31	감자	23
옥수수	28	고구마	20
찰옥수수	0~1	카사바	17

분 식품의 조직감을 결정하는 중요한 요소가 된다.

아밀로스

아밀로스는 대략 420~980개 정도의 포도당이 α-1,4 결합으로 연결된 직쇄상 구조이다(그림 2-9). 아밀로스는 대개 6개 정도의 포도당 연결체가 한 번씩 회전하면서 길게 연결된 α-나선형(α-helical form)의 입체구조를 가진다.

이 나선의 내부 공간에 지방산 분자나 요오드 분자가 들어가 포접화합물을 형성할 수 있다. 이 속에 요오드 분자가 들어가면 청색을 나타낸다(그림 2-10). 전분 내 아밀로스는 전분을 가열, 냉각하였을 때 겔을 형성하는 데 관여하며, 전분용액을 냉각하거나 방치하면 아밀로스 분자들 사이에 수소결합이 생겨 침전하여 전분이 노화된다.

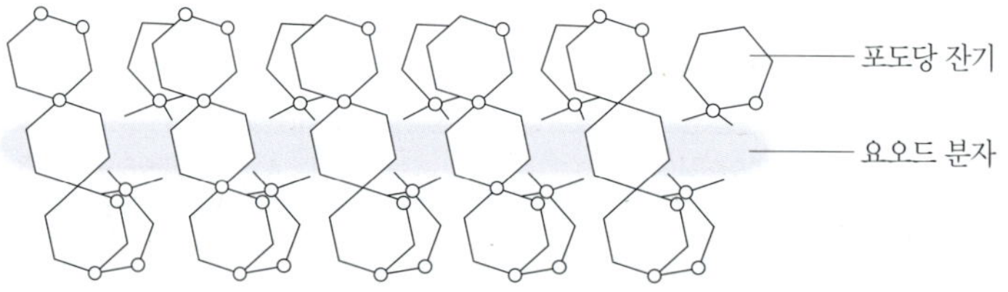

그림 2-10 아밀로스와 요오드 분자 간의 포접화합물 형성도

아밀로펙틴

아밀로펙틴은 포도당이 α-1,4 결합에 의해 연결된 직쇄의 중간 중간에 다른 포도당이 α-1,6 결합으로 연결된 가지(branch) 형태이다(그림 2-9 참조). 아밀로펙틴의 분자량은 아밀로스의 분자량보다 훨씬 커 최소한 1,000개 이상의 포도당이 중합된 것으로 추정된다.

전분용액을 가열하였을 때 아밀로펙틴은 용액의 점착성과 점도를 증가시키는 특성을 가지나 겔을 형성하지는 못한다. 아밀로펙틴은 아밀로스의 나선형 형태를 만들지 못하기 때문에 요오드와 포접화합물을 형성할 수 없어 요오드 반응에서 적자색을 띤다.

(3) 전분의 X-선 회절도

전분 입자 내부는 부분적으로 규칙적인 배열을 하고 있는 결정성 영역(crystalline region)이 존재하여 생전분에 X-선을 조사하면 뚜렷한 반점이나 동심원륜이 나타난 회절도를 볼 수 있다(그림 2-11). 생전분인 β-전분은 전분의 종류에 따라 A, B, C의 세 가지 형태로 구분되는데 A형은 곡류 전분, B형은 아밀로스 함량이 35~40% 이상인 감자와 옥수수 전분, C형은 A와 B의 중간 형태의 결정구조를 가지는데 콩류와 고구마 전분이 이에 해당한다. 호화전분인 α-전분은 호화 과정에서 미셀 구조가 붕괴되어 배열이 불규칙해지면서 결정성 영역이 없어져 뚜렷한 동심원륜이 나타나지 않는 V도형의 X-선 회절도를 보여 준다.

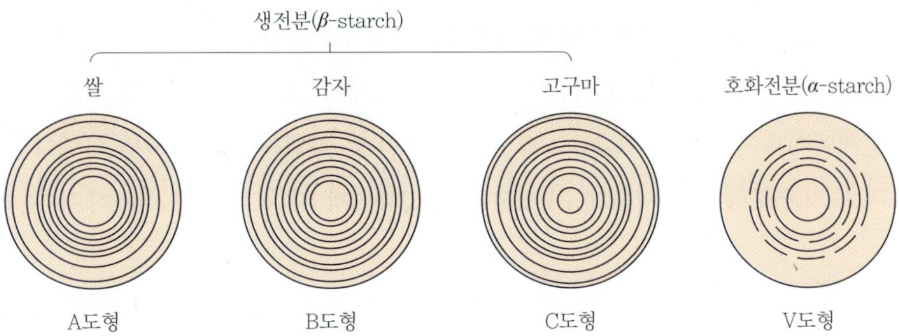

그림 2-11 전분의 X-선 회절도

(4) 전분의 요오드 정색반응

아밀로스의 α-나선형 입체구조 내부에는 적당한 공간이 있어 다른 화합물을 포접하여 포접화합물(inclusion compounds)을 형성하는 경우가 있다(그림 2-10 참조). 아밀로스와 요오드가 반응하면 요오드 분자가 아밀로스 분자 내로 들어가면서 포접화합물이 형성되어 정색반응을 일으켜 특유의 짙은 청색을 띠게 되며, 사슬의 길이가 길수록 색은 더 짙어진다. 가지를 친 구조인 아밀로펙틴은 나선상의 형태가 아니므로 포접화합물을 형성하지 않아 요오드 반응 시 적자색을 나타낸다.

(5) 전분의 가수분해

전분을 가수분해하면 전분의 중간 분해산물로 다양한 분자량을 가지는 덱스트린(dextrin)이 형성되며, 계속 분해하면 10개 이하의 포도당이 연결된 소당류와 포도당 2개가 연결된 맥아당이 된 후 단당인 포도당으로 분해된다. 전분을 분해하는 효소에는 α-아밀레이스, β-아밀레이스와 글루코아밀레이스가 있다.

α-아밀레이스

α-아밀레이스(α-amylase)는 타액, 췌장액, 발아 중인 종자와 미생물 등에 존재하는 전분분해효소로 아밀로스 내부의 α-1,4 결합을 무작위로 가수분해하여 소당류와 덱스트린을 생성한다(그림 2-12). 이 효소는 분지점인 α-1,6 결합을 분해하지 못하여 α-한계덱스트린이 남는다. 이 분지점을 뛰어넘어 분자 내부의 α-1,4 결합을 절단하므로 전분용액은 급속하게 점도가 감소되기 때문에 액화효소(liquefying enzyme)라 한다.

β-아밀레이스

β-아밀레이스(β-amylase)는 감자류, 콩류 또는 엿기름 등에 널리 분포되어 있는 전분 가수분해효소로, 전분의 비환원성 말단에서부터 α-1,4 결합을 맥아당 단위로 분해시킨다. 이 효소는 α-1,6 결합의 분지점에 가까운 2~3개의 포도당을 남기고 작용이 정지되어 β-한계덱스트린이 남는다(그림 2-12). 이와 같이 β-아밀레이스는 전분을 맥아당 단위로 차례로 가수분해하기 때문에 가수분해가 진행됨에 따라 단맛이 증가하여 당화효소

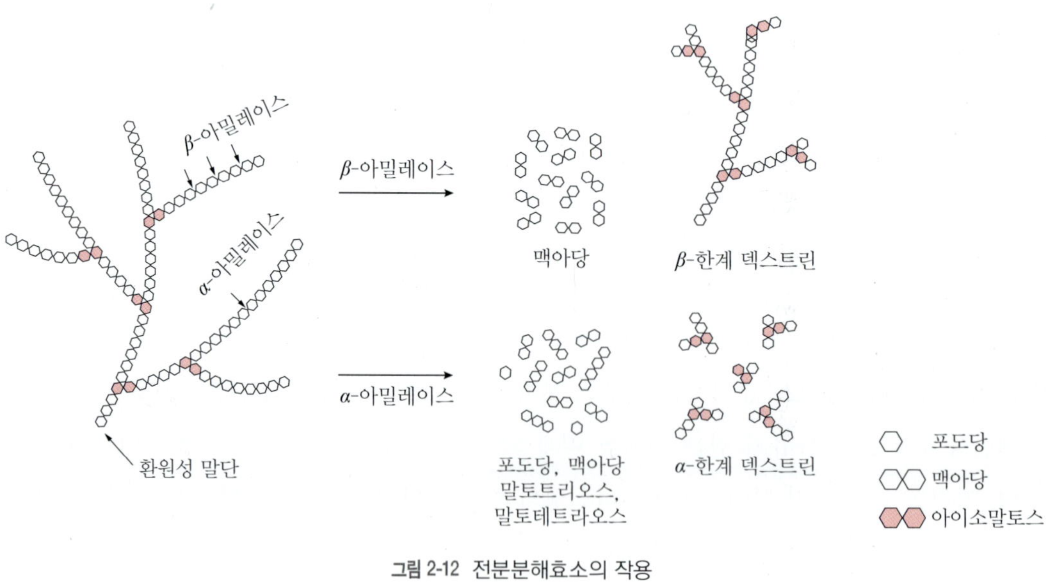

그림 2-12 전분분해효소의 작용

(saccharifying enzyme)라고도 한다.

글루코아밀레이스

글루코아밀레이스(glucoamylase)는 전분 분자의 비환원성 말단기부터 포도당 단위로 α-1,4 결합뿐 아니라 α-1,6 결합, α-1,3 결합에도 작용하는 효소로, 전분을 완전히 포도당까지 분해한다. 이 효소는 곰팡이류, 효모와 간조직 등에 널리 분포되어 있다.

(6) 전분의 호화

전분에 물을 넣고 가열하면 전분 입자 내부의 수소결합이 끊어지면서 입자 내부로 수분이 침투하게 되고 일부 아밀로스가 빠져나가 분자 내 미셀(micelle)이 붕괴되는 일련의 과정을 전분의 호화(gelatinization)라고 한다. 전분이 호화되면 전분 입자의 팽창, 입자 내 작은 결정 영역의 용융, 복굴절의 소실과 전분 분자의 가용화 같은 비가역적 변화가 일어난다. 미셀 구조를 가진 생전분을 β-전분이라 하고, 호화가 이루어지면서 미셀이 붕괴된 상태의 호화전분을 α-전분이라 하여, 전분의 호화 과정은 β-전분이 α-전분화되는 과정이기도 하다. 전분의 호화 과정은 수화, 팽윤, 붕괴의 3단계로 이루어진다.

호화 과정

수화 전분을 물에 담그면 물 분자들은 미셀을 형성하고 있는 아밀로스와 아밀로펙틴 분자 사이로 스며들게 된다. 이 전분용액은 온도가 높아짐에 따라 25~30%의 물을 흡수하게 된다. 전분 입자가 호화 온도 아래에서 많은 양의 물을 흡수할 수 있는 것은 무정형 부분을 가지고 있기 때문이며 형태를 유지하는 것은 결정 영역 때문이다. 이 시기에 흡수된 수분은 건조시키면 쉽게 제거되므로 물의 흡수 과정은 가역적이다.

팽윤 전분용액을 계속 가열하여 호화 온도에 이르게 되면 분자 간의 수소결합이 끊어지고 미셀 구조가 붕괴되면서 물 분자들이 전분 분자 사이로 자유롭게 이동하여 전분 입자가 급속하게 팽윤(swelling)된다. 전분의 팽창은 일반적으로 88~92℃에서 완전하게 이루어진다.

붕괴 최고의 팽윤 상태를 지나면 전분 입자들은 붕괴되어 비가역적으로 그 형태를 잃게 되고 투명한 콜로이드용액(colloidal solution, 교질용액)을 형성하게 된다(그림 2-13). 이 콜로이드용액을 급속 냉각하면 3차원 구조 내에 물을 가두어 반고체 상태의 겔을 형성하며, 완만 냉각하면 전분 입자들이 침전되면서 수소결합을 통하여 규칙성 있는 결정 영역을 형성하여 노화(retrogradation)가 일어난다.

전분의 호화에 영향을 미치는 요인

전분의 호화 특성은 전분의 종류, 가열 온도와 시간, 수분 함량, 산도와 여러 성분에 의해 영향을 받는다(표 2-7).

표 2-7 전분의 호화에 영향을 주는 요인

요인	작용
전분 종류	• 전분 입자 크기 : 입자 크기가 작은 전분의 호화 온도가 더 높다. • 아밀로펙틴 함량 : 아밀로펙틴의 함량이 많을수록 호화 속도가 느리다.
가열 온도	• 가열 온도가 높을수록 호화 시간이 단축되고 점도가 높은 용액을 형성할 수 있다. • 전분에 따라 일정한 호화 온도 범위를 가진다. (쌀 전분 : 68~78°C, 옥수수 전분 : 62~70°C, 밀 전분 : 60~70°C, 타피오카 전분 : 52~64°C, 고구마 전분 : 58~66°C 등)
수분 함량	• 수분이 많을수록 호화가 잘 일어난다.
pH	• 알칼리 : 전분의 팽윤을 촉진하여 호화를 촉진한다. • 산 : 전분 입자를 절단하여 호화용액의 점도가 감소한다.
염류	• 대부분의 염류는 수소결합에 영향을 주어 전분 입자의 호화 온도를 낮추는 팽윤제로 작용하여 호화를 촉진시키지만 황산염은 호화를 억제한다.
그 외 성분	• 당 : 전분의 호화 온도를 상승시키며 당의 첨가량이 많으면 전분 입자의 팽창을 늦추고 부분적으로 전분과 물에 대하여 경쟁하기 때문에 전분용액의 점도를 낮춘다. • 탄수화물과 단백질 : 전분 입자를 둘러싸서 수화를 늦추어 점도의 증가 속도를 감소시킨다.

(7) 전분의 겔화

겔화(gelation)는 전분용액을 호화시킨 후 냉각하였을 때 나타나는 현상으로 전분용액이 냉각되면서 점진적으로 이루어지는 과정이다. 호화 과정 중 팽창된 전분 입자가 붕괴되면서 일부 아밀로스 분자가 빠져나와 새로운 결합을 형성하여 매우 질서 정연한 영역을 이룬다. 이러한 결합이 삼차원적 망상조직(3-dimensional network)을 만들고 그 안에 물을 가두어 겔을 형성하여 견고성이 증가한다(그림 2-13).

아밀로펙틴은 팽창된 전분 입자의 내부에 남아 재결정화 과정에서 새로운 분자 간의 결합이 매우 느리며, 헝클어진 아밀로펙틴 가지 간의 결합도 약하여 실제적으로 전분 겔의 견고성에 크게 영향을 미치지 못한다. 따라서 아밀로스를 함유하고 있지 않은 찰전분은 겔을 형성하지 못하며, 옥수수 전분처럼 많은 양의 아밀로스를 포함한 전분은 단단한 겔을 형성한다.

전분 겔은 외부 압력을 받으면 액상의 졸(sol) 상태가 되며, 방치하면 다시 반고체인 겔

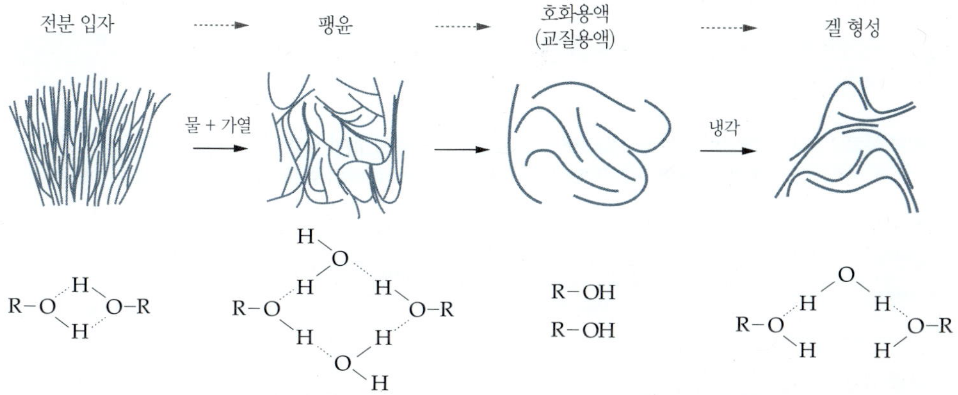

그림 2-13 전분의 호화 및 겔 형성 과정

상태로 돌아간다.

(8) 전분의 노화

호화된 전분, 즉 α-전분을 오래 방치해 두면 직선상의 아밀로스 분자 사이에 수소결합이 형성되면서 분자 간 회합이 증가하여 생전분과는 다른 새로운 형태의 결정 영역을 형성하게 되는데 이 과정을 전분의 노화 또는 β-화라고 한다.

노화 과정

호화 상태에서 불규칙한 배열을 하고 있던 전분용액은 온도가 낮아지면서 분자 운동이 감소하게 되고 분자 간에 결합이 발달하면서 결정 영역을 형성하게 된다(그림 2-14). 노화된 전분은 불투명해지고 점도도 감소하며, 효소 침투가 어려워 소화율이 떨어진다.

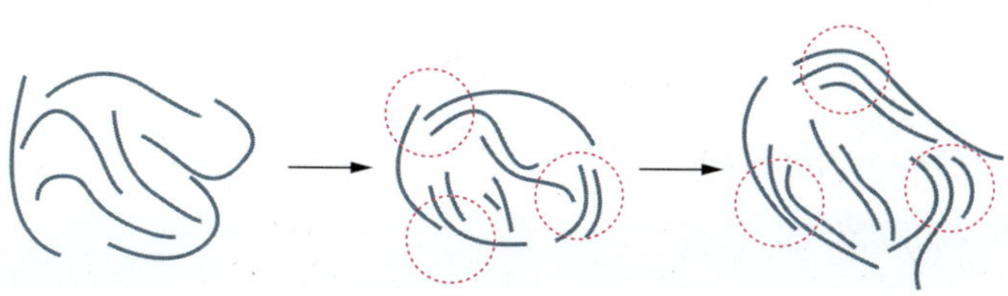

그림 2-14 전분의 노화 과정

노화에 영향을 미치는 요인

전분의 노화에 영향을 미치는 요인은 전분의 종류, 온도, 수분 함량, pH, 염류 등이 있

표 2-8 전분의 노화에 영향을 주는 요인

요인	작용
전분 종류	• 전분 입자 크기 : 입자 크기가 작은 전분의 노화가 빠르다. • 아밀로스 함량 : 직선구조인 아밀로스는 결정 영역 형성이 용이하여 가지구조인 아밀로펙틴보다 훨씬 노화가 쉽다. 따라서, 아밀로스 함량이 높을수록 노화가 빠르게 진행된다.
전분 농도	• 전분의 농도가 증가하면 침전 속도가 증가하여 노화 속도는 빨라진다.
온도	• 노화가 가장 잘 일어나는 온도는 0℃ 부근이다. • 60℃ 이상 또는 -20℃ 이하에서는 노화가 거의 일어나지 않는다(밥이나 빵의 냉동 보관).
수분 함량	• 전분의 노화는 일반적으로 30~60%의 수분 함량에서 잘 일어난다. • 수분 함량이 60% 이상이거나 30% 이하이면 노화가 억제된다(알파화미, 팽화미, 쿠키).
pH	• 알칼리 : 노화가 일어나지 않는다. • 산 : 강산에서 노화가 빠르게 진행된다.
염류	• 대부분의 염류, 양이온과 음이온들은 호화를 촉진하는 반면에 노화는 억제한다. 다만, 황산염은 노화를 촉진한다.
그 외 성분	• 당 : 탈수제 역할을 하여 노화를 억제한다. • 유화제 : 아밀로스와 결합하여 아밀로스 간의 결합을 방해하여 노화를 억제한다.

으며 전분의 노화에 작용하는 방식은 〈표 2-8〉과 같다.

(9) 전분의 덱스트린화

덱스트린화(dextrinization)는 전분에 물을 가하지 않고 160~170℃로 건열 처리하거나 효소나 산으로 가수분해하면, 전분이 가용성 전분을 거쳐 여러 종류의 덱스트린으로 분해되는 현상이다. 덱스트린은 전분이 맥아당과 포도당으로 되기 이전의 모든 가수분해 중간산물의 총칭이며, 분자량이나 중합도, 요오드 정색반응에 따라 가용성 전분(soluble starch), 아밀로덱스트린(amylodextrin), 에리트로덱스트린(erythrodextrin), 아크로모덱스트

표 2-9 중합도에 따른 덱스트린의 특성

종류	요오드 반응	환원력(맥아당=100)	알코올 용해도
아밀로덱스트린	청색	0.6~2	40% 알코올에 침전
에리트로덱스트린	적갈색	3~8	65% 알코올에 침전
아크로모덱스트린	무색	10	70% 알코올에 용해
말토덱스트린	무색	20~43	70% 알코올에 용해

린(achromodextrin), 말토덱스트린(maltodextrin)으로 구분된다(표 2-9).

덱스트린화는 화학적 분해가 일어난 것으로 호화전분보다 분자량이 작아 용해도가 크고 효소작용도 받기 쉬우므로 소화성이 좋다. 전분 식품을 건조한 상태로 고온에서 가열하면 비효소적 갈변반응이 일어나 고소한 향이 나면서 갈색을 띠게 되는데, 예를 들어 오븐에서 갓 구워낸 빵이나 과자의 고소한 향과 갈색 표면은 전분이 덱스트린화된 것이다.

2) 변성 전분

전분은 출처에 따라 아밀로스와 아밀로펙틴의 비율과 조성이 달라 조리 과정에서 매우 다른 물리적 특성을 보여 식품 제조, 가공 시 이용에 제한이 따른다. 따라서, 식품 가공산업에서는 생산 과정에서 고온, 낮은 pH, 높은 전단(shear)이나 냉·해동(freeze-thaw cycles)을 거친 후에도 제품이 바람직한 향과 조직감을 유지할 수 있게 하기 위해 천연 전분을 화학적으로 변성시켜 다양한 물리화학적 특성을 가진 변성 전분(modified starches)을 제조하여 사용하고 있다.

이러한 변성 전분은 부드럽고 매끈한 질감의 크림소스에서 바삭바삭한 질감의 스낵에 이르기까지 다양한 형태의 식품의 물성을 조절하기 위해 이용된다. 변성 전분에는 덱스트린, 산화 전분, 산소 처리 전분, 호화(α) 전분, 전분 유도체 등이 있으며, 여러 가지 처리를 함으로써 고점성·저점성, 또는 냉수에 녹는 성질 등을 가진 변성 전분을 만들 수 있다.

알파미(precooked rice)란?

전분을 가열 호화한 상태로 고온에서 탈수하면, 높은 호화 상태를 유지하면서 건조시킬 수 있고 저장 중에 노화도 잘 일어나지 않는다. 이러한 전분을 알파전분이라고 한다. 이 원리를 이용한 알파미는 쌀로 밥을 지은 후 80~130℃에서 상압 또는 감압으로 급속하게 탈수하여 수분 5% 정도로 건조시켜 쌀 속의 전분이 호화 상태를 유지한 것이다. 이렇게 하여 얻은 알파미는 물 또는 뜨거운 물을 가하기만 하면 밥이 된다. 인스턴트밥, 휴대식 등에 이용되고 있다.

자료 : 김을상·채범석 (1998), 영양학사전, 아카데미서적

6. 그 외 다당류

1) 식물성 다당류

(1) 이눌린

이눌린은 돼지감자, 백합 뿌리, 우엉과 달리아 뿌리 등에 있는 저장다당류로, 과당이 β-1,2 결합에 의해 연결되어 있어 소장에서 소화 흡수되지 못한다. 이눌린을 가수분해하면 과당이 형성되기 때문에 과당 제조 원료로 이용한다.

(2) 식물 섬유

식이섬유는 사람의 소화효소로 분해하기 어려운 난소화성 고분자물질로, 식물의 세포벽 성분을 말한다. 식이섬유는 크게 물에서의 용해성을 기준으로 수용성과 불용성으로 구분한다.

셀룰로스

셀룰로스(cellulose)는 식물 세포벽의 구성성분으로, 조직의 구조를 유지해 주는 역할을 하며 자연계에 가장 많이 존재하는 구조다당류이다. 셀룰로스는 아밀로스와 같이 직쇄상으로 수천 개의 포도당이 연결되어 있으나, β-1,4 결합으로 연결되어 있고 분자 간에 수소결합을 통하여 규칙성을 가지고 강하게 결합하여 섬유상 구조를 만들고 있다. 이러한 특성 때문에 물에 녹지 않아서 불용성 식이섬유로 분류한다(그림 2-15). β-1,4 결합을 분해하는 효소인 셀룰레이스(cellulase)가 사람의 소화액에는 존재하지 않으므로 셀룰로스는 영양소가 되지 못하나, 장의 운동을 자극하고 혈청 콜레스테롤을 낮추며 포만감을 가지게 하는 등의 생리적 기능을 한다. 메틸 셀룰로스(methyl cellulose)와 카복시메틸 셀룰로스(carboxymethyl cellulose)는 셀룰로스를 수용성이면서 겔을 형성할 수 있게 만든 것

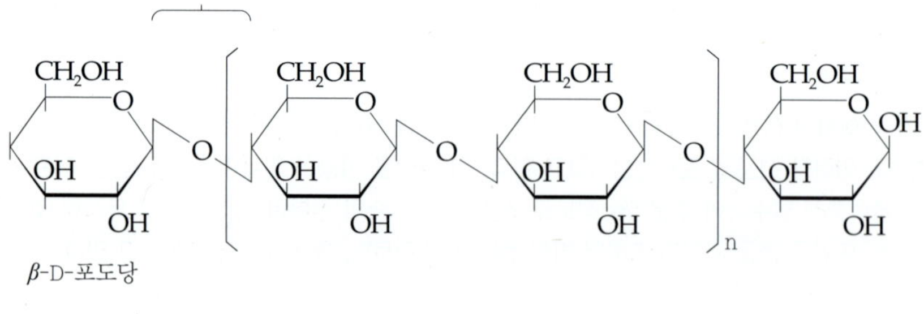

그림 2-15 셀룰로스의 직선 구조

식이섬유와 건강기능식품

과일, 채소와 같은 식물성 식품의 세포벽을 구성하는 식이섬유들이 배변 활동, 콜레스테롤 조절, 식후 혈당 상승 억제에 도움을 준다. 따라서, 식사에서 부족한 식이섬유를 섭취하고자 건강기능식품을 찾는 경우가 있어 이에 대한 정보를 알아보고자 한다.

건강기능식품은 식사에서 부족한 식이섬유를 보충하기 위한 목적으로는, 분석될 수 있는 식이섬유의 모든 성분이 일일 영양소 기준치의 20%만 넘으면 '식이섬유 보충'의 기능성 내용을 인정하고 있다. 하지만, 보충의 목적 이외의 '배변 활동', '콜레스테롤 조절', '식후 혈당 상승 억제'의 기능성을 표시하고자 하는 경우에는 각각의 식이섬유에 따라서 과학적 근거가 확보된 경우에만 사용할 수 있도록 하고 있다. 여러 식이섬유 중 현재까지 과학적 근거가 확보되어 인정된 식이섬유로는 구아검, 글루코만난, 귀리, 난소화성 말토덱스트린, 대두, 목이버섯, 밀, 보리, 옥수수겨, 아라비아검, 이눌린, 차전자피, 폴리덱스트로스, 호로파종자 등이 있다.

자료 : 식품의약품안전처 (2011), 건강기능식품 기능성원료

으로 다양한 가공식품에서 증점제, 안정제, 겔이나 부피감을 부여하는 데 사용된다.

헤미셀룰로스

헤미셀룰로스(hemicellulose)도 식물의 세포벽에서 발견되는 다당류로 셀룰로스와 더불어 식물에 구조적 안정성을 부여하는 역할을 한다. 여러 가지 단당류로 이루어진 복합다당류로 대부분 가지 친 구조를 가진다. 헤미셀룰로스를 구성하는 주요 단당류는 오탄당인 자일로스(xylose)와 아라비노스(arabinose)이다.

펙틴질

펙틴질(pectic substances)은 식물세포와 세포벽 사이 공간에서 발견되는 세포와 세포를 서로 결착시켜 주는 역할을 하는 다당류로서 마치 벽돌과 벽돌 사이의 시멘트 같은 역할을 한다. 이러한 펙틴이 분해되면 세포가 각각 분리되어 버리기 때문에 식물의 조직은 견고성을 잃고 물러진다. 펙틴은 영양 성분은 아니지만 채소나 과일의 가공 저장 중 조직감에 영향을 미치며, 분자 내 친수성기가 많아 콜로이드용액을 형성하며 여기에 적당한 산과 당류가 존재하면 겔을 형성한다.

펙틴질은 식물의 뿌리, 줄기 또는 열매나 채소의 어린 조직에 상당량 존재하여 사과에는 15~18%, 감귤류에는 30~35%, 일부 채소류에는 25~30% 정도 함유되어 있다.

펙틴질은 구성단위가 되는 D-갈락투론산이 α-1,4 결합을 통해 연결되어 있는 갈락투론산 중합체로 아밀로스와 유사한 직선상의 나선형 구조를 가지고 있다(그림 2-16).

펙틴질은 프로토펙틴(protopectin), 펙틴산(pectinic acid), 펙트산(pectic acid) 등을 포함

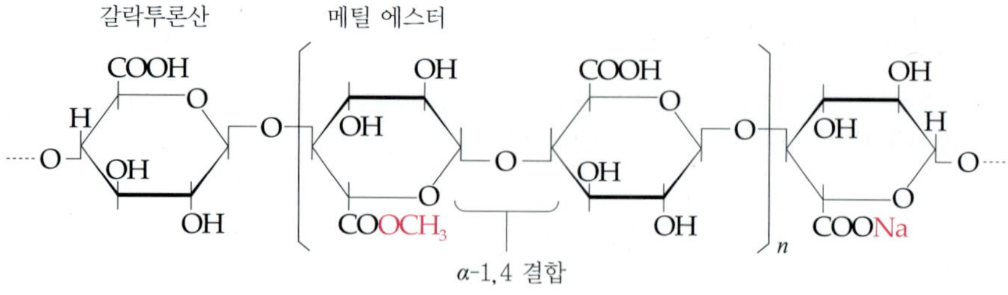

그림 2-16 펙틴질의 구조

한다(표 2-10). 펙트산은 모든 갈락투론산이 유리 상태인 것이고, 갈락투론산의 유리카복실기 일부가 메틸에스터화된 것은 펙틴산이라 한다. 숙성되지 않은 과일에는 분자가 크고 물에 녹지 않는 프로토펙틴이 다량 존재하며, 과일이 익어감에 따라 효소의 작용으로 가수분해되어 물에 녹는 펙틴이나 물과 콜로이드용액을 형성하는 펙틴산으로 전환된다. 펙트산은 펙틴이 알칼리 또는 효소에 의해 가수분해되어 메틸 에스터기(methyl esters)가 떨어져 나가면서 생성된다.

표 2-10 펙틴질의 종류와 특성

종류	특징
프로토펙틴 (protopectin)	• 덜 익은 과일에 존재 • 불용성으로 겔 형성 능력이 없음
펙틴산 (pectinic acid)	• 성숙한 과일에 존재 • 수용성으로 겔 형성 능력이 있음 • 펙트산의 유리카복실기의 10~16.3%에 상당한 부분이 메틸 에스터(-$COOCH_3$) 형태로 존재
펙트산 (pectic acid)	• 과숙 과일에 존재 • 수용성이나 찬물에 녹지 않음 • 분자 속의 카복실기(-COOH)가 메틸 에스터(-$COOCH_3$)의 형태로 존재하지 않고 유리카복실기로 존재하고 있어 산이나 당 함량이 적어도 칼슘과 같은 다가 양이온과 결합하여 겔 형성

펙틴 수용액은 특정 조건에서 겔(gel)을 형성할 수 있다. 펙틴 겔의 형성에는 펙틴과 더불어 탈수제 역할을 하는 당류와 적당량의 산이 요구된다. 펙틴의 겔 형성력은 사슬의 길이와 메틸 에스터화 정도에 따라 결정된다. 펙틴 분자 속의 메톡실기(methoxyl group, -OCH_3)의 함량이 7% 이상이면 고메톡실펙틴이라 하고 7% 이하의 것을 저메톡실펙틴이라 하는데 각각은 겔을 형성하는 과정이 매우 다르다.

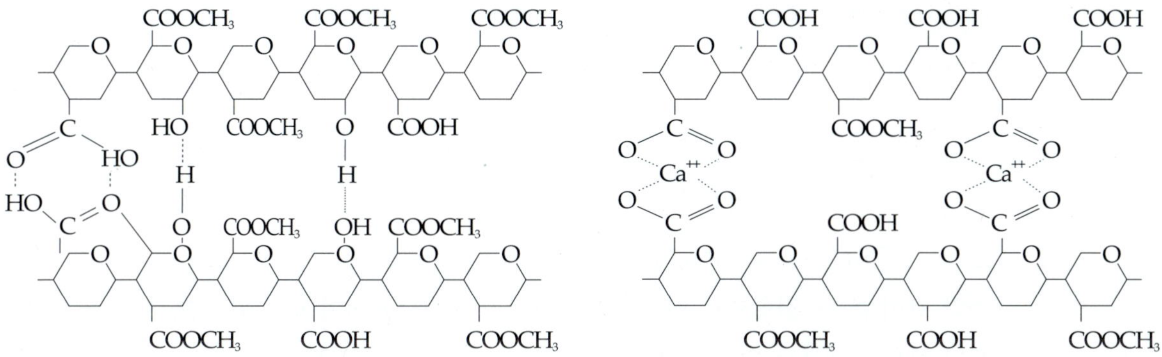

고메톡실펙틴의 겔화　　　　저메톡실펙틴의 Ca^{2+}에 의한 겔화

그림 2-17　펙틴 겔의 형성 메커니즘

고메톡실펙틴은 pH 3.2~3.5에서 당이 50% 이상 존재할 때 겔을 형성하고, 저메톡실펙틴은 당이 없어도 칼슘과 같은 다가 양이온이 존재하면 펙틴 분자 내 카복실기와 금속이온 간 결합으로 겔을 형성할 수 있다(그림 2-17).

(3) 글루코만난

글루코만난(glucomannan)은 가수분해되면 만노스와 포도당이 2 : 1의 비율로 존재하는 복합다당류로 곤약, 고구마 등에 많이 함유되어 있다. 인체에 거의 흡수되지 않아 저칼로리 식품의 원료로 사용한다.

(4) β-글루칸

β-글루칸(β-glucan)은 효모의 세포벽, 버섯류, 곡류 등에 존재하는데 특히 귀리와 보리에 많이 함유되어 있다. β-글루칸은 면역 증강작용을 하는 포도당 중합체로서 포도당의 β-1,3 결합이 기본 구조이며, 포도당이 결합되는 위치에 따라 구조 및 물리화학적 성질이 다르다('제10장 식품의 기능성' 참조).

2) 동물성 다당류

(1) 글리코겐

글리코겐(glycogen)은 동물성 저장다당류로 간과 근육에 저장되어 있고, 그 구조나 성질이 전분과 비슷하여 동물성 전분이라고도 한다. 화학구조가 아밀로펙틴과 유사하나 아밀로펙틴보다 가지가 더 많고 사슬의 길이가 짧으며 가수분해되면 포도당만을 생성한다. 글리코겐은 요오드 정색반응에서 적갈색을 나타내며 전분과 같은 덱스트린화나 노화가 일어나지 않는다.

(2) 키틴

식물의 주요 구조다당류가 셀룰로스인 것과 같이 키틴(chitin)은 바닷가재, 새우, 게, 곤충 등 갑각류의 구조다당류이다. 2-*N*-아세틸글루코사민(2-*N*-acetylglucosamine)이 섬유소와 같이 β-1,4 결합으로 연결된 직선상의 단순다당류이며 보통 단백질, 지질, 무기염류 등과 함께 존재하는 경우가 많고 체내에서 소화 흡수되지 않는다.

(3) 점성다당류

점성다당류(mucopolysaccharides)는 생체의 점성물질, 연조직, 결합조직의 성분으로 가장 대표적인 것은 황산콘드로이틴이다. 콜라겐과 더불어 연골조직과 결합조직 등에 함유되어 있는 복합다당류이며, 특히 연골에는 20~40% 함유되어 있다.

3) 검류

검(gum)은 점도가 큰 다양한 형태의 수용성 다당류 및 그 유도체로 입에서 식품의 질감을 부여하는 '보디(body)'를 형성한다. 또한, 분산된 물질이 분리되는 것을 막아 용액을 안정화시키는 역할도 한다. 검류는 물과 결합하기 때문에 식품의 수분 증발 속도를 감소시키며, 얼음 결정 형성을 변화시켜 식품의 유동 특성을 개선하기도 한다.

(1) 식물성 검류

식물성 검류는 아라비아검과 구아검이 대표적이다. 아라비아검은 아카시아나무 껍질에서 얻는 분비물로 칼슘, 마그네슘, 칼륨 등을 함유하고 있는 다당류이다. 결정화 방지제와 제과·제빵, 청량음료의 유화제 등으로 사용되며 맥주의 거품 안정제로도 사용된다.

구아검은 콩과식물에 속하는 구아 식물인 *Cyamopsis tetragonolobus* 종자에서 얻어지는 검질로 갈락토만난(galactomannan)으로 구성되어 있다. 만노스가 β-1,4 결합으로 구성된 직선상 구조에 만노스 2분자마다 갈락토스가 α-1,6 결합으로 연결되어 있는 가지구조이다. 낮은 농도에서 점성용액을 형성하며, 2~3%에서 안정한 겔을 형성한다.

(2) 해조 검류

해조류에서 얻어지는 검류는 한천, 알긴산, 카라기난 등을 들 수 있다.

한천은 홍조류에서 추출한 다당류로 전분과 비슷한 구조를 가지며 직선상의 아가로스(agarose)와 가지구조의 아가로펙틴(agaropectin) 형태로 존재하고, 이 중 아가로스가 70%를 차지한다. 1~2%의 농도에서도 매우 단단한 겔이 형성되며 한번 형성된 겔은 85℃ 이하에서 녹지 않는 안정된 겔 형성 능력을 가지는 다당류이다. 이러한 특성 때문에 고온에서 만드는 제빵·제과류의 안정제로 사용되며, 우유와 청량음료 등의 안정제로도 많이 사용된다. 또한, 한천으로 만든 미생물 배지는 37℃에서 녹지 않고 겔 상태를 유지하기 때문에 미생물 배양지로 널리 사용되기도 한다.

알긴산(alginic acid)은 미역, 다시마 등 갈조류의 세포벽 성분으로 존재하는 복합다당류이며, 물에 잘 녹지 않으나 알긴산이 나트륨, 칼륨, 칼슘, 마그네슘 등과 결합한 염의 형태인 알긴(algin)은 물에 잘 녹는다. 알긴 수용액의 점도는 농도, pH, 온도, 분자량 등에 의해 크게 영향을 받으며 농도가 충분할 때 겔을 형성한다.

카라기난(carrageenan)은 홍조류에 함유된 세포벽 성분으로 카라기난 겔은 한천 겔보다 탄력성이 있고 보수성이 강하여 냉동과 해동에 의한 이수현상이 적은 것이 특징이다. 따라서, 냉동식품의 얼음결정억제제로 많이 이용한다.

(3) 미생물 검류

미생물에서 생산되는 검류에는 덱스트란(dextran)과 잔탄검(xanthan gum) 등이 있다.

덱스트란은 일부 미생물이 당밀이나 설탕 등을 분해하여 만들어지는 다당류로 혈장용량증가제로 이용되며, 다양한 식품의 안정제로도 이용되고 있다.

연습문제

1. 탄수화물을 분류하시오.

2. 환원당과 비환원성의 차이를 설명하시오.

3. 아밀로스와 아밀로펙틴의 구조와 특성의 차이를 비교해 설명하시오.

4. 식이섬유를 분류하고, 그 예를 2가지씩 기술하시오.

5. 전분의 호화와 노화 과정을 설명하고, 호화와 노화에 영향을 주는 요인들을 설명하시오.

6. 아밀로스가 요오드 정색반응에서 청색을 띠는 이유를 설명하시오.

7. 과일의 숙성 중 펙틴질의 변화 과정을 설명하시오.

8. 전분과 셀룰로스의 구조적 차이를 설명하시오.

단백질

학습목표

1. 아미노산의 구조, 종류, 이화학적 특성을 설명할 수 있다.
2. 단백질의 구조, 종류, 이화학적 특성을 설명할 수 있다.
3. 단백질의 변성 조건 및 그 특성을 이해하고 식품 가공에 활용할 수 있다.
4. 효소의 특이성을 설명할 수 있다.

단백질은 동식물체의 주요 구성성분으로, 그리스어로 '가장 중요한', '제1의'라는 뜻을 가진 'proteios'에서 유래되었다. 단백질은 탄수화물, 지질과 함께 식품의 3대 영양소에 속하며 구성 원소를 보면 탄소, 산소, 수소 외에 질소를 가지고 있는 것이 차이점이다.

질소는 단백질 분자량의 16% 정도를 차지하며 식품 중의 질소 대부분이 단백질에서 유래하는 것이므로 식품 중의 질소 양을 측정하고 여기에 질소계수(N = 100/16 = 6.25)를 곱하여 단백질의 양을 구할 수 있다. 이렇게 구한 단백질을 조단백질(crude protein)이라고 한다.

단백질은 20개의 서로 다른 아미노산이 펩타이드 결합을 통하여 중합된 고분자화합물로, 탄수화물이나 지질에 비해 분자가 크고 그 구조가 훨씬 복잡하며 종류도 매우 많아 다양한 특성을 나타낸다. 단백질은 신체의 각 기관 및 호르몬, 효소의 구성성분이며, 에너지 발생, 체성분의 유지, 산·알칼리 평형 유지 등의 역할을 수행한다.

식품에 존재하는 단백질은 식물성 단백질과 동물성 단백질로 나뉜다. 동물성 단백질이 많이 든 음식은 달걀, 고기, 어패류이고 식물성 단백질원은 콩류가 주종을 이룬다.

1. 아미노산

1) 아미노산의 구조

아미노산은 단백질의 구성 단위로, 한 분자 내에 아미노기(amino group, $-NH_2$)와 카복실기(carboxyl group, -COOH)의 두 가지 반응기를 갖고 있는 유기화합물이다. 카복실기가 결합되어 있는 탄소를 기준으로 하여 아미노기가 결합되어 있는 탄소의 위치에 따라 α-, β-, γ- 아미노산으로 불리며(그림 3-1), 천연의 단백질을 구성하는 아미노산은 20여 종의 α-아미노산이다.

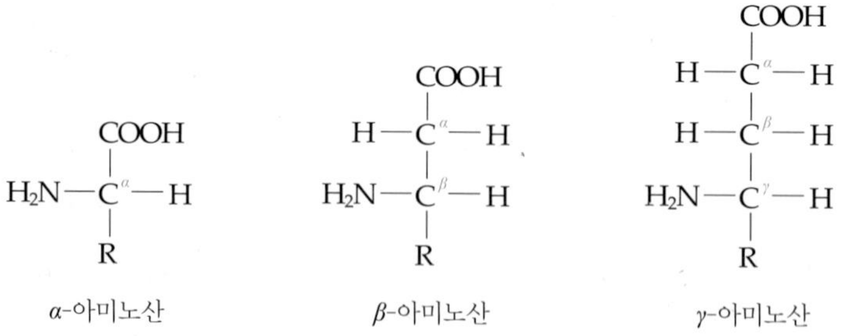

그림 3-1 아미노산의 구조

아미노산은 곁사슬구조(R)가 수소인 글리신을 제외하고는 모든 아미노산의 α-탄소가 비대칭탄소 원자(부제탄소 원자, asymmetric carbon atom)이므로 L-형과 D-형의 두 입체 이성체가 생기게 되며(그림 3-2), 이 중 대부분의 천연단백질을 구성하고 있는 아미노산은 α-L-아미노산이다.

D-아미노산 L-아미노산

그림 3-2 L-, D-형의 아미노산 구조 비교

2) 아미노산의 종류와 분류

단백질을 구성하는 아미노산은 약 20여 종이며 아미노기와 카복실기의 수에 따라 중성 아미노산카복실기의 수와 아미노기의 수가 동일, 산성 아미노산카복실기의 수가 아미노기의 수보다 많음, 염기성 아미노산아미노기의 수가 카복실기의 수보다 많음으로 분류하고(표 3-1), 중성 아미노산은 곁사슬의 화학구조에 따라 지방족아미노산, 함황족아미노산, 방향족아미노산 등으로 세분화된다. 아미노산은 곁사슬구조의 화학적 성질에 따라 전하, 용해도, 반응성, 수소결합 정도 등 물리적, 화학적 성질이 달라진다.

최근 20가지 아미노산 외에 몇 가지 아미노산이 생체 내에서 생합성되는 것이 발견되었다. 21번째 아미노산으로 명명된 셀레노시스테인(selenocysteine, Sec)은 시스테인과 유사한 구조로 시스테인의 황 원자가 셀레늄으로 치환된 구조이다(그림 3-3). 또한, 2002년에 발견된 22번째 아미노산인 피롤라이신(pyrrolysine, Pyl)은 사람에게는 존재하지 않고 일

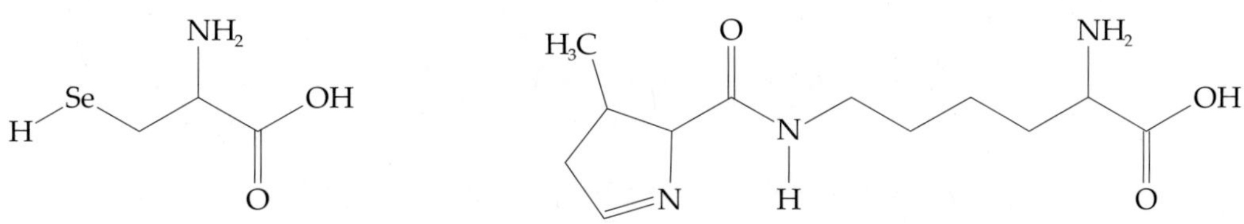

셀레노시스테인 피롤라이신

그림 3-3 셀레노시스테인과 피롤라이신의 구조

표 3-1 아미노산의 종류와 구조

구분		명칭	약자	구조	등전점**
중성 아미노산	지방족	글리신	Gly	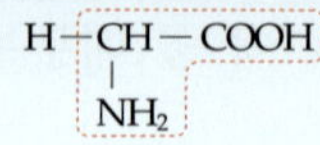	6.0
		알라닌	Ala	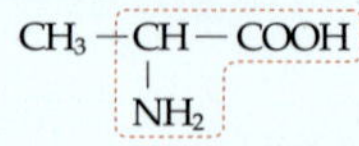	6.0
		발린*	Val	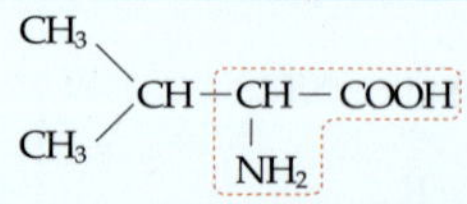	6.0
		루신*	Leu	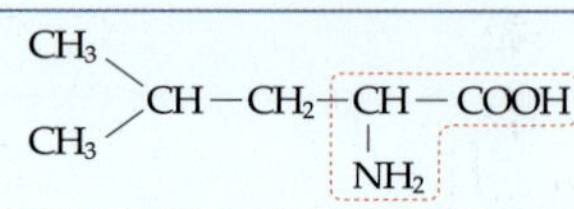	6.0
		아이소루신*	Ile	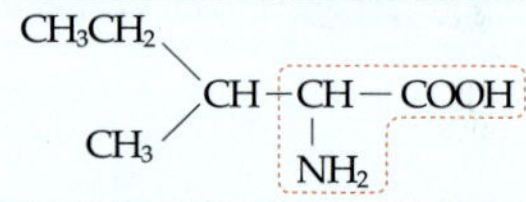	6.0
		세린	Ser	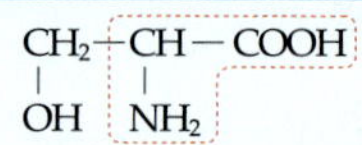	5.7
		트레오닌*	Thr	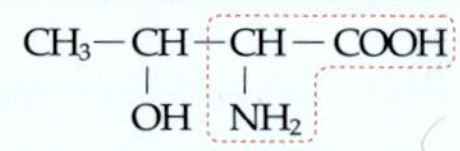	5.7
	방향족	페닐알라닌*	Phe	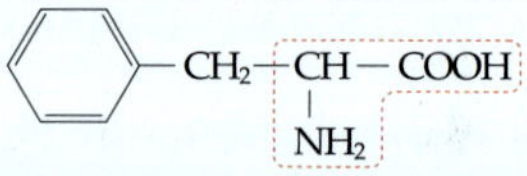	5.5
		타이로신	Tyr	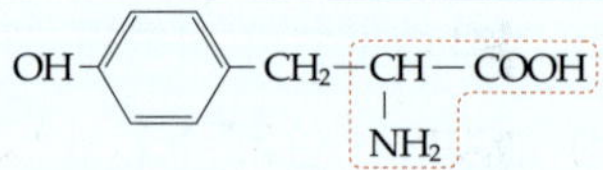	5.7
		트립토판*	Trp	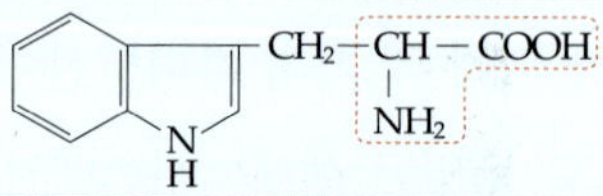	5.9
	함황족	시스테인	Cys	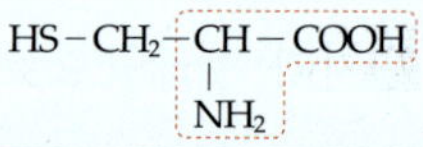	5.1
		메티오닌*	Met	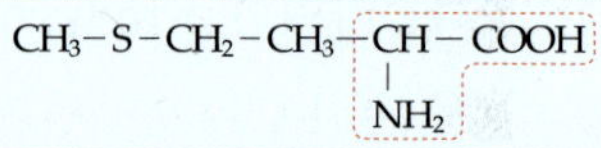	5.7
	기타	프롤린	Pro	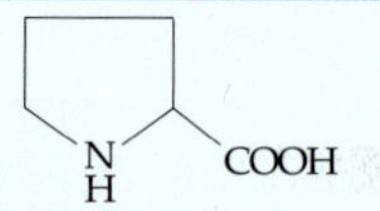	6.3
		아스파라진	Asn	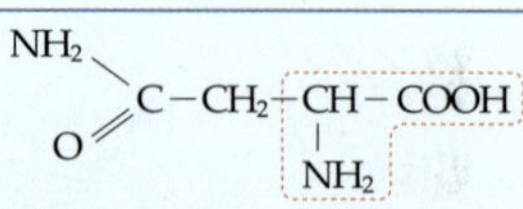	5.4
		글루타민	Gln	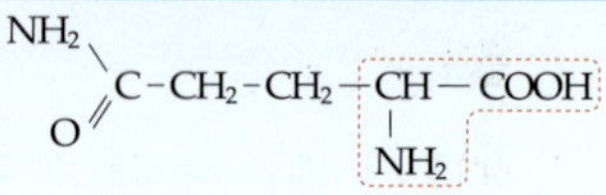	5.7

(계속)

구분	명칭	약자	구조	등전점**
산성 아미노산	아스파트산	Asp	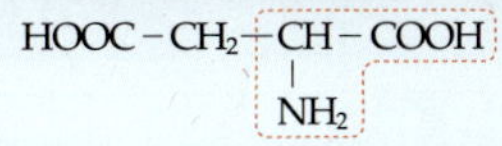	2.8
	글루탐산	Glu	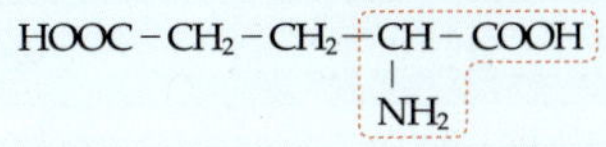	3.2
염기성 아미노산	라이신*	Lys	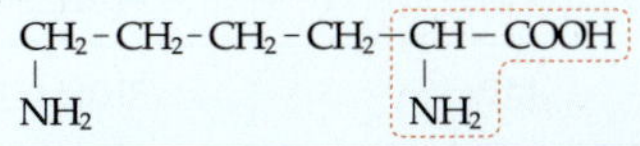	9.7
	아르지닌	Arg	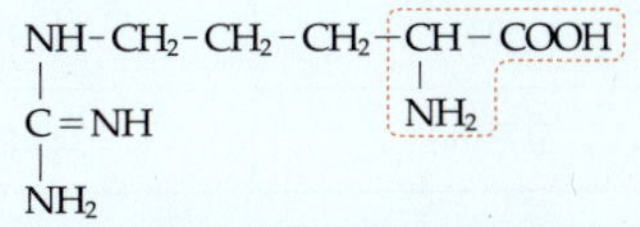	10.8
	히스티딘*	His	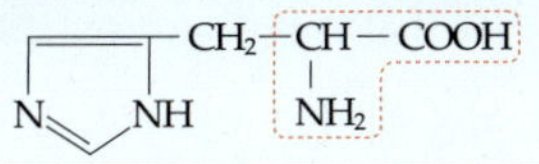	7.6

* 필수아미노산
** 66~67쪽 참고

부 고세균 및 세균에서 볼 수 있으며 그 구조는 라이신과 유사하다(그림 3-3).

(1) 필수아미노산

단백질을 구성하는 아미노산 중에서 인체의 단백질 형성에 필요하지만 체내에서 합성되지 않아 반드시 섭취해야 하는 아미노산을 필수아미노산(essential amino acid)이라 한다. 정상적인 성인에게 필요한 필수아미노산은 발린, 루신, 아이소루신, 트레오닌, 라이신, 메티오닌, 페닐알라닌, 트립토판으로 8개이며, 대상에 따라 필요량만큼 체내에서 합성되지 못하는 경우도 있어서 성장기 아동에게는 히스티딘이, 노약자에게는 아르기닌이 필수아미노산으로 추가된다. 식품에 함유된 필수아미노산 함량은 단백질의 영양적 가치를 판단하는 중요한 기준이 된다.

(2) 제한아미노산

인체 내 단백질을 구성하는 아미노산은 체내 저장 기능이 없으므로 필수아미노산 중에서 하나라도 부족하면 체단백질은 합성되지 않는다. 따라서, 필수아미노산을 골고루 풍부하게 섭취하는 것이 바람직하며, 단백질의 영양가는 단백질을 구성하고 있는 필수아미노산의 종류와 양에 의해 결정된다. 이때 식품 중에 존재하는 필수아미노산 중 부족한 필수아미노산을 제한아미노산(limiting amino acid)이라고 하며, 그중 가장 부족한 필수아미노산을 제1제한아미노산이라 한다. 곡류 단백질의 제1제한아미노산은 라이신이고 대

표 3-2 일부 식품의 제한아미노산

식품	제한아미노산	식품	제한아미노산
쌀	라이신	대두	메티오닌
밀	라이신	땅콩	메티오닌, 라이신
옥수수	라이신, 트립토판	생선	트립토판
보리	라이신, 트레오닌	쇠고기	트립토판, 메티오닌
감자	메티오닌	돼지고기	메티오닌
고구마	메티오닌	우유	메티오닌

부분의 식품에서는 라이신, 트립토판, 트레오닌, 메티오닌이 제한아미노산으로 나타난다. 몇 가지 식품 중의 제한아미노산은 〈표 3-2〉와 같다.

3) 아미노산의 성질

(1) 용해성

아미노산은 일반적으로 물과 같은 극성 용매와 묽은산, 알칼리 및 염용액에 잘 녹지만 에테르, 아세톤 등과 같은 비극성 용매와 알코올에는 잘 녹지 않는다. 그러나, 일부 아미노산은 다른 용해성을 보이는데 타이로신과 시스테인은 물에 잘 녹지 않고, 프롤린은 알코올에 잘 녹는다.

(2) 양성전해질 및 등전점

양성전해질(ampholyte)이란 수용액 중에서 산성과 알칼리성 양쪽의 성질을 모두 나타낼 수 있는 물질을 말한다. 아미노산은 한 분자 내에 알칼리로 작용하는 아미노기($-NH_2$)와 산으로 작용하는 카복실기(-COOH)를 동시에 가지고 있는 양성전해질에 해당되며 수용액 중에서 $-COO^-$와 $-NH_3^+$로 해리되어 양이온과 음이온을 모두 갖는 양성이온(dipolar ion, zwitterion)을 형성한다(그림 3-4).

아미노산은 pH에 따라 서로 다른 전하를 띠게 된다. 즉, 산성용액에서는 양전하($-NH_3^+$)를 띠어 음극으로 이동하며, 알칼리성용액에서는 음전하($-COO^-$)를 띠어 양극으로 이동한다. 한편, 어느 특정한 pH에서는 양전하와 음전하의 수가 같아서 실제 전하(net charge)가 '0'이 되므로 전기장 내에서 어느 전극으로도 이동하지 않게 되는데 이때의 pH를 등전점(isoelectric point)이라고 한다. 아미노산의 등전점은 아미노산의 염기와 산의

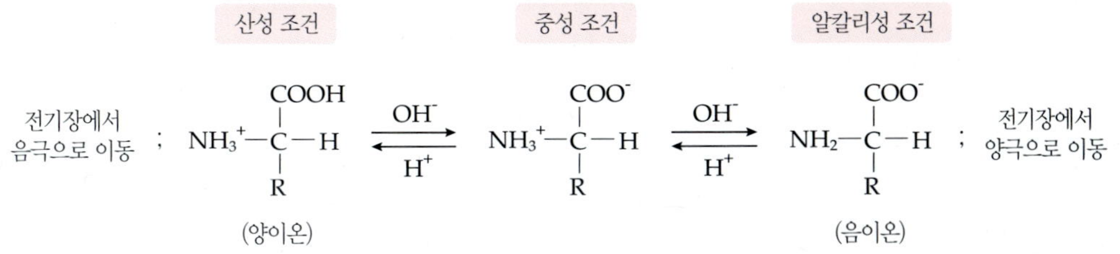

그림 3-4 아미노산의 양성전해질 성질

수에 따라 달라지는데 일반적으로 중성 아미노산은 pH 5~7 부근에, 산성 아미노산은 산성 쪽에, 염기성 아미노산은 알칼리성 쪽에 등전점이 존재한다(표 3-1 참조).

(3) 맛

대부분의 단백질은 맛을 나타내지 않지만 단백질의 분해산물인 펩타이드나 아미노산은 식품의 맛과 밀접한 관계를 가지고 있다. 아미노산 중 가장 대표적인 것은 글루탐산의 나트륨염(monosodium glutamate, MSG)으로 감칠맛을 내는 조미료로 사용되고 있다. 여러 가지 맛을 내는 아미노산의 종류는 〈표 3-3〉과 같이 분류된다.

표 3-3 아미노산과 맛

맛	아미노산 종류
단맛	글리신, 알라닌, 세린, 발린, 하이드록시프롤린, 라이신
쓴맛	루이신, 아이소루이신, 메티오닌, 히스티딘, 페닐알라닌
감칠맛	글루탐산의 나트륨염

2. 단백질

단백질은 수백 개의 아미노산이 펩타이드 결합으로 이루어진 고분자화합물로, 조성 및 이화학적 성질, 구조적 특징, 출처 등에 따라 분류된다.

1) 단백질의 분류

(1) 조성 및 이화학적 성질에 의한 분류

단백질은 조성 및 이화학적 성질에 따라 단순단백질, 복합단백질, 유도단백질로 분류된다.

단순단백질

단순단백질은 아미노산만으로 구성된 단백질로, 비교적 구조가 간단하며 특정 용매에 대한 용해성에 따라 〈표 3-4〉와 같이 분류된다.

표 3-4 용해성에 따른 단순단백질의 분류와 특징

분류	용해성					특징	종류(함유원)
	물	NaCl (0.8%)	약산 (pH 6)	약알칼리 (pH 8)	알코올 (60~80%)		
알부민 (albumin)	+	+	+	+	−	• 동식물 중에 널리 존재 • 비교적 분자량이 작음 • 열응고성을 보임	• serum albumin(혈청) • lactalbumin(유즙) • ovalbumin(난백) • myogen(근육) • legumelin(대두)
글로불린 (globulin)	−	+	+	+	−	• 동식물 중에 널리 존재 • 열응고성을 보임	• serum globulin(혈청) • lactoglobulin(유즙) • ovoglobulin(난백) • lysozyme(난백) • myosin, actin(근육) • glycinin(대두) • tuberin(감자)
글루텔린 (glutelin)	−	−	+	+	−	• 곡류의 종자에 주로 존재 • 비열응고성을 보임 • 다량의 글루탐산 함유	• oryzenin(쌀) • glutenin(밀)
프롤라민 (prolamin)	−	−	+	+	+	• 곡류의 종자에 주로 존재 • 비열응고성을 보임 • 다량의 프롤린 함유	• gliadin(밀) • hordein(보리) • zein(옥수수)
히스톤 (histone)	+	+	+	−	−	• 동물의 체세포액이나 정자핵에 존재 • 비열응고성을 보임 • 다량의 라이신과 아르지닌, 히스티딘을 함유	• thymus histone(흉선) • globin(적혈구)
프로타민 (protamin)	+	+	+	−	+	• 어류의 정자핵 중에 존재 • 비열응고성을 보임 • 다량의 아르지닌을 함유	• salmin(연어) • clupeine(정어리) • scombrin(고등어)
알부미노이드 (albuminoid)	−	−	−	−	−	• 동물체의 보호조직 중에 존재 • 비열응고성을 보임 • 효소에 의해 소화되지 않음	• collagen(피부, 연골) • elastin(힘줄) • keratin(머리카락, 손톱) • fibroin(명주실)

복합단백질

복합단백질은 단순단백질에 지질, 탄수화물, 인, 색소, 금속 등이 포함되어 있는 것으로 세포 내에서 생리적으로 중요한 활성을 가진다. 비단백성 종류에 따른 복합단백질의 분류는 〈표 3-5〉와 같다.

표 3-5 복합단백질의 분류와 특징

분류	특징	종류(함유원)
인단백질 (phosphoprotein)	• 인산과 단백질이 결합한 것 • 동물성 식품에 주로 존재 • 산성 단백질 • 묽은 알칼리용액에 용해	• casein(유즙) • vitellin(난황) • vitellenin(난황)
지단백질 (lipoprotein)	• 지질(주로 레시틴, 세팔린 등의 인지질)과 단백질이 결합한 것 • 거의 모든 동식물 세포에 존재	• lipovitellin(난황) • lipovitellenin(난황)
핵단백질 (nucleoprotein)	• 핵산(DNA, RNA)과 염기성 단백질(주로 히스톤 또는 프로타민)이 결합한 것 • 세포의 핵 중에 주로 존재	• 백혈구, 적혈구에 함유 • 정자와 식물체의 배아에 함유 • 효모, 세균에 함유
당단백질 (glycoprotein)	• 당질과 단백질이 결합한 것 • 점성단백질 • 윤활작용 및 조직의 보호작용	• mucin(점액, 타액, 소화액) • mucoid(혈청, 결체조직) • ovomucoid(난백)
색소단백질 (chromoprotein)	• 색소와 단백질이 결합한 것 • 색소 중에 금속을 가지고 있는 것이 많으므로 금속단백질이기도 함 • 산소 운반, 호흡작용, 산화환원작용	• hemoglobin(혈액) • myoglobin(근육) • cytochrome(체조직)
금속단백질 (metalloprotein)	• 금속(Fe, Cu, Zn 등)과 단백질이 결합한 것	• ferritin(Fe 함유) • polyphenol oxidase(Cu 함유) • ascorbinase(Cu 함유) • insulin(Zn 함유)

유도단백질

유도단백질은 단순단백질이나 복합단백질이 물리적, 화학적, 효소적 작용에 의해 변성 및 분해 등의 변화를 거친 것으로, 그 변화 정도에 따라 제1차 유도단백질과 제2차 유도단백질로 구분한다.

제1차 유도단백질은 약간 변화된 것으로 분자의 골격은 대부분 변하지 않고 성질만 변했으므로 변성단백질이라고 하며, 제2차 유도단백질은 단백질이 아미노산으로 가수분해

표 3-6 유도단백질의 분류와 특징

분류		특징
1차 유도단백질 (변성단백질)	젤라틴(gelatin)	콜라겐(피부, 힘줄, 뼈, 연골 등)을 물과 함께 오랜 시간 끓이면 얻는 것
	응고단백질(coagulated protein)	천연단백질이 열, 자외선, 교반, 알코올, 기타 화학작용으로 인해 변성되어 응고된 것
2차 유도단백질 (가수분해단백질)	1차 프로테오스 (primary proteose)	수용성이며 열에 의해 응고되지 않음
	2차 프로테오스 (secondary proteose)	1차 프로테오스보다 더 분해된 것
	펩톤(peptone)	프로테오스가 더 분해된 것
	펩타이드(peptide)	단백질의 가수분해가 가장 많이 진행된 것

될 때까지의 중간생성물을 말하는 것으로 가수분해단백질이라고도 한다. 유도단백질의 분류 및 특징은 〈표 3-6〉과 같다.

(2) 구조와 형태에 의한 분류

단백질은 구조와 형태에 따라 섬유상단백질(fibrous protein)과 구상단백질(globular protein)로 분류된다.

섬유상단백질

섬유상단백질은 긴 섬유상의 폴리펩타이드 사슬이 수소결합 또는 이황화결합(disulfide bond, S-S)에 의해 한쪽 방향으로 규칙적인 배열을 하고 있는 구조로 대부분의 용매에 불용성이다. 종류로는 단순단백질 중 알부미노이드에 속하는 콜라겐, 엘라스틴, 케라틴 등이 있다.

구상단백질

아미노산 곁사슬의 여러 가지 결합에 의해 폴리펩타이드 사슬이 구부러지면서 전체적으로 둥근 모양을 가지는 단백질로 비교적 물에 잘 용해된다. 종류로는 단순단백질인 알부민, 글로불린, 글루텔린, 프로타민, 히스톤, 프롤라민과 헤모글로빈, 인슐린, 효소단백질 등이 있다.

(3) 급원에 의한 분류

단백질은 급원에 따라 식물성 단백질과 동물성 단백질로 분류되며 식물성 단백질에는 곡류 단백질과 콩류 단백질 등이, 동물성 단백질에는 육류 단백질, 우유 단백질, 난류 단백질, 어류 단백질 등이 속한다('제11장 식물성 식품', '제12장 동물성 식품' 참조).

2) 단백질의 구조

단백질은 20여 가지의 아미노산들이 펩타이드 결합을 하여 긴 사슬을 이루고 있는 고분자화합물로 최소한 100개 이상의 아미노산이 연결되어 만들어진다.

펩타이드 결합이란 한 아미노산의 카복실기(-COOH)와 다른 아미노산의 아미노기(-NH_2)가 반응하여 1분자의 물이 빠져나오면서 형성된 아마이드(-CO-NH) 형태의 결합을 말한다(그림 3-5). 2개의 아미노산이 결합된 것은 다이펩타이드라 하며 감미료인 아스파탐(아스파트산+페닐알라닌)이 있고, 3개의 아미노산이 결합된 것은 트라이펩타이드로 글루타티온(글리신+시스테인+γ-글루탐산)이 속한다. 10개 이상의 많은 아미노산이 결합한 것은 폴리펩타이드라 하는데 일반적으로 단백질은 100개 이상의 아미노산이 결합된 폴리펩타이드로 1차, 2차, 3차, 4차 구조로 나누어 설명할 수 있다.

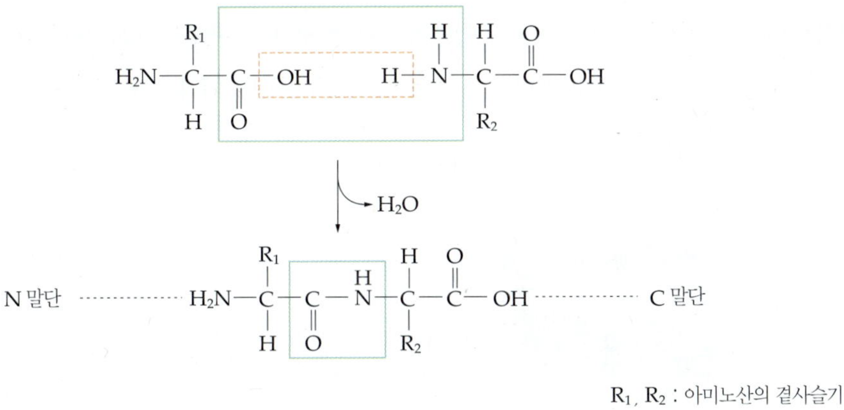

그림 3-5 펩타이드 결합

(1) 1차 구조

단백질의 1차 구조란 폴리펩타이드 내의 아미노산 종류와 배열 순서를 말하는데 1차 구조에 따라 단백질의 특성이 결정된다(그림 3-6). 즉, 아미노산의 배열 순서는 단백질의 2차, 3차 구조의 결정인자로 작용하여 궁극적으로 단백질의 생물학적 기능을 결정하게 된다.

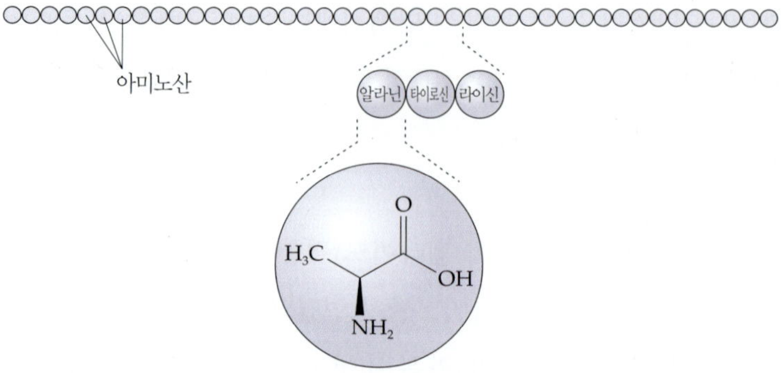

그림 3-6 단백질의 1차 구조

(2) 2차 구조

단백질의 1차 구조, 즉 아미노산의 종류 및 배열 순서에 따라 구성 아미노산끼리 상호 작용이 일어나면서 단백질의 입체구조를 형성하게 되는데 이를 2차 구조라 한다. 한 가닥의 실과 같은 1차 구조물이 회전, 꼬임, 접힘 등의 과정을 거쳐 α-나선구조(α-helix), β-병풍구조(β-pleated sheet), 불규칙구조(random coil) 등을 형성하며 주로 수소결합에 의해 안정화된다. α-나선구조(그림 3-7)는 오른쪽으로 회전하는 구조로 1회전당 3.6개의 아미노산 잔기가 있고 동일한 폴리펩타이드 사슬에서 한 아미노기와 4개 잔기만큼 떨어진

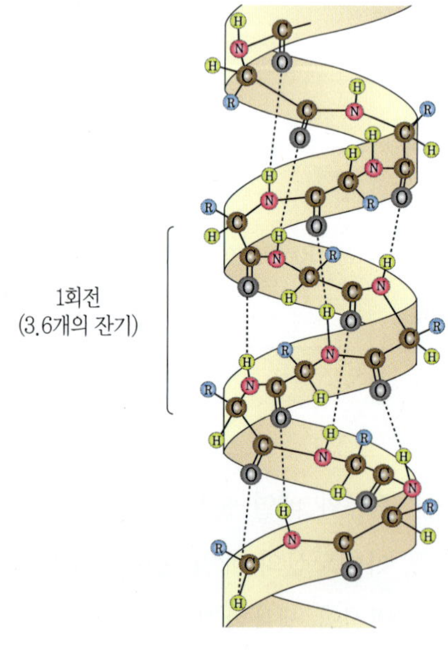

그림 3-7 단백질의 α-나선구조

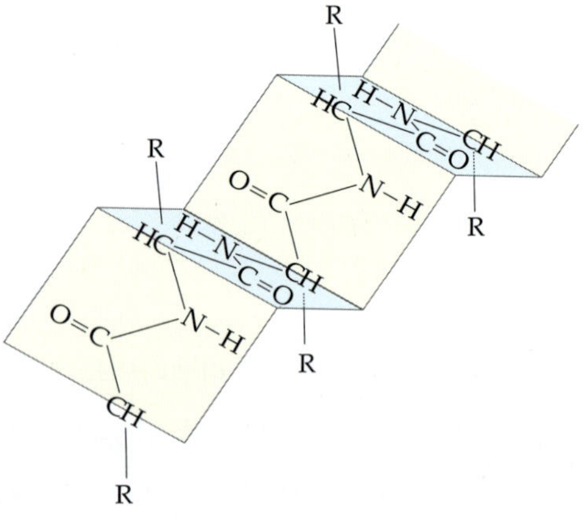

그림 3-8 단백질의 β-병풍구조

위치의 카보닐기 사이에 형성된 수소결합에 의해 안정화된 구조를 이룬다. α-나선구조는 생체의 기능단백질에 많이 존재하며 미오글로빈이나 헤모글로빈의 경우 펩타이드 사슬의 약 80% 정도가 이에 해당된다. β-병풍구조(그림 3-8)는 펩타이드 사슬이 병풍을 펼쳐 놓은 것과 같은 주름 잡힌 모양을 유지한다. 대표적인 단백질은 명주실에 존재하는 피브로인이며 비단을 잡아당기면 병풍을 펼친 것처럼 단백질이 늘어나는 신축성을 보인다.

(3) 3차 구조

2차 구조(α-나선구조, β-병풍구조, 불규칙구조)를 이루고 있는 폴리펩타이드 사슬이 구성 아미노산의 특성에 따라 다시 수소결합, 이황화(S-S)결합, 소수성결합, 이온결합을 이루어 주로 친수성 잔기들이 단백질의 표면에 위치하고 소수성 잔기들은 안으로 숨어들어가 3차원적 입체구조를 이루는데 이를 3차 구조라고 한다.

(4) 4차 구조

3차 구조를 이루고 있는 2개 이상의 폴리펩타이드 사슬이 다시 결합에 의해 모여서 단백질 집합체를 이룬 공간 배열을 4차 구조라 한다. 4차 구조를 형성하는 하나하나의 폴리펩타이드를 소단위(subunit)라 하는데 소단위 단독으로는 활성을 나타내지 못하고 회합하여 결합체를 형성하면 생리 기능을 나타낸다.

단백질의 1~4차 구조의 관계를 설명하면 〈그림 3-9〉와 같다.

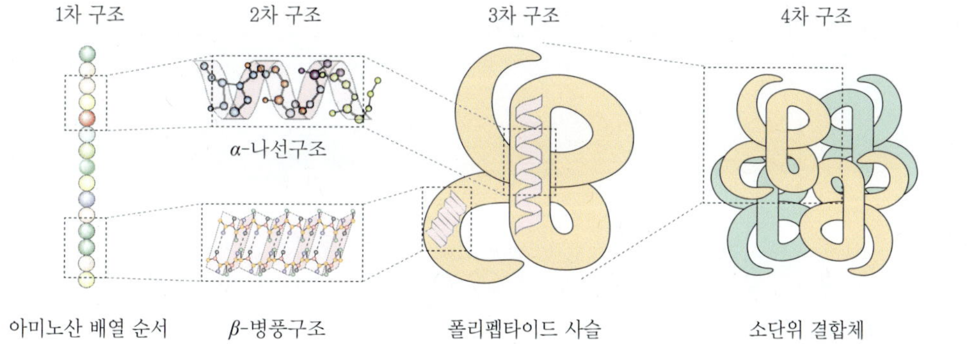

그림 3-9 단백질의 구조

3) 단백질의 성질

(1) 용해성

단백질의 용해성은 그 단백질의 형태(구상 혹은 섬유상), 표면 또는 표면 가까이에 존재하는 전하의 수와 상태, 극성기(-COOH, $-NH_2$, -OH, -SH, -NH, -CO)의 수와 분포 상태, 소수성기의 노출 상태 등에 의해 크게 영향을 받는다. 단백질은 그 종류에 따라 물, 묽은 산, 묽은 알칼리, 묽은 중성염류용액, 알코올 등에 대한 용해성이 달라지며 이 성질은 조리, 가공에 이용된다. 단백질은 고분자화합물이므로 용매와 섞어 주면 소금이나 설탕처럼 용매에 녹아 진용액을 만드는 것이 아니라 용매에 분산되어 콜로이드용액(colloid)을 형성한다.

대부분의 단백질은 묽은 중성염류용액에 잘 녹는데 이런 현상을 염용(salting-in) 효과라고 한다. 이 현상은 중성염이 해리되어 생성된 이온이 단백질 분자의 이온화된 기능기와 작용하여 단백질 분자 간의 인력을 감소시키기 때문이다. 그러나 중성염의 농도가 지나치게 높아지면 염과 단백질이 물에 대해 경쟁하기 때문에 단백질이 침전되는데 이런 현상은 염석(salting-out) 효과라고 한다. 염석 효과는 단백질의 분리 및 정제에 이용되며 단백질 수용액에 황산암모늄을 가할 때 단백질의 침전이 생기는 것이 그 예라 할 수 있다(그림 3-10).

(2) 등전점

단백질은 아미노산 간의 펩타이드 결합에 의해 이루어진 것이므로, 유리된 α-아미노기

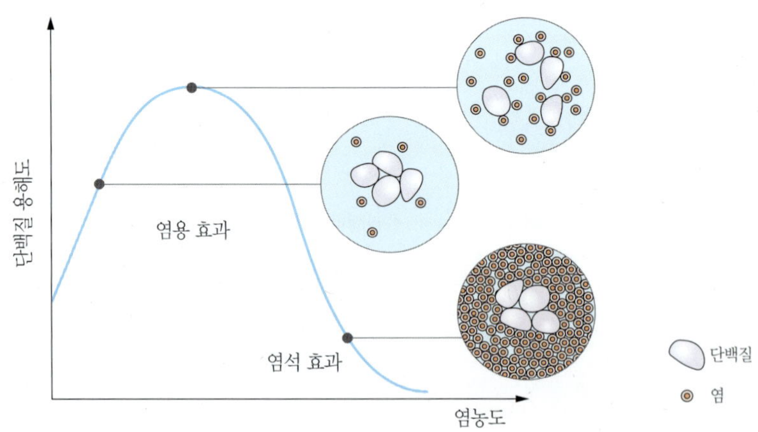

그림 3-10 이온 농도에 따른 단백질의 염용, 염석 효과

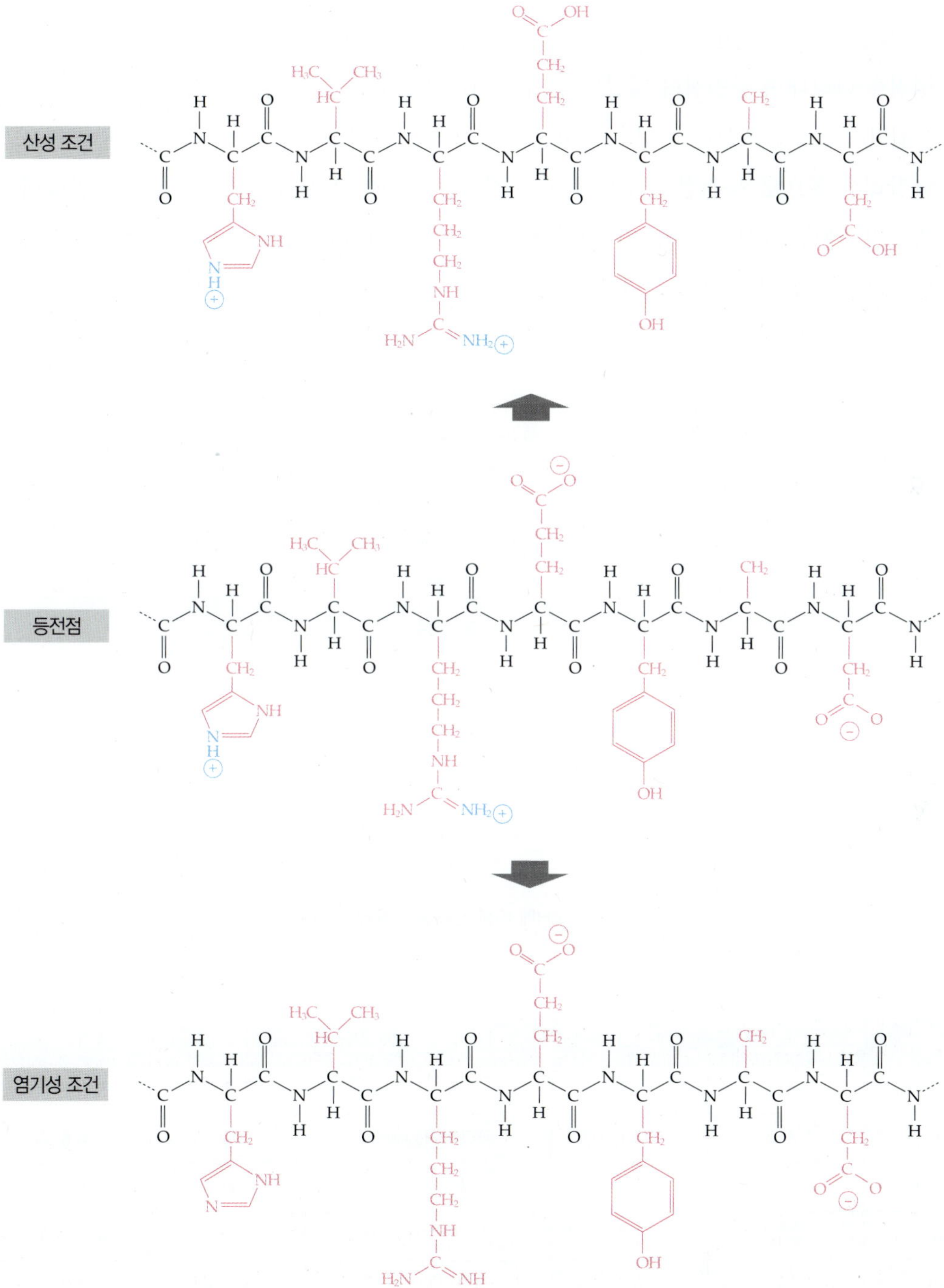

그림 3-11 pH에 따른 단백질 전하의 변화

나 카복실기는 폴리펩타이드의 말단에 있는 것과 산성 아미노산이나 염기성 아미노산의 곁사슬에 있는 $-NH_2$, $-COOH$가 유리되어 존재할 수 있다. 이로 인해 아미노산의 성질에서 설명한 것과 동일하게, 용액의 pH에 따라 양전하 또는 음전하를 띠는 양성전해질의 성질을 나타내며 등전점의 성질도 갖게 된다(그림 3-11).

일반적으로 단백질은 산성 아미노산이 많으면 산성 쪽으로, 염기성 아미노산이 많으면 알칼리성 쪽으로 등전점을 갖는다. 등전점에서는 단백질 분자끼리의 정전기적 반발력이 최소가 되어 용해도는 최소가 되면서 응집되기 쉬워지고 침전이 일어나는데, 등전점을 이용하여 우유에서 치즈를 만드는 것이 그 예이다(그림 3-12). 또한, 등전점에서는 용해도

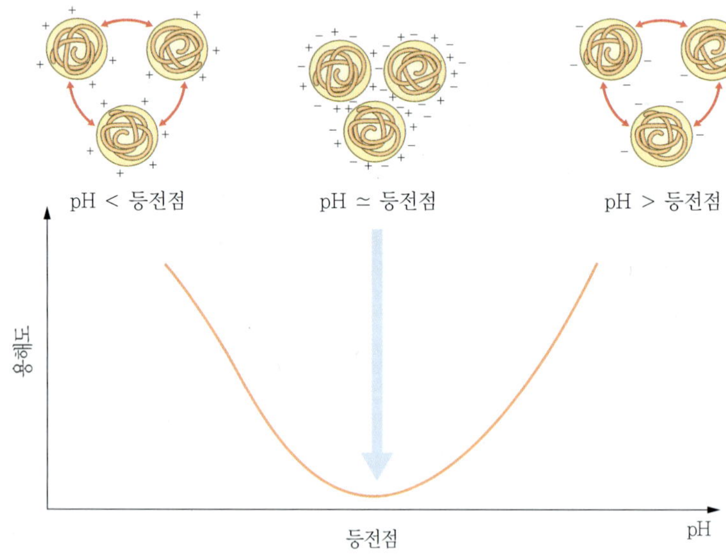

그림 3-12 pH에 따른 단백질의 용해도 변화

표 3-7 식품 단백질의 등전점

단백질	소재	등전점	단백질	소재	등전점
오브알부민(ovalbumin)	난백	4.6	글루테닌(glutenin)	밀	5.2~5.4
락트알부민(lactalbumin)	우유	5.1	글리아딘(gliadin)	밀	6.5
락토글로불린(lactoglobulin)	우유	4.5~5.5	제인(zein)	옥수수	5.8
카세인(casein)	우유	4.6	글리시닌(glycinin)	콩	4.0~5.0
미오겐(myogen)	근육	6.3	레구민(legumin)	완두콩	4.8
미오신(myosin)	근육	5.4	콜라겐(collagen)	결체조직	6.6

외에 점도, 팽윤, 삼투압 등이 최소가 되는 반면 흡착성, 기포성, 탁도 등은 최대가 된다.

여러 가지 식품 단백질의 등전점은 〈표 3-7〉과 같으며 대부분은 pH 4~6의 범위이다.

4) 단백질의 변성

(1) 변성의 정의

단백질의 변성(denaturation)이란 천연의 단백질이 여러 가지 물리적, 화학적 작용을 받아 고유의 구조가 달라지면서 천연의 것과 다른 상태가 되는 것을 말한다. 변성은 펩타이드 결합이 분해되는 1차 구조의 변화가 아니라 수소결합이나 소수성결합 등에 의해 형성된 2차, 3차 구조가 파괴됨으로써 분자 내부에 갇혀 있던 반응기가 표면에 노출되어 반응성이 증가하는 등 천연단백질이 가지고 있는 여러 가지 성질의 변화가 일어나는 것이다(그림 3-13).

단백질의 가장 중요한 변화인 변성은 단백질 식품을 조리, 가공, 저장할 때 많이 일어나며 이를 긍정적으로 이용하기도 한다.

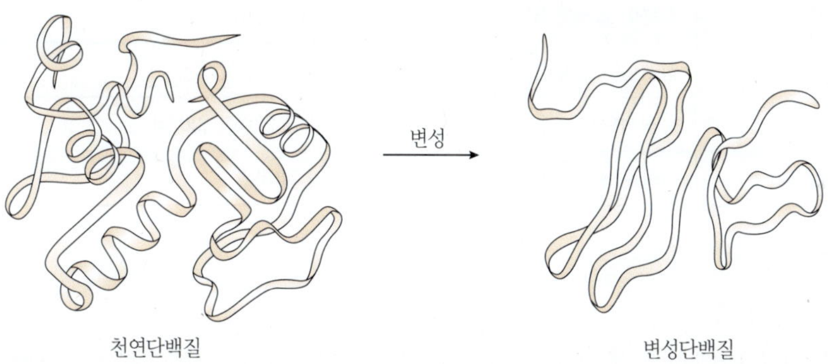

그림 3-13 단백질의 변성

(2) 변성 요인

단백질의 변성을 유도하는 요인에는 가열, 동결, 건조, 교반 등과 같은 물리적 요인과 산, 알칼리, 염류, 알코올, 아세톤, 효소 등과 같은 화학적 요인이 있다.

가열에 의한 변성

식품 단백질의 열에 의한 변성은 식품의 조리 및 가공에서 가장 일반적으로 볼 수 있는 변성이다. 대부분의 수용성 단백질이 열에 의해 변성이 되면 분자구조가 펴지면서 표면 소수성이 증가하고 이황화결합이 생기면서 응고가 일어난다. 반면 불용성 단백질은 열에 의한 변성으로 가용성이 되기도 한다. 열에 의한 변성으로 응고가 일어나는 예는 액체인 달걀이 열에 의해 굳는 것이나 우유의 유청 단백질(락트알부민, 락토글로불린)이 열에 의해 피막이 생기는 것을 들 수 있다. 반면, 불용성 단백질이 수용성으로 변하는 예는 결체조직인 콜라겐이 수분의 존재하에 장시간 가열로 가용성인 젤라틴이 되는 것을 들 수 있다. 또 응고가 되는 것 외에도 생리활성이 변하는 것을 볼 수 있는데 그 예로 트립신 저해제(trypsin inhibitor), 헤마글루티닌(hemagglutinin), 아비딘(avidin), 티아미네이스(thiaminase) 같은 유해단백질이나 효소가 열처리로 인해 불활성화되는 것을 볼 수 있다.

단백질의 열변성에 영향을 주는 인자로는 온도 외에도 수분, 전해질 농도, pH 등을 들 수 있는데 그 인자별 효과는 〈표 3-8〉과 같다.

표 3-8 단백질의 열변성에 영향을 주는 인자

인자	영향
온도	온도가 높아지면 열변성이 빠르게 일어남
수분	수분이 많으면 낮은 온도에서 쉽게 열변성이 일어남
전해질	전해질이 존재하면 낮은 온도에서 쉽게 열변성이 일어남
pH	등전점으로 맞춰 주면 낮은 온도에서 쉽게 열변성이 일어남
설탕	설탕을 넣어 주면 높은 온도에서 열변성이 일어남

동결에 의한 변성

육류 및 어류 단백질은 동결에 의해서 변성이 쉽게 일어나는데, 동결된 단백질은 수분을 잃고 고무처럼 질겨지며 해동을 할 때 육즙이 빠져나와(drip) 풍미가 떨어진다. 육류는 보통 -3~-1℃에서, 어육은 -5~-1℃에서 변성이 가장 심하게 일어나며, 그 이하의 온도에서는 변성 속도가 감소된다. 동결에 의한 변성은 분산매인 수분이 동결함으로써 단

단백질 식품의 올바른 해동 방법

동결식품을 해동하면 변성된 단백질이 재배열된다. 그러나 이때 변성된 단백질은 변성 전과 동일한 분산 상태를 유지하기 어려워 식품의 보수성이 낮아지고 드립(drip)이 유출되면서 맛이 저하된다. 드립의 유출을 적게 하려면 단백질의 재배열을 위한 시간적 여유를 주기 위해 완만해동을 시키는 것이 좋다.

백질 간의 상호 접근이 용이해져서 결합이 일어나는 것이다. 또 액체의 빙결로 인해 잔존액 중의 염류나 산의 농도가 높아지면서 염석에 의한 변성도 병행된다. 동결에 의한 변성을 줄이기 위해서는 얼음 결정을 최소화하고 변성 시간을 줄이기 위해 급속 동결을 함으로써 최대 빙결정 생성 온도 범위를 빨리 통과하는 것이 좋다.

건조에 의한 변성

어육을 건조시키면 육섬유를 형성하고 있는 직쇄상의 폴리펩타이드 사슬 사이의 수분이 제거되고 인접한 폴리펩타이드 사슬이 상호 접근하여 결합하면서 견고한 구조를 만들게 된다. 건조된 어육은 염석, 응집 등에 의한 변성이 일어났기 때문에 다시 흡수를 시켜도 외관, 수분 함량, 단단한 정도 등이 원래의 상태로 되돌아가지 않는다. 말린 오징어나 육포 등에서 건조에 의한 변성을 확인할 수 있다.

계면장력에 의한 변성

단백질은 수면 또는 계면에 얇은 막으로 퍼질 때 변성이 일어난다. 즉, 단백질이 교반 등의 물리적 힘에 의해 변성되어 단일분자막 상태가 되면서 불용성의 기포를 형성하는데 난백을 저을 때 나타나는 거품현상을 예로 들 수 있다.

산, 알칼리에 의한 변성

단백질용액에 산이나 알칼리를 가하면 단백질이 가지고 있던 고유의 전기적 성질이 변하기 때문에 단백질의 이온결합에 변화를 일으키게 되어 단백질이 변성된다. 식품의 조리 및 가공에 많이 이용되는 방법으로 우유에 산을 가하여 치즈를 만드는 것이나 생선에 레몬즙을 가하여 육질을 단단하게 하는 것, 수란 만들 때 식초를 첨가하여 달걀의 응고를 촉진시키는 것 등을 예로 들 수 있다.

리코타치즈 만들기

리코타치즈는 생치즈의 한 종류로 훼이(whey)를 원료로 하여 만든다. 이탈리아가 기원인 치즈로, 최근에는 전유를 사용하며 발효 과정이 없고 식초나 레몬즙으로 응고하여 만든다. 코티지치즈와 유사하다.

만들기

- 재료　우유 1,000 mL, 생크림 500 mL(없으면 생략 가능), 소금 1작은술, 식초나 레몬 3~4작은술
- 방법　① 냄비에 우유와 생크림을 넣고 중불로 끓인다.
  ② 끓으면 소금을 넣고 잘 섞은 후 약불로 줄이고 식초를 넣어 살짝 저어 준다.
  ③ 응고가 되면 면포에 싸서 무거운 것으로 1~2시간 눌러 유청을 제거한 후 냉장고에서 하루 정도 숙성한다.

염류에 의한 변성

단백질용액에 염류를 넣으면 염류가 해리되어 생긴 전하가 단백질 전하를 중화하여 단백질 분자 사이의 반발력이 감소되면서 단백질이 응집, 침전된다. 두유에 칼슘염이나 마그네슘염을 첨가하여 두부를 제조하는 것, 어육에 소금을 가하여 어묵을 만드는 것, 젓갈과 같은 염장식품, 우유에 레닌 처리 시 칼슘염에 의한 응고로 치즈를 만드는 것 등을 예로 들 수 있다.

레닌(가수분해효소)에 의한 응고현상

우유 단백질의 약 80%를 차지하는 카세인은 구상의 카세인 미셀로 존재하면서 칼슘, 인산 등을 함유하고 있는데, 칼슘에 민감한 α-, β-카세인은 미셀의 내부에 존재하고 칼슘에 안정적인 κ-카세인이 미셀의 표면에 존재하면서 칼슘과의 결합을 막아 미셀의 안정화에 기여하게 된다. 그러나 우유에 레닌을 첨가하면 κ-카세인에 작용하여 파라-κ-카세인과 당을 함유한 글리코마크로펩타이드로 분해되면서 카세인 미셀이 불안정해져 우유 중의 칼슘 이온과 결합하며 응고되는데, 이것이 치즈를 만드는 기본 원리이다.

알코올에 의한 변성

단백질용액에 알코올과 같은 유기용매를 넣으면 단백질 변성이 일어나 침전된다. 알코올에 의한 변성은 친수성이 강한 알코올의 탈수작용에 의해 단백질 분자의 수화가 감소되었기 때문이며 이 반응은 등전점 부근에서 가장 잘 일어난다. 우유의 신선도 판정 시 알코올을 첨가하게 되는데 신선도가 떨어지는 우유인 경우 산의 생성으로 pH가 저하되면서 알코올에 의한 침전반응을 일으키게 된다.

그 외에 자외선, 압력, 초음파 등에 의해서도 단백질의 변성이 일어난다.

(3) 변성단백질의 성질

변성된 단백질은 구조 변화로 인해 여러 가지 성질의 변화가 일어난다.

용해도 변화

일반적으로 단백질이 물에 용해될 때 소수성기는 단백질의 내부에 들어가 있으나 단백질이 변성되면 구조가 풀리면서 분자 표면에 소수성기가 나타나게 되어 단백질의 친수성이 감소하므로 용해도가 감소한다.

점도 변화

단백질이 변성되면 구조가 풀리면서 분자 부피가 커지므로 점도는 대체로 증가한다.

소화율 변화

단백질이 열에 의해 변성되면 구조가 풀어지면서 소화효소의 작용을 받기 쉬워져 소화율은 증가한다. 그러나 지나친 가열은 풀어진 구조를 다시 밀집하게 하여 효소의 작용 장소가 다시 내부로 묻히면서 소화율을 저하시킨다. 반숙달걀보다 완숙달걀의 소화율이 떨어지는 것이 바로 이 때문이다.

효소활성도 변화

효소와 기질 분자의 구조 및 형태에 따라 효소의 작용 여부가 결정되는데(기질 특이성 : 그림 3-15 참조) 효소단백질이 변성되면 분자가 변형되면서 효소는 활성을 잃게 된다.

반응성 변화

천연의 단백질 상태에서는 폴리펩타이드 사슬이 구부러지면서 내부에 묻혀 반응에 관여하지 않았던 활성기(설프하이드릴기, 페놀기 등)들이 단백질이 변성되면서 구조가 풀리면 표면으로 나타나 반응성이 증가하게 된다.

5) 단백질의 질 평가

단백질은 생물체의 생명 유지에 필수적인 물질로 반드시 섭취해야 하는 중요한 식품 성분이지만 단백질의 종류에 따라 그 영양적 가치는 차이가 있다. 일반적으로 동물성 단백질은 식물성 단백질에 비해 필수아미노산의 함량이 높아 영양적으로 우수하다고 말할 수 있으며, 식물성 단백질 중에서는 콩류가 동물성 단백질과 유사한 질을 나타낸다.

단백질의 영양적 가치를 결정하는 방법에는 여러 가지가 있으며 그중에서는 생물가(biological value)와 단백가(protein score)가 많이 이용된다.

(1) 생물가

생물가는 식품에 있는 단백질이 체내의 단백질로 얼마나 잘 전환되느냐를 측정하는 것이며, 체내로 흡수된 질소가 체내에 보유되는 정도를 질소량을 측정하여 산정한다.

생물가는 섭취된 단백질의 질소 중 체내에 흡수된 질소와 체내에 보유하고 있는 질소의 비로 계산하며, 여러 가지 식품의 생물가는 〈그림 3-14〉와 같다. 생물가는 콩, 달걀이 가장 높고, 우유, 육류 등 다른 동물성 식품 단백질의 생물가도 높은 반면에 식물성 식품인 옥수수나 밀가루 단백질은 낮다.

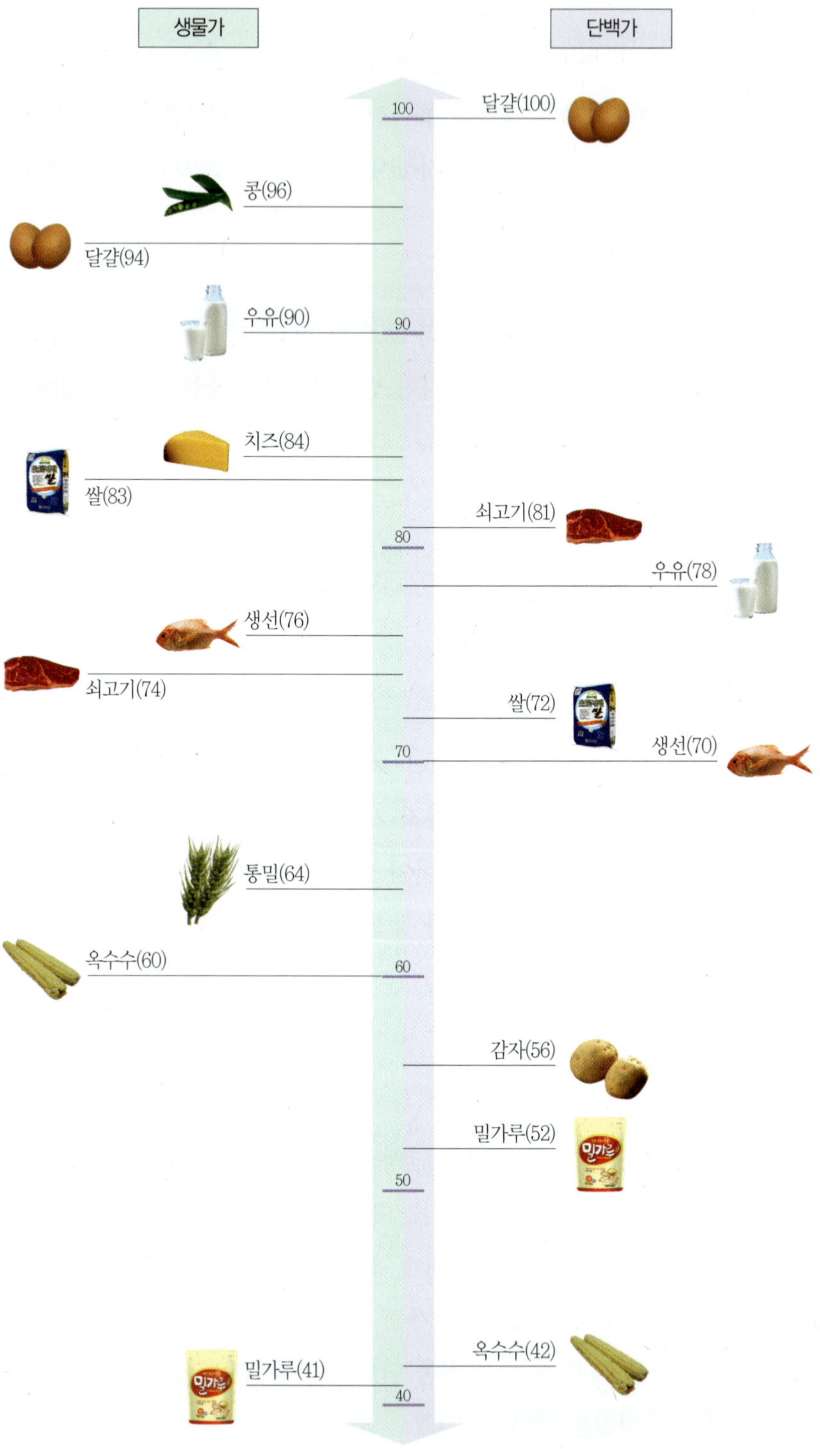

그림 3-14 여러 가지 식품의 생물가와 단백가

$$생물가 = \frac{보유하고\ 있는\ 질소량}{흡수된\ 질소량} \times 100$$

흡수된 질소량 : 섭취한 질소량 − 변으로 배설된 질소량

보유하고 있는 질소량 : 흡수된 질소량 − 소변으로 배출된 질소량

(2) 단백가

단백질의 질을 화학적 방법으로 평가하는 것으로 단백질의 필수아미노산 조성을 조사하여 이를 표준 아미노산 조성과 비교하여 평가하는 방법이다.

단백가는 식품 단백질이 가지고 있는 제1 제한아미노산의 함량을 국제연합 식량농업기구(FAO)에서 정한 해당 아미노산의 기준 함량으로 나눈 값으로 계산한다. 단백가와 유사한 평가 방법으로 화학가가 있는데 이는 식품 단백질의 제1 제한아미노산의 함량을 기준 단백질의 해당 아미노산의 함량과 비교하여 평가하는 방법이다.

여러 가지 식품의 단백가는 〈그림 3-14〉와 같다.

$$단백가 = \frac{식품\ 단백질\ 중\ 제1\ 제한아미노산의\ 양}{표준\ 아미노산\ 조성\ 중\ 해당\ 아미노산의\ 양} \times 100$$

단백질은 필수아미노산이 부족할수록 영양가가 낮게 평가되므로 제한아미노산이 첨가된다면 그 단백질의 영양가는 높아질 수 있다. 이와 같이 어떤 단백질에 아미노산 또는 다른 단백질을 넣어 줌으로써 그 단백질의 영양가가 높아지는 것을 단백질의 보완 효과(complementary effects of proteins)라고 한다. 라이신이 부족한 쌀밥에 라이신이 풍부한 콩을 섞어 먹는 경우나 시리얼에 라이신이 풍부한 우유를 첨가하여 먹는 것 등을 예로 들 수 있다.

6) 효소

효소(enzyme)는 생체 내의 반응을 촉진하는 물질로 그 조성을 보면 단순단백질이나 복합단백질로 이루어져 있다.

(1) 효소의 분류

효소는 종류가 매우 많고 기능이 복잡하여 여러 가지로 분류되고 있는데 국제생화학

연합회의 효소위원회에서는 효소의 작용 양상에 따라 6가지, 즉 산화환원효소(oxido-reductase), 전이효소(transferase), 가수분해효소(hydrolase), 제거효소(lyase), 이성질화효소(isomerase), 합성효소(ligase 또는 synthetase)로 분류하였다.

또 효소를 명명하는 방법으로는 관용적 방법과 상용적 방법이 사용되는데 관용적 방법은 효소를 발견했을 당시의 명칭을 그대로 쓰는 것(펩신, 파파인, 레닌 등)이며, 상용적 방법은 효소의 기질이나 기능을 나타내는 용어의 어미에 '에이스(-ase)'를 붙여서 명명하는 것(아밀레이스, 라이페이스, 프로테이스 등)이다.

(2) 효소의 특성

효소는 단백질로만 이루어진 단순단백질 효소와 단백질 외에 다른 물질이 함유되어 있는 복합단백질 효소가 있는데, 복합단백질 효소는 단백질 부분인 아포효소(apoenzyme)와 비단백질 부분인 조효소(coenzyme)로 구성되어 있다. 단백질 부분과 비단백질 부분이 결합된 형태를 완전효소(holoenzyme)라고 하며 이 완전효소가 효소의 활성을 나타내는 것이다.

효소가 작용하려면 반응하는 물질이 필요한데 효소의 반응물질을 기질이라 하며 효소는 기질과 반응하여 효소-기질의 복합체를 만든다. 이때 효소와 기질의 결합부위는 열

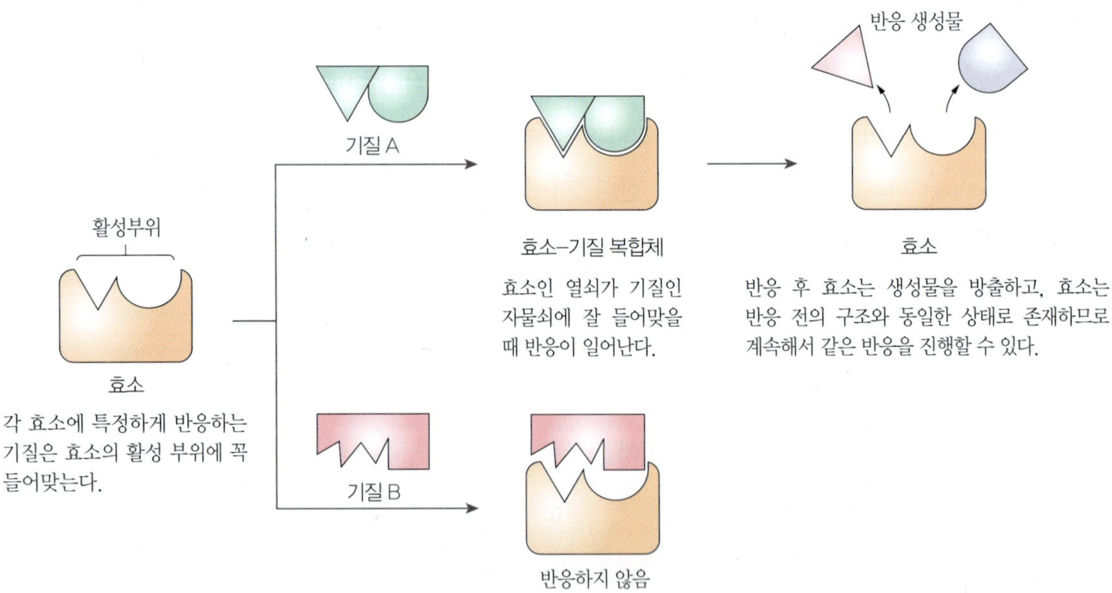

그림 3-15 효소-기질의 반응 메커니즘

쇠와 자물쇠처럼 형태가 일치해야 복합체를 형성할 수 있다(그림 3-15). 이와 같이 효소는 특정 기질과의 반응에만 선택적으로 작용하는 특이성을 나타내는데 이를 효소반응의 특이성(효소의 기질 특이성)이라고 한다.

(3) 효소반응에 영향을 주는 인자

효소는 그 일부가 단백질로 되어 있으므로 단백질의 성질과 같이 가열, 산, 알칼리, 유기용매 등에 의해 변성이 일어나며 그로 인해 효소의 활성은 저해된다. 효소의 활성도에 영향을 주는 요인은 다음과 같다.

온도

대부분의 효소는 30~40℃에서 최대 활성을 나타내며 온도가 상승하면 효소의 반응속도도 증가하지만 일정 온도 이상에서는 단백질의 변성으로 인해 활성이 저하 또는 소멸된다.

우유의 응고를 일으키는 레닌의 경우 40~42℃에서 최적의 효소활성도를 보이지만 그 이상의 온도에서는 활성도가 저하된다. 또 고구마에 있는 β-아밀레이스나 연육소로 쓰이는 파파인은 내열성을 보이는 효소이므로 70℃ 정도에서도 활성을 나타낼 수 있지만 대부분의 효소는 50℃ 이상에서는 불활성화된다. 그러므로 채소나 과일의 갈변을 일으키는 폴리페놀 산화효소(polyphenol oxidase)나 콩 비린내의 원인인 리폭시제네이스(lipoxygenase)처럼 식품의 조리나 가공 시 품질을 저하시키는 효소를 파괴하기 위해서 데치거나 끓이는 등 가열 처리를 통해 식품의 품질을 관리하기도 한다.

pH

효소마다 일정 범위의 pH에서 활성을 나타내는데 최대 활성을 보이는 pH를 최적 pH라고 하며 대부분의 효소는 pH 4.5~8.0 정도에서 최대 활성을 나타낸다. 최적 pH에서 멀어질수록 효소 활성은 감소하며, 효소는 단백질이므로 강한 산성이나 알칼리성에서는 변성이 일어나 활성이 소실된다. 몇 가지 효소는 예외적인 조건에서도 활성을 나타내는데 소화효소인 펩신의 최적 pH는 1.5~2.0이다.

효소 및 기질의 농도

효소의 농도가 낮을 때에는 효소의 반응 속도와 효소 농도의 관계는 비례하지만, 효소의 농도가 높으면 기질 농도가 제한인자가 되어 기질을 더 첨가하지 않으면 반응속도는 증가하지 않는다. 또한, 기질의 농도가 낮을 때에는 기질 농도와 반응 속도가 비례하지만 기질의 농도가 높은 경우에는 기질 농도가 증가하여도 반응 속도에 큰 영향을 주지 않는다.

촉진제

Na^+, K^+, Ca^{2+}, Mg^{2+}, Fe^{2+}, Cu^{2+} 등과 같은 여러 가지 금속 이온들은 효소반응을 촉진시키는 대표적인 촉진제이다. 예로 폴리페놀 산화효소는 구리 이온에 의해, 헥소키네이스(hexokinase)는 마그네슘 이온에 의해 반응이 촉진된다.

저해제

저해제는 효소작용을 억제하는 물질로, 다양한 종류가 존재한다(그림 3-16). 경쟁적 저해제(competitive inhibitor)는 기질과 동일한 활성부위를 공유하는 것으로 기질의 농

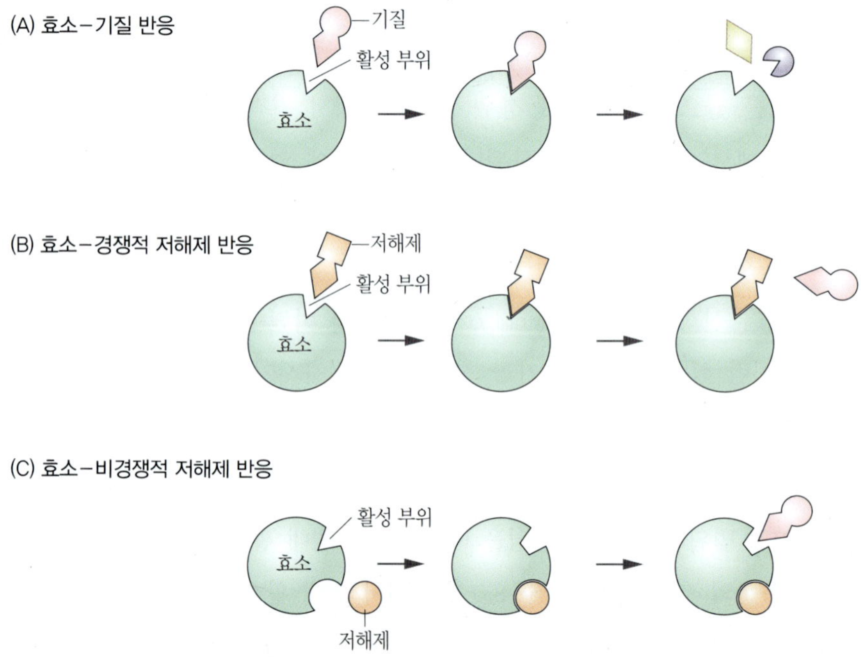

그림 3-16 효소-저해제의 반응 메커니즘

트립신 저해제(trypsin inhibitor)

식품 중에 존재하는 대표적인 저해제는 생콩에 존재하는 트립신 저해제로, 이 물질은 단백질소화효소인 트립신을 저해하여 단백질의 소화를 억제한다. 그러나 트립신 저해제는 단백질이므로 가열하면 변성되어 그 기능이 상실되기 때문에 조리 과정을 거친 콩은 큰 문제가 되지 않는다.

도를 높여 주면 효소의 활성이 가역적으로 회복된다. 비경쟁적 저해제(noncompetitive inhibitor)는 효소 활성에 긴요한 다른 부위에 결합하여 효소의 활성 부위 구조에 영향을 주어 효소 활성을 저해하는 물질로 기질의 농도를 증가시켜도 효소의 활성이 회복되지 않는다.

(4) 식품과 관계있는 효소

식품에 존재하는 효소 중 일부는 식품 성분의 변화를 일으켜 품질을 저하시키기도 하지만 일부 효소는 식품의 질감이나 향미를 증진시키기 위해 이용되기도 한다.

효소의 분류는 6가지로 하였으나 식품에 중요하게 작용하는 효소는 대부분이 가수분해효소와 산화환원효소로 그 종류 및 기능은 〈표 3-9〉와 같다.

표 3-9 식품에 작용하는 효소의 종류 및 기능

분류	종류		작용	기능
가수분해효소	탄수화물분해효소	α-아밀레이스	전분 → 덱스트린+맥아당+포도당	고과당 시럽 제조
		β-아밀레이스	전분 → 한계덱스트린+맥아당	식혜 제조
		슈크레이스	설탕 → 포도당+과당	인공 벌꿀 제조
		말테이스	맥아당 → 포도당+포도당	
		락테이스	유당 → 포도당+갈락토스	유당불내증 완화
		셀룰레이스	셀룰로스 → 포도당+셀로비오스	주스 청정제
		펙티네이스	펙틴 → 갈락투론산	주스 청정제
	단백질분해효소	펩신	단백질 → 프로테오스+펩톤	
		카텝신	단백질 → 펩타이드+아미노산	육류 숙성
		파파인	단백질 → 펩타이드+아미노산	육류 연화제
		레닌	카세인 → 파라-κ-카세인	치즈 제조
	지방분해효소	라이페이스	지방 → 지방산+글리세롤	치즈 숙성
산화환원효소	산화효소	폴리페놀옥시데이스	폴리페놀 → 퀴논	갈변
		타이로시네이스	타이로신 → 멜라닌	갈변
		리폭시제네이스	불포화지방산 → 과산화물	콩 비린내 생성
	탈수소효소	알코올탈수소효소	에탄올 → 아세트알데하이드+$2H^+$	알코올 발효

7) 새로운 단백질 자원 및 인조육의 제조

(1) 새로운 단백질 자원

현재 세계 인구의 반 이상이 대체로 단백질 섭취 부족 상태에 있다. 따라서, 새로운 단백질 자원의 개발이 시급한 상태이며 현재까지 개발된 단백질 자원의 종류는 다음과 같다.

미생물단백질

미생물단백질(single cell protein)은 탄수화물이나 이산화탄소 등의 탄소화합물을 영양원으로 하여 미생물을 공업적으로 대량 배양하여 그 균체를 모아 추출한 단백질이다. 그 종류로는 효모단백질(yeast protein), 곰팡이단백질(fungi protein), 세균단백질(bacteria protein), 해조단백질(algal protein) 등이 있다.

농축잎단백질

농축잎단백질(leaf protein concentrate, LPC)은 알파파 등의 녹엽을 파쇄한 후 55~75% 정도 함유된 단백질을 추출하고 80℃ 이상의 온도로 가열하여 응고, 분리한 후 건조하여 제조한다. 이 농축물에는 60~70% 정도의 단백질이 함유되어 있다.

농축어류단백질

농축어류단백질(fish protein concentrate, FPC)은 상품 가치가 없는 잡어류를 증숙 후 마쇄하여 다시 압착하고 일부 지방산을 제거한 후 단백질을 추출, 농축한 것으로 현재 동물 사료 등으로 널리 사용하고 있다.

곤충단백질

식용곤충이 미래 단백질 자원으로서 식량 대안이 될 수 있다는 FAO 보고 발표(2013) 이후 네덜란드, 영국, 벨기에 등 많은 나라에서 식용곤충에 관심을 가지게 되었다. 이로써 식용곤충은 인류의 새로운 식량자원으로 주목을 받게 되었다. 식용곤충은 양질의 단백질과 무기질, 비타민 등 영양 성분이 육류나 생선 등에 비하여 손색이 없으며, 육축사육보다 사료 효율은 높은 반면 물 소비량이 적고 온실가스 배출량은 적다. 또한 사육시설의 공간 요구도가 낮고 노동 강도는 낮은 편이며 빠른 생활사와 낮은 폐기율 등의 여러 가지 장점을 가지고 있다.

우리나라도 농림축산식품부에 의하여 2010년 「곤충산업의 육성 및 지원에 관한 법률」을 제정한 이후 곤충산업은 급성장하게 되었다. 농촌진흥청 연구 지원을 통하여 4종의 식용곤충(갈색거저리 유충, 쌍별귀뚜라미, 흰점박이꽃무지 유충, 장수풍뎅이 유충)이 식품의약품안전처의 승인을 받아 새로운 식품원료로 등록되었다. 이로써 오랫동안 관습적으로 먹어 일반식품으로 소비되고 있는 메뚜기, 누에번데기, 백강잠과 함께 총 7종이 일반식품원료로 등재되어 있다. 또한 식용곤충을 이용한 메뉴가 개발, 보급되고 있으며, 베이커리류 제품이나 단백질쉐이크 등과 같은 가공식품도 개발되고 있다.

(2) 인조육의 제조

과거 인구가 많지 않던 시절에는 자원이 풍부하여 의식주 해결에 별로 어려움이 없었으나 오늘날에는 환경 여건은 그대로 인 채 인구가 증가함에 따라 '식(食)'의 문제 해결에 어려움이 뒤따르고 있다. 특히, 육류는 많은 이들이 좋아하는 식품으로, 전 세계적으로 그 수요가 증가하고 있어 부족이 예상되어 그 대체 식품의 필요성이 대두되고 있으며, 또 건강 등의 이유로 식물성 식품을 선호하는 사람이 늘어남에 따라 식물성 단백질을 이용한 인조육의 제조가 늘어나고 있다.

식물성 단백질은 동물성과 비교할 때 입안에서 느껴지는 쫄깃쫄깃한 감촉, 색상, 향 등에서 차이가 있으므로 이를 고기의 맛과 동일하게 느껴지도록 조직을 변형시키고(이를 텍스처화라고 함) 조미·착향·착색의 공정을 거치면 인조육이 된다. 인조육은 고기의 보조 원료가 되며, 동물성 지방의 과잉 섭취를 피해야 할 성인 식단에 중요한 역할을 한다.

인조육의 원료로는 글루텐, 분리 대두 단백, 기타 두유 분말 등이 사용된다.

글루텐

인조육의 재료 중 하나로 밀 단백질인 글루텐을 들 수 있다. 글리아딘과 글루테닌으로 구성된 글루텐은 단순한 방법으로 고기의 섬유 구조와 유사한 질감을 만들어 가격 면에서 매우 효과적이다. 이 제품은 단단한 질감을 가진 저지방, 고단백의 대체육으로 사용된다.

농축대두단백질

농축대두단백질(soy protein concentrate)로 만든 대두육은 우수한 단백질 자원을 사용한 것으로 실제 단백질 함량이 50% 이상을 차지한다. 대두육은 만드는 방법이 다소 어렵지만 텍스처화를 통해 만들어진 제품은 육류와 매우 유사한 질감을 나타낸다.

연습문제

1. 제한아미노산을 설명하고 쌀에 있는 제한아미노산을 보완할 수 있는 방법을 설명하시오.

2. 염의 농도에 따라 달라지는 단백질의 용해 정도를 설명하시오.

3. 단백질의 등전점을 설명하고 등전점에서 나타나는 성질을 설명하시오.

4. 단백질의 변성을 설명하고 각 변성 요인을 이용한 음식의 예를 찾아보시오.

5. 효소를 이용하여 만든 치즈의 제조 원리를 설명하시오.

지질

학습목표

1. 영양소로서 지질의 종류와 구조를 이해할 수 있다.
2. 식품 조리 가공 중 지질의 역할을 설명할 수 있다.
3. 지질 식품의 종류와 특성, 가공 및 조리 활용을 이해할 수 있다.
4. 지질 식품과 건강 간의 관계를 알고 활용할 수 있다.

1. 지질의 정의와 개요

지질(lipid)이란 콩기름, 옥수수기름과 같은 액체 식용유(oil), 한국인이 좋아하는 삼겹살이나 갈비에 붙어 있는 흰 고체 지방(fat), 감자튀김이나 베이킹에 많이 쓰이는 쇼트닝이나 마가린 등 우리가 섭취하는 식품의 주요 성분이다.

지질은 그 구조에 따라 글리세롤 한 분자에 지방산 세 분자가 붙어서 이루어진 중성지질(triacylglycerols), 인지질이나 당지질과 같은 복합지질(compound lipid), 그리고 스테롤(sterols)을 포함하여 크게 세 그룹으로 구별된다. 이 중 지방이라고 불리는 중성지질이 가장 큰 부분을 차지하고 있어 지질을 지방과 혼용하여 사용하기도 한다.

지질은 체내에서 주요한 에너지 공급 및 구성성분으로 작용하며, 비타민 A, D, E, K와 같은 지용성 비타민의 체내 흡수를 돕는다. 지질은 자연계의 식물성 또는 동물성 식품에서 얻어지는데, 단순한 정제 과정을 거쳐 바로 식품으로 섭취하기도 하지만 가공함으로써 마가린이나 쇼트닝처럼 액체 기름을 고체 지방으로 바꾸어 사용하기도 한다.

기름(oil) vs. 굳기름(fat)

보통 기름(oil)은 상온에서 액체인 지방을, 굳기름(fat)은 상온에서 고체인 지방을 일컫는다. 기름의 대표적인 예는 콩기름, 옥수수기름, 참기름, 들기름 등 식용유이며, 굳기름은 쇠고기, 돼지고기 등 육류에 부착되어 있는 흰 지방을 들 수 있다. 그러나 등푸른생선의 기름이 액체이고 코코아버터가 고체인 것처럼, 반드시 식물성 지방이 기름이고 동물성 지방이 굳기름은 아니며, 지방을 구성하는 지방산의 불포화도에 따라 결정된다.

지방은 특유의 부드럽고, 풍부한 맛과 향미를 제공하기 때문에 지방이 함유된 음식은 맛이 좋아 다양한 식품 조리 및 가공에 활용된다. 그러나 과다하게 섭취할 경우 지방의 높은 열량으로 인해 비만이라는 건강 문제를 야기하기도 하는데, 이런 문제를 해결하기 위해 근래 지방과 유사한 맛을 제공하면서 열량은 낮은 지방 대체품(fat replacers)들이 개발되어 출시되고 있다. 지방은 농축 에너지원이기 때문에 적게 섭취하여야 하나, 필수지방산이 들어 있는 지방은 반드시 식품으로 섭취하여야 한다.

지방은 식품의 가공, 조리에 다음과 같은 다양한 역할과 기능을 수행한다.

- 음식의 맛과 조직감을 향상시켜 준다.
- 음식을 부드럽게 해준다.

- 섭취 시 포만감을 준다.
- 튀김 등 음식을 조리할 때 좋은 열 전달 매체이다.
- 음식이 들러붙는 것을 막아 준다.
- 베이커리 제품의 팽창에 기여한다.
- 유화의 주요 성분이다.

최근 전 세계적인 웰빙 생활문화의 영향으로 우리가 섭취하는 지방과 지방 제품이 이슈화되었는데 그중 대표적인 것이 올리브유와 트랜스지방이다. 여기에서는 지방의 구조, 종류, 가공법 및 시중에 널리 사용되고 있는 지방 제품의 특성과 함께 주요 이슈들을 알아보고자 한다.

2. 지질의 구조와 조성

고체 지방과 액체 기름은 모두 물에는 녹지 않으며 지용성 용매(solvent)에는 녹는 지질의 종류이다. 지질은 탄수화물이나 단백질과 같이 주로 탄소, 수소, 산소로 구성되어 있으나, 산소보다 탄소와 수소의 비율이 높아 탄수화물이나 단백질보다 2배 이상 농축된 에너지의 공급원이다.

1) 구조에 따른 지질의 분류

(1) 중성지질(단순지방)

중성지질은 우리가 섭취하는 식품이나 우리 신체 구성 지질의 90% 이상을 차지한다.

중성지질이란 글리세롤 하나에 3개의 지방산이 에스터 결합(ester bond)으로 연결된 구조를 이루고 있으며, 단순지질(simple lipids)이라 불리기도 한다(그림 4-1). 중성지질을 구성하는 지방산은 여러 종류가 될 수 있는데, 어떤 종류의 지방산으로 구성되어 있는가에 따라 중성지질의 물성이 결정된다.

(2) 복합지질

복합지질(compound lipids)이란 중성지질을 구성하고 있는 지방산 중에 최소한 하나가 인산, 탄수화물, 단백질 등으로 대체되어 있는 것들이다. 즉, 지질에 비지질 물질이 결합된 형태인데 인지질(phospholipids), 당지질(glycolipids), 지단백(lipoprotein) 등을 그 예로 들

수 있다(그림 4-2).

(3) 유도지질

유도지질(derived lipids)이란 지방의 분해산물로서 다이글리세롤(diglycerols), 모노글리세롤(monoglycerols), 글리세롤(glycerol), 지방산(fatty acids)을 포함한다.

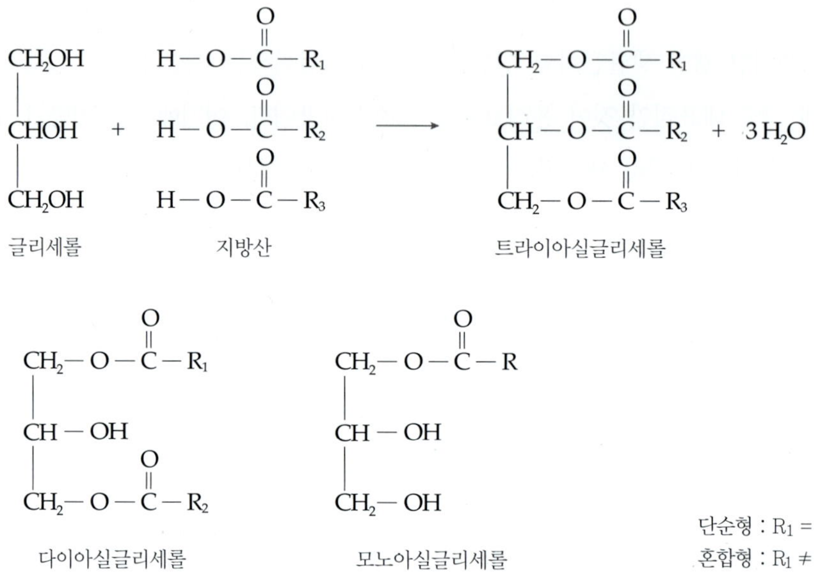

단순형 : $R_1 = R_2 = R_3$

혼합형 : $R_1 \neq R_2 \neq R_3$

그림 4-1 중성지질 및 유도지질의 구성

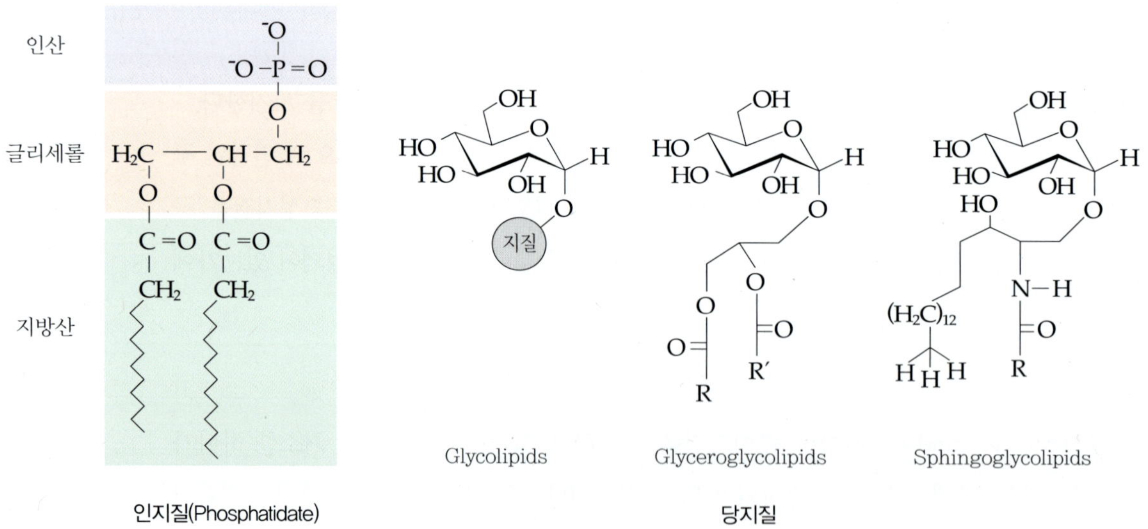

그림 4-2 복합지질의 구조

(4) 스테롤

스테롤(sterols)은 지방산과 글리세롤로 구성된 것이 아니라 벤젠과 같은 고리구조를 가지고 있는데, 콜레스테롤이나 스테로이드 호르몬과 같은 동물성 스테롤(zoosterol)과 피토스테롤(phytosterol)이라 불리는 식물성 스테롤 물질을 포함한다.

콜레스테롤은 성장 발육기에는 매우 중요한 성분이나 현대인의 질병인 심혈관계 질환의 주요 원인으로, 콜레스테롤을 포함한 지방의 과다 섭취가 문제가 되고 있어 식품 중 콜레스테롤 함량을 인지하여 과량 섭취하지 않도록 식생활 및 조리에 활용할 필요가 있다.

식물성 스테롤인 피토스테롤은 구조상 동물성 콜레스테롤과 유사한 구조를 하고 있어 이렇게 이름이 붙여졌다. 다른 지방에 비해 녹는점(melting point)이 높아 상온의 식품 내에서는 지방 결정체로 존재한다. 피토스테롤은 콩기름이나 옥수수기름과 같은 식물성 기름에 소량 함유되어 있다.

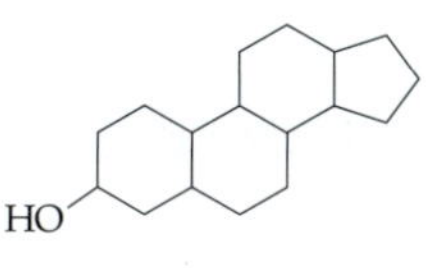

스테롤의 기본 구조

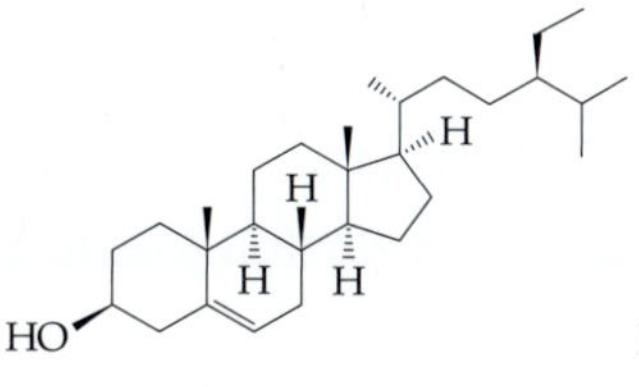

β-시토스테롤

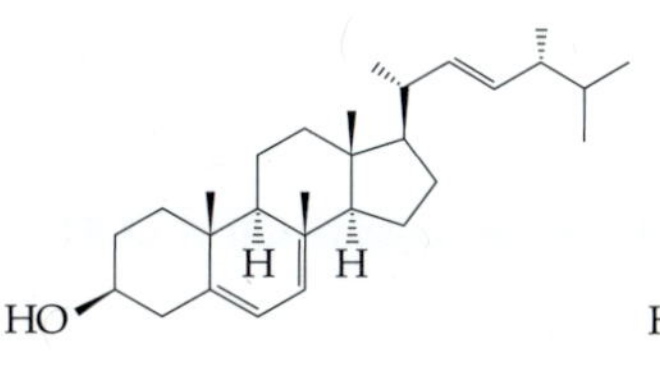

에고스테롤

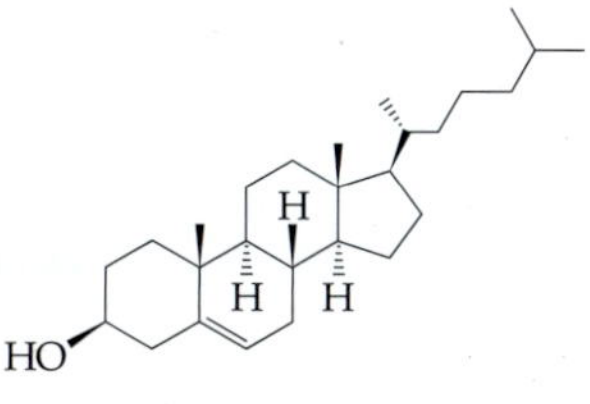

콜레스테롤

그림 4-3 스테롤의 기본 구조와 스테롤의 종류

표 4-1 주요 식품의 가식부 100 g당 콜레스테롤 함량

(단위 : mg)

식품 종류	콜레스테롤	식품 종류	콜레스테롤
쇠기름	100	쇠고기(한우 등심)	70
돼지기름(라드)	100	돼지고기(오돌삼겹, 생것)	64
버터	232	양고기(다리, 생것)	78
치즈(모짜렐라)	63	닭고기(가슴, 생것)	56
아이스크림(바닐라맛)	29	돼지 간(삶은 것)	355
우유(전지유)	10	잔멸치(삶아서 말린 것)	434
우유(저지방)	9	바지락(생것)	11
달걀(흰자, 생것)	0	마가린	-
달걀(난황, 생것)	629	모든 식물성 식품	0

자료 : 농업진흥청 국립농업과학원, 농식품종합정보시스템

2) 지질 구성성분

(1) 지방산

지방산(fatty acid)이란 탄소의 긴 사슬로 한쪽 끝에는 메틸기(methyl group, $-CH_3$)를, 그리고 다른 한쪽 끝에는 카복실기(carboxyl group, -COOH)를 가지고 있다(그림 4-4). 보통 탄소 사슬은 짧은 것부터 길게는 22개까지 다양하다. 지방산을 구성하고 있는 탄소가 단일결합(single bond) 또는 이중결합(double bond)을 하고 있는가에 따라 각각 포화지방산, 불포화지방산으로 분류된다. 이중결합이 2개 이상 들어 있는 지방산은 다가불포화지방산(polyunsaturated fatty acids)이라 한다.

우리가 먹는 식품은 보통 지방산의 길이가 다른 포화지방산과 불포화지방산이 섞여 있는 혼합지방이다. 예를 들어, 버터는 보통 길이가 짧은 13개의 다른 지방산으로 구성되어

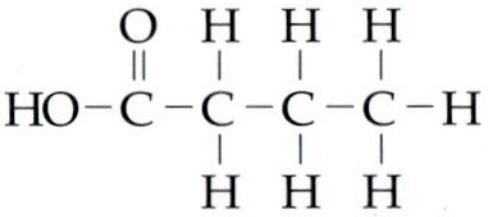

[부티르산(butyric acid), C_3H_7COOH] 짧은 사슬포화지방산(short-chain saturated fatty acid)

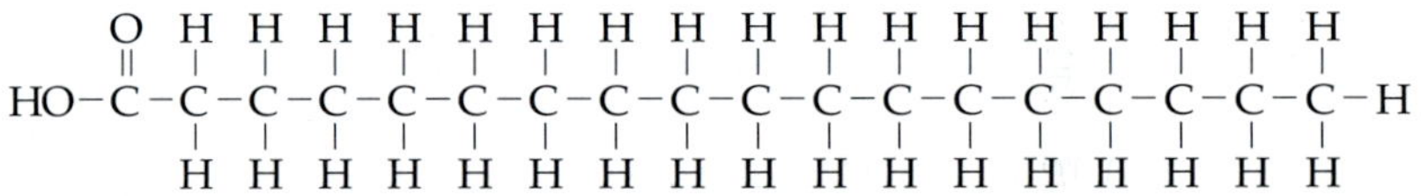

[스테아르산(stearic acid), $C_{17}H_{35}COOH$] 긴 사슬포화지방산(long-chain saturated fatty acid)

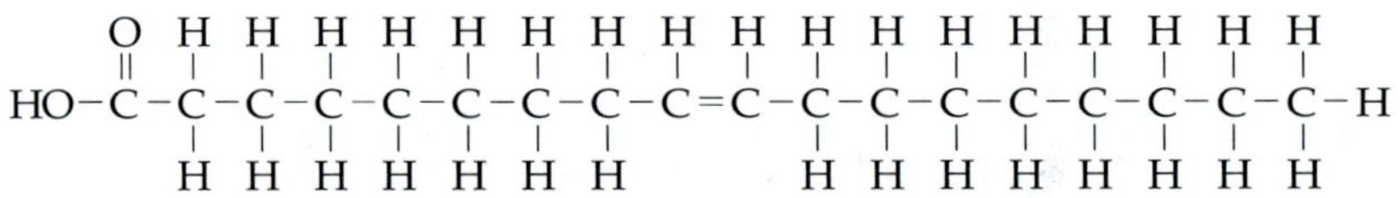

[올레산(oleic acid), $C_{17}H_{33}COOH$] 단일불포화지방산(monounsaturated fatty acid)

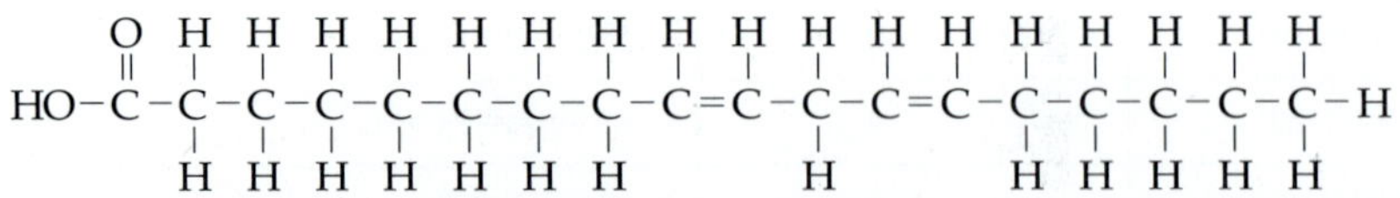

[리놀레산(linoleic acid), $C_{17}H_{31}COOH$] 다가불포화지방산(polyunsaturated fatty acid)

그림 4-4 지방산의 구조와 종류

있다. 식품에 들어 있는 지방산의 종류에 따라 녹는점이나 발연점(smoke point)과 같은 지방의 특성이 결정된다. 불포화지방의 함량이 높은 식용유는 상온에서 액체이며 녹는점이 낮으나, 포화지방 함량이 높은 쇠고기나 돼지고기와 같은 수육의 지방은 녹는점이 높아 상온에서 고체로 존재하게 된다.

(2) 불포화지방산과 필수지방산

불포화지방산(unsaturated fatty acid)은 단일불포화지방산과 다가불포화지방산으로 나뉜다. 단일불포화지방산은 지방산 구조 내에 이중결합이 하나인 지방산으로, 올리브유의 주성분이며 땅콩유나 옥수수유 등 다양한 지방에 들어 있다.

다가불포화지방산은 이중결합이 두 개 이상 들어 있는 지방산으로, 탄소 수가 18개이면서 이중결합이 2개인 레놀레산(linoleic acid, 18:2), 3개인 리놀렌산(linolenic acid, 18:3), 탄소 수가 20개이면서 이중결합이 4개인 아라키돈산(arachidonic acid, 20:4)을 포함한다. 이들은 체내에서 생성되지 않기 때문에 식품을 통해 섭취하여야 하므로 필수지방산(essential fatty acids)이라 한다(표 4-2).

표 4-2 필수지방산의 구조와 함유 식품

지방산	구조식	함유 식품
리놀레산 (18:2)	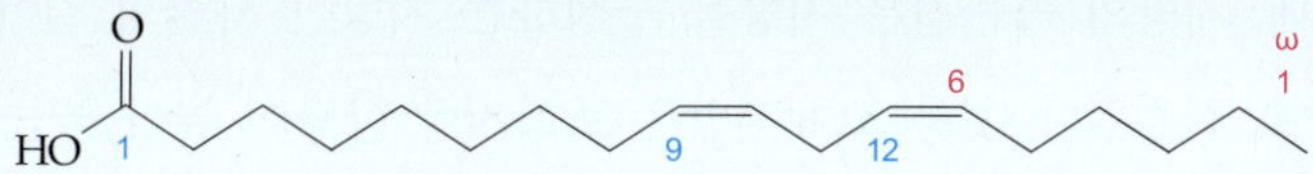	콩기름, 옥수수기름, 기타 식용유
리놀렌산 (18:3)	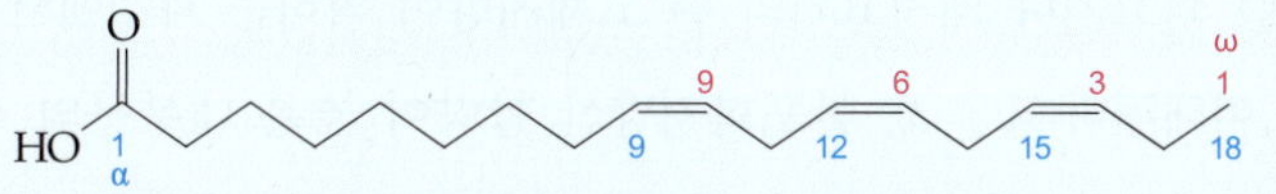	들기름, 콩기름, 카놀라유, 호두기름
아라키돈산 (20:4)	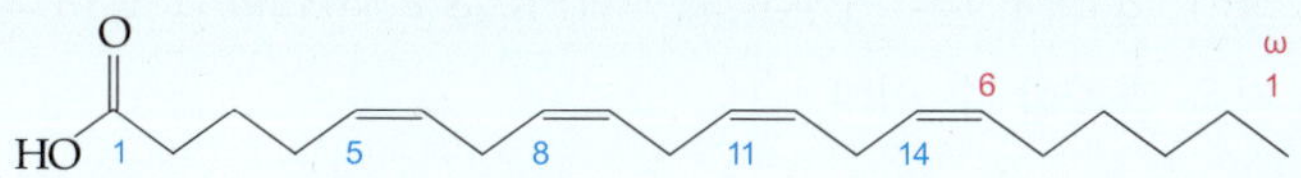	청어, 고등어, 꽁치 등 등푸른생선유

(3) 오메가-3와 오메가-6 지방산

오메가-3(**ω**-3 또는 n-3) 지방산이란 이중결합의 위치가 메틸기 말단으로부터 세 번째 탄소에 있는 불포화지방산을 일컫는다. 오메가(**ω**)는 그리스 알파벳의 마지막 철자로, 과학자들이 지방산을 명명하는 데 사용하였다. 리놀렌산(18:3)은 대표적인 **ω**-3 지방산이다. 생선에 함유되어 있는 지방 중 에이코사펜타에노산(eicosapentaenoic acid, EPA)도 탄소 수가 20개이고 이중결합의 수가 5개인 다가불포화지방산(20:5)이면서 ω-3 지방산이다. ω-3 지방산이 풍부한 식품으로는 고등어·대구·연어 등의 생선유, 들기름, 아마인유를 들 수 있으며, 호두나 대두유에도 소량 들어 있다.

ω-6 지방산은 이중결합의 위치가 메틸기 말단으로부터 여섯 번째 탄소에 있는 불포화지방산으로, 필수지방산인 리놀레산(18:2)과 아라키돈산(20:4)이 대표적인 ω-6 지방산이다. ω-6 지방산은 참기름, 면실유, 땅콩유, 해바라기유 등에 많이 함유되어 있다.

ω-6 지방산의 섭취가 증가하면 체내 ω-3 지방산의 필요량이 증가하는데, 이 두 지방산의 적정 섭취비율이 유지되면 체내 콜레스테롤 수준을 낮추는 데 도움이 되는 것으로 알려져 있다. 따라서 ω-3 지방산이 풍부한 들기름 등의 식용유를 적절히 혼합하여 사용하거나 섭취하면 영양 섭취에 도움이 된다.

3. 지방의 특성

1) 용해도 및 녹는점

지방은 소수성 물질로 물에 녹지 않는다. 그러나 액체나 고체 지방 모두 석유나 에테르, 사염화탄소와 같은 유기용매에 녹는다. 녹는점은 물질의 상태가 고체에서 액체로 변화하는 온도인데, 지방의 녹는점은 지방을 구성하는 지방산 사슬의 길이와 지방산의 포화도에 따라 주로 결정된다. 보통 고체지방은 포화지방 함량이 높아 녹는점이 높은데, 상온에서 고체이던 쇠고기나 돼지고기의 흰 고체지방이 익히는 과정에서 녹아내리는 것을 생각하면 쉽게 이해된다(표 4-3). 불포화지방산 함량이 높은 대부분의 식물성 기름은 지방의 녹는점이 낮아 상온에서도 액체로 존재하나, 냉장 보관하면 올리브유 같은 경우 일부 고체화하는 것을 관찰할 수 있다.

표 4-3 지방의 녹는점

(단위 : ℃)

지방 종류	녹는점
버터	36
라드	44
우지	48
코코넛오일	26

동유 처리(Winterization)

샐러드유나 마요네즈가 냉장 온도에서 굳게 되면 유동성이나 식감이 감소하여 소스로서의 기능을 발휘하기 어렵다. 이런 현상을 막기 위하여 지방을 급속히 저온으로 낮춰 녹는점이 높은 지방 결정들이 형성되는 것을 여과를 거쳐 제거하는데 이것을 동유 처리라고 한다. 이 공정을 거친 지방은 냉장고에서도 뿌옇게 되거나 고체화되는 현상이 일어나지 않는다. 올리브유는 이 과정을 거치면 향미 성분이 제거되므로 잘 하지 않는다.

2) 유화 및 유화제

지방은 물과 섞이지 않는다. 그러나 유화제가 있으면 물과 섞여 마요네즈처럼 안정된 혼합물을 이루는데 이런 상태를 유화(emulsion)되었다고 한다. 유화는 버터나 마가린처럼 지방 속에 물방울이 분산되어 있는 형태인 유중수적형(water in oil, W/O) 유화액과 우유나 마요네즈처럼 물속에 지방구가 분산되어 있는 수중유적형(oil in water, O/W) 유화액으로 구분되며, 식품에 다양하게 응용되고 있다.

유화제는 구조 내에 친수성기(hydrophilic group)와 소수성기(hydrophobic group)를 함께 갖고 있기 때문에 친수성기는 물방울을 둘러싸고 소수성기는 지방을 둘러싸면서 섞이지 않은 물과 기름이 골고루 섞여 있을 수 있도록 해준다(그림 4-5). 식품에서 발견되는 대표적인 유화제는 달걀노른자에 들어 있는 레시틴과 같은 인지질이다.

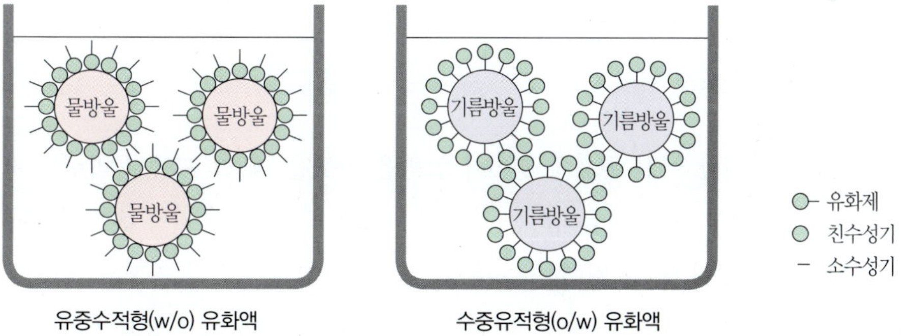

그림 4-5 유화액의 종류

3) 가열에 따른 변화 및 발연

지방이 조리 중 가열되어 일정 온도에 이르면 글리세롤과 지방산으로 분해되어 자극성이 있는 냄새와 함께 연기가 나면서 타기 시작하는데 이를 발연점이라고 한다.

지방은 대부분 200℃ 근처의 발연점을 보이는데, 돼지 지방은 185℃, 콩기름은 232℃ 정도이다(표 4-4). 가열되면서 지방이 분해되면 지방산과 글리세롤이 생기는데, 글리세롤이 더 분해되면 푸르스름한 연기의 성분인 아크롤레인(acrolein)이 생성된다. 지방의 분해반응은 비가역적 반응이라서 이런 분해산물이 생기지 않도록 발연점 이하에서 조리하도록 하는데, 분해산물이 축적되면 발연점은 점점 더 낮아진다. 또한, 반복해서 기름을 가열하게 되면 지방의 가수분해 및 산화가 일어나 튀긴 음식에 좋지 않은 냄새가 배게 된다.

표 4-4 여러 지방의 발연점

(단위 : ℃)

지방 종류	발연점	지방 종류	발연점
카놀라유	240	팜유	235
옥수수유	232	땅콩유	160
면실유	216	미강유	254
포도씨유	216	참기름(미정제)	177
헤이즐넛유	221	참기름(반정제)	232
올리브유(extra virgin)	191	콩기름	232
올리브유(virgin)	216	식물성 쇼트닝	182
올리브유(pure)	238	버터	177
올리브유(extra light)	242		

4) 가소성

가소성(plasticity)이란 어떤 물체에 힘이나 압력을 가했을 때 그 모양이 바뀌면서 힘을 제거해도 바뀐 상태의 모습을 유지하는 성질을 일컫는데, 지방은 일정 온도 범위(plastic range) 내에서 가소성이 있다. 버터나 마가린을 빵에 펴 바를 수 있는 것은 지방의 가소성 때문이다. 지방이 가소성을 보이는 이유는 다양한 지방 성분이 혼합되어 있어 특정온도에서 일부는 액체로, 그리고 일부는 결정체인 고체로 존재하기 때문이다. 가소성 온도 범위가 넓은 것이 유리한 제품으로는 마가린이나 치즈를 들 수 있다. 냉장고에서 바로 꺼내서도 넓게 펴 바를 수 있다면 가소성이 좋은 지방이다. 대부분의 동물성 지방은 가소성 온도 범위가 좁아 펴 바르기에 부적당하다.

5) 산패 및 항산화제

(1) 가수분해적 산패

중성지질은 효소에 의해 가수분해되면 유리지방산이 생성되어 좋지 않은 냄새가 나며, 산화적 안정성이 감소되고 거품이 생기며 발연점이 낮아진다. 중성지질의 글리세롤 골격에서 지방산이 유리되면서 짧은 지방산은 불쾌한 냄새, 그리고 긴 지방산은 비누 같은 냄새를 내는데 이를 가수분해적 산패(hydrolytic rancidity)라고 한다. 가수분해적 산패는 식품을 가공 보관하는 중 식품에 함유되어 있는 지방분해효소(lipase)의 작용에 의해 중성지질이 글리세롤과 지방산으로 가수분해되는 것이다. 예를 들어, 올리브유를 짤 때 처음에는 유리지방산이 별로 없으나 두 번째 압착한 것은 유리지방산이 들어 있는 것을 보면 알 수 있다. 짧은 지방산이 많이 들어 있는 버터의 지방은 변패되면 부티르산(butyric acid)이 생성되어 불쾌한 냄새를 낸다.

가수분해적 산패는 수분 함유 식품을 가공 저장하는 경우와, pH가 높거나 낮은 조건에서 발생할 수 있다.

$$\text{지방} + \text{물} \xrightarrow{\text{라이페이스(lipase)}} \text{글리세롤} + \text{지방산}$$

(2) 산화적 산패

지방은 또한 산소와 결합하여 일련의 화학반응을 거치면서 분해되면 휘발성의 좋지 않은 냄새를 생성하는데, 이를 산화적 산패(oxidative rancidity)라고 한다. 주로 불포화지방산의 이중결합에 공기 중의 산소가 결합하여 알데하이드(aldehydes)나 케톤(ketones)과 같은 불쾌한 냄새 물질을 형성한다. 이 산화적 산패는 열이나 빛, 구리나 철분과 같은 중금속에 의해 촉진된다.

튀긴 음식이나 건조 곡류 등은 소량의 산화적 산패물질이 향미에 기여하기도 하지만 일반적으로 산화적 산패가 진행되면 식품의 품질을 저하시킨다.

지방의 산패는 온도, 수분, 공기, 빛, 금속물질, 불포화도, 항산화제의 존재 여부 등에 따라 달라진다.

(3) 가열 산패

식품을 튀기거나 조리하기 위해 기름을 고온에서 계속 가열하게 되면 다음과 같은 여러 가지 가열 산패에 따른 변화를 관찰할 수 있다. 이런 변화는 가열 온도가 높을수록 증가한다.

- 유리지방산의 증가
- 연소점 감소
- 녹는점 감소
- 지방 색깔이 어두워짐
- 지방의 중합반응(polymerization) 발생
- 지방의 굴절률 증가

지방의 중합반응은 먼저 지방이 분해되어 유리지방산이 생성되면서 진행되는데, 보통 이중결합이 하나인 지방산에서 중합반응이 일어난다. 중합체의 크기가 커지면 뜨거운 지방의 점성이 증가하고 색깔이 어두워지며 지방의 품질이 저하된다. 가열에 따른 산패를 막기 위해서는 과도한 또는 불필요한 가열을 하지 않는 것이 좋다.

(4) 항산화제

기름은 금속 재료가 아닌 용기에 담아 건냉암소에 보관하고, 고체지방은 잘 포장하여 보관하면 지방의 산패를 막을 수 있다. 항산화제(antioxidants)는 주로 유리지방산 자유기 제거제(free radical scavenger)로 작용함으로써 유리지방산 형성에 따른 산패를 예방해준다. 즉, 지방산의 이중결합에 수소 원자를 내어줌으로써 불포화지방산의 산패로 이어지는 일련의 산화반응을 막는 것이다.

아스코르브산(ascorbic acid, 비타민 C), 티올류(thiols), 토코페롤(tocopherol, 비타민 E)과 같은 식품에 천연적으로 들어 있는 항산화제뿐 아니라, BHT(butylated hydroxytoluene), BHA(butylated hydroxyanisole), PG(propyl gallate)와 같은 합성 항산화제가 유지류의 산패를 막기 위해 사용된다(그림 4-6). 그러나 토코페롤과 같은 천연 항산화제는 유지의 가열 조리에 의해 파괴된다.

지방의 산패 속도는 산소 농도, 온도, 수분활성도, 표면적 등에 따라 영향을 받는다. 산소의 농도를 낮추면 지방의 산화 속도가 느려지며, 온도가 높을수록 산패 속도가 증가한다. 일반적으로 수분활성도가 낮으면 지방의 산패도 감소한다. 뜨거운 기름에 수분이 많은 식품을 넣고 튀길 때는 식품 때문에 기름 속에 공기가 순환되면서 산소와의 노출이 증가하여 산패가 촉진된다. 기름이 공기 중에 노출되는 표면적이 넓으면 지방의 산패 속

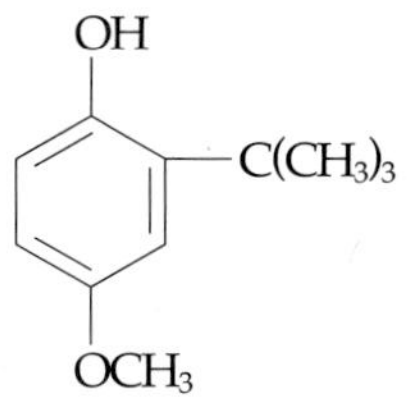

BHA(Butylated Hydroxyanisole)

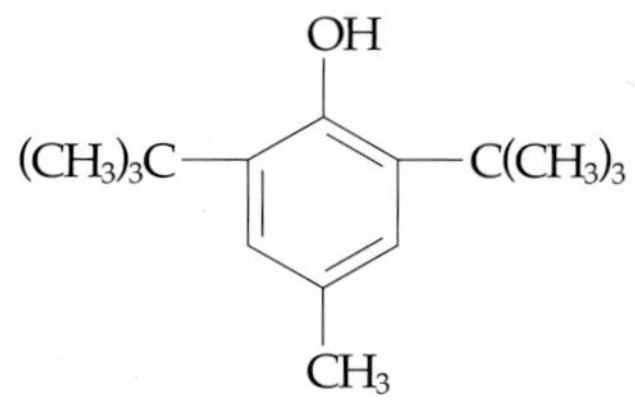

BHT(Butylated Hydroxytoluene)

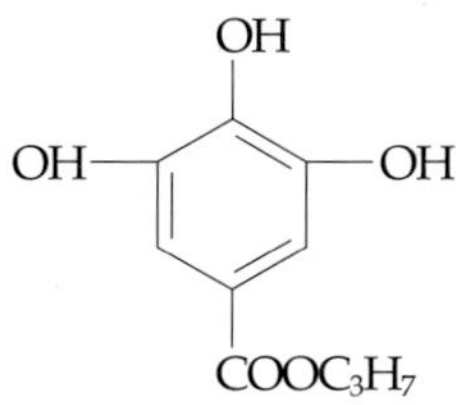

PG(Propyl Gallate)

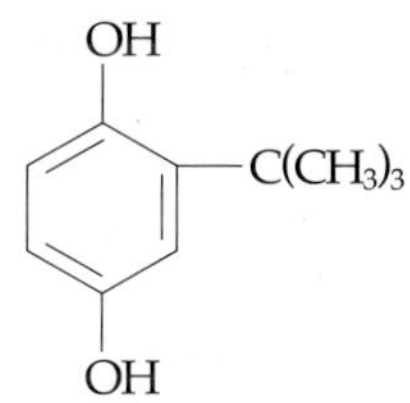

TBHQ

그림 4-6 항산화제의 종류와 구조

도가 증가하는데 그 이유는 공기 중의 산소나 식품 중의 산패를 촉진시키는 금속물질과 같은 산화촉진제(prooxidants)와의 접촉이 증가하기 때문이다. 따라서, 식품을 기름을 이용하여 튀길 때에는 얇고 납작한 용기보다는 깊고 상부 노출 표면적이 작은 용기를 사용하는 것이 좋으며, 식품의 수분을 되도록 제거하는 것이 바람직하다.

6) 검화

중성지질은 알칼리와 반응하여 비누와 글리세롤을 형성하는데 이 반응을 검화 또는 비누화(saponification)라고 한다. 검화에는 수산화나트륨(NaOH)이나 수산화칼륨(KOH)이 주로 쓰이는데 이 반응을 사용하여 비누가 제조된다. 결국, 비누는 여러 가지 지방산의 나트륨염이다. 폐식용유를 활용하여 비누를 만드는 것은 바로 이 원리를 적용한 것이다.

4. 지방의 종류와 특성

지방은 크게 동물성 지방과 식물성 지방으로 나누어 볼 수 있다. 우리가 많이 사용하고 있거나 섭취하고 있는 지방의 종류별로 그 특성을 알아보기로 한다.

1) 동물성 지방

쇠고기, 돼지고기, 닭고기 등 대부분의 수조육류가 공급해 주는 지방과 생선의 기름이 이에 해당된다. 라드와 버터 또한 동물성 지방 제품이다. 동물성 지방은 식품의 생산지나 부위별로 지방산의 함량과 조성에 차이가 있다(표 4-5).

표 4-5 각종 동물성 식품 가식부 100 g 당 지방산 조성

(단위 : g)

구분	총지방산	필수지방산	포화지방산	단일불포화지방산	총다중불포화지방산
쇠고기(한우, 등심)	23.95	0.55	10.83	11.72	0.62
쇠고기(한우, 살코기)	12.19	0.31	5.15	6.40	0.36
돼지고기(삼겹살)	34.12	3.90	14.42	15.37	4.17
돼지고기(안심)	3.00	0.55	1.17	1.23	0.58
닭고기(다리)	7.33	1.25	2.31	3.67	1.28
고등어(남해산)	8.87	0.22	3.02	2.44	3.30
연어(홍연어)	3.59	-	0.81	1.75	1.03
달걀(노른자)	22.42	3.69	8.12	10.21	3.99
버터	68.94	1.7	48.05	15.96	1.84

자료 : 농업진흥청 국립농업과학원 (2016), 제9개정판 국가표준식품성분표 I

(1) 라드

라드(lard)는 돼지에서 추출한 지방으로, 100% 순수한 지방이다. 보통 포화지방 40%, 불포화지방 60% 정도로 구성되어 있는데 불포화지방의 대부분은 단일불포화지방산인 올레산이다. 포화지방산의 함량이 높아 건강을 염려하여 적게 섭취하는 경향을 보이는데 일부 요리사나 제빵사들은 라드를 선호하기도 한다. 가열했을 때 연기가 별로 발생하지 않고 다른 음식과 같이 조리했을 때 특유의 맛을 주기 때문에 조리에 유용하게 활용된다. 제빵에서도 쇼트닝 효과가 좋아 파이 등을 만들었을 때 버터보다 더 많은 층을 만들어 준다.

(2) 버터

버터(butter)는 저온 처리한 크림을 교반(churning)하여 만든다. 교반하는 동안 크림은 더욱 끈끈해지고 버터 덩어리가 만들어진다. 액체 부산물인 버터밀크는 버리고 소금과 색소를 넣어 버터 제품을 만든다. 버터는 유지방 80%, 물 15%, 유단백 등의 물질 5%로 구성되어 있으며, 일반적으로 스프레드로 많이 쓰이나 베이킹, 소스 제조, 튀김 등에도 널리 사용된다.

버터는 냉장 온도에서 고체 상태를 유지하는 유화 상태의 지방으로, 상온에서 퍼짐성(spreadability)이 좋고 32~35℃에서 얇은 액체막을 형성하면서 녹는다. 버터의 색깔은 보통 엷은 황색을 띠나 소의 사료에 따라 진한 황색부터 거의 흰색까지 다양하다. 식품산업체에서 버터를 제조할 때는 아나토(annatto)나 카로틴(carotene) 같은 식품색소를 사용하기도 한다.

버터는 그 형태에 따라 다음과 같이 구분된다.

- 컬처드 버터(cultured butter) : 락토코커스(*Lactococcus*)나 루코노스톡(*Leuconostoc*)과 같은 유산균에 의해 발효된 크림으로 만든 버터로, 다이아세틸(diacetyl)을 포함해 진한 풍미를 가진다.
- 스프레더블 버터(spreadable butter) : 저온에서도 부드러움을 유지하는 버터로, 이러한 성질을 갖게 하기 위해서는 지방의 화학적 반응, 소의 사료 조절, 식물성 기름의 혼합 등 여러 가지 방법이 사용된다.
- 휩트 버터(whipped butter) : 질소가스를 혼입하여 발림성을 좋게 만든 버터이다. 공기는 산화와 부패를 일으키므로 혼입하지 않는다.

(3) 크림

크림(cream)은 전유(whole milk)에서 윗부분의 응결된 덩어리를 걷어 내어 만들어진다. 보통 18~55%가 지방인데 일반 크림, 사우어크림, 휘핑크림 등을 만들 수 있다.

2) 식물성 지방

우리가 섭취하는 지방의 약 70%는 식물성 기름으로 보고되고 있다. 대두유, 옥수수기름, 올리브유, 해바라기기름, 면실유, 팜유, 코코넛유 등 각종 식물의 씨앗이나 넛트류로부터 지방을 얻고 있는데 지방산의 구성은 종류에 따라 차이가 난다(표 4-6).

콩기름, 옥수수기름, 해바라기기름은 특히 다가불포화지방산의 함량이 높고, 올리브유와 면실유는 단일불포화지방산이, 코코넛유나 팜유는 포화지방산 함량이 가장 높다.

표 4-6 각종 식품의 지방 함량 및 지방산 조성

(단위 : %)

종류	지방 함량	올레산(18:1)	리놀레산(18:2)	리놀렌산(18:3)	포화지방산(16:0+18:0)
대두	17.7	26	50	7	15
호두	60.0	28	51	5	16
해바라기씨	47.3	23	65	-	12
포도씨	20.0	17	71	-	12
옥수수	4.0	24	59	-	17
참깨	49.1	42	45	-	13
들깨	40.0	-	14	55	-
미강	10.0	48	35	1	17
면실	40.0	21	50	-	25
카놀라	30.0	54	30	7	7
땅콩	47.5	47	29	-	18
아몬드	54.2	78	17	-	5
올리브	20.0	75	8	-	16
아보카도	12.0	70	10	-	20
코코넛	35.3	6	3	-	91
팜핵	35.3	13	2	-	85
피칸	71.2	63	20	-	7
마카다미아	71.6	71	10	-	12

(1) 콩기름

콩기름(soybean oil)은 보통 대두에 들어 있는 지방을 유기용매를 사용하여 추출하며, 찌꺼기로 남은 대두박은 사료로 사용한다. 콩기름은 리놀레산(18:2)이 51%로 가장 높고, 올레산(18:1)이 23%, 그리고 리놀렌산(18:3)이 7% 들어 있다.

(2) 옥수수기름

옥수수기름(corn oil)은 옥수수의 배아에서 추출한 기름으로, 콩기름과 유사하게 높은 발연점과 연소점을 가지고 있어 튀김 등 조리에 널리 활용되는 식용유이다. 마가린을 만들 때도 옥수수기름이 주원료로 쓰인다. 콩기름은 비릿한 향미를 줄 수 있어 민감한 소비자들에게 낮은 기호도를 보일 수 있으나, 옥수수기름은 독특한 향미가 없고 순해서 선호도가 높은 편이다. 옥수수기름은 다가불포화지방산이 59%, 단일불포화지방산인 올레산이 24%, 포화지방산이 13% 등으로 구성되어 있다.

(3) 참기름

참기름(sesame oil)은 참기름의 독특한 향미를 즐기는 우리나라를 비롯한 동양에서 비빔밥, 나물 등 여러 가지 요리에 널리 이용되고 있다. 보통 참깨를 고온에서 볶아 기름을 압착 추출하는데 특유의 향미와 갈색을 띤다. 참기름은 불포화도가 높아 산패될 수 있으므로 빛에 노출되지 않도록 갈색병 등 불투명한 용기를 사용한다. 그러나 참기름에는 세사몰(sesamol)이라는 천연 항산화제가 들어 있어 들기름보다는 어느 정도 산패가 방지되는 효과를 볼 수 있다. 참기름은 조리 시 튀김과 같은 열전도용보다는 음식에 첨가되어 향미를 높여 주는 향미증진제로 널리 사용된다.

(4) 들기름

들깨는 약 35~45%의 기름을 함유하고 있어 이를 압착하여 들기름(perilla oil)을 얻는다. 우리나라에서 들기름은 독특한 향미와 함께 건강 효과가 있는 것으로 인식되고 있다. 들기름은 ω-3 지방산인 α-리놀렌산(α-linolenic acid)이 50~60%를 차지하고 있어 다른 식용유와 함께 섭취했을 때 ω-6 지방산의 비율을 낮춰 주어 심혈관계 질환에 도움을 줄 수 있는 식용유로 보고되고 있다.

들기름도 참기름과 마찬가지로 불포화도가 높아 산패에 유의하여야 하며, 참기름처럼 천연 항산화제가 들어 있지 않아 냉장 보관하는 것이 바람직하다. 참기름과 마찬가지로 조리 시 열전달 매체보다는 독특한 향미와 색깔로 음식의 풍미를 높여 주는 향신료로 많이 활용되고 있다.

(5) 올리브유

올리브유(olive oil)는 올리브 열매에 열을 가하지 않고 압착하여(cold pressing) 얻으며, 필요에 따라 아래와 같이 순차적으로 가공되어 다양한 형태로 유통된다.

- 엑스트라 버진(extra virgin) : 수확한 올리브 열매에 열을 가하지 않고 압착하여 처음으로 얻은 기름으로, 산도가 0.8% 이하이며 가장 덜 가공되어 최고의 향미를 가진다.
- 버진(virgin) : 두 번째로 압착하여 얻은 것으로 산도가 2%를 넘지 않아야 한다.
- 퓨어(pure) : 일련의 정제 과정을 거친 것으로, 보통 엑스트라 버진이나 버진과 섞어

사용한다.

• 엑스트라 라이트(extra light) : 상당한 가공 과정을 거친 것으로 올리브향이 가장 약하다.

미국에서는 올리브유에 다른 등급체계를 사용하고 있는데 맛, 냄새, 산가 등의 요인에 따라 점수화하여 최상급인 Fancy(A급)부터 Choice(B급), Standard(C급), Substandard(D급)까지 4개의 등급으로 구분하여 판매되고 있다.

올리브유는 단일불포화지방산인 올레산(oleic acid)이 60~80%를 차지하고 있고, 포화지방산으로는 팔미트산(palmitic acid)이 주성분이다. 담황색을 띠며 냄새가 없고 담백하여 샐러드드레싱, 마요네즈, 볶음용 등으로 널리 쓰인다. 올리브유는 다른 식용유에 비해 발연점이 비교적 낮아 튀김용으로는 바람직하지 않다.

(6) 포도씨유

포도씨유(grapeseed oil)는 포도주를 생산할 때 부산물로 얻는 포도씨를 압착하여 추출한 기름이다. 포도씨유에 들어 있는 지방산은 리놀레산이 70% 정도로 가장 많아 대표적인 ω-6 지방산이다. 발연점이 216℃로 비교적 높아 튀김이나 볶음 등 고온 조리가 가능하며, 향미가 강하지 않고 중성적이어서 다른 향신료와 혼합하여 샐러드드레싱이나 마요네즈를 만들 수 있다. 포도씨는 건강 증진 효과가 알려진 프로안토사이아니딘과 같은 폴리페놀(polyphenol) 성분, 즉 항산화제를 함유하고 있다. 특히 레스베라트롤(resveratrol)이 상당량 들어 있으나, 레스베라트롤 자체가 극성 물질이어서 저온 압착 포도씨유에는 그리 많이 들어 있지 않으며, 오히려 포도주스나 적포도주에 많이 들어 있다.

(7) 유채유

유채꽃씨를 압착하여 얻는 유채유(rapeseed oil)는 채종유라고도 부른다. 유채씨에는 에루스산(erucic acid)과 글루코시놀레이트(glucosinolate)라는 독성물질이 들어 있는데, 1978년 캐나다에서 에루스산 함량이 낮은 유채 품종으로 LEAR(low erucic acid rapeseed)을 개발하였다. 여기에서 추출한 기름을 카놀라유(canola oil)라고 한다. 우리나라는 제주도와 남부지방 일부에서 재배되는데, 낮은 온도에서도 응결되지 않고 알파 토코페롤(α-tocopherol)이 함유되어 있어 산화 안정성과 가열 안정성이 있다.

(8) 마가린

마가린(margarine)은 지방 속에 물방울이 고르게 분산되어 있는 유화 상태로, 액체인 식물성 기름에 수소화(hydrogenation) 공정을 거쳐 부분적으로 고체화시켜서 원하는 정도의 가소성을 얻은 제품이다. 마가린은 버터와 유사한 맛을 내기 위해 소금과 색소, 비타민 A와 D를 첨가한다. 스프레드나 저지방 스프레드 제품은 지방 함량이 최소 80% 이상인 마가린보다 낮아서 보통 25~70%이고 나머지는 물이므로 에너지 함량이 낮다. 경질 마가린은 연질 마가린보다 더 많이 수소화 공정을 거친 것으로 트랜스지방산 함량이 높을 수 있다.

(9) 쇼트닝

쇼트닝(shortening)은 반고체 상태의 지방으로, 동물성 지방으로도 만들 수 있으나 보통 면실유, 콩기름, 옥수수기름과 같은 식물성 지방으로 만든다. 즉, 액체 기름을 부분적으로 수소화하여 반고체화한 것이다. 쇼트닝은 제과나 제빵에 널리 활용되고 있는데, 밀가루 반죽에 쇼트닝을 넣어 반죽하면 단백질 결합구조인 글루텐 망상구조의 형성을 방해하여 짧은 구조를 만들어 주어 바삭거리는 조직감을 주기 때문에 붙여진 이름이다.

쇼트닝은 보통 버터나 마가린보다 높은 발연점을 가지며, 버터나 마가린은 지방 함량이 80%인데 반해 쇼트닝은 100%이다.

반경화유인 쇼트닝이 최근 부정적으로 인식되는 것은 수소화 공정 중에 형성될 수 있는 트랜스지방(trans fat)을 함유하고 있기 때문이다. 트랜스지방은 포화지방보다 2~4배 정도 인체 건강에 좋지 않은 영향을 주는 것으로 알려져 있는데 혈중 LDL-콜레스테롤 농도를 높이고 HDL-콜레스테롤 농도를 오히려 낮춰 심혈관계 질환을 유발하는 것으로 보고되기 때문이다. 그러나 최근 우리나라를 비롯한 여러 국가들이 산업체와 협력하여 수소화 과정 중 트랜스지방이 되도록 적게 생성될 수 있는 물리적 또는 화학적 공정으로 트랜스지방 함량을 낮춘 쇼트닝을 개발하여 보급하고 있다.

수소화(Hydrogenation)

수소화란 지방의 이중결합에 수소를 첨가하여 단일결합으로 만드는 화학 공정이다. 즉, 이중결합이 많은 불포화지방(주로 식물성 기름)에 수소를 첨가하여 단일결합으로 변환시키면 포화지방인 고체지방이 형성되며 산화에 좀 더 안정한 특성을 보인다. 수소화 공정으로 만들어지는 제품은 마가린, 쇼트닝, 부분수소화유가 있다.

5. 지방의 식품 가공 및 조리적 활용

1) 튀김

조리할 때 열전달 매체로 물을 사용하게 되면 끓이거나 찌더라도 온도가 100℃까지밖에 올라가지 못하는 반면, 유지를 사용하게 되면 180~200℃ 정도까지 올라갈 수 있기 때문에 단시간에 식품으로 열이 전달되어 빨리 조리할 수 있다는 장점이 있다. 튀긴 음식은 특유의 향미와 색깔로 인해 많은 사람이 선호하는 조리법이다.

튀기는 동안 일어나는 물리화학적 반응은 크게 보면 저온의 수분과 고온 유지의 열교환으로 볼 수 있는데, 새우튀김을 예로 들어 설명해 보면 쉽게 이해할 수 있다. 먼저, 차가운 튀김옷과 새우에 들어 있는 수분이 180℃ 이상의 기름과 만나게 되면 수분이 열을 흡수하여 100℃에서 수증기가 되어 날아간다. 이런 현상은 튀김 재료를 뜨거운 기름에 넣었을 때 수증기 방울이 올라오면서 가라앉았던 새우가 떠오르는 것을 보면 알 수 있다. 날아간 수분이 들어 있던 자리를 유지가 채우게 되고, 가벼워진 새우는 기름 위로 뜨게 되는 것이다.

튀김을 할 때는 튀김기름의 온도가 중요하다. 튀김기름 온도가 충분히 높지 않으면 식품에 기름이 많이 스미게 되고, 반대로 너무 뜨거우면 속이 익기도 전에 표면이 갈변된다. 식품을 튀기기 전에는 지방 산패를 막기 위해서 표면의 수분을 제거하고, 기름도 되도록 발연점이 높은 것을 사용하는 것이 좋다.

2) 연화작용

제과나 제빵에서 유지를 사용하게 되면 최종 제품의 맛이 그렇지 않은 제품에 비해 훨씬 부드럽다. 이는 유지를 넣고 밀가루 반죽을 하면 밀가루 단백질인 글루테닌과 글리아딘이 서로 엉기면서 만들어지는 글루텐(gluten) 망상구조의 형성이 방해되어 결국 글루텐 길이가 짧아져 쇼트닝 작용이 일어나기 때문이다. 이 효과는 밀가루 반죽 속 유지가 단백질뿐 아니라 탄수화물과 물을 둘러싸 더 이상의 구조 형성을 방해하기 때문에 생긴다. 마가린이나 버터처럼 유화 상태의 유지보다 순수한 유지가 더 쇼트닝 효과가 크며, 가소성이 있는 유지(예 : 쇼트닝)는 밀가루 입자를 둘러싸기 때문에 효과적이다.

3) 크리밍

에너지 함량이 높은 케이크를 만들 때에 지방과 설탕을 함께 넣고 빠른 속도로 저어 주면 공기가 작은 방울로 혼입되어, 거품을 형성하게 되고 가벼워지는 크리밍(creaming) 현상이 나타나며 크림(cream)이 만들어진다. 크림은 생크림처럼 제과 및 제빵에 널리 사용되며, 균질화된 크림을 만들기 위해 유화제를 사용하기도 한다.

4) 맛 증진

지방은 지방 자체의 냄새보다는 지용성 화합물들을 지방 내에 녹여 가지고 있기 때문에 가열했을 때 이들 화합물이 휘발하면서 다양한 맛을 낸다. 참기름을 넣어 비빈 비빔밥, 들기름을 발라 구운 김구이가 다른 것을 사용했을 때보다 독특한 풍미를 주는 것은 각 지방에 함유되어 있는 지방 이외의 물질에 기인한다. 지방 함량이 낮은 돼지고기 안심보다 삼겹살을 선호하는 우리나라 사람들의 기호는 삼겹살의 지방에 들어 있는 각종 휘발성 맛 성분을 즐기기 때문일 것이다.

5) 질감 향상

지방이 들어감으로써 식품의 질감이 향상되는 것은 다양한 식품에서 확인할 수 있다. 식용유같이 지방 자체가 식품인 경우는 지방의 점성에 의해 식용유의 질감이 결정된다. 그러나 유지가 들어간 식품, 예를 들어 초콜릿, 빵, 과자, 마가린 등은 지방 결정의 농도, 구조, 그리고 지방 결정의 상호작용에 의해 해당 식품의 질감이 결정된다. 초콜릿이 제품 상태에서는 결정으로 존재하나 입안에 넣었을 때는 녹아내려 바람직한 촉감을 주는 것처럼, 지방 조성이 적절한 제품을 선택하여야 지방의 결정 형태와 구조로 인해 원하는 식품이나 음식을 만들 수 있다.

6. 지질과 건강

참기름을 넣은 비빔밥, 쇼트닝이 들어간 과자에서 느낄 수 있듯이 지방은 식품의 맛, 질감, 그리고 영양이나 열량, 밀도 등 품질에 매우 중요한 역할을 한다. 그러나 지방은 g당 9 kcal라는 고열량으로 비만이나 심혈관계 질환 등과 연관되면서 식생활에서 현명하게 섭취할 것이 요구되고 있다. 일반적으로 지방을 전체 섭취 열량의 20% 이내로 섭취하는 것이 권장되며, 식품의 총지방 함량 저하, 포화지방 저감화, 트랜스지방 저감화 등 식품 가공과 조리에서 건강 지향적인 접근이 필요하다.

다음은 지방과 관련되어 인체 영양학적으로 알아 두어야 하거나 최근 대두되고 있는 건강 이슈들이다.

1) 트랜스지방산

트랜스지방산은 다중불포화지방산의 이중결합에 붙어 있는 수소가 같은 방향(*cis*)이 아닌 서로 엇갈려 붙어(*trans*) 형성되는 지방산으로, 주로 불포화지방인 식물성 액체지방에 수소를 첨가하여 고체지방인 포화지방으로 만들 때 형성된다. 따라서, 마가린이나 쇼트닝 또는 이런 유지를 사용하여 제조하는 쿠키, 스낵, 튀김 등은 트랜스지방산이 함유될 수 있다.

트랜스지방산은 불포화지방산이면서도 구조적으로 포화지방과 같이 일직선의 구조를 보인다(그림 4-7). 따라서, 트랜스지방산은 체내에서 포화지방처럼 작용함으로써 좋지 않은 LDL-콜레스테롤의 혈중 농도를 높여 심혈관계 질환의 위험을 높이므로 가공식품을 구매할 때는 영양표시를 읽어 섭취에 유의하는 것이 좋다. 최근에는 기존의 촉매를 활용한 수소화 공정을 개선하여 물리적 또는 효소적 방법으로 트랜스지방의 함량을 낮추는 수소화 공정이 개발되어 유지 활용 식품의 트랜스지방산 함량을 낮출 수 있게 되었다.

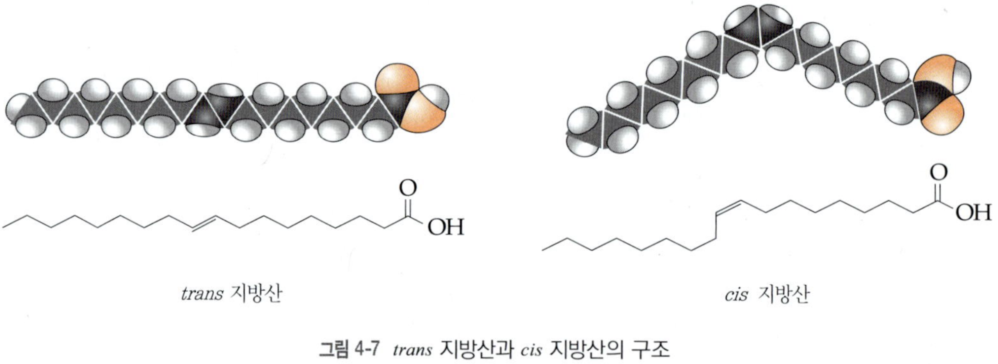

그림 4-7 *trans* 지방산과 *cis* 지방산의 구조

> **WHO의 트랜스지방 일일 섭취 허용량**
>
> 하루 평균 2,000 kcal 섭취자를 기준으로 2.2 g 이하이며, 열량 기준으로는 1% 이하에 해당한다.

2) 저밀도지단백(LDL)과 고밀도지단백(HDL)

저밀도지단백(low density lipoprotein, LDL)과 고밀도지단백(high density lipoprotein, HDL)은 지질과 단백질의 복합체인 지단백이다. 인체 혈액 중에 존재하는 중성지질, 인지질, 콜레스테롤, 유리지방산 등의 혈청지질은 단백질과 결합한 형태의 복합체로 존재한다. 이 혈중 지단백질이 체내 지질의 운반체 역할을 한다. 이 지단백질은 크기와 비중에 따라 킬로마이크론(chylomicrons), 초저밀도지단백(very low density lipoprotein, VLDL), 저밀도지단백, 고밀도지단백의 4가지로 분류된다.

LDL은 단백질에 비해 상대적으로 지방 함량이 높은 지단백이며, HDL은 단백질 함량이 높은 지단백이어서 혈중 LDL 함량이 높으면 건강의 적신호로 해석된다. 포화지방의 섭취는 LDL 콜레스테롤을 높이고, 불포화지방의 섭취는 LDL 콜레스테롤을 낮추는 역할을 하므로, 일상생활의 식사에서 포화지방의 섭취는 줄이고 불포화지방의 섭취는 늘리는 생활습관을 가져야 한다.

3) 오메가-3와 오메가-6 지방산의 섭취비율

근래 여러 연구 결과들은, 식사에서 리놀레산과 리놀렌산 등 불포화지방산인 필수지방산의 섭취 이외에 ω-3 지방산과 ω-6 지방산의 이상적인 섭취비율이 건강에 중요하다는 결과를 내놓고 있다.

ω-6 지방산은 정상적인 면역 기능과 혈액 응고에 필요하나, 너무 많은 ω-6 지방산은 비정상적인 응고와 과민한 면역반응을 촉진할 수도 있다. 과거에는 ω-6와 ω-3 지방의 섭취비율이 거의 같았으나, 현대인들은 ω-6 지방산을 ω-3 지방산의 20배 이상 섭취하는 것으로 나타나고 있으며 이러한 불균형이 만성 질환의 원인인 것으로 보고되고 있다. ω-3 지방산의 섭취가 증가하면 ω-6 지방산의 섭취 과다로 생성될 수 있는 혈전 같은 염증물질의 형성을 방지하고 궁극적으로는 항염증성 물질을 생성하여 예방 효과를 보인다. 임상실험에서 혈압과 혈관 저항성을 향상시키고, 혈중 중성지질의 농도를 낮추며, 비정상적인 심박과 갑작스런 심장마비로 인한 사망을 방지하는 것으로 보고되고 있다.

ω-3 지방산 함량이 높은 식품으로는 들기름과 아마인유가 식물성 기름으로는 대표적이며, 동물성 식품으로는 등푸른생선, 대구, 연어 등이 있다. 따라서, 등푸른생선을 잘 섭취하지 못할 경우 들기름으로 김구이, 나물무침 등을 만들어 먹으면 바람직한 지방산 섭취비율을 얻을 수 있다.

4) 지방 섭취 조절을 위한 조리 방법

다양한 식물성 및 동물성 식품을 통해 지방의 섭취가 가능하다. 식품을 조리할 때는 건강에 좋지 않은 지방의 과다 섭취를 제한하기 위한 방법들을 응용할 수 있다(표 4-7).

표 4-7 음식의 지방 함량을 낮출 수 있는 조리 방법

구분	조리 방법
재료 선택	• 고기는 기름이 적은 부위(안심, 뒷다리살 등)를 선택할 것 • 우유도 탈지유나 저지방유를 선택할 것
조리 방법	• 음식을 튀기는 대신 삶거나 찌거나 끓일 것 • 튀긴 음식은 종이에 받쳐 기름을 뺄 것 • 전을 데울 때는 후라이팬 대신 전자레인지를 사용할 것 • 샐러드드레싱을 제한하거나 저지방 제품을 사용할 것 • 맛을 낼 때 지방 대신 식초, 허브와 같은 향신료를 사용할 것
후식의 선택	설탕이나 지방이 많이 들어간 케이크 등의 후식 대신 과일류를 선택할 것

연습문제

1. 지질이 조리나 가공 과정 중 기여하는 역할을 열거해 보시오.
2. 지질의 종류를 그 구조에 따라 대별해 보고, 지질과 지방이 어떻게 다른지 설명해 보시오.
3. 식물성 지방과 동물성 지방의 대표적인 예를 각각 2~3가지씩 들고, 특징을 기술해 보시오.
4. 트랜스지방산은 어떻게 생성되며 이를 낮추기 위한 시도는 어떤 것이 있는지 기술해 보시오.
5. 건강한 식생활 실천을 위하여 ω-3와 ω-6 지방산의 섭취는 어떻게 하면 좋은지 기술해 보시오.

CHAPTER 5 · VITAMIN & MINERALS

비타민과 무기질

학습목표

1. 비타민과 무기질의 종류를 알 수 있다.
2. 수용성 비타민과 지용성 비타민, 다량 무기질과 미량 무기질의 특성과 식품 중의 변화에 대해 설명할 수 있다.
3. 산성 식품과 알칼리성 식품을 이해할 수 있다.

1. 비타민

비타민은 보통 체내에서 합성되지 않기 때문에 식품을 통해 섭취해야 하는 미량의 유기화합물이다. 정상적인 생리 기능의 조절과 대사에 필수적인 비타민은 식품에 소량 또는 극미량 존재하므로 반드시 균형 잡힌 식이로 섭취해야 한다.

비타민에 속하는 유기화합물들은 다른 영양소와는 달리 각각의 화학적 구조나 성질이 유사하지 않아 발견된 순서에 따른 명칭이나 화학명을 함께 사용한다. 비타민은 각각 특수한 화학구조를 가지고 있으며 체내에서의 기능 또한 다양하다. 대부분의 비타민은 체내 대사에 관여하는 여러 가지 조효소의 구성성분으로 대사를 조절하는 윤활유 역할을 한다. 비타민은 오늘날 일반인에게 영양제의 대명사처럼 인식되고 있어 건강 증진을 위한 건강기능식품으로 섭취되고 있다.

비타민은 용해성에 따라 분류되며, 지질과 지용성 용매에 용해되는 지용성 비타민, 물에 용해되는 수용성 비타민이 있다. 이들의 일반적 특성을 비교하면 〈표 5-1〉과 같다.

표 5-1 지용성 비타민과 수용성 비타민의 성질

성질	지용성 비타민	수용성 비타민
용해도	지질과 지용성 용매에 용해, 물에는 불용성	물에 용해, 지질에는 불용성
대사	지질과 함께 흡수되며 림프계를 통해 이동	당질, 아미노산과 함께 소화, 흡수되며 문맥순환(간)으로 들어감
배출	담즙을 통하여 체외로 매우 서서히 배출	소변을 통하여 빠르게 배출
저장	간 또는 지방조직에 저장	필요량 이상은 배설, 저장하지 않음
공급	필요량을 매일 공급할 필요 없음	필요량을 매일 절대적으로 공급
전구물질	있음	없음

1) 지용성 비타민

지용성 비타민은 비타민 A, 비타민 D, 비타민 E, 비타민 K가 있다. β-카로틴은 체내에서 비타민과 같은 효력을 내는 물질로서 프로비타민 A라고도 한다. 지용성 비타민은 식품의 조리, 가공 중에 기름과 같이 조리하거나 섭취할 때 체내의 흡수와 이용률이 높아진다.

(1) 비타민 A

비타민 A는 지질 및 유기용매에 잘 녹는 담황색의 결정으로 비타민 중 가장 처음 발견된 것이다. 레티놀(retinol)이라고도 하는 비타민 A는 〈그림 5-1〉과 같이 머리와 꼬리의 형태로 결합한 다섯 개의 이중결합이 있어 공기 중의 산소, 빛, 금속(Cu, Fe 등)에 의한 산화에 매우 민감하다.

동물성 식품에 함유되어 있는 비타민 A는 대부분 레티닐 에스터(retinyl ester)로서 레티놀에 지방산이 붙은 형태로 존재한다. 산소가 없는 상태에서는 가열하거나 건조해도 안정하므로 통조림을 하거나 냉동할 때는 비타민 A의 손실이 적다. 일반적인 가열 조리 상태에서는 10%가 손실된다. 천연식품 중의 비타민 A는 항산화작용을 갖는 물질들과 공존하므로 비교적 안정하다. 비타민 A는 주로 동물성 식품인 동물의 간, 난황, 고지방 생선, 유제품 등에 많이 들어 있다. 시력, 성장 및 발달 그리고 면역의 기본적인 생리 기능을 유지한다.

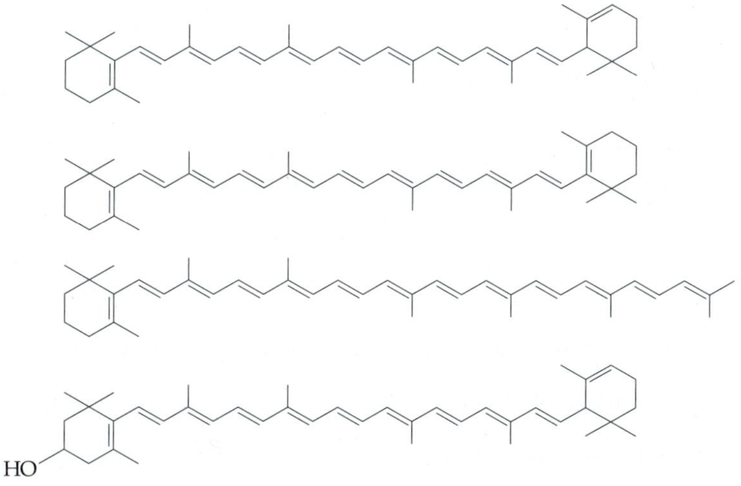

α-카로틴

β-카로틴

γ-카로틴

크립토잔틴

그림 5-1 프로비타민 A의 종류와 화학적 구조

비타민의 발견

비타민의 필요성은 고대 그리스시대에 간이 야맹증에 유효하다는 히포크라테스의 기록을 시작으로, 영국에서의 장기간 항해 선원들에게 발병되는 괴혈병이 신선한 과일과 채소를 섭취하여 치유되었다는 사례들을 통해 경험적으로 알고 있었다. 20세기에 들어 과학자들은 생명 활동에 절대적으로 필요한 이 물질들을 Vita와 amine을 결합하여 vitamin으로 명명하였다. 기초적 연구가 활발히 진행되어 비타민 A를 비롯하여 식품 속의 비타민들을 분리하고 그 구조와 결핍증이 확인되었다. 최근에는 암, 당뇨 및 노인성 치매 등 만성 질환 관련 연구 결과에서 비타민의 적절한 섭취로 이들 질병의 예방과 치료의 가능성이 높아지고 있음이 보고되고 있다.

β-카로틴은 카로티노이드(carotenoid)의 일종으로 식물과 미생물에서 합성되지만 고등동물에서는 합성되지 않는다. β-카로틴은 600종 이상의 카로티노이드 중 비타민 A의 생물학적 활성을 가지는 대표적인 프로비타민 A이며, 이외에는 α-카로틴, β-크립토잔틴(cryptoxanthin) 등이 비타민 A로 전환된다(카로티노이드의 구조는 '제8장 식품의 색' 참조).

카로티노이드는 주로 짙은 녹황색, 등황색 채소와 과일에 많아서 당근, 시금치, 풋고추, 고구마, 브로콜리, 망고, 복숭아, 살구, 해조류 등에 들어 있다. 카로티노이드는 공기 및 광선에 대하여 불안정하므로 조리 및 보관할 때 주의가 요구된다. 카로티노이드는 자유라디칼(free radical) 제거작용이 있기 때문에 세포의 정상화를 유지해 주는 작용을 하며 암에 대한 보호작용을 한다.

우리나라에서는 그동안 레티놀당량(retinol equivalents, RE)을 비타민 A의 기본단위로 사용하여 왔으나, 『2015 한국인 영양소 섭취기준』에서는 국제적인 추세에 따라 레티놀활성당량(retinol activity quivalents, RAE)를 비타민 A의 기본단위로 채택하였다. 최근 연구에서 프로비타민 A 카르티노이드의 흡수가 이전에 생각하던 것의 절반밖에 안 된다는 것이 밝혀지면서 RAE 단위를 사용하고 있는데, RE에서 RAE로 변경하면 식품 중 카로티노이드의 비타민 A 전환율은 1/2배로 줄어들게 된다. 1 μg RAE은 1 μg 레티놀, 2 μg의 기름에 녹은 베타카로틴, 12 μg의 식품 베타카로틴, 24 μg의 기타 비타민 A 전구물질에 상응한다.

채소를 잘 먹지 않는 영유아, 도시의 빈민층, 노인, 알코올 중독자, 간 질환자는 비타민 A의 저장량이 부족하여 결핍증이 나타나기 쉽다. 비타민 A의 결핍이 지속되면 성장 지연, 야맹증, 안구건조증, 상피세포의 각질화가 나타난다. 성인 남자의 1일 권장섭취량은 750 μgRAE이며 성인 여자는 650 μgRAE이다.

(2) 비타민 D

비타민 D(calciferol)는 비타민 D_2(ergocalciferol)와 비타민 D_3(cholecalciferol)의 두 가지 중요한 형태가 있으며, 비타민 D_2는 효모와 식물성 스테롤인 에고스테롤로부터 합성되고 비타민 D_3는 피부에서 콜레스테롤의 전구물질인 7-데하이드로콜레스테롤(7-dehydrocholesterol)로부터 자외선 조사에 의해 합성될 수 있다.

이러한 경우 비타민 D는 햇빛을 쪼이면 피부에서 충분히 생합성될 수 있어 식품으로 섭취하지 않아도 문제가 되지 않으므로 조건부 비타민 또는 프로호르몬(prohormone, 활성호르몬의 전구물질)으로 분류하기도 한다. 비타민 D는 뼈의 석회화(calcification)와 관계가 있어 칼시페롤(calciferol)이라 이름 붙였으며 항구루병 인자라고도 한다. 비타민 D_2와 D_3는 지질에 녹는 무색의 결정이며 보통의 조건에서는 비교적 안정하여 일반적인 가공, 조리 조건에서는 손실이 적다. 햇빛에 충분히 노출되지 못하는 경우에는 식품을 통해 비타민 D를 충분히 섭취해야 하지만 실제로 비타민 D 함량이 높은 식품은 그리 많지 않다. 생선 간유나 기름진 생선이 좋은 급원이며 버섯, 달걀, 버터, 간 등에도 비타민 D가 함유되어 있으나 소량이다. 식품의 비타민 D 함량은 〈표 5-2〉와 같다.

표 5-2 식품의 비타민 D 함량

(단위 : μg/100 g)

식품명	함량	식품명	함량
달걀	20.9	난황	44.7
참다랑어(지방육, 생것)	18.0	참다랑어(통조림)	6.3
고등어(반건조)	12.0	고등어(염장)	9.1
삼치(구운것)	12.1	꽁치(구운것)	13.0
목이버섯(데친것)	8.8	우유(강화우유)	2.0

비타민 D는 칼슘과 인의 대사 조절 기능이 있어 뼈를 형성하고 유지하는 데 필수적이다. 노인과 햇빛에 노출되는 기회가 적은 야간 노동자의 경우 비타민 D를 충분히 섭취하지 않으면 결핍되기 쉬우며 골격이 약화되고 뼈의 상실이 초래될 수 있다. 따라서, 비타민 D의 충분섭취량이 제안되고 있으며 11세 이하 어린이는 5 μg이며, 64세 이하의 성인은 1일 10 μg, 65세 이상은 15 μg이다.

(3) 비타민 E

비타민 E는 항불임작용이 밝혀지면서 그리스어로 후손을 의미하는 '토코스(tocos)'라는 이름을 따라서 토코페롤(tocopherol)이라고 한다. 자연계에는 체내에서 비타민 E의 활성을 나타내는 화합물이 α, β, γ, δ 등을 비롯하여 8가지 존재하며 그중에서 α-토코페롤의 생물학적 활성이 가장 크다.

비타민 E는 주로 식물의 종자 또는 식물성 기름에 많이 함유되어 있고 동물성 기름에는 거의 존재하지 않으며 콩, 옥수수, 면실, 해바라기씨의 식물성 기름과 씨눈에 풍부하다.

비타민 E는 점성의 담황색 유상물질로 열이나 산에 안정하므로 조리 중에도 잘 보존되지만 빛, 알칼리에는 불안정하다. 비타민 E는 산소가 존재하지 않는 상태에서는 상당

비타민 A

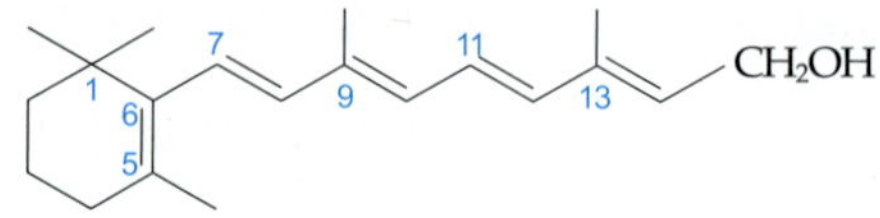

비타민 D

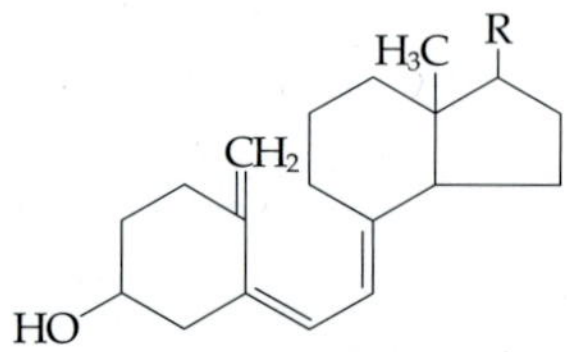

Vitamin D

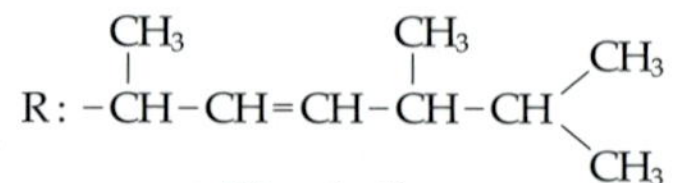

Vitamin D_2

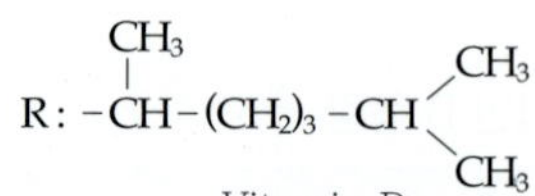

Vitamin D_3

비타민 E

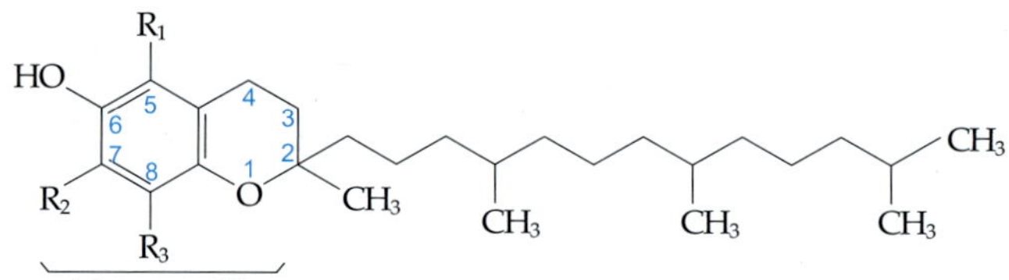

(chroman 핵)

비타민 K

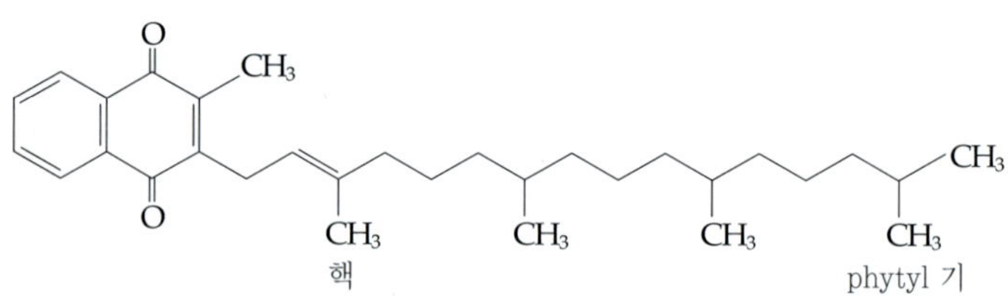

Vitamin K_1

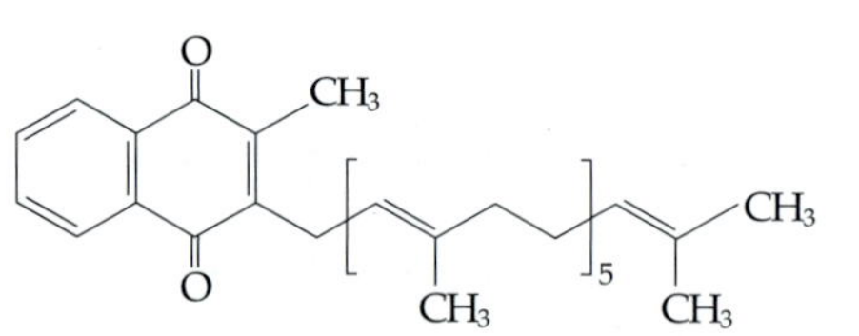

Vitamin K_2

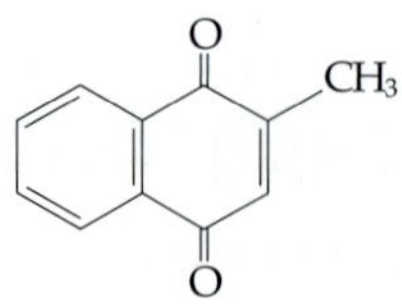

Vitamin K_3

그림 5-2 지용성 비타민의 구조

히 안정하지만 과산화지질이나 산소와 쉽게 결합함으로써 결과적으로 다른 물질의 산화를 방지하는 역할을 한다. 식물성 유지에서는 불포화지방산의 산화를 방지하며, 생체의 세포막에서는 활성산소를 차단하여 지질과산화를 방지한다. 사람에게 비타민 E의 결핍증은 거의 나타나지 않지만 일단 비타민 E가 부족하면 세포막에 존재하는 불포화지방산이 쉽게 산화되어 세포가 손상되고 적혈구의 용혈현상이나 근육 위축 및 신경 손상을 일으킬 수 있다. 성인의 비타민 E 충분섭취량은 12 mg으로 제안되고 있다. 과량의 비타민 E(540 mg) 섭취는 다른 지용성 비타민인 비타민 K의 기능을 저해하여 혈액 응고를 지연시킨다.

(4) 비타민 K

비타민 K(phylloquinone)는 혈액 응고를 의미하는 독일어 'koagilation'에서 붙여진 이름으로 〈그림 5-2〉와 같이 녹색식물계에 존재하는 비타민 K_1(phylloquinone)과 세균이 합성하는 K_2(menaquinone), 화학적으로 합성된 K_3(menadione)가 있다.

비타민 K_1은 물에 녹지 않는 담황색 유상물질로 열에는 안정하나 빛, 알칼리, 산화에는 불안정하다. 비타민 K는 녹색 잎채소, 양배추, 토마토, 콩, 해조에 많이 함유되어 있다. 건강한 사람의 경우 장내 세균에 의해 필요량의 50%가 합성되므로 결핍증은 거의 없지만 결핍되면 혈액 응고가 지연된다. 비타민 K_3는 수용성이어서 이용하기 쉽고 활성이 커서 비타민제로 널리 사용된다.

2) 수용성 비타민

수용성 비타민은 항각기성 물질로 발견된 비타민 B_1을 포함한 비타민 B 복합체와 비타민 C가 있다. 비타민 B 복합체로는 티아민(thiamin, 비타민 B_1), 리보플라빈(riboflavin, 비타민 B_2), 니아신(niacin), 피리독신(pyridoxine), 엽산(folate), 판토텐산(pantothenic acid), 비오틴(biotin), 코발라민(cobalamin) 등이 있다. 대부분의 수용성 비타민은 산에는 안정하나 알칼리에는 약하다.

(1) 티아민

티아민(thiamin)은 황을 의미하는 'thio'와 질소군을 의미하는 'amine'에서 붙여진 이름으로 황이 함유된 오각형의 고리(thiazole)와 질소가 함유된 육각형의 고리(pyrimidine)가 중앙의 메틸렌탄소(methylene bridge)에 의해 연결되어 있다. 식품에는 티아민 피로인산(thiamin pyrophosphate)으로 존재하며 인체에서는 탈인산화효소에 의해 티아민으로 전환되어 흡수된다.

티아민의 중앙에 위치한 메틸렌탄소와 각 고리의 화학적 결합은 빛에 의해서는 거의 분해되지 않지만 열에 장시간 노출되거나 알칼리에서 조리했을 때 쉽게 파괴된다. 아황산염이 존재하는 경우 티아민의 분해는 급속히 이루어지며 알칼리에서 가열하면 티아졸 고리가 분해된다. 따라서, 엽록소의 색을 선명하게 하기 위해 물에 탄산수소나트륨을 첨가하면 색이 유지되지만 영양학적으로는 바람직하지 않다. 쌀을 씻을 때 20~50%, 밥을 할 때 40~50%, 채소를 가열할 때 70~80%, 냉동식품을 해동할 때 약 10%의 티아민이 손실된다. 티아민은 수용성이어서 물에 쉽게 용해되므로 조리수의 재이용을 권장한다.

티아민은 곡류의 과피, 종피, 호분층 및 배아에 많이 존재하므로 도정과 제분 과정에서 크게 손실된다. 돼지고기, 해바라기씨, 맥주 효모, 콩류, 감자류, 밀배아, 완두콩, 아스파라거스, 육류의 내장, 땅콩, 버섯 등이 좋은 급원 식품이며, 일반적으로 다양한 식품에 소량 존재한다.

〈그림 5-3〉과 같이 마늘의 매운맛 성분인 알린(alliin)이 효소에 의해 알리신(allicin)이 되고 이것이 티아민과 결합하여 알리티아민(allithiamin)이 되면 티아민의 분해효소에 의해 파괴되지 않으므로 생리적 효과가 크다.

티아민은 탄수화물과 분지상 아미노산(branched chain amino acid)의 에너지 대사에서 조효소로 작용하므로 모든 세포의 열량 대사에 영향을 미친다. 그중에서 피부와 소화기관은 빠른 세포의 교체로 인한 에너지 대사가 활발한 기관이므로 티아민의 결핍에 특별히 민감하다. 티아민의 결핍 증상은 식욕부진, 체중 감소, 과민성, 근육무력증, 신경염, 심장비대가 수반되는 각기병 등이다. 우리나라 성인의 1일 권장섭취량은 남자 1.2 mg, 여자 1.1 mg이다.

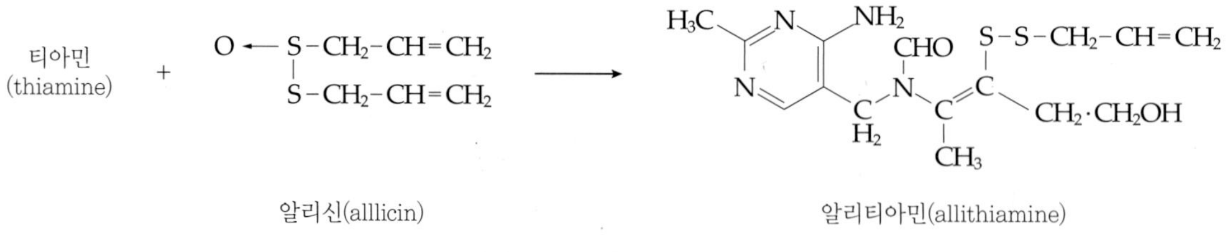

그림 5-3 비타민 B_1과 알리신의 결합

(2) 리보플라빈

리보플라빈(riboflavin)은 라틴어로 노란색을 뜻하는 플라빈에서 유래되었고 3개의 육각형 고리로 된 분자이다. 생체 내에서는 인산과 결합하여 조효소로 존재하며 산화환원작용에 관여한다. 식품 중에서 리보플라빈은 FAD(flavin adenine dinucleotide), FMN(flavin mononucleotide)의 형태로 단백질과 결합하여 존재하며 소장에서 다시 리보플라빈으로 전환된 후 흡수된다.

리보플라빈은 미황색 형광물질로서 수용성이지만 용해되기 어려워 독특한 형광 녹황색을 띤다. 리보플라빈은 일반적인 조리, 가공 조건, 열과 산에는 비교적 안정하나 알칼리와 자외선에 예민하여 쉽게 파괴된다. 리보플라빈이 풍부한 우유나 유제품 등을 유리에 보관하면 자외선에 의해 2시간에 50~70%가 파괴되므로 플라스틱 용기나 종이에 포장하여 냉장고에 보관해야 한다. 리보플라빈을 알칼리에서 빛에 노출시키면 광분해되어 루미플라빈(lumiflavin)이 되고 중성이나 산성에서 광분해되면 루미크롬(lumichrome)이라는 형광물질로 되어 비타민의 효력을 상실한다

리보플라빈은 동식물 조직에 널리 분포하며 간 등 동물성 식품과 유제품에 풍부하다.

리보플라빈 조효소는 탄수화물, 지질, 아미노산의 에너지 대사에서 필수적이다. 리보플라빈 결핍 시 신체의 다양한 부위에서 장애가 나타나는데 구순구각염, 설염 등의 피부장애와 성장 지연이 나타난다. 성인의 1일 권장섭취량은 남자 1.5 mg, 여자 1.2 mg이다.

(3) 니아신

니아신(niacin)은 자연계에 니코틴아마이드(nicotinamide)로 존재하며 조효소 형태인 NAD(nicotinamide adenine dinucleotide)와 NADP(nicotinamide adenine dinucleotide phosphate)로서 단백질과 결합되어 산화환원반응에 관여한다.

니아신은 비타민 중에서 구조가 가장 간단하며 다른 수용성 비타민과 달리 안정하다. 무색의 침상 결정으로 열, 산, 알칼리, 빛, 산화제 등에 대하여 안정하여 조리 중 조리수에 용출되는 손실을 제외하고는 가공에 의한 손실이 거의 없다.

필수아미노산의 하나인 트립토판 60 mg은 체내에서 니아신 1 mg으로 전환되어 사용되므로 단백질 섭취가 충분하다면 니아신의 좋은 급원이 된다. 동물성 식품과 버섯, 아스파라거스, 땅콩에도 많이 함유되어 있다.

니아신은 체내에서 조효소 형태로 탄수화물, 지질, 단백질의 에너지 대사에 관여하므로

결핍되면 피부 염증, 소화관 염증, 신경계 장애를 가져오는 펠라그라(pellagra)를 유발한다. 우리나라 성인의 1일 권장섭취량은 남자 16 mgNE(niacin equivalent, NE), 여자 14 mgNE이다.

(4) 비타민 B_6

식품 중에 피리독신(pyridoxine), 피리독살(pyridoxal), 피리독사민(pyridoxamine)으로 존재하며 아미노산의 대사에 관여한다. 활성형은 피리독살-5-인산(pyridoxal-5-phosphate)으로 동물성 식품에서는 단백질이 결합된 형태로 존재한다.

피리독살과 피리독사민은 공기 중의 산소, 열, 자외선 조사에 의해 쉽게 파괴된다. 중성 또는 알칼리성 용액에서 빛에 분해된다. 비타민 B_6의 급원으로는 육류, 어류, 곡류가 있으며 유제품은 상대적으로 함량이 적다. 동식물계에는 피리독살과 피리독사민이 널리 분포하고 체내에 피리독산 인산염 형태로 저장되어 있으므로 결핍은 거의 없다. 체내에서 아미노산 합성 등의 대사에 관여하는 효소의 조효소이며 부족하면 피부염, 우울증 등이 나타난다. 우리나라 성인의 1일 권장섭취량은 남자 1.5 mg, 여자 1.4 mg이다.

(5) 엽산

엽산(folate)은 시금치 농축물에서 처음 분리되었으며 라틴어 '잎(folium)'에서 유래되었다. 엽산은 프테리딘(pteridine), 파라아미노벤조산(ρ-aminobenzoic acid), 하나 이상의 글루탐산(glutamate) 분자로 구성된다. 세포 내에서는 활성형인 THF(tetrahydrofolate)가 핵산 대사의 조효소로 작용하며 식품 내의 엽산은 글루탐산이 3~7개 결합된 폴리글루탐산 형태이다. 황색 또는 등황색의 결정이며 산성에서 불안정하고 열이나 빛에 의해 분해된다. 그러므로 조리, 가공, 저장 시에 쉽게 손실되며 가열 조리 시간 연장에 따라 손실이 증가된다.

가장 좋은 엽산의 급원은 간, 녹색 잎채소, 곡류, 콩류, 난류이다. 손실이 쉬우므로 정기적으로 신선한 과일, 데친 채소의 형태로 섭취하거나 보충제, 강화된 시리얼도 좋은 급원이 된다. 엽산은 핵산 대사에서 폼일(formyl), 폼알데하이드(formaldehyde), 메틸(methyl) 등과 같은 단일탄소기를 전달(one-carbon transfer)하는 전이반응에 조효소 역할을 하므로 DNA 합성에 필수적이다. 따라서, 엽산이 부족하면 세포분열이 정상적으로 일어나기 어렵고 DNA의 합성과 수선이 감소된다. 엽산은 세포분열이 많이 일어나는 유아기, 성장기, 임신기, 수유기에 부족하기 쉽다. 엽산 섭취량이 부족하면 거대적아구성 빈혈이나 성장 지연 등의 증상이 나타난다. 임신 초기에 엽산이 부족하면 태아의 신경관 형성에 장애가 생겨 신경관 손상의 기형아를 출산할 확률이 높아 가임기 여성의 엽산 섭취가 강조된다. 우리나라 성인 남녀의 1일 권장섭취량은 400 μgDFE(Dietary folate equivalent)이다.

(6) 판토텐산

판토텐산(pantothenic acid)은 그리스어로 모든 곳을 의미하는 'panthos'에서 유래된 명칭으로 동식물계에 널리 분포하므로 거의 모든 식품에 골고루 함유되어 있고 장내 세균에 의해서도 합성된다. 판토산(pantoic acid)에 β-알라닌이 아마이드(amide) 결합으로 연결된 비타민으로 코엔자임 A(coenzyme A)의 구성성분이다.

판토텐산은 흡습성이 있고 끈끈한 미황색 유색물질로서 물, 에테르, 빙초산에 용해되며, 일반적인 조리 조건에서는 안정하지만 산, 알칼리에 의해 가수분해된다. 육류, 우유, 난황, 콩류, 전곡류, 감자, 버섯, 브로콜리에 많이 함유되어 있으며, 장내 세균에 의해 합성이 가능하므로 일상적인 식사로 충분히 섭취된다. 판토텐산은 코엔자임 A의 구성성분으로 지질, 탄수화물, 단백질 대사와 에너지 생성에서 중요한 역할을 한다. 실험적으로 판토텐산의 결핍을 유도한 경우 식욕부진, 우울증, 근육 경련, 위장 장애의 증세를 나타낸다. 판토텐산은 권장섭취량이 설정되어 있지 않으며 성인 남녀의 1일 충분섭취량은 5 mg이다.

(7) 비타민 B_{12}

비타민 B군 중 가장 늦게 발견된 비타민 B_{12}는 유일하게 무기질인 코발트(Co)를 분자구조에 포함하고 있어 코발라민(cobalamin)이라 명명되었고 구조도 가장 복잡하다. 4개의 환원형 피롤 고리(pyrrole ring)가 비타민 B_{12}의 중심이 되는 코린(corrin)이라는 커다란 원 구조의 고리를 형성하고 있으며 중심에는 코발트 이온이 자리하고 있다. 암적색의 결정으로 물에 잘 녹으며 중성에서는 가열해도 파괴되지 않는다. 일반적인 조리 조건에서는 비교적 안정하나 강산이나 알칼리용액에서 불안정하여 서서히 불활성화된다.

비타민 B_{12}는 식물성 식품에는 거의 없으며 육류, 해산물, 달걀, 우유 등의 동물성 식품에만 존재한다. 특히 간, 신장 등 동물의 기관에는 매우 풍부하며 장내 세균에 의해 합성된다. 정상적인 엽산의 대사에 필요하므로 항악성 빈혈인자라고 하며 결핍 시 거대적아구성 빈혈과 신경 장애, 위장 장애가 나타난다. 정상적인 우리나라 성인 남녀의 비타민 B_{12} 1일 권장섭취량은 2.4 μg이다.

(8) 비오틴

비오틴(biotin)은 황을 함유한 침상 결정으로 발레산(valeic acid)과 결합된 구조이다. 비오틴의 수용액은 열에 대하여 매우 안정하며 알칼리에서도 비교적 안정하지만, 강한 산과 알칼리로 오래 가열하면 분해된다. 달걀흰자의 단백질인 아비딘(avidin)은 비오틴과 쉽게 결합하여 소장 융모에서의 흡수를 방해하지만 달걀을 가열하면 아비딘의 변성으로 비오틴의 생체이용률은 증가된다. 비오틴이 풍부한 식품은 육류, 생선류, 난류, 우유 등 주로 동물성 식품이며 곡류의 비오틴은 생체이용률이 낮다.

비오틴은 포도당, 아미노산, 지방산 대사의 주요 단계에서 카복실화효소(carboxylase)의 조효소로서 카복실기 첨가반응에 관여한다. 자연 식품에 낮은 농도로 함유되어 있으나 인체의 효율적인 재흡수와 장내 세균에 의한 공급에 의해 결핍은 거의 일어나지 않는다. 우리나라 성인의 비오틴 1일 충분섭취량은 30 μg이다.

(9) 비타민 C

비타민 C는 수용성 비타민이며 비타민 B 복합체와는 달리 분자구조에 질소를 함유하지 않는다. 6개의 탄소로 이루어진 락톤(lactone)이며 식물과 대부분의 동물은 체내에서 비타민 C를 합성할 수 있으나 사람, 원숭이, 기니피그는 합성하지 못한다. 〈그림 5-4〉와 같이 비타민 C는 환원형의 아스코르브산(L-ascorbic acid)과 산화형인 데하이드로아스코르브산(dehydroascorbic acid)을 포함하며 두 물질은 상호 전환된다. 산화형은 환원형에 비해 효력이 75% 정도이며, 더 산화되어 2,3-다이케토글루콘산(2,3-diketo L-gluconic acid)이 되면 효력이 상실된다. 비타민 C는 쉽게 산화되는 성질 때문에 저장, 조리 및 가공법

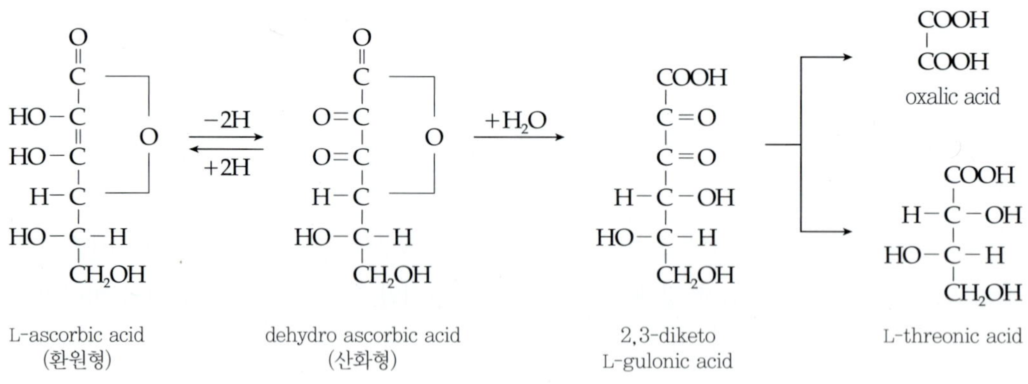

그림 5-4 비타민 C의 변화

비타민 B_1

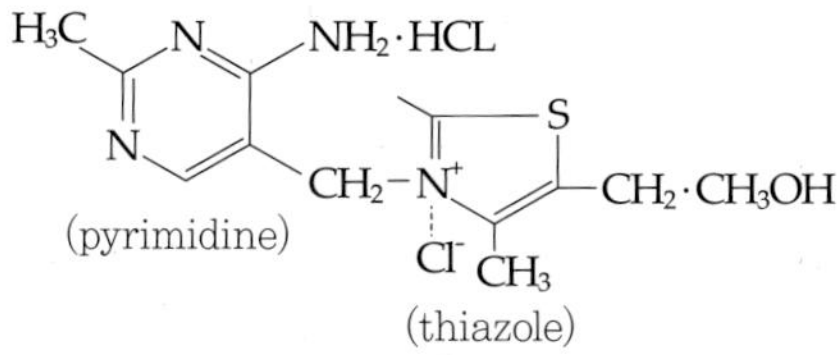

티아민-HCl

비타민 B_2

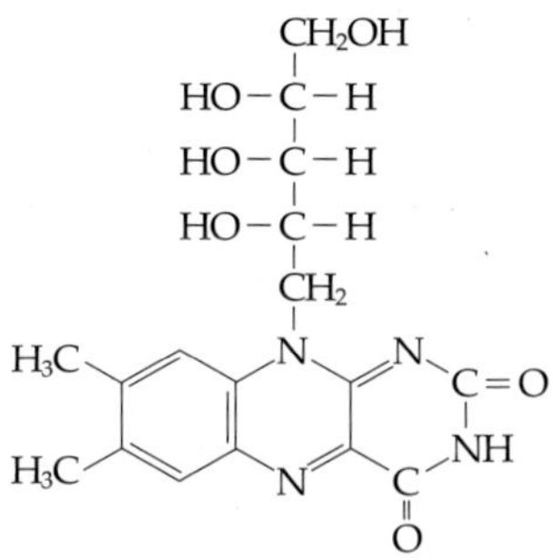

리보플라빈
(6,7-dimenthyl-9-1′-ribityl-isoalloxazine)

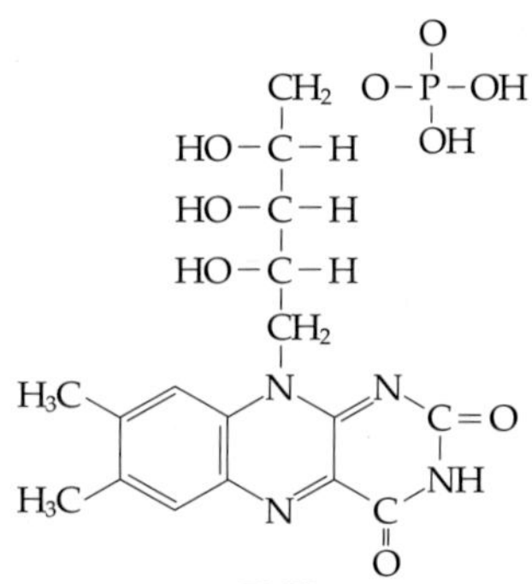

FMN

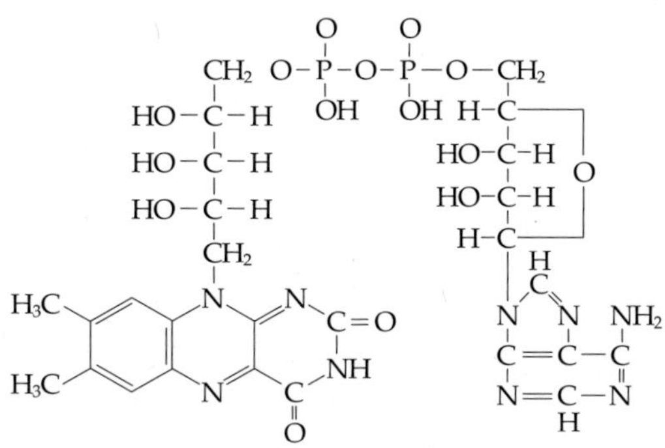

FAD

니아신

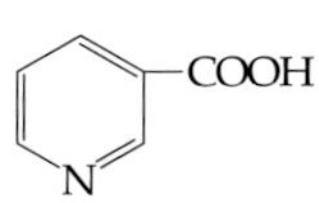

니코틴산
(pyridine-3-carboxylic acid)

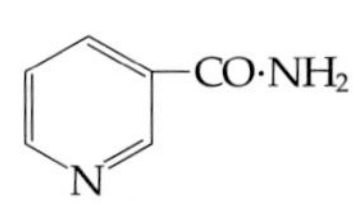

니코틴아마이드
(pyridine-3-carboxylic amide)

그림 5-5 수용성 비타민의 구조(계속)

비타민 B_6

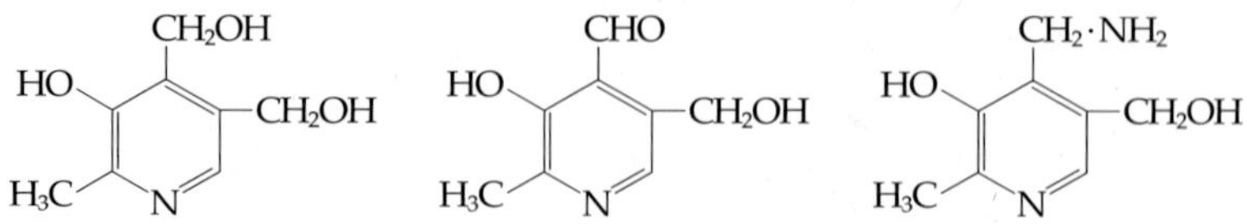

피리독신 피리독살 피리독사민

엽산

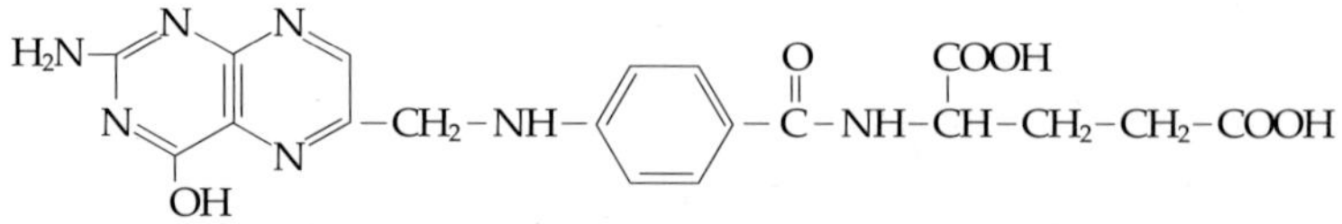

폴산

판토텐산

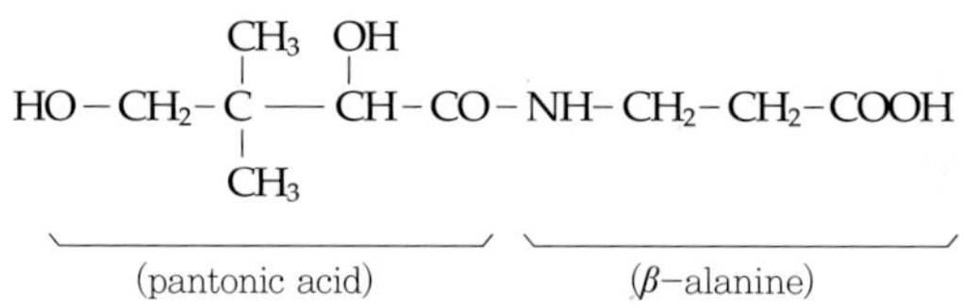

비오틴

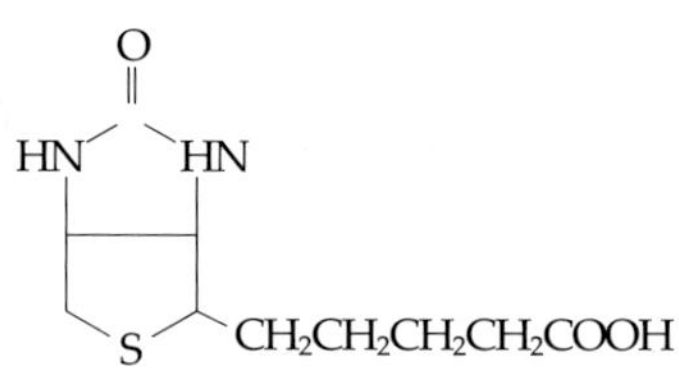

비타민 C

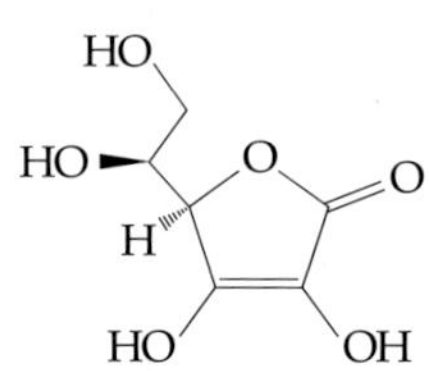

그림 5-5 수용성 비타민의 구조

에 따라 파괴되기 쉽다.

비타민 C는 무색 결정으로 강한 환원력을 가지며 물에 녹기 쉽고 수용액 상태에서는 강한 산성을 나타낸다. 수용액 상태에서는 열에 불안정하고 공기 중에 방치하면 산화되어 쉽게 파괴된다. 일반적인 가열 조리에서 30~50% 정도 분해되며 철과 구리 등과 같은 금속에 의해 산화가 촉진된다. 따라서, 단시간에 조리하고 산도를 낮게 유지하며 가급적이면 금속 용기와의 접촉을 피하도록 한다. 조리 시에 전자레인지를 사용하면 비타민 C가 거의 손실되지 않는 반면 찜을 하면 50%가 파괴된다.

식물의 조직 중에는 비타민 C의 산화효소인 아스코르브산 산화효소가 있어서 조직이 일단 파괴되면 곧 작용하여 비타민 C를 분해한다.

비타민 C의 급원 식품은 신선한 채소와 과일 등이다. 계절적 변화에 따른 차이가 있지만 딸기, 오렌지, 레몬, 귤, 피망, 브로콜리, 키위, 토마토, 감자, 양배추, 시금치가 대표적인 함유식품이며 동물성 식품과 곡류에는 거의 없다.

비타민 C는 생체 내에서 여러 효소반응의 보조효소로 쓰이며 피부, 골격, 혈관의 결합조직 단백질인 콜라겐 합성에 관여한다. 또한 활성산소를 제거하며 비타민 E의 절약작용, 철분의 흡수를 돕는다. 비타민 C의 부족은 결합조직에 있어 콜라겐 합성을 저해하므로 괴혈병, 골절 등의 증상을 일으킨다. 우리나라 성인 남녀의 1일 권장섭취량은 백혈구의 비타민 C 농도를 최대한으로 유지하는 양에 근거하여 100 mg이다.

비타민의 명명

비타민의 발견 초기에는 용해성에 따라 지용성 추출물을 A로, 수용성 추출물을 B로 알파벳 순으로 표기하여 먼저 지용성(A, D, E, K)과 수용성(B군, C)으로 크게 분류된다. B 비타민들은 B_1, B_2, B_6, B_{12}로 분류되지만 구조가 밝혀지면서 고유의 화학적 명칭을 얻게 되었다.

3) 유사 비타민

(1) 콜린과 베타인

콜린(choline)은 난황이나 생체막의 주요 인지질인 포스파티딜콜린(레시틴)의 구성성분이다. 콜린은 체내에서 합성되지만, 성장을 위해서는 식품을 통해서도 공급해야 한다. 최근 영양 권장량이 정해졌지만, 많은 식품에 콜린이 함유되어 있어 건강한 사람은 콜린 결핍증이 거의 나타나지 않는다. 혈소판 활성화 인자의 전구물질이 되며 항지방간 인자인 비타민 B_{12} 복합체에도 포함되어 있다. 베타인, 메티오닌 생합성을 매개로 하여 생체반응의 메틸기 공급체가 된다. 신경전달물질인 아세틸콜린의 전구물질이며, 아세틸콜린 유리 후에 분해, 생성되는 콜린은 신경종말에 이입되어 재이용된다.

베타인(*N*-trimethylglycine)은 콜린의 대사 분해산물이다. 베타인은 동식물계에 널리 분포하고 있는데 특히, 비트나 밀, 시금치, 새우 등에 많이 함유되어 있다. 베타인은 단백질 합성 시 호모시스테인이 메티오닌으로 전환되는 반응을 돕는다. 또한, 혈액 내 함량이 높아지면 심장질환을 유발하는 호모시스테인(homocysteine)을 저해하여 죽상동맥경화증(atherosclerosis)과 같은 심혈관계 질환을 예방한다.

(2) 카르니틴

카르니틴(carnitine)은 체내에서 합성될 수 있지만, 일부 사람들에게는 식품으로 공급해야 한다. 카르니틴의 필요량은 아직까지 정해지지 않았다. 카르니틴은 식물성 식품에는 거의 없고, 주로 동물성 식품에 함유되어 있다. 카르니틴은 지방산을 분해하기 위해 미토콘드리아로 옮겨 분해하여 에너지로 변환시키는 데 매우 중요한 효소이다. 카르니틴은 두 개의 이성질체가 존재하는데, 하나는 L-카르니틴, 나머지 하나는 D-카르니틴이지만 L-형만 생화학적 활성을 갖는다. 생물학적 이용 가능성은 10% 이하이고, 대부분 오줌으로 배설된다. 예전 명칭은 비타민 B_T(vitamin B_T)로, 원래 갈색거저리를 위한 성장인자(growth factor)로 발견되었고 비타민이 아닌데 이런 이름이 붙었다.

(3) 코엔자임 Q_{10}

코엔자임 Q_{10}(coenzyme Q_{10})은 유비퀴논(ubiquinone)이라고도 불리는 퀴논의 치환체로, 세포막에 결합되어 있는 전자전달계의 필수적인 지질계 화합물이다. 코엔자임 Q_{10}은 인체의 세포와 조직의 항산화작용 강화 및 모든 조직에 산소 공급을 촉진함으로써 의학적으로뿐만 아니라 산업적으로도 유용성이 매우 높은 물질이다. 코엔자임 Q_{10}은 체내에서

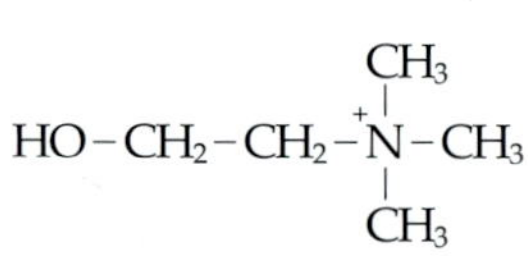

콜린

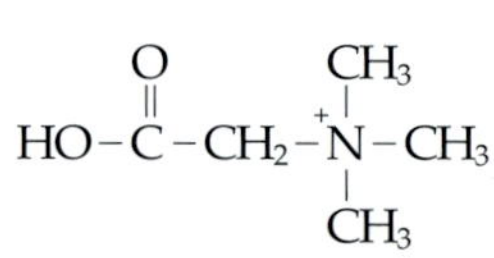

베타인

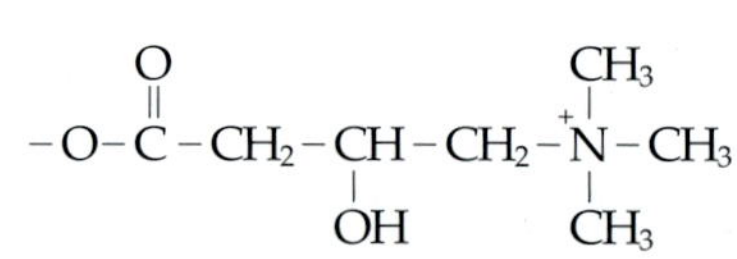

카르니틴

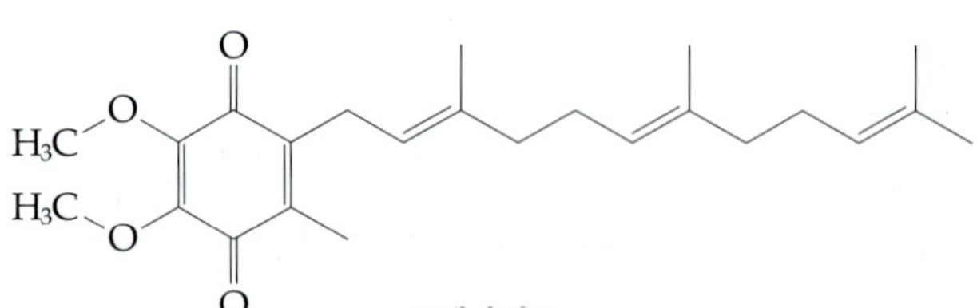

코엔자임Q_{10}

그림 5-6 유사 비타민의 구조

충분히 합성되므로 필수영양소는 아니지만, 동식물 식품들은 체내 코엔자임 Q_{10}의 이용 가능성을 높이는 데 기여하며 나이가 들수록 체내 합성량은 줄어든다. 아직까지 코엔자임 Q_{10}을 보충제로 섭취할 필요성이나 건강에 좋다는 근거는 많지 않지만 암, 심장병, 파킨슨병, 특정 약에 대한 길항작용, 미토콘드리아 대사의 유전적 결함을 치료하기 위해 사용하기도 한다.

2. 무기질

자연계에 존재하는 물질 중 분자구조에 탄소를 함유하는 물질을 유기물이라 하는 한편, 탄소를 함유하지 않은 물질은 무기물이라 한다. 무기질은 단일 원소 그 자체가 영양소로서 에너지를 내지 못하며 식물이나 동물을 태우면 회분 또는 재로 남는다. 무기질은 새로이 합성되지 않고 자연계에서 순환하며 인간은 그중 17종의 무기질을 필요로 한다. 신체에서 발견되는 무기질은 그 함유량에 따라서 다량원소와 미량원소로 구분된다. 즉, 체중의 0.05% 이상이거나 1일 권장섭취량이 100 mg 이상인 무기질을 다량원소로 구분하는 한편 그 이하인 무기질은 미량원소로 분류한다.

1) 다량 무기질

다량 무기질은 신체의 구성성분으로서 체액의 산, 염기 평형 유지와 삼투압 유지에 기여한다.

(1) 칼슘

칼슘(calcium, Ca)은 무기질 중 체내에 가장 많이 함유되어 있으며 다양하고 중요한 생리적 조절 기능을 담당하고 있다. 칼슘의 흡수는 식품 중에 있는 다른 성분과 칼슘의 형태 등에 의해 영향을 받는다. 비타민 D에 의존하는 칼슘 결합단백질과 유당은 칼슘의 흡수를 촉진하지만 수산, 인산, 피트산, 식이섬유 등은 흡수를 방해한다. 따라서, 곡류나 콩류에 함유되어 있는 피트산과 과일 속의 수산은 칼슘과 불용성 염을 형성하여 칼슘 이용률을 낮춘다.

〈표 5-4〉와 같이 칼슘은 우유 및 유제품, 뼈째 먹는 생선, 짙푸른 채소에 다량 함유되어 있으며 해조류, 콩류, 곡류 등에도 있다. 이 중 우유 및 유제품은 칼슘 함량이 높고 칼슘 흡수를 촉진하는 유당을 함유하고 있어 체내이용률이 좋아서 가장 우수한 급원이다.

표 5-3 칼슘 흡수에 영향을 미치는 인자

흡수를 증가시키는 인자	흡수를 저해하는 인자
• 소장 상부의 산성 환경 • 동량 수준의 칼슘과 인 • 비타민 D • 생리적 칼슘 요구량의 증가(성장, 임신) • 칼슘 섭취 부족 • 부갑상선호르몬 • 유당 • 단백질 • 비타민 C	• 소장 하부의 알칼리성 환경 • 칼슘에 비해 과량의 인, 철, 아연 • 폐경, 노령 • 비타민 D 부족 • 피트산 • 인산 • 수산 • 식이섬유

뼈째 먹는 생선, 굴, 해조류 역시 좋은 급원이나 흡수율은 유제품보다 낮다. 푸른 잎채소도 칼슘을 함유하고 있으나 동물성 급원 식품에 비해 흡수율이 훨씬 낮다. 이외에도 두부는 칼슘이 간수의 형태로 첨가되어서 함량이 비교적 높다.

칼슘은 골격과 치아를 형성하고 신경과 근육의 정상적인 기능 유지에도 관여하며 혈액 응고나 세포 분화, 호르몬 분비에도 관여하고 있다. 만성적인 칼슘 부족은 골질량의 감소

표 5-4 식품 1인분 내 칼슘과 인의 함량

식품명(목측량)	칼슘(mg)	인(mg)	식품명(목측량)	칼슘(mg)	인(mg)
미꾸라지(생것, 50 g)	368.0	219.0	미역(생것, 30 g)	44.7	24.0
멸치(중멸치, 삶아 말린 것, 15g)	372.9	280.1	오렌지(생것, 100 g)	33.0	20.0
우유(1컵, 200 mL)	226.0	168.0	두부(2조각, 80 g)	51.2	126.4
무청(조선무 잎, 생것, 70 g)	238.7	59.5	키위(생것, 100 g)	30.0	24.0
고춧잎(생것, 70 g)	258.3	43.4	식빵(2쪽, 100 g)	26.0	78.0
들깻잎(생것, 70 g)	207.2	58.1	달걀(1개, 50 g)	26.0	95.5
호상요구르트(무첨가, 1개, 110 g)	155.1	115.5	잡곡밥(1공기, 210 g)	18.9	81.9
치즈(체다, 1장 20 g)	125.2	171.4	쌀밥(1공기, 210 g)	4.2	48.3
참깨(흰깨, 볶은 것, 8 g)	68.3	56.2	콜라 (200 mL)	2.0	32.0
통조림꽁치(50 g)	143.0	107.5	사이다(200 mL)	4.0	0.0
아이스크림(바닐라맛, 1/2컵, 100 g)	80.0	66.0	대두(노란콩, 삶은 것, 15g)	19.1	45.8
브로콜리(생것, 70 g)	27.3	47.6	쇠고기(한우, 등심, 생것, 60 g)	6.6	88.2

와 골다공증의 주요 원인이 되며, 우리나라 성인 남녀의 1일 권장섭취량은 각각 800 mg, 700 mg이다.

(2) 인

인(phosphorus, P)은 모두 인산의 형태로 〈표 5-4〉와 같이 곡류, 어패류, 육류 등의 식품에 풍부하게 함유되어 있어 정상적인 식사를 할 경우 인의 섭취량은 부족하지 않다. 비타민 D는 인의 흡수를 촉진하고 마그네슘, 철, 칼슘 등은 인의 흡수를 방해한다. 칼슘과 인의 섭취비율은 1 : 1 정도 되는 것이 바람직하다. 〈표 5-4〉와 같이 콩류 및 곡류는 칼슘에 비해 인의 함량이 훨씬 높아 한국인의 경우 칼슘 섭취는 부족한 반면 인의 섭취가 비교적 높은 편이다. 최근 들어 가공식품 및 탄산음료의 소비가 증가하면서 인의 과잉 섭취가 초래되어 칼슘 대 인의 균형이 깨지고 뼈가 약화될 우려가 있다.

인은 칼슘과 함께 뼈의 구성성분이고, 핵단백질, 효소, 인지질, 단백질, 보조효소의 구성성분이다. 근육의 수축 기능, 에너지 대사, 신경 자극의 전달 기능, 체액의 완충 기능, 효소작용의 조절과 삼투압을 조절한다.

(3) 마그네슘

마그네슘(magnesium, Mg)은 엽록소의 구성성분으로 녹색 잎채소에 많이 함유되어 있으며, 〈표 5-5〉와 같이 견과류, 콩류 및 곡류 식품에도 풍부하다. 그러나 곡류 중의 마그네슘은 도정 과정 중 80~96%가 손실된다. 따라서, 일상적인 식사에서는 마그네슘이 결핍되지 않으나 정제된 식품이나 가공식품에 대한 의존도가 높은 경우 섭취량이 낮아질

표 5-5 식품 중의 마그네슘 함량

(단위 : mg/100 g)

식품명	함량	식품명	함량
아몬드(말린 것)	335	대두(노란콩, 말린 것)	256
시금치(생것)	84	당근(생것)	14
두부	80	우유	10
흑미벼(현미)	113	달걀	11
고등어(구운 것)	34	감자(생것)	25
밀가루(중력분)	25	양배추(생것)	14
바나나	28	양파(생것)	8

수도 있다.

마그네슘의 흡수율은 일상적인 식사에서는 40~60%이나, 마그네슘이 부족한 식사를 할 때에는 75%까지 높아지고 풍부한 식사를 하면 25%까지 낮아진다. 다량의 칼슘 섭취 시에는 마그네슘의 흡수가 낮아질 수 있으며 곡류에 있는 피트산(phytic acid)은 마그네슘과 불용성 염을 형성하여 흡수율을 감소시킨다. 또한, 식이섬유가 많은 식사에서는 마그네슘의 생체이용률이 낮아질 수 있다. 마그네슘의 흡수를 높일 수 있는 인자로는 비타민 D가 있다.

마그네슘은 300종 이상의 효소체계에 있어 보조인자로 작용하고 에너지 이용 및 신경과 근육의 기능 유지에 필요하다. 마그네슘이 결핍되면 혈중 칼슘 농도가 낮아져 저칼슘혈증이 나타나 근육 경련, 고혈압, 뇌혈관 경련, 골다공증이 일어날 수 있다. 우리나라 30세 이상 성인의 경우 1일 권장섭취량은 남성 370 mg, 여성 280 mg이다.

(4) 나트륨과 염소

나트륨(sodium, Na)과 염소(chloride, Cl)는 소금의 구성성분으로 식생활에서 음식의 간을 맞추는 데 중요한 역할을 한다.

육류, 달걀, 유제품 등 동물성 식품과, 곡류 및 콩류 등 식물성 식품은 자체에 나트륨을 함유하고 있으며 일반적으로 동물성 식품에 더 많이 함유되어 있다.

〈그림 5-7〉과 같이 한국인의 경우 식품의 저장성을 높이기 위해 장류, 김치, 젓갈에 첨가되는 나트륨의 양이 섭취량의 상당 부분을 차지한다. 〈그림 5-8〉과 같이 각종 가공식

그림 5-7 우리가 자주 먹는 음식 속의 나트륨 함량(나트륨 2,000 mg = 소금 5 g)
자료 : 식품의약품안전처

그림 5-8 가공 과정을 거쳐 늘어나는 나트륨 양
자료 : 식품의약품안전처

품의 제조 시 안정제, 방부제, 팽창제, 화학조미료, 발색제 등 식품첨가제가 이용되고 있으므로 이를 통한 과잉 섭취를 주의해야 한다. 세계의 민족을 대상으로 식염 섭취량과 고혈압 발생률 간의 상관관계에 대한 역학조사 결과 1일 10 g 이상 섭취하는 인종에서 발병률이 높았다. 국민건강영양조사(2015년)에 의하면 성별, 거주 지역, 소득 수준 등과 관계없이 모든 인구집단에서 나트륨 섭취량이 세계보건기구(WHO) 권고 기준보다 높았다. 한국인의 하루 나트륨 섭취량은 3,890 mg(2014년 기준)으로 조사되었으며, 나트륨 줄이기를 본격적으로 시작한 2010년의 4,878 mg보다는 20% 정도 줄었으나 여전히 높은 수준이다. 어릴 적부터 싱겁게 먹는 식습관을 가질 수 있도록 가공식품보다는 과일이나 채소 등 자연식품을 선택하도록 권장하고 있다. 나트륨의 1일 목표섭취량은 모든 연령층에서 동일하게 2,000 mg으로 제안하고 있다.

나트륨 비교표시제

식품의약품안전처는 2017년 5월부터 기존의 영양 성분 함량표시와 더불어 나트륨 함량 비교표시제를 시행하고 있다.
나트륨 함량 비교표시제는 모든 식품의 포장지 겉면에 해당 제품이 얼마나 짠지 또는 싱거운지, 나트륨 함량을 한눈에 비교할 수 있는 그래픽을 의무적으로 표기하도록 하는 방안이다.
나트륨 함량 비교표시제가 시행되면 일단 식품군별 나트륨 함량 평균기준치를 정하고 제품마다 그 기준과 얼마나 차이가 나는지를 상대적으로 비교해 그래픽으로 표시해야 한다. 나트륨 성분이 기준치의 120% 함유된 제품이라면 해당 식품군 평균보다 20% 짠 제품, 80% 함유됐다면 20% 덜 짠 제품이 되는 셈이다.

(5) 칼륨

칼륨(potassium, K)은 동식물의 조직 속에 널리 함유되어 있으며 특히 식물성 식품에 많다. 나트륨과 함께 체액의 산, 알칼리 평형과 세포의 삼투압을 조절하며, 근육의 수축과 신경의 전달 자극에 관여하고 특히 신경의 흥분을 억제한다. 칼륨이 결핍되면 세포의 기능 저하, 발육 부진, 생식력 감퇴, 심장 및 소화 기능이 약화된다.

(6) 황

황(sulfur, S)은 주로 메티오닌, 시스테인, 시스틴 등의 황 함유 아미노산의 구성성분이고 황산콘드로이틴, 담즙산, 비오틴, 티아민의 구성원소이다. 황의 좋은 급원 식품은 육류, 우유, 달걀, 콩류, 파, 부추, 마늘, 양파, 무, 배추 등으로 일반 식품에 널리 분포되어 있어 결핍현상은 거의 없다. 유황이 부족하면 단백질 구성에 영향을 주게 되는데 특히 털, 손톱, 발톱의 발육이 늦어진다.

2) 미량 무기질

미량 무기질은 효소, 색소, 비타민, 혈색소, 근육색소, 단백질의 구성성분으로 각종 반응 및 식품의 색깔에 영향을 준다.

(1) 철

철(iron, Fe)은 동식물계에 널리 분포하고 있다. 철이 특히 중요한 것은 헴의 구성성분으로서 에너지 전환에 결정적인 분자이므로 생명 유지에 매우 중요한 원소이기 때문이다. 철의 급원 식품으로는 간, 육류, 콩류, 말린 과일, 가금류, 생선, 전곡, 녹색채소 등이 있다(표 5-6).

생물체의 수용성 환경에서는 제2철(Fe^{3+})과 제1철(Fe^{2+})만이 안정한 형태이며 제1철의 흡수율이 좋다. 동물성 식품 속에 헤모글로빈과 미오글로빈으로 섭취하는 헴철은 이용률이 높으며 다른 식이 요인에 의해 거의 영향을 받지 않는다. 그러나 우리나라 사람들의 철 급원 식품은 70%가 식물성으로 비헴철의 흡수는 위의 산성용액에서 식품 중 제2철의 용해성과 소장 점막세포에 존재하는 철 환원효소, 또는 비타민 C에 의해 제1철로 환원되는 정도에 의존한다. 식품 속에 피트산이나 인산을 많이 함유하고 있는 곡류나 콩은 이용률이 낮다.

철은 헤모글로빈의 구성성분으로 체내 산소 운반과 혈액 생성에 필요하며 에너지 대사

표 5-6 식품 중의 철 함량

(단위 : mg/100 g)

식품명	함량	식품명	함량
바지락(생것)	2.68	무청(왜무, 생것)	11.5
키조개(생것)	8.2	고춧잎(생것)	4.35
굴(생것)	3.9	대두(노란 콩)	6.66
쇠고기(한우, 등심, 생것)	2.24	부추(재래종, 생것)	3.4
달걀	1.8	시금치(생것)	2.6
우유	0.05	풋고추(생것)	0.5

에도 작용한다. 철의 결핍은 헤모글로빈 농도의 감소로 빈혈을 일으키며, 신체 작업 능력의 감소, 발달 장애, 인지 능력의 손상을 나타낸다.

(2) 요오드

요오드(iodine, I)는 간유, 대구, 굴, 멸치, 해조류 등에 많고 무, 당근, 상추, 토마토, 특히 해안 지역의 토양에서 자란 농작물에도 다량 함유되어 있다. 최근에는 가공식품에 요오드나트륨이나 요오드칼륨의 형태로 보충의 목적으로 첨가되고 있다. 갑상선호르몬인 티록신(thyroxine) 합성에는 물론이고 에너지 생성과 신경 발달에 필요하다. 전 세계적으로 부족하기 쉬운 무기질로서 어른에게 부족하면 갑상선종(goiter)이 유발되며, 어린이에게 결핍되면 성장이 지연되고 인지 기능이 손상되는 요오드 결핍증이 나타난다. 특히, 임신기에 심한 요오드 결핍은 태아에게 크레틴병(cretinism)을 초래하는 것으로 알려져 있다.

(3) 구리

구리(copper, Cu)는 간, 내장, 조개, 굴, 곡류의 배아, 콩류, 감자, 포도, 토마토, 바나나, 버섯, 코코아, 견과류, 해조류에 함유되어 있다. 다른 과일, 채소, 생선, 우유 등의 구리 함량은 매우 낮다. 구리는 구리 함유 효소 내에 존재하는데 SOD(superoxide dismutase)에 결합하여 세포의 산화적 손상을 방지하는 역할을 한다. 구리는 철분의 흡수와 이동을 돕고 저장된 철분이 헤모글로빈을 형성 장소로 이동하는 데 관여하므로 헤모글로빈의 합성을 돕는다. 부족하면 철의 이용률이 감소하고 적혈구 합성이 저하되어 빈혈을 유발한다.

(4) 망간

망간(manganese, Mn)은 어패류, 밀의 배아, 콩류, 녹색 채소, 견과류에 많이 함유되어 있다. 동물성 식품에는 거의 망간이 함유되어 있지 않다. 식물의 성장에 필요하며 조혈, 생식 작용에도 관여한다. 망간은 여러 효소에서 보조효소로 작용하여 뼈의 형성, 에너지 대사, 유해산소로부터 세포를 보호하는 작용을 한다. 동물에서는 망간이 결핍되면 성장이 지연되고, 생식 기능이 저하되며, 에너지 대사의 이상과 골격 발달이 저해되는 것으로 알려져 있다. 그러나 일상적인 식사를 하는 건강인은 결핍증을 보이지 않는다.

(5) 아연

아연(zinc, Zn)은 식품 중에 널리 분포하는데 특히 굴에 많이 함유되어 있고 간과 해조류, 육류, 조개, 달걀 및 유제품에 풍부하다. 식물성 식품 중 아연의 가장 좋은 급원은 땅콩, 콩, 곡류 등이며, 곡류에 함유되어 있는 아연은 주로 껍질에 존재하므로 도정 시에 손실되기 쉽다. 과일과 채소에는 소량의 아연이 함유되어 있다.

아연은 체내 200여 종 이상 효소의 성분이며 대사 과정을 조절하는 데 관여한다. 특히, 면역 체계에서 필수적인 요소로 정상적인 면역 기능에 필요하다. 아연은 DNA 합성에 영향을 주는 효소에 필수적이며 정상적인 세포분열에 필요하고 성장과 발달에도 영향을 준다. 아연이 결핍되면 성장 지연, 피부 이상, 식욕 감퇴, 상처 회복 지연 등의 증상이 나타난다.

(6) 셀레늄

셀레늄(selenium, Se)의 급원 식품은 육류, 곡류, 견과류 등이다. 육류의 내장과 해산물에 가장 많이 존재하며 곡류 및 식물성 식품의 셀레늄 양은 이들이 자란 토양에 따라 다르다. 셀레늄은 보조효소로 기능하며 특히 글루타티온 과산화효소는 체내에서 생성된 과산화수소를 분해하여 세포 손상을 억제하는 항산화 기능을 한다. 셀레늄은 환경에 널리 분포(토양 : 0.05~0.09 ppm)되고 있는 원소인 만큼 우리가 먹고 있는 식품들에 자연스럽게 함유되어 있다.

우리나라는 다행히 셀레늄 부족 지역으로 분류가 되어 있지 않기 때문에 일상적인 식생활을 통하여 적정한 수준의 셀레늄을 섭취하는 것으로 알려져 있다. 식품의약품안전청에서 2004년도에 조사한 연구 결과에 따르면, 우리나라 국민은 일상 식생활을 통한 60 kg 성인의 1일 평균 셀레늄 섭취량이 68.6 μg 수준으로 일반 식이 섭취만으로도 셀레늄 필요량이 충족되는 것으로 알려져 있다.

(7) 몰리브덴

몰리브덴(molybdenum, Mo)은 우유 및 유제품, 콩류, 간, 곡류, 견과류에 함유되어 있다. 산화환원효소의 활성에 필요하며 일반적인 식사를 하는 사람은 결핍증이 나타나지 않는다.

3) 산성 식품과 알칼리성 식품

식품에 존재하는 무기질은 알칼리를 생성하는 원소와 산을 생성하는 원소로 나눌 수 있다. 칼슘, 나트륨, 마그네슘, 칼륨, 철, 구리, 망간, 코발트, 아연과 같이 체내에서 분해되어 알칼리를 생성하는 원소가 많은 식품을 알칼리성 식품이라 한다. 과일, 채소, 해조, 고구마, 대두, 우유 등에는 산을 생성하는 원소에 비해 알칼리를 생성하는 원소가 많이 존재하기 때문에 대표적인 알칼리성 식품이다. 인, 황, 염소, 요오드와 같이 음이온을 생성하고 체내에서 산을 생성하는 원소가 많은 식품은 산성 식품이라 한다. 곡류, 육류, 어류, 달걀, 버터, 치즈 등에는 상대적으로 산을 생성하는 원소가 많이 존재하므로 산성 식품이다. 대표적인 산성 식품과 알칼리성 식품은 〈표 5-7〉과 같다.

사과나 밀감 등은 유기산이 함유되어 있어 신맛을 내지만 함유하고 있는 무기질이 알

표 5-7 산성 식품과 알칼리성 식품

산성 식품	알칼리성 식품
육류	미역
어류	흑설탕
달걀흰자	시금치
달걀노른자	무
보리	감자
백미	고구마
밀가루	과일류
버터	호박
땅콩	우유
치즈	모유

조미료를 넣는 순서는?

조미 성분의 분자량이 작을수록 세포막을 통과하기 쉬우므로 소금(58.5) > MSG(191.1) > 설탕(342)의 순서로 세포막을 통과한다. 따라서, 양념을 할 때 설탕을 먼저 넣고 소금을 넣어야 단맛과 짠맛이 골고루 스며들게 할 수 있다.

칼리성 생성 원소이므로 알칼리성 식품이다. 육류 단백질의 황과 지방에는 인을 다량 함유하므로 대표적인 산성 식품이다.

연습문제

1. 비타민의 분류와 그에 해당하는 종류를 쓰시오.

2. 항산화비타민과 항산화무기질에 대해 간단히 설명하시오.

3. 칼슘의 흡수를 방해하는 요인에 대해 설명하시오.

4. 성장기 어린이를 위해 필요한 무기질에 대해 설명하시오.

5. 엽산의 특성에 대하여 설명하시오.

CHAPTER 6 · WATER

물

학습목표

1. 물 분자의 구조적 특성을 이해할 수 있다.
2. 식품에서 수분의 존재 형태와 그 영향을 설명할 수 있다.
3. 수분활성도가 식품의 보존성에 미치는 영향을 이해할 수 있다.
4. 용매로서의 물의 역할과 특성을 이해할 수 있다.

대부분의 식품에서 물은 가장 높은 구성비를 가진다. 신선한 채소와 과일의 수분 함량은 일반적으로 90% 내외이고, 육류는 50~70%, 곡류는 8~16% 정도이다. 이와 같이 물은 식품의 주요 구성성분으로 용매 또는 분산매로 작용하고, 각종 반응의 매개체로도 작용하여 식품의 외관, 향미, 질감 등이나 저장 안정성에도 큰 영향을 끼친다. 또한, 물은 식품의 조리나 가공·저장 중에 일어나는 물리화학적 및 미생물학적 변화에도 큰 영향을 줄 수 있는 중요한 인자이다.

1. 물의 분자구조와 특성

물 분자는 산소 원자 한 개와 두 개의 수소 원자가 공유결합을 하고 있는데, 이때 공유결합에 참여하지 않는 산소의 비공유 전자쌍 간의 반발력이 산소와 수소 간의 공유 전자쌍을 강하게 밀기 때문에 휘어진 굽은 형 구조를 이루게 된다. 이에 따라 물 분자는 〈그림 6-1〉에서와 같이 104.5°의 결합각을 이루고 있다.

물 분자의 산소는 수소보다 전기음성도가 커서 공유결합 시 전자의 분포가 산소 쪽으로 치우쳐 부분 음전하(δ^-)를 띠며, 수소는 부분 양전하(δ^+)를 가지는 양극성의 분자이다. 따라서, 물 분자들 간에는 수소결합을 형성할 수 있으며, 이런 전기적 친화력으로 인해

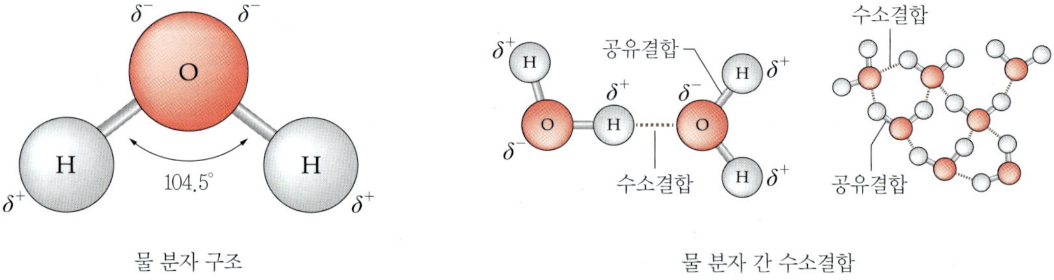

그림 6-1 물의 분자구조와 물 분자 간의 수소결합

물 분자가 굽은 모양이 아니었다면?

만약에 물 분자가 극성이 없고 굽은 형이 아니며 직선상의 곧은 구조를 가지고 있다면 물은 -80℃에서 끓어 우리가 사는 세상에서 물은 모두 기체가 되어 사라지게 된다. 강이나 바닷물은 물론이고, 생명체의 몸 안에 있는 물도 모두 기체가 되어 사라져 버릴 것이다.

자료 : 한국수자원공사, K-water 물 정보 포털 '물의 성질'

다른 극성 물질과도 잘 섞이며, 좋은 용매로 작용하여 염화나트륨과 같은 이온성 물질도 잘 녹인다. 그러나 지질과 같은 비극성 물질과는 잘 섞이지 않는다.

2. 자유수와 결합수

식품 중의 수분은 식품 속에서 다른 구성성분의 영향을 받지 않아 자유롭게 존재하며, 염류나 당류 등과 같은 수용성 물질들을 녹여 주는 용매로 이용될 수 있는 자유수(free water)와, 식품을 구성하는 단백질, 탄수화물 등과 같은 친수성 성분과 단단하게 결합되어 있는 결합수(bound water)의 형태로 존재한다. 결합수와 자유수는 독립적으로 존재하는 것이 아니라 온도와 물에 녹아 있는 물질들의 종류와 양에 따라서 결합수가 자유수로, 자유수가 결합수로 가역적(reversible)으로 존재할 수 있다.

보통 -18℃를 기준으로 하여 이 이하의 온도에서도 얼지 않고 액체 상태로 존재하는 수분을 결합수라 하는데 결합수와 자유수는 〈표 6-1〉과 같은 특징을 갖는다.

표 6-1 자유수와 결합수의 특성

자유수(Free water)	결합수(Bound water)
식품에서 흡습, 방습되어 주변 환경에 따라 변동되는 동적인 물	식품의 구성성분인 단백질, 탄수화물 등과 수소결합을 하고 있는 물
대기압에서 0°C 이하에서 동결	0°C 이하에서도 잘 얼지 않음
대기압에서 100°C 이상으로 가열하거나 건조하면 쉽게 증발됨	100°C 이상 가열해도 증발되지 않음
수용성 물질의 용매로 사용됨	용질을 녹일 수 있는 용매로 이용되지 않음
미생물의 생육과 번식에 이용됨	미생물의 생육과 번식에 이용되지 못함
식품 내의 여러 화학반응에 관여함	화학반응에 관여하지 않음

3. 수분활성도

식품의 저장 안정성은 식품에 함유된 단순한 수분 함량에 의존하지 않으며 미생물이 실제로 이용할 수 있는 수분량(available moisture content), 즉 자유수의 구성비에 해당하는 수분활성도(water activity, a_w)에 의해 영향을 받는다. 수분활성은 일정 온도에서 어떤 식품이 나타내는 수증기압(P)과 순수한 물의 수증기압(P_o)의 비로 나타낼 수 있다.

$$a_w = \frac{P}{P_0}$$

또한, 식품의 수증기압(P)은 식품 중의 물에 녹아 있는 용질의 종류와 양에 의해서도 영향을 받아 다음과 같이도 나타낼 수 있다.

$$a_w = \frac{P}{P_0} = \frac{n_1}{(n_1+n_2)}$$

n_1 : 물의 몰(mol) 수, n_2 : 용질의 몰(mol) 수

예를 들면 30% 소금물의 경우 수분활성도(a_w)는

$$a_w = \frac{\frac{70}{18}}{(\frac{70}{18}+\frac{30}{58.5})} = \frac{3.89}{(3.89+0.51)} = 0.88$$

즉, 30% 소금물의 경우 수분활성도는 0.88이다.

순수한 물의 수분활성도는 1이며 일반 식품의 수증기압은 순수한 물의 수증기압보다는 항상 작으므로 일반 식품의 수분활성도의 값의 범위는 $a_w < 1$이다. 평형상대습도는 수분활성도를 백분율(%)로 나타낸 것이며, 포화 상태의 상대습도는 100%이다.

$$\text{ERH} = \frac{n_1}{(n_1+n_2)}\times 100 = \frac{P}{P_0}\times 100 = a_w \times 100$$

ERH : 식품 주위의 평형상대습도(Equilibrium Relative Humidity)

n_1 : 식품 중 물의 몰(mol) 수, n_2 : 식품 중 용질의 몰(mol) 수

다음 〈표 6-2〉에서와 같이 일반적으로 과일, 채소, 생선류의 수분활성도는 0.98~0.99이고, 곡류나 콩류 등의 수분활성도는 0.60~0.64이다.

4. 식품의 수분활성과 보존성

식품의 수분활성은 식품 내에서의 효소작용, 화학반응, 미생물의 생육 등에 밀접한

표 6-2 식품의 수분 함량과 수분활성도

식품	수분활성도(a_w)	수분 함량(%)	식품	수분활성도(a_w)	수분 함량(%)
수돗물	0.99	100	식빵	0.90~0.95	38
과일, 채소	0.97~0.99	74~96	건조과일	0.72~0.80	18~22
주스	0.95~0.99	92	콩류	0.60~0.64	13~15
생선류	0.98~0.99	65~88	곡류	0.60~0.64	13~16
육류	0.96~0.98	70~80	젤리	0.64~0.69	18
달걀	0.96~0.97	72~78	국수	0.50	12

영향을 끼친다. 조리 시 음식의 맛과 향에 크게 영향을 줄 수 있는 비효소적 갈변반응은 0.60~0.80에서 가장 잘 일어나며, 유지의 산화반응은 영역 I~II의 경계에 해당하는 0.20~0.40에서 반응 속도가 가장 느리고, 영역 I의 가장 낮은 수분활성으로 갈수록 반응 속도가 급격히 증가한다. 각 미생물이 생육할 수 있는 수분활성도는 보통 세균은 0.90~0.94, 효모 0.81~0.85, 곰팡이 0.70~0.75이며, 내건성 곰팡이의 경우는 0.65, 내삼투압성 곰팡이는 0.6 이상이다.

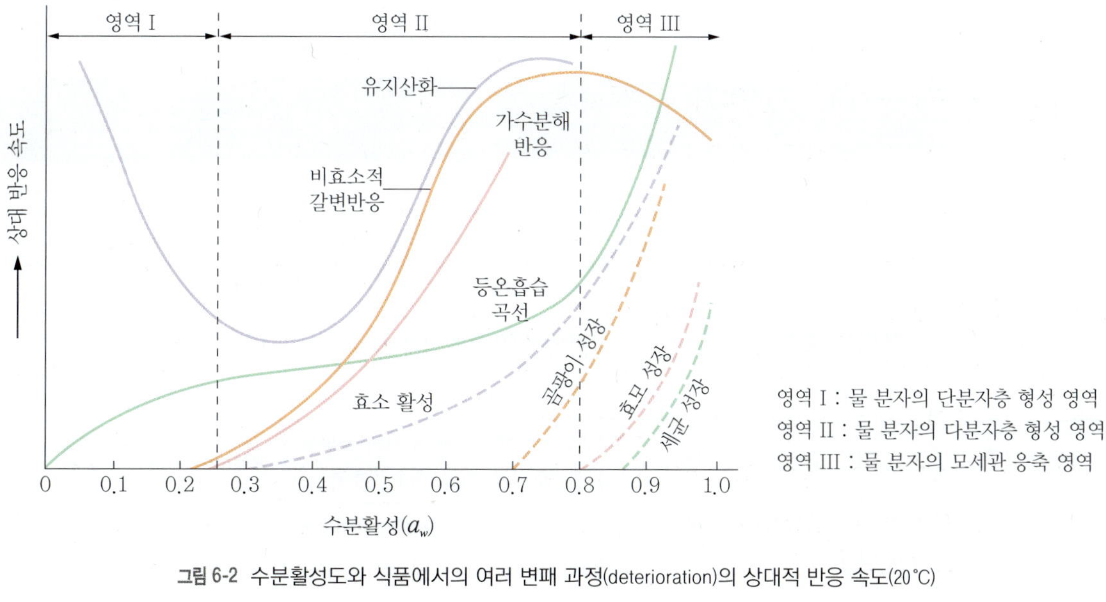

그림 6-2 수분활성도와 식품에서의 여러 변패 과정(deterioration)의 상대적 반응 속도(20°C)

중간수분식품

중간수분식품(intermediate moisture food)이란 일반 건조식품보다는 수분 함량이 높아 식품의 부드러운 조직감은 유지하면서도 저장성을 높이고자 제조 공정 시 보습제(humectant) 등을 더하여 미생물의 생육을 억제할 수 있는 정도까지 수분활성도(a_w)를 낮추어 제조한 식품을 말한다. 중간수분식품의 경우 수분 함량은 대략 20~50%이며 수분활성도는 0.60~0.85이다. 이때 보습제로는 보통 설탕, 소금, 글리세린, 솔비톨 등이 사용된다. 곶감, 반건조 오징어, 반건조 묵 등의 제품이 중간수분식품의 예이다.

5. 용매로서의 물

물은 식품 내에 함유되어 있는 여러 가지 수용성 성분을 용해시키기도 하고, 조리 과정에서는 단백질, 전분, 지방, 펙틴 등과 같은 여러 가지 불용성 물질을 분산시켜 분산액을 형성하기도 한다. 이러한 상태를 분산계(dispersion system)라고 하며 분산계는 연속성상의 분산매(dispersion medium)와 미립자상으로 산재해 있는 비연속상의 분산상(dispersed phase)으로 구성된다. 분산상이 이온 또는 분자일 때 그 분산계를 용액이라 하며, 입자가 그것보다는 크고 광학현미경으로는 볼 수 없는 크기의 입자일 때는 콜로이드 분산계라고 한다.

분산계에서 분산매와 분산상은 각각 고체, 액체, 기체의 모든 조합으로 존재할 수 있는데, 식품에서 가장 흔하게 볼 수 있는 분산매는 물이므로 액체인 물에 고체, 액체, 기체가 분산상으로 산재해 있는 경우가 대부분이다. 이와 같이 식품에서의 분산액은 분산

표 6-3 분산상의 크기에 따른 분산액의 특성

구분 / 분산상의 특성	진용액 (True Solution)	콜로이드용액 (Colloidal Solution)	현탁액 (Suspension)
크기	1 nm 이하	1~100 nm	100 nm 이상
분자 특성	이온이나 작은 분자들	거대 분자나 분자들의 소집단	분자들의 거대 집단
운동 특성	일정한 분자 운동	브라운 운동	중력에 의한 운동
가시성	현미경 관찰 불가	전자현미경 관찰 가능	광학현미경 관찰 가능
안정성	매우 안정	비교적 안정	불안정
분산계의 예	소금물, 설탕물, 식초, 탄산수 등	우유, 단백질용액, 호화된 전분용액, 샐러드드레싱, 맥주거품 등	생전분용액, 된장국물 등
특성	확산성, 끓는점과 어는점, 증기압에 영향	sol(흐를 수 있는 상태), gel(반고체 상태)	

물의 경도

물의 경도(water hardness)는 물속에 함유되어 있는 경도 유발물질인 칼슘 이온(Ca^{2+})과 마그네슘 이온(Mg^{2+}) 농도의 합에 해당하는 값을 탄산칼슘으로 환산하여 나타낸 수질 지표(mg/L $CaCO_3$)이다. 우리나라의 먹는물 수질 기준은 300 mg/L 이하로 되어 있으나, 일반적으로는 100 mg/L 이하가 좋고, 가장 맛있는 물은 보통 경도 50 mg/L 정도이다. 경도가 높은 물은 산뜻하지 않은 무거운 맛을 나타내며 비누의 세척력을 떨어뜨린다. 또한, 경도가 과도하게 높으면 위장을 자극하거나 음식의 맛을 저하시킬 수 있다. 경도가 아주 낮은 물의 경우에는 담백하고 김이 빠진 듯한 맛을 나타내기도 한다.

무기물 함량에 따른 물의 분류

분류	무기물 함량(mg/L)
단물(연수)	0~75
약한 센물(적당한 경수)	75~150
센물(경수)	150~300
강한 센물(고경수)	300 이상

상의 크기에 따라 진용액(true solution), 콜로이드용액(colloidal solution, 교질용액), 현탁액(suspension)으로 분류할 수 있으며 각각의 특성은 〈표 6-3〉과 같다.

그러나 보통 식품의 성분과 구성은 단순하지 않다. 예를 들어, 된장국의 경우 콩의 입자와 같은 큰 분산상만 보았을 때는 현탁액으로 분류할 수 있으나, 된장국의 염분은 진용액에 해당되고 된장국에 녹아 있는 수용성 콩 단백질이나 발효 시 생성된 중간 크기의 입자 등은 콜로이드용액을 형성하며, 기타 콩 조직의 큰 입자들은 현탁액을 형성하는 복합적인 분산계의 특징을 가진다.

1) 확산과 삼투

확산(diffusion)은 농도가 일정하지 않은 분산계에서 투과성 막이 존재할 경우, 분산계의 농도가 높은 쪽에서 낮은 쪽으로 용질 또는 분산상이 이동하여 퍼져서 농도가 같아지는 현상을 말한다. 확산 속도는 농도의 기울기(농도 차이)에 비례하며 온도에도 의존적이다. 분산계 내에 용매는 통과시키나 용질은 통과시키지 않는 반투막이 존재할 경우에는 낮은 농도의 용매가 막을 통과하여 농도가 높은 쪽으로 이동하여 희석됨으로써 용액의 농도가 같아지는 현상을 삼투(osmosis)라고 한다.

시들은 채소를 물에 담가 놓으면 저농도인 물이 채소 세포의 원형질막을 통과해 고농도

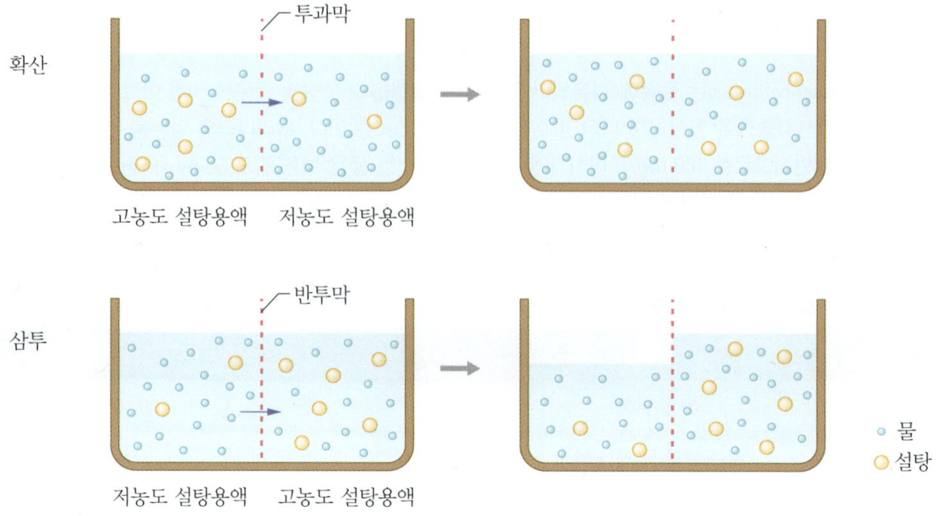

그림 6-3 확산과 삼투

인 세포 안으로 들어가 팽압이 커지면서 다시 채소가 싱싱하게 살아나게 된다.

반대로 채소를 고농도의 소금물에 넣으면 고농도의 소금 분자는 투과막인 세포벽을 통과하여 확산해 들어가고 저농도인 세포 안의 물이 원형질막을 통과하여 세포 밖으로 빠져 나와(삼투현상) 팽압이 낮아지고 조직은 시들해진다. 마침내 세포에서 원형질 분리가 일어나 변형되면서 소금이 세포 안으로 더 들어가서 간이 배며 절여지게 된다.

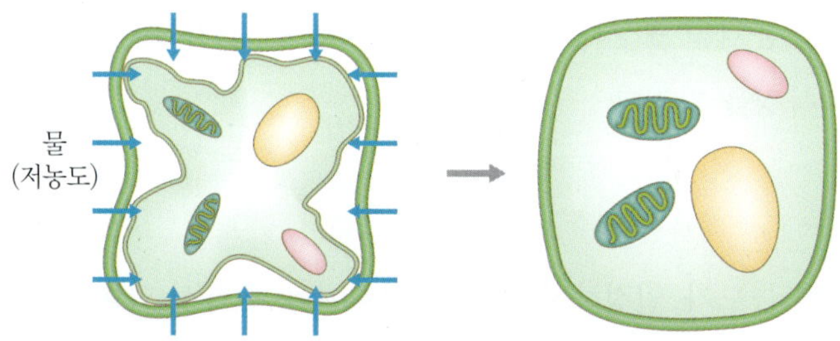

그림 6-4 팽압

2) 용액의 끓는점 오름과 어는점 내림

용질을 포함하고 있는 용매의 끓는점은 순수한 용매의 끓는점보다 높아지고 어는점은 낮아지게 된다. 끓는점이 올라가는 정도(ΔT_b)는 용질의 종류와는 관계없이 용액 중에 들어 있는 용질 입자의 수(몰랄 농도, molality)와 용매의 특성인 끓는점 오름 상수(k_b)에 비례한다. 이것을 식으로 나타내면 다음과 같다.

$$\Delta T_b = m \times k_b \times i$$

ΔT_b : 끓는점 오름, m : 몰랄 농도, k_b : 끓는점 오름 상수,
i : 반트호프팩터(용질분자의 입자 수, 예 : NaCl은 $i=2$, $MgCl_2$는 $i=3$)

물의 경우 끓는점 오름 상수는 0.512℃이다. 우리가 일상생활에서 사용하는 액체는 대부분이 수용액이므로 100℃ 이상에서 끓는다. 우리가 매일 먹는 국의 국물도 염용액으로 볼 수 있으므로 국이 끓고 있을 때의 온도는 100℃보다 더 높다. 따라서, 끓는 국에 의한 화상은 끓는 물에 의한 것보다 더 심할 수 있다.

용액의 어는점 내림도 용액 속에 녹아 있는 용질의 입자 수(몰랄 농도)에 비례해서 낮아진다. 물의 경우 어는점 내림 상수(k_f)는 1.86℃이다. 용액의 어는점이 내려가는 현상은 우리 주위에서도 흔히 볼 수 있다. 겨울에 물은 얼어도 간장이나 바닷물이 잘 얼지 않는 것은 용액의 어는점이 내려가기 때문이다. 겨울에 눈이 왔을 때 소금이나 염화칼슘 등을 뿌림으로써 물의 어는점을 내려 눈을 녹이는 것도 한 예이다.

$$\Delta T_f = m \times k_f \times i$$

ΔT_f : 어는점 내림, m : 몰랄 농도, k_f : 어는점 내림 상수, i : 반트호프팩터

먹는물

먹는물에는 자연 상태의 물, 자연 상태의 물을 먹기에 적합하도록 처리한 수돗물, 먹는샘물, 먹는염지하수(鹽地下水), 먹는해양심층수(海洋深層水) 등이 있다.

- 먹는샘물 : 암반대수층(岩盤帶水層) 안의 지하수 또는 용천수 등 수질의 안전성을 유지할 수 있는 자연 상태의 깨끗한 물을 먹는 용도로 사용하는 원수(原水)인 샘물을, 먹기에 적합하도록 침전, 흡착, 여과, 자외선 살균 등 물리적으로 처리하는 등의 방법으로 제조한 물이다.
- 먹는염지하수 : 물속에 녹아 있는 염분(鹽分) 등의 함량(含量)이 환경부령으로 정하는 기준 이상인 암반대수층 안의 지하수로서, 수질의 안전성을 계속 유지할 수 있어야 하며 이 염지하수를 먹기에 적합하도록 막여과법 등을 이용한 염물질 함량의 조정, 자외선 살균 처리 등의 방법으로 제조한 물이다.
- 먹는해양심층수 : 햇빛이 도달하지 않는 수심 200 m 이하의 깊은 바닷물로서, 수온은 1~2℃로 낮고 밀도가 높으며 대기의 영향을 거의 받지 않아 표층에 비해 변화가 적다. 부영양성, 청정성, 저수온성, 수질 안정성 등의 뛰어난 자원성을 가지고 있는 해양심층수를 먹는 데 적합하도록 탈염, 살균 등의 물리화학적으로 처리하는 등의 방법으로 제조한 물이다.

자료 : 먹는물관리법, 2017.3.28.

먹는물 관련 제품

- 탄산수 : 탄산가스를 함유한 물이거나 먹는물에 이산화탄소를 용해시켜서 만든 탄산수는 청량감과 소화 촉진, 미용이나 다이어트 등에 효과가 있다고 알려지면서 최근 소비가 많아졌다. 그러나 탄산수는 pH 4 정도의 산성을 보여 입안에 오래 머금고 있으면 치아 건강에 영향을 끼치거나 식도나 위점막을 자극할 수도 있다. 탄산수의 긍정적이거나 부정적인 영향에 대한 명확하고 과학적인 연구 결과는 아직 없다. 일부 연구에서는 당이 첨가된 청량음료는 일반 무가당 탄산수보다 치아 침식성에 영향을 더 줄 수도 있다(CNN.com, "Can I drink carbonated water?", 2016.3.15. 검색)는 보고가 있으며, 치아에 해로운 정도는 탄산 가당음료 > 비탄산 가당음료 > 탄산 무가당음료(Int J Paediatr Dent. 2007 Mar;17(2): 86-91.) 순이라고 보고한 경우도 있다.
- 빙하수 : 빙하수는 빙하가 녹아내린 물로, 활성산소가 풍부하고 불순물이 거의 없으며 낮은 수온으로 육각수의 비율이 높다. 미네랄 성분도 풍부하고 잔여물은 낮은 편이다.

일반적으로 먹는물 제품들의 유통기한은 6~12개월 정도이고 보통 페트병(PET)에 담겨 판매되고 있는데 장기간 보관 시 페트병으로부터 오염물질의 유출 가능성도 있으며, 많은 페트병이 재활용되기는 하나 물 소비에 따른 페트병 소비의 증가는 환경에 부담이 될 수밖에 없다. 따라서 수돗물의 합리적인 사용 등을 통해 먹는물 제품의 소비를 절제하는 것도 필요하다.

연습문제

1. 물 분자의 수소결합에 대하여 설명하시오.

2. 수분 함량과 수분활성도의 차이를 설명하시오.

3. 된장국의 분산계를 설명하시오.

4. 수분활성도와 미생물의 생육에 관하여 설명하시오.

5. 시들은 채소를 다시 싱싱하게 살리기 위한 방법과 원리를 설명하시오.

MEMO

Part 3
식품의 특성 이해하기

SMART
FOOD
SCIENCE

식품의 향미

학습목표

1. 향미와 맛, 냄새의 관계를 이해할 수 있다.
2. 식품에 함유되어 있는 주요 맛 성분의 특성을 이해할 수 있다.
3. 식품에 함유되어 있는 주요 냄새 성분의 특성을 이해할 수 있다.
4. 가공, 저장 시 생성되는 주요 향미 성분의 종류와 그 특성을 이해함으로써 식품의 조리 및 가공·저장 시에 활용할 수 있다.
5. 향신료의 종류와 작용을 이해할 수 있다.

넓은 의미로 향미(flavor)는 냄새, 맛뿐 아니라 시각, 청각, 촉각 등 식품을 섭취할 때 느끼는 모든 감각에 의한 종합적 감지를 말한다. 일반적으로는 입과 코를 통하여 느끼는 맛과 냄새를 향미라고 한다. 맛(taste)은 혀에 있는 미뢰에서 느끼는 단맛, 신맛, 쓴맛, 짠맛 등 4원미 또는 감칠맛을 포함하여 5원미를 의미하기도 하나, 혀 및 구강 표면은 이외에도 감촉, 냉온감, 청량감, 통증으로 알려진 매운 감각 등 여러 종류의 감각을 느끼므로 넓은 의미로 사용되는 맛에서는 이런 감각까지를 모두 포함한다. 냄새(odor)는 휘발성 성분들이 후각수용체를 자극하여 감지되며, 냄새 성분들은 다양한 분자구조를 가진 수천 종류로 이루어져 있어 맛 성분보다 더 복잡한 특성을 가진다.

특정 향미는 하나의 화학 성분에 의하기도 하지만 대부분 여러 향미 성분들이 합쳐져서 나타난다. 향미 성분은 일반적으로 낮은 농도로 존재하며 비영양물질인 경우가 많다. 향미 성분은 분자구조상의 특이성을 보이며 열에 의하여 쉽게 변한다.

1. 맛

맛(taste)을 나타내는 성분은 침에 잘 녹는 수용성이며 대부분 비휘발성이다. 냄새 성분보다는 높은 농도로 식품에 존재한다. 맛 성분은 침에 의하여 미각세포로 운반되어 수소결합과 같은 화학적 작용에 의하여 맛을 나타낸다. 미각세포는 〈그림 7-1〉에서와 같이 여러 종류의 유두(papillae)에 존재하는 미뢰(taste bud) 내에 있다. 미뢰에 있는 각 미각세포

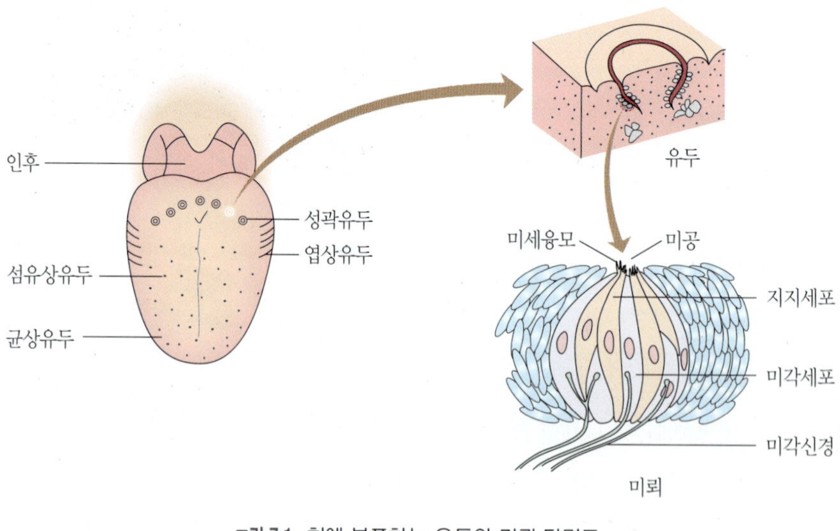

그림 7-1 혀에 분포하는 유두와 미뢰 단면도

유두의 종류

- 성곽유두 : 혀의 뒤쪽에 자리하는 약 10개 정도의 유두로 100~200개 정도의 많은 수의 미뢰가 존재한다.
- 엽상유두 : 혀의 옆쪽에 주로 자리하는 20개 이하의 유두로 10개 이하의 미뢰가 존재한다.
- 균상유두 : 혀의 앞쪽 및 옆쪽에 자리하는 100개 이하이나 많은 수의 유두로 0~4개의 미뢰가 존재한다.
- 섬유상유두 : 혀의 옆쪽에 주로 자리하는 100개 이하이나 많은 수의 유두로 미뢰는 존재하지 않으며 촉감 인지에 도움을 준다.

에는 특정한 맛을 더 잘 감지할 수 있는 특이성과 예민성을 나타내는 미각수용체가 분포한다.

맛을 감지할 수 있는 최소한의 농도를 미각역치(taste threshold)라고 정의하며 최소감미량, 한계값 등으로도 부른다. 역치는 감지 방법에 따라 여러 가지가 있다. 절대역치(absolute threshold)는 어떤 종류의 감각인지는 확실히 알 수 없지만 감각을 느끼는 최소한의 농도로 정의된다. 인식역치(recognition threshold)는 어떤 종류의 감각인지를 확실히 알 수 있는 최소한의 농도이다.

1) 기본 맛

좁은 의미의 맛은 기본 맛만으로 정의된다. 기본 맛으로는 지금까지 단맛, 쓴맛, 신맛, 짠맛의 4원미설이 인정되어 왔다. 그러나 최근에는 글루탐산 계열 또는 핵산 계열 물질에 의한 감칠맛(umami)을 인지하는 수용체의 존재가 확인되어 5원미설이 인정되고 있는 추세이다.

(1) 단맛(감미, 甘味)

단맛(sweet taste)은 일반적으로 분자구조에 하이드록시기(-OH)를 가지고 있는 포도당과 같은 당에 의해 인지되나 하이드록시기가 없는 일부 아미노산, 둘신(dulcin) 등 방향족 아민류, 일부 금속염 등의 화합물도 단맛을 나타낸다.

단맛의 메커니즘으로는 단맛 물질과 미각수용체 간의 수소결합을 기초로 하는 AH/B 이론에서 좀 더 발전된 분자 내 소수성 부위, '감마'가 도입된 AH/B-γ 이론이 일반적으로 받아들여지고 있다. 단맛 성분 중 A 부위는 산소, 질소와 같은 전기음성도가 큰 원자로서 하이드록시기(-OH), 이민(=NH) 등과 같이 한 개의 양성자 H와 결합한다. B 부위 역시 전기음성도가 큰 산소, 질소 같은 원자이다. 단맛화합물의 구조 중 감마 부위에 해당하는 소수성 분자단은 메틸렌기, 메틸기 또는 페닐기 등이다. '감마' 부위는 단맛의 강도를 결정하는 데 아주 중요하므로 사카린과 같은 고감미 대체감미료 구조에 중요한 부위이며 단맛의 질에도 영향을 주어 일부 화합물에서 나타나는 것처럼 쓴맛을 동반하기도 한다. 즉, 일반적으로 단맛 분자는 적어도 하나의 소수성 그룹과 함께 두 개의 극성 그룹을 가지고 있어야 한다.

설탕은 단맛의 표준물질로 주로 사용된다. 설탕은 99% 이상 순도를 가진 감미료로 가장 많이 사용되는데, 비환원당이기 때문에 용액 상태에서 단맛이 변하지 않는다. 반면, 환원당인 포도당이나 과당 등은 용액 상태에서 알파-베타형의 이성질체로 상호 전환이 가능하여 일정 온도에서 평형에 이를 때까지 단맛이 변한다. 일반적으로 베타형 당이 단맛이 강하여 당용액의 온도가 내려가면 베타형 당이 증가하여 당용액의 단맛을 강하게 느끼게 된다. 과당을 많이 함유하고 있는 과일을 차갑게 보관했다가 먹으면 더 강한 단맛을 느낄 수 있는 것도 이런 이유이다.

당알코올인 자일리톨(xylitol)은 설탕과 같은 단맛을 나타내며, 충치를 유발하는 대표적인 충치균인 스트렙토코커스 무탄스(*Streptococcus mutans*)가 영양원으로 이용하지 못하므로 충치 예방에 효과적이어서 추잉껌 등에 사용되고 있다. 최근에는 설탕의 몇 백배 단맛을 갖는 고감미 저열량 물질들이 개발되어 사용되고 있다. 이들 고감미료 중 사카린은 오래전부터 사용되어 왔으며, 아스파트산(L-aspartic acid)과 페닐알라닌(L-phenylalanine)이 결합된 아스파탐(aspartame)은 설탕의 150배가량의 단맛을 나타내고, 국화과 식물 추출물인 스테비오사이드(stevioside)는 설탕의 300배 정도의 단맛을 나타내어 여러 식품에 사용되고 있다.

(2) 쓴맛(고미, 苦味)

쓴맛(bitter taste)은 4원미 중 가장 낮은 농도에서 감지되며 보통 불쾌하게 느끼지만 다

일부 당물질의 상대적 단맛 강도

당물질	상대적 단맛 강도	당물질	상대적 단맛 강도
설탕(sucrose)	1.0	포도당(glucose)	0.5~0.8
과당(fructose)	1.1~1.7	유당(lactose)	0.2~0.6
맥아당(maltose)	0.3~0.6	솔비톨(sorbitol)	0.4~0.5
자일리톨(xylitol)	1.0	사카린(saccharin)	450~550
스테비오사이드(stevioside)	300	아스파탐(aspartame)	130~180

른 맛과 적절히 혼합되면 조화로운 맛을 낸다. 쓴맛 성분 중 일부 알칼로이드(alkaloid)는 독성을 나타내지만 역치가 낮으므로 독성이 드러날 만큼 다량 섭취할 수가 없다. 그러나 쓴맛 역치는 개인차가 매우 크며 유전적으로 쓴맛을 전혀 감지 못하는 사람(쓴맛 미맹)은 조심하여야 한다.

쓴맛 감지 메커니즘은 단맛과 유사하므로 쓴맛과 단맛을 동시에 나타내는 물질도 있다. 단맛 분자는 하나의 소수성 그룹과 함께 두 개의 극성 그룹을 가지고 있어야 하나, 쓴맛 분자는 하나의 극성 그룹과 하나의 소수성 그룹이 필요하다. 쓴맛을 나타내는 성분은 다양하다. 식품에 함유된 대표적인 쓴맛 성분은 알칼로이드 계통이다. 퀴닌(quinine)은 쓴맛 실험에서 표준물질로 사용되며 음료의 첨가제로도 사용되고 있다. 퀴닌염화수소의 인식역치는 약 10 ppm이다. 커피, 코코아, 차 등의 기호음료에는 쓴맛을 내는 알칼로이드가 상당히 존재한다. 푸린 유도체인 카페인은 커피에 들어 있는 대표적인 쓴맛 성분으로 150~200 ppm의 농도이면 중간 정도의 쓴맛을 나타낸다. 차와 코코아의 쓴맛은 카페인과 유사한 구조인 테오브로민(theobromine)에 의한다. 이들 화합물의 구조는 〈그림 7-2〉와 같다.

오렌지나 자몽 등의 감귤류에 존재하는 쓴맛 물질은 페놀 배당체(phenolic glycosides)에 속하는 화합물이다. 트라이터펜(triterpene) 구조인 리모닌(limonin)은 오렌지 등 과일 내에서는 쓴맛을 주지 않는 구조로 존재하는데, 착즙 후 산성하에서는 락톤형 리모닌으로 전환되어 쓴맛을 나타낸다.

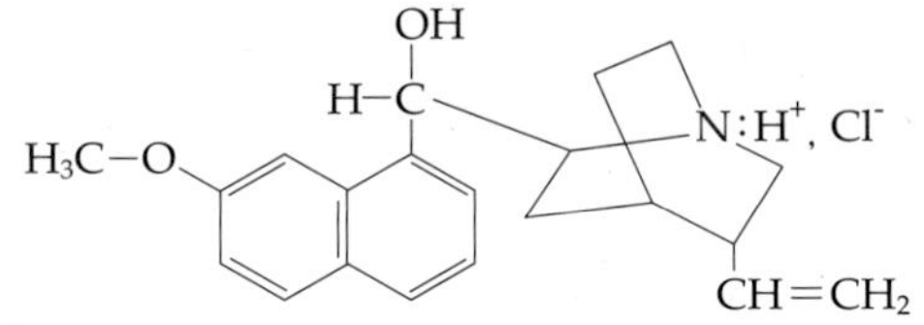

퀴닌염화수소

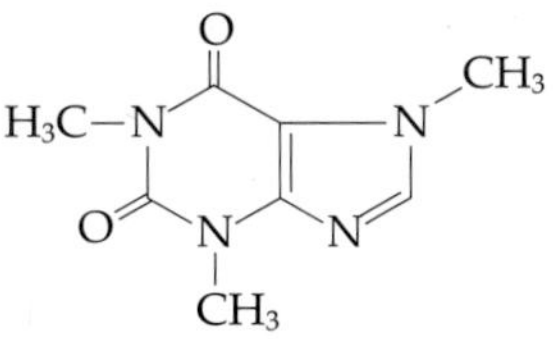

카페인

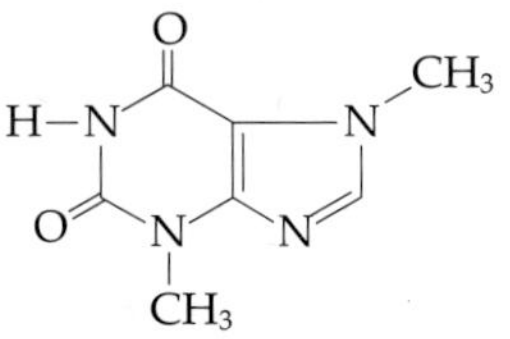

테오브로민

그림 7-2 퀴닌염화수소, 카페인, 테오브로민의 구조

알칼로이드란?

알칼로이드는 피리딘(pyridine), 피롤리딘(pyrrolidine), 퀴놀린(quinoline), 아이소퀴놀린(isoquinoline) 또는 푸린(purine)에서 유도된 염기성 질소를 포함한 유기화합물을 총칭한다.

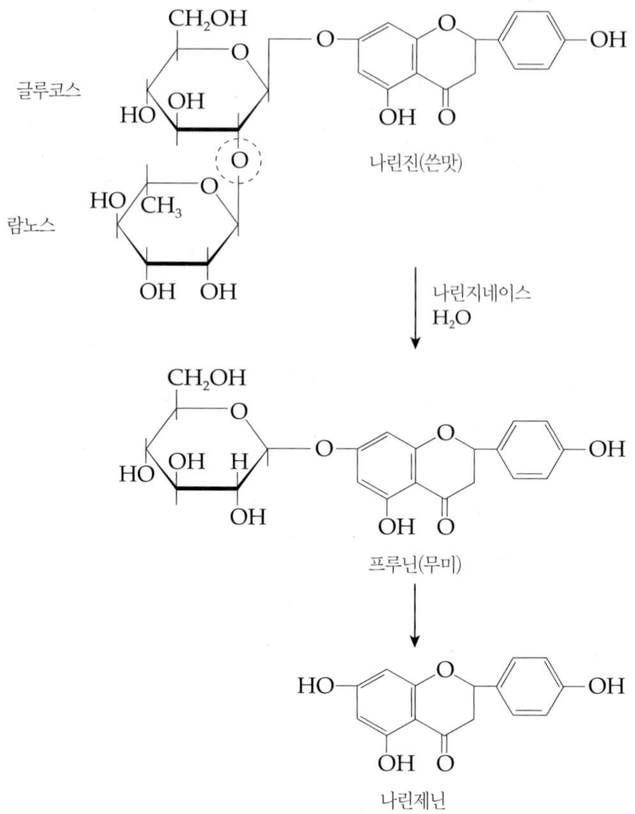

그림 7-3 나린진의 효소적 가수분해

감귤류의 또 다른 쓴맛 물질로는 플라바논(flavanone) 배당체인 나린진이 있다. 나린진의 쓴맛 역치는 0.002% 이하로 퀴닌보다 더 쓰다. 나린진의 쓴맛은 나린진에 결합된 이당류인 네오헤스페리도스(neohesperidose, 글루코스와 람노스의 α-1,2 결합)에 의한 것으로, 가수분해되어 람노스가 분리되면 쓴맛이 없는 프루닌을 거쳐 나린제닌이 된다. 그러므로 나린기네이스(naringinase) 같은 효소를 이용해서 이 결합을 해리하여 감귤류 주스의 쓴맛을 제거하기도 한다. 그러나 글루코스와 람노스의 α-1,6 결합인 루티노스(rutinose)가 결합된 나린진은 쓴맛이 없다. 또한 네오헤스페리도스가 결합된 나린진은 가운데 고리가 분해되어 네오헤스페리딘 다이하이드로칼콘(neohesperidin dihydrochalcone)이 되면 설탕의 2,000배 정도의 단맛을 나타내어 고감미료로 사용 가능성을 연구하고 있다.

아미노산 중에서는 페닐알라닌, 아이소루신, 트립토판 등이 쓴맛을 나타낸다. 우유 단백질이나 콩 단백질을 부분가수분해하면 쓴맛을 나타내는 펩타이드가 생성되기도 한다.

쓴맛 펩타이드의 특성

쓴맛 펩타이드는 구성 아미노산들의 소수성도가 크고 6,000 이하의 분자량을 가진다. 분자량이 더 큰 펩타이드는 그 크기로 인해 쓴맛 수용체 부위에 결합할 수 없어 쓴맛을 나타내지 못한다. 쓴맛 펩타이드의 한 예로 카세인의 가수분해물 중 8개 아미노산 잔기로 구성된 소수성 펩타이드(phe-tyr-pro-glu-leu-phe)는 강한 쓴맛을 나타낸다.

염의 쓴맛은 주로 이온 크기에 의한다. 6.5Å 이하의 이온 직경을 갖는 염화리튬(4.98Å), 염화나트륨(5.56Å)은 순수한 짠맛만을 주지만 이보다 크기가 큰 염화세슘(6.69Å), 염화마그네슘(8.50Å)은 쓴맛을 나타낸다. 중간 크기에 속하는 염화칼륨(6.25Å)은 약간 쓰다. 염 중에서 음이온이 염소가 아닌 요오드화칼륨(KI), 황산마그네슘($MgSO_4$), 브롬화칼륨(KBr) 등은 쓴맛을 나타낸다.

(3) 신맛(산미, 酸味)

신맛은 수소 이온과 수용체 간의 수소결합에 의하여 느껴진다. 신맛을 내는 물질은 수소 이온을 제공할 수 있는 구조를 가지고 있다. 동일 농도에서 약산은 일반적으로 강산

표 7-1 식품에 함유된 주요 유기산

유기산	구조식	함유식품
아세트산(acetic acid)	CH_3COOH	식초, 김치, 토마토
락트산(lactic acid)	$CH_3CHOHCOOH$	김치, 발효 유제품
옥살산(oxalic acid)	COOH | COOH	시금치
석신산(succinic acid)	CH_2COOH | CH_2COOH	포도, 딸기, 사과
말산(malic acid)	CH_2COOH | CHOHCOOH	사과, 복숭아, 배
타타르산(tartaric acid)	CHOHCOOH | CHOHCOOH	포도
시트르산(citric acid)	CH_2COOH | HO−C−COOH | CH_2COOH	감귤류, 포도
아스코르브산(ascorbic acid)	OH OH OH O=C−C=C−CH−C−CH_2OH └──O──┘	감귤류

보다 신맛이 약하나, 같은 pH에서 약산인 유기산은 염산과 같은 강산인 무기산과 비교하면 더 큰 신맛 강도를 나타낸다. 이는 유기산의 이온화 상수가 무기산보다 낮기 때문에 해리되지 않고 남아 있는 유기산의 지속적인 수소 이온 공여 능력에 의한 것이다.

과일과 채소에서 신맛을 나타내는 유기산은 〈표 7-1〉과 같다. 토마토에는 아세트산, 시금치에는 옥살산이 함유되어 있다. 김치 등 발효식품에는 락트산이 상당량 존재한다. 사과, 복숭아, 배에는 말산, 포도에는 타타르산, 감귤류에는 시트르산 및 비타민 C라고 부르는 아스코르브산이 가장 많이 함유되어 있다.

과일 외에 식초에는 아세트산이 6% 이상 함유되어 있으며 2배, 3배 식초라고 하여 아세트산이 2배, 3배로 함유된 식초도 생산되고 있다. 또한, 각종 청량음료에도 시트르산 등 유기산을 첨가하고 있다.

(4) 짠맛(함미, 鹹味)

짠맛은 중성염을 이루는 이온에 의해 인지된다. 소금(NaCl)은 짠맛을 나타내는 대표적인 성분이나 질산칼륨(KNO_3), 염화칼륨(KCl), 염화암모늄(NH_4Cl) 등도 짠맛을 나타낸다. 짠맛은 그 자체로도 기본적인 맛이나 다른 향미와 조화되어 음식 맛에 크게 영향을 준다. 그러므로 소량의 소금은 짠맛을 내기 위해서뿐 아니라 향미 증진의 목적으로도 사용된다.

짠맛은 염에 결합된 음이온과 양이온에 의하여 영향을 받는다. 양이온은 주로 짠맛의 강도를 결정하며 음이온은 주로 짠맛의 질에 영향을 준다. 음이온이나 양이온의 크기가 증가하면 짠맛과 함께 쓴맛을 나타낸다.

2) 기타의 맛감각

미뢰로 감지되는 화학적 감각에 의한 좁은 의미의 맛 외에 입안에서 미뢰를 통하지 않고 다른 경로에 의하여 느끼는 감각, 즉 떫은 감각, 매운 감각, 청량감 등도 관습적으로

대체 소금 사용의 한계

우리나라 사람은 소금의 구성성분인 나트륨(Na)을 너무 많이 섭취하고 있으므로 나트륨 섭취를 낮추기 위해 또는 질병으로 인해 나트륨의 섭취를 엄격히 제한하는 경우 나트륨 대신 칼륨 또는 암모늄으로 대체된 염을 소금 대신 식염 대용품 또는 무염간장 제조 등에 사용하고 있다. 그러나 염화나트륨과 같이 순수한 짠맛을 나타내지 못하고 영양학적으로 나트륨-칼륨의 균형을 고려하면 다량 사용하기에는 한계가 있다.

넓은 의미의 맛이라고 한다.

(1) 떫은맛(삽미, 澁味)

수렴성(astringency)이라고도 하는 떫은맛은 입안에서 느끼는 일종의 촉감이다. 식품 중에 들어 있는 타닌(tannin) 또는 폴리페놀(polyphenol)계 성분이 입안의 표피 단백질을 응고시키면서 미약한 신경마비 또는 수축을 동반하는데 이때 느끼는 감각이 떫은맛이다. 신경의 일시적인 마비 때문에 떫은 식품을 먹은 직후 얼마 동안은 다른 맛을 잘 감지하지 못한다. 그 밖에 긴사슬지방산, 철 등의 금속도 미약한 떫은맛을 나타내기도 한다.

차에 바람직한 떫은맛을 주는 주요 폴리페놀 화합물은 카테킨(catechin), 에피카테킨 갈레이트(epicatechin gallate), 갈로카테킨 갈레이트(gallocatechin gallate) 등이다. 덜 익은 감, 복숭아 등의 떫은 성분은 카테킨 또는 류코안토사이아닌(leucoanthocyanin) 등의 폴리페놀 중합체인 축합타닌(condensed tannin)이다. 떫은맛은 구강의 표피 단백질이 수용성 중합체인 타닌과 가교결합(cross linkage)을 형성하여 표피의 원활한 운동을 방해하기 때문에 느껴진다. 카테킨이나 류코안토사이아닌의 단량체(monomer)는 분자량이 작아서 구강의 표피 단백질과 가교결합을 충분히 만들지 못하기 때문에 떫지 않다. 불용성의 거대 중합체는 구강 단백질과 가교결합을 형성하는 데 한계가 있어 떫게 느껴지지 않는다. 미숙한 감 등의 떫은맛은 과일 숙성 중 수용성 타닌이 불용성의 거대 타닌 중합체가 되므로 없어진다. 밤 속껍질의 떫은맛은 갈산(gallic acid) 2분자의 축합체인 엘라그산(ellagic acid)에 의한다(그림 7-4).

(2) 매운맛(신미, 辛味)

매운맛(pungency)은 구강세포가 매운 물질에 의해 자극될 때 느끼는 일종의 통각(pain)으로 쏘는 느낌, 얼얼한 감각, 뜨거운 느낌 등이 모두 매운맛에 속한다. 적당한 강도의 매운맛은 식품의 향미를 향상시키고 식욕을 증진시킨다. 고추, 후추, 생강 등에 포함된 매운 성분은 비휘발성이 강하여 맛 성분으로 분류되지만 겨자, 고추냉이, 무, 양파, 마늘 등의 매운 성분은 휘발성이 강한 황 함유 화합물로서 냄새 성분에서 다룬다.

고추의 매운맛은 캡사이시노이드(capsaicinoid)에 의한다. 캡사이시노이드 5종류 중 가장 매운 성분은 캡사이신(capsaicin)과 다이하이드로캡사이신(dihydrocapsaicin)이다. 매운맛이 비교적 강한 우리나라 고추의 캡사이신 함량은 대체로 0.2~0.4% 내외이다.

후추의 매운 성분으로는 이중결합이 트랜스형인 더 매운 피페린(piperine)과 그 기하이

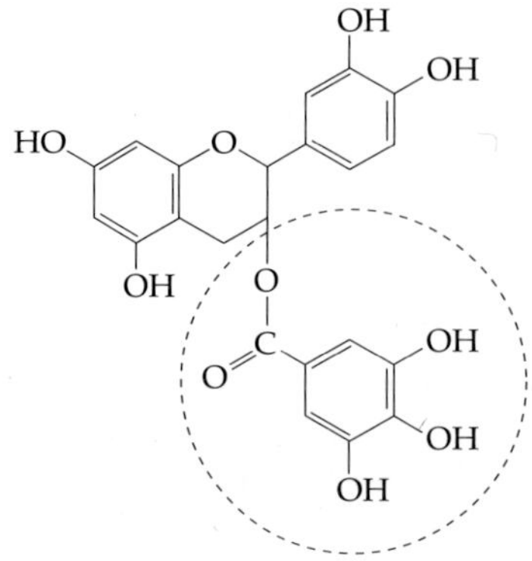

에피카테킨갈레이트

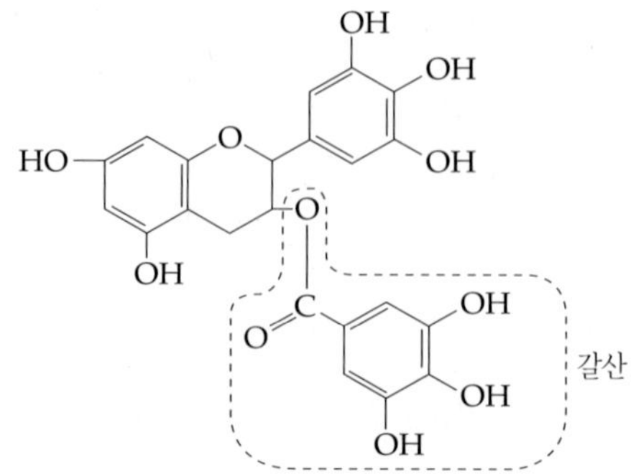

갈로카테킨갈레이트

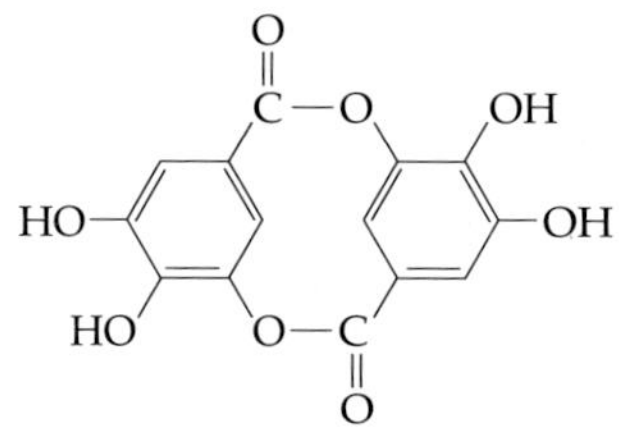

엘라그산

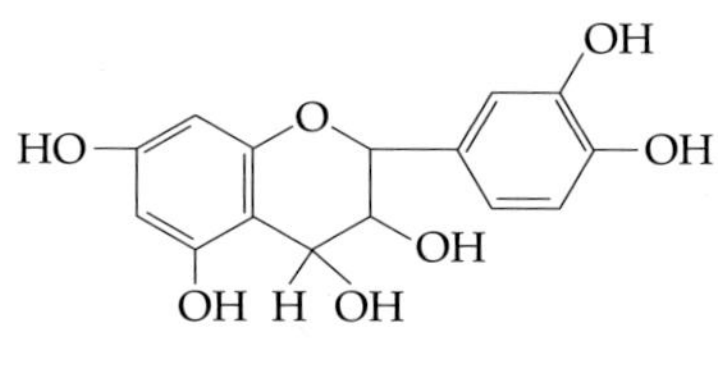

류코안토사이아닌

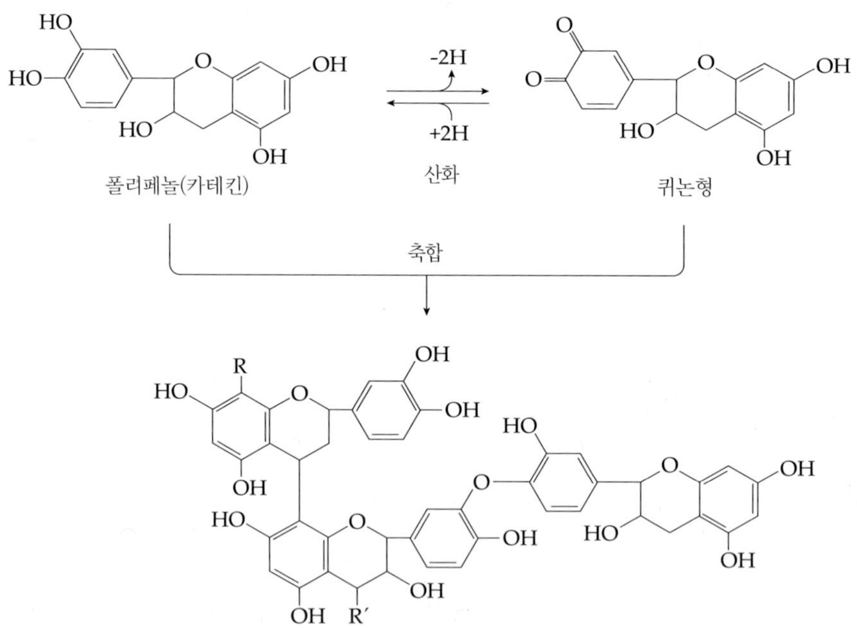

프로사이아니딘(축합타닌의 일종)

그림 7-4 차, 밤, 감의 주요 떫은 성분

성질체로 시스형인 카비신(chavicine)이 있다. 빛에 노출되거나 장기간 저장하면 피페린의 이중결합이 이성질화되어 일부가 카비신으로 전환되며 매운맛이 감소하게 된다.

생강은 진저올(gingerol), 진저론(gingerone), 쇼가올(shogaol) 등의 매운 성분을 함유하고 있다. 신선한 생강의 매운맛은 주로 진저올에 의하며 건조나 저장 중 진저올은 탈수 반응에 의해 탄화수소 사슬에 이중결합을 가진 더 매운 쇼가올로 전환된다. 가열하면 진저올은 탄화수소 사슬이 분해되어 덜 매운 진저론으로 바뀐다.

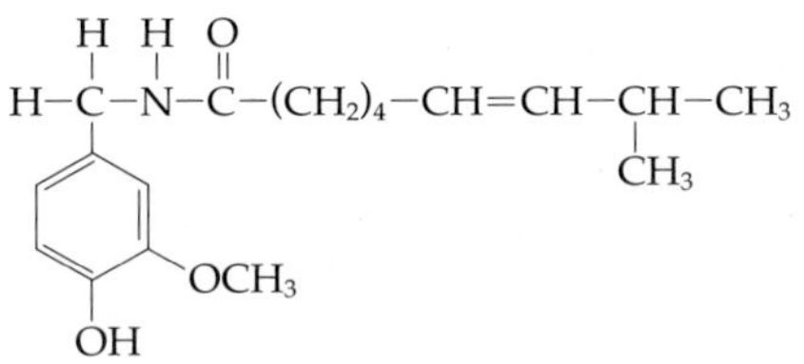

캡사이신

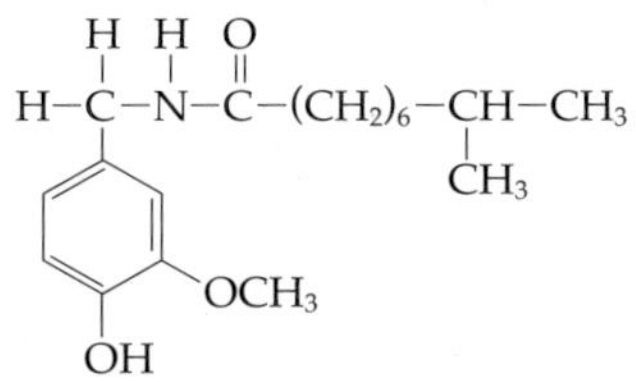

다이하이드로캡사이신

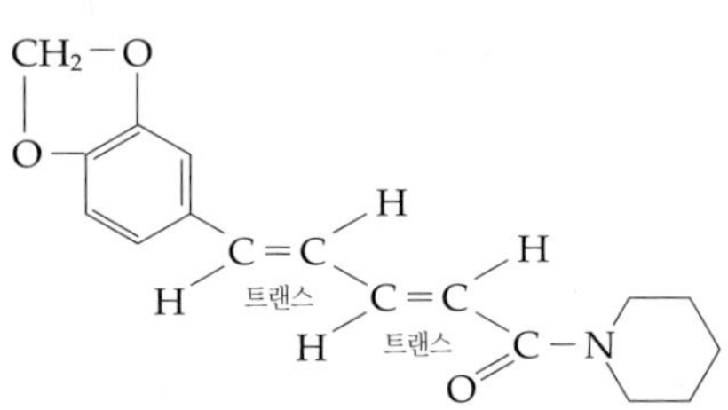

피페린

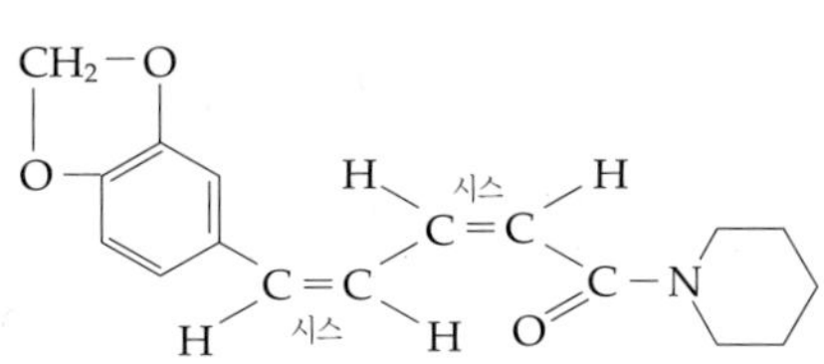

카비신

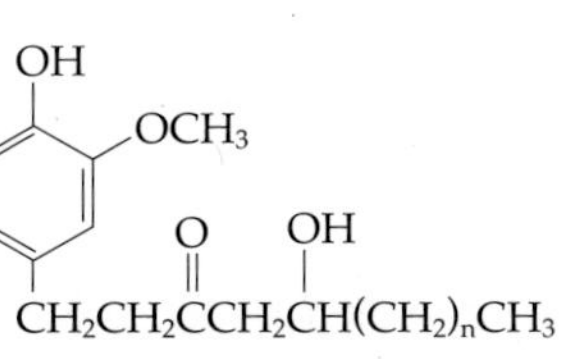

진저올

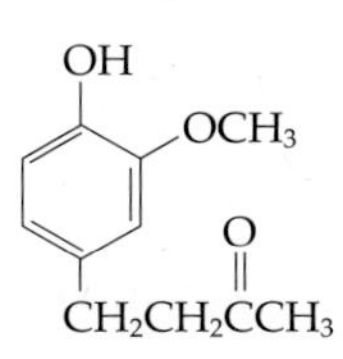

진저론

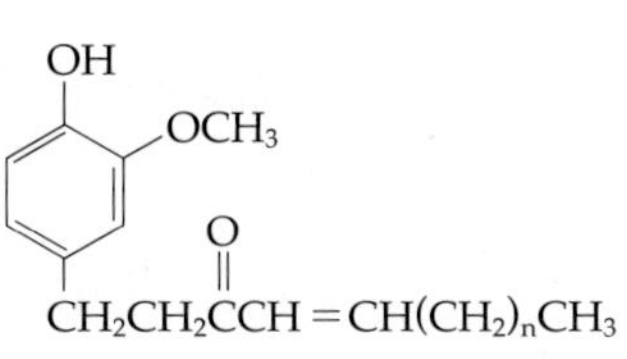

쇼가올

n = 4, 6 또는 8의 경우 각각 6 또는 8, 또는 10-진저올
6 또는 8, 또는 10-쇼가올

그림 7-5 고추, 후추, 생강의 주요 매운 성분

(3) 청량감(냉미, 冷味)

청량감(cooling)은 박하 등을 먹을 때 입안과 코 안이 시원해지는 감각으로 박하류의 주요 성분인 멘톨(menthol) 성분이 구강세포와 코세포를 자극하기 때문이다. 멘톨 외에 캄포(camphor)도 비슷한 청량감을 나타내며, 자일리톨은 타액에 용해될 때 흡열반응에 의해 열을 흡수하는 물리적 메커니즘에 의해 청량감을 주므로 강도가 약하다.

(4) 기타 맛감각

그 밖에 다른 맛감각으로 아린맛(acrid taste), 금속맛(metal taste), 알칼리맛(alkaline taste), 교질맛(colloid taste) 등이 있다. 아린맛은 쓴맛, 떫은맛 등이 복합적으로 느껴지는 맛으로 죽순, 토란, 가지 등에서 느낄 수 있다. 아린맛 성분은 조리 전 수침에 의해 대부분 제거할 수 있다. 금속맛은 은, 철, 구리, 주석 등의 금속염에 의해 나타나는 맛이다. 알칼리맛은 주로 식품의 조리 가공 중에 첨가하는 수산화나트륨(NaOH), 수산화칼륨(KOH), 탄산수소나트륨($NaHCO_3$) 등의 알칼리성을 나타내는 성분에 의하며 찐빵의 식소다 맛 등이 대표적이다. 교질맛은 점성을 나타내는 교질 상태의 전분, 검류 또는 단백질 식품 등이 혀의 점막을 덮을 때 끈적거림과 수화 등의 효과에 의해 나타난다.

3) 감칠맛 및 향미 증진제

글루탐산 또는 글루탐산나트륨염(monosodium L-glutamate, MSG) 등에 의해 나타나는 감칠맛(umami taste)은 미뢰 내의 미각세포에 의해 지각되는 제5의 기본 맛으로 인정되고 있다. 고깃국물, 된장 등의 구수한 맛을 감칠맛의 일종이라 하기도 한다. 글루탐산과 유사한 구조의 아미노산으로 진균류 버섯에 함유된 트라이콜롬산(tricholomic acid)과 이보텐산(ibotenic acid)도 감칠맛을 나타낸다. 새우나 게 등의 갑각류에 들어 있는 글리신(glycine)과 베타인(betaine), 오징어의 타우린(taurine) 등의 아미노산 유도체도 감칠맛을 낸다.

식품의 향미를 증진시키는 물질로 글루탐산나트륨은 오래전부터 사용되어 왔으나 5′-뉴클레오타이드 구조를 갖는 핵산계 물질도 향미 증진작용을 한다는 것이 알려졌다. 상업적으로는 구아노신 5′-인산(guanosine 5′-monophosphate, 5′-GMP), 이노신 5′-인산(inosine 5′-monophosphate, 5′-IMP)이 생산되고 있으며, 이 중 구아노신 5′-인산의 향미 증진작용이 가장 높다. 구아노신 5′-인산은 표고버섯, 양송이버섯 등에 함유되어 있고,

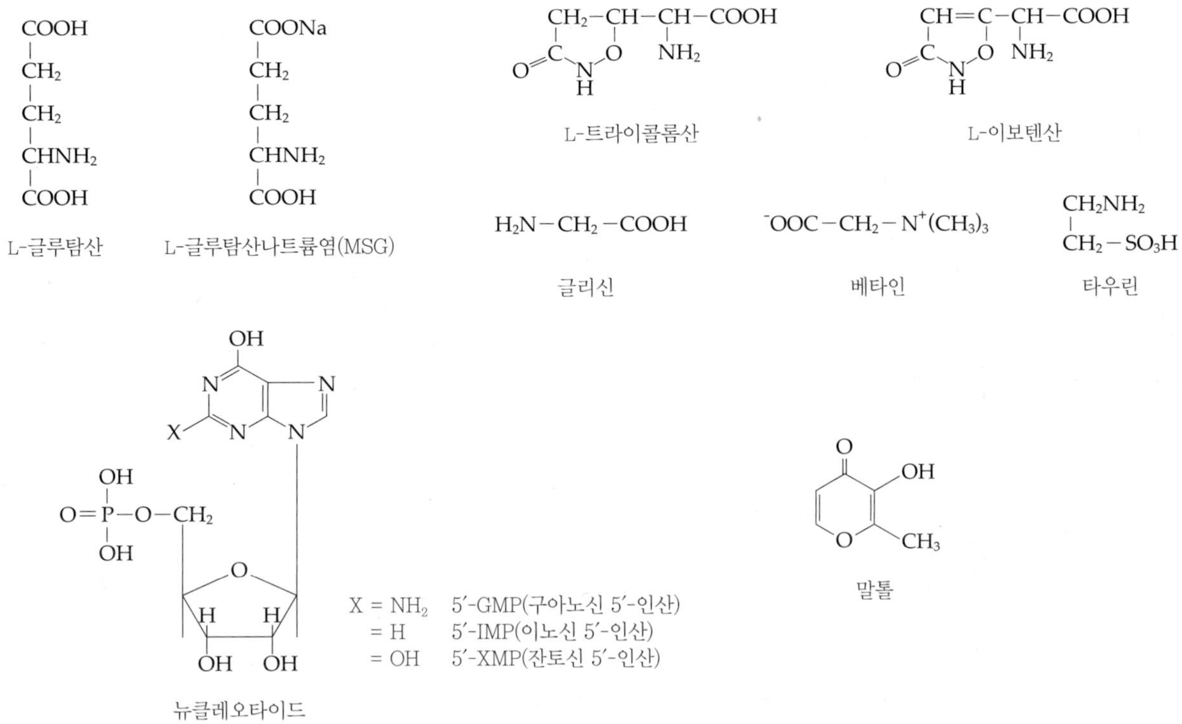

그림 7-6 감칠맛 및 향미 증진을 나타내는 아미노산계, 뉴클레오타이드, 말톨

이노신 5′-인산은 쇠고기, 닭고기, 어류 등에 함유되어 있으며, 이는 근육조직 내 ATP가 효소작용을 받아 ADP, AMP를 거쳐 이노신산으로 분해되는 과정에서 형성된 것이다. 글루탐산 나트륨염과 5′-뉴클레오타이드를 혼합 사용하면 향미 증진작용이 크게 상승한다. 이 상승작용(synergism)을 이용하여 현재 판매되고 있는 복합조미료에는 대부분 글루탐산나트륨염에 5′-뉴클레오타이드 핵산계 물질이 소량 혼합되어 있다.

다른 종류의 향미 증진제로는 당에 의한 단맛을 증진시키는 말톨(maltol)이 있다. 말톨은 맥아, 커피, 코코아에 상당량 함유되어 있으며 곡물이나 유제품을 가열하는 도중에도 생성된다. 말톨은 항산화 특성도 가지고 있으며 초콜릿, 캔디류, 아이스크림, 제빵류, 인스턴트커피 및 차, 조미료 등에 향미 증진을 위해 50~250 ppm 정도 첨가되고 있다.

4) 맛 특성 변화 물질

맛 특성을 변화시키는 물질은 맛을 느끼는 능력을 억제하거나 다른 맛으로 감지하게 하는 물질이다. 열대식물인 김네마 스털베스트레(*Gymnema sylvestre*) 잎에 존재하는 김네

마제닌(gymnemagenin)은 단맛을 느끼는 능력을 일시적으로 감퇴시킨다. 이 성분을 먹은 후 단맛 성분을 섭취하면 단맛을 느끼지 못하고 입안에서 모래처럼 느껴지며, 이 효과는 몇 시간 동안 지속된다. 설탕류 같은 당류뿐 아니라 사카린 같은 감미료의 단맛도 억제시키며, 쓴맛을 느끼는 능력도 감소시킨다.

기적의 과일(miracle fruit)로 알려져 있는 아프리카에서 자생하는 관목 신세팔숨 둘시피쿰(*Synsepalum dulcificum*)의 열매를 먹은 후 신맛 성분을 먹으면 신맛이 단맛으로 감지된다. 맛을 변화시키는 물질은 염기성 당단백질로 '미라쿨린(miraculin)'이라 명명되었으며, 맛의 메커니즘 연구에 이용되고 있다.

2. 냄새

냄새(odor)는 휘발성 성분들이 후각수용체를 자극하여 감지된다. 향기(aroma)는 일반적으로 바람직하거나 즐거움을 주는 냄새를 표현하는 용어이다.

비강의 위쪽에 분포하는 후각기관은 수천 종류의 휘발성 성분의 냄새를 구분하여 인식할 수 있다. 사람의 오감 중에서 후각이 가장 예민하며, 맛 성분 역치의 10,000배 이상으로 희박한 농도의 성분도 냄새로 감지할 수 있다. 냄새 성분과 수용체 간의 반응 메커니즘에 관련해서는 여러 이론이 발표되었으나, 그중 냄새 성분의 모양, 크기, 전하 상태 등에 따라 7가지 원취를 인식할 수 있는 특정한 크기 및 전하를 가진 후각수용체가 있다고 주장하는 아무어(Amoore)의 입체화학설(stereochemical theory)이 대표적이다.

입체화학설에서 주장하는 7원취

꽃향(floral odor), 장뇌 냄새(campheraceous odor), 과일 냄새(ethereal odor), 박하향(pepperminty odor), 사향노루향(musky odor), 매운 냄새(pungent odor), 썩은 냄새(putrid odor)

1) 식물성 식품의 냄새 성분

채소와 과일 등 식물성 식품의 냄새 성분은 대부분 식물 내의 탄수화물, 단백질 또는 지질을 이용한 여러 가지 대사 및 생합성 과정에서 분해 또는 생성되는 중간생성물이나 최종생성물로서 유기산, 알데하이드, 알코올 및 황 함유 화합물 등이 주요 물질이다. 채소나 과일의 냄새 성분에는 유기산 유도체가 많다. 유기산 유도체는 당대사의 중간물질인

시킴산(shikimic acid) 생성 과정을 거쳐 카페산(caffeic acid), 페룰산(ferulic acid) 등 다양한 신남산(cinnamic acid) 유도체를 통하여 생성된다.

감귤류의 주요 냄새 성분은 터펜 화합물이다. 아이소프렌 생합성 과정(isoprene pathway)에 의해 생성되는 탄소 10개 또는 15개로 구성된 터펜(terpene) 유도체는 휘발성으로 리날로올(linalool), 리모넨(limonene), 멘톨(menthol) 등이 있다. 채소나 과일 중 소량 존재하는 지질은 지방산으로 가수분해된 후 효소작용에 의한 β-산화(β-oxidation)로 짧은사슬지방산(short chain fatty acids)으로 분해되며 수화, 가수분해 및 산화 등을 거쳐 냄새를 내는 각종 산, 알데하이드, 에스터, 락톤을 생성한다. 지방산화효소인 리폭시제네이스(lipoxygenase)는 지질을 산화, 분해하여 특정 알데하이드와 알코올을 생성한다.

(1) 백합과 채소의 황 함유 향미 성분

백합과에 속하는 마늘, 양파, 파, 부추 등은 썰거나 다져 세포조직을 파괴시키면 황화합물에 의해 강한 자극성 냄새를 내는데 가열 후 조직을 파괴시키면 자극성 냄새가 크게 약해진다. 이는 가열에 의해 세포조직 내에 존재하는 효소가 비활성화되기 때문이다.

마늘을 자르거나 으깨면 효소 알리네이스(alliinase)가 냄새 전구물질인 알린(alliin, (+)-S-allyl-L-cysteine sulfoxide)에 작용하여 2-프로펜 설펜산(2-propene sulfenic acid)을 생성하고 이 물질은 바로 중합하여 알리신(allicin)이 된다. 알리신은 생마늘의 주된 냄새 성분으로 강한 살균작용을 나타낸다. 그러나 알리신은 불안정하여 바로 분해되어 티오아크롤레인(thioacrolein) 및 저분자 황 함유 화합물로 전환된다. 티오아크롤레인은 쉽게 축합하여 고리 모양의 황 함유 화합물을 생성하며, 분해된 다양한 저분자 휘발성 황화합물로는 다이설파이드(disulfide), 티오설포네이트(thiosulfinate), 티오펜(thiophene) 등으로 이들은 마늘과 양파의 고유한 냄새에 기여한다.

양파에는 알릴기 대신 1-프로페닐기를 갖는 1-프로페닐 시스테인 설폭사이드(*trans*-(+)-s-(1-propenyl)-L-cysteine sulfoxide)가 전구물질로 존재하며 마늘에 존재하는 알린의 위치이성질체이다. 양파 세포가 파괴되면 알리네이스가 작용하여 1-프로펜 설펜산을 생성하며, 바로 최루 효과를 나타내는 프로판티올 옥사이드(syn-propanethiol-S-oxide)로 재배열되어 눈물이 나게 한다. 이 물질은 수용성이어서 양파를 썰어 바로 물에 담그면 최루 효과를 어느 정도 감소시킬 수 있다. 프로판티올 옥사이드는 불안정하여 프로피온알데하이드(propionaldehyde)와 황화수소(hydrogen sulfide)로 분해된다. 이 과정 중 가열하

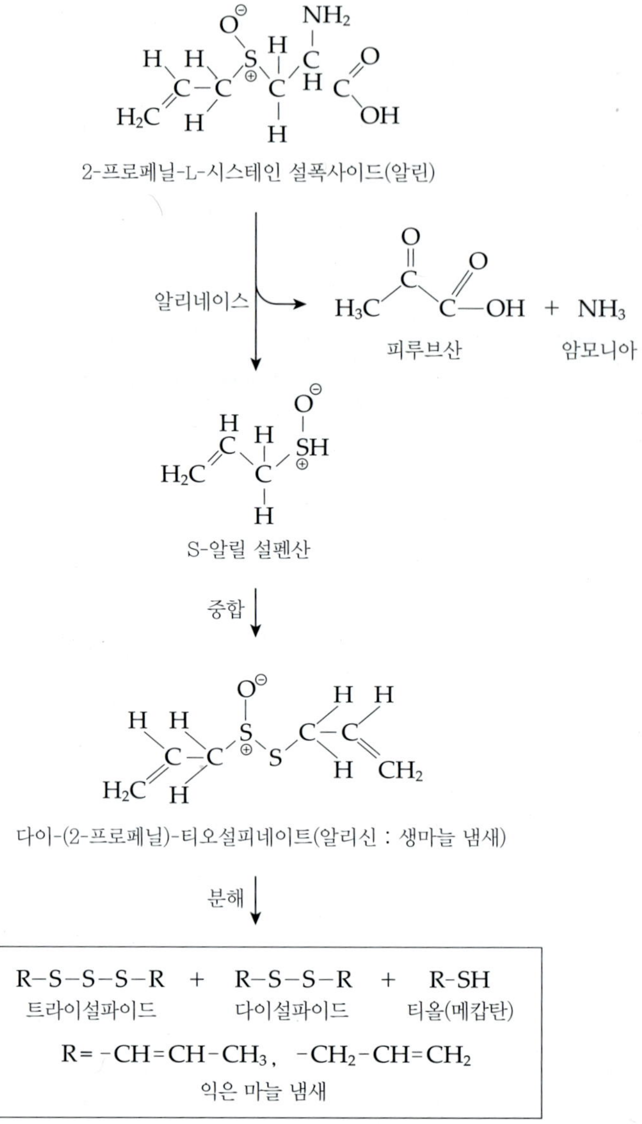

그림 7-7 마늘의 냄새 성분 생성 메커니즘

면 약간의 프로필메캅탄이 생성되는데, 이 메캅탄은 설탕의 50배 정도의 단맛을 나타내어 가열한 양파의 단맛에 어느 정도 기여하고 있다.

(2) 십자화과 식물의 향미 성분

대부분의 십자화과(Cruciferous)는 배추과(Brassicas)라고도 불리며 배추, 무, 겨자(mustard), 고추냉이, 양배추 등이 속한다. 글루코시놀레이트(glucosinolate) 또는 티오글루코사이드(thioglucoside)로 알려진 황 함유 화합물들을 주요 향미 성분의 전구물질로 함유하고 있다. 글루코시놀레이트는 채소 조직 또는 종자 조직이 파괴되면 조직 속에 있던 가수분해효소인 티오글루코시데이스(thioglucosidase)의 작용을 받아 분해되어 주생성물인 아이소티오시아네이트(isothiocyanate) 및 부생성물인 나이트릴(nitrile), 티오시아네이트(thiocyanate) 등을 형성한다.

흑겨자와 고추냉이에 많이 존재하는 주요 글루코시놀레이트는 시니그린(sinigrin)이라 불리는 알릴 글루코시놀레이트(allyl glucosinolate)로서, 미로시네이스(myrosinase) 효소에 의해 가수분해되어 톡 쏘는 자극성을 가진 향미 성분인 알릴 아이소티오시아네이트(allyl isothiocyanate) 및 여러 유도체를 형성한다.

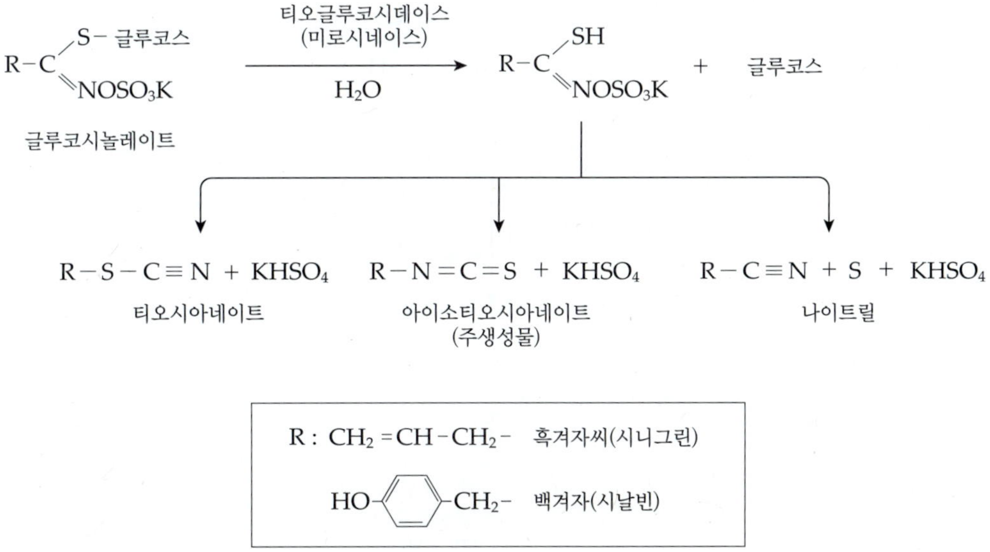

그림 7-8 글루코시놀레이트의 향미 성분 생성 과정

(3) 버섯의 향미 성분

송이버섯 등 버섯류의 특징적인 휘발 성분은 불포화 알코올(1-octen-3-ol) 및 케톤(1-octen-3-one)이다. 표고버섯은 전구물질인 시스테인 설폭사이드(cysteine sulfoxide)의 일종인 렌틴산(lentinic acid)으로부터 독특한 향미를 내는 렌티오닌(lenthionine)을 생성한다. 렌티오닌은 $C_2H_4S_5$의 분자식으로 표시되는 고리 모양 황 함유 화합물로 물에는 잘 녹

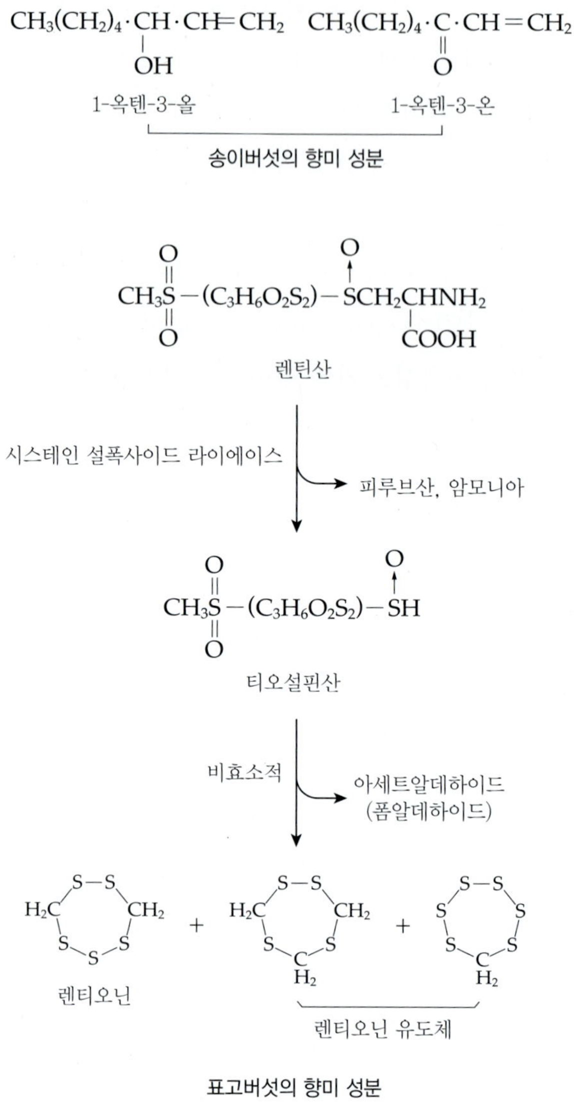

그림 7-9 송이버섯 및 표고버섯의 향미 성분

지 않으나 지질에는 비교적 잘 녹는다. 다른 렌티오닌 유도체도 표고버섯의 향미 성분으로 검출되었다(그림 7-9).

(4) 기타 채소의 향미 성분

채소에서 많이 나는 풀 냄새(green odor)와 흙냄새(earthy odor)는 주로 알콕시알킬 피라진(alkoxyalkyl pyrazine)에 기인한다. 파프리카는 피라진(2-methoxy-3-isobutylpyrazine)

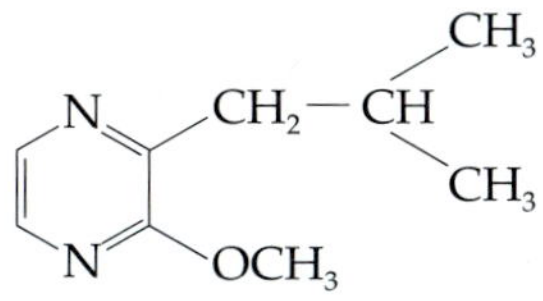

2-메톡시-3-아이소부틸피라진

파프리카 향미 성분

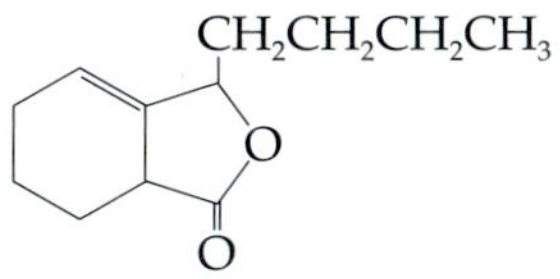

세다놀라이드

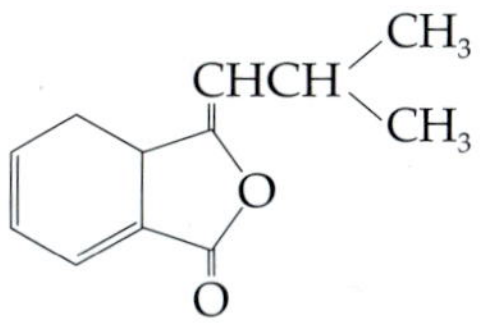

3-아이소-부틸리덴-3α-4-다이하이드로프탈라이드

셀러리 향미 성분

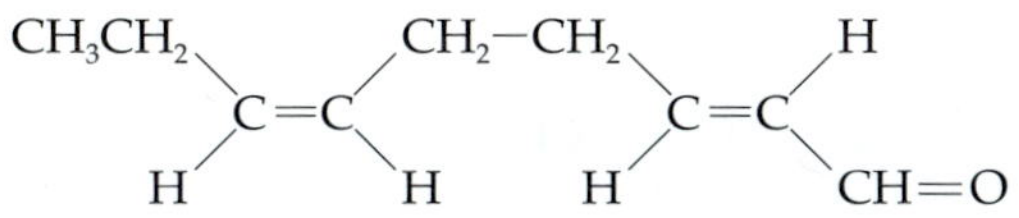

2, 6-노나디엔날

오이 향미 성분

$CH_3-CH_2-CH_2-CH=CH-CH=O$

2-헥센알

토마토 향미 성분

그림 7-10 채소의 주요 향미 성분

을 20,000 ppm 정도 함유하고 있다. 생감자의 흙냄새도 피라진 때문이다.

셀러리 특유의 독특한 냄새를 내는 물질은 프탈라이드(phthalide)로, 세다놀라이드(sedanolide) 및 3-아이소부틸리덴 프탈라이드(3-isobutylidene phthalide)가 대표적이다. 오이 냄새는 지질이 산화 및 분해되어 생성된 알데하이드(2-nonenal, 2,6-nonadienal) 및 상응하는 알코올류에 의한다. 토마토 냄새도 지방산화 알데하이드(2-hexenal, 3-hexenal)에 기인한다.

(5) 과일의 냄새 성분

과일의 향미는 그 특성이 비교적 유사한 감귤류 및 그 밖의 과일로 구분할 수 있다. 감귤류의 향미 성분은 증류 또는 압착하여 정유(essential oil)로 분리해서 산업적으로 이용한다. 오렌지, 자몽, 레몬, 유자 등 감귤류의 주요 냄새 성분은 코페인(α-, β-copaene), 쿠베벤(α-, β-cubebene), 리모넨(δ-limonene) 등의 터펜 화합물(terpenoid)들이다. 오렌지 정유에는 특히 발렌신(valencene)이 약 1~2% 함유되어 있으며, 자몽에는 발렌신으로부터 생합성된 누트카톤(nootkatone)이 있다. 레몬과 라임의 주요 냄새 성분은 터펜 알데하이드인 시트랄(citral)이다.

사과, 바나나, 배, 복숭아 등의 독특한 냄새 성분은 호흡 상승기(climacteric rise) 동안에 유기산이나 아미노산으로부터 생합성되는 에스터, 알코올 등이다. 사과의 주요 향미

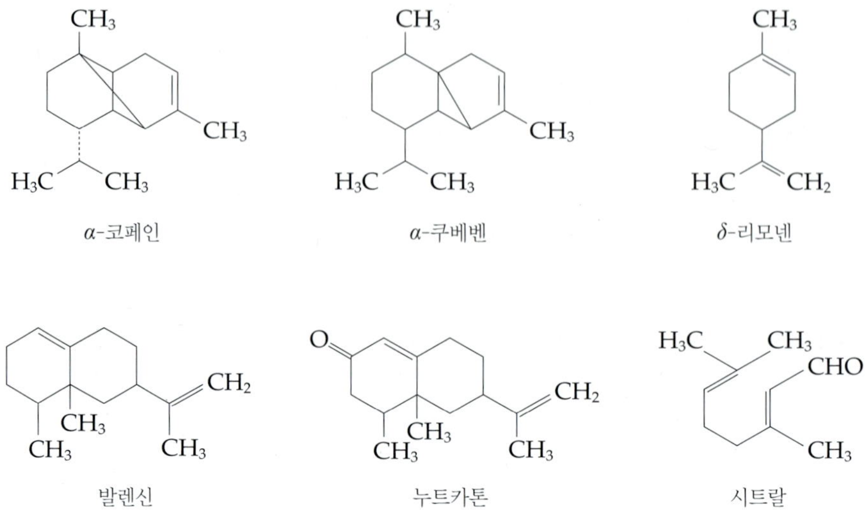

그림 7-11 감귤류에 함유된 주요 터페노이드

성분은 탄소 수 6개 이하의 알코올류, 알데하이드류, 유기산 및 이들의 에스터류로 구성되어 있다. 배의 주요 냄새 성분은 탄소 수 10개의 불포화지방산의 에틸에스터(ethyl-2t-4c-decadienoate)이며, 복숭아의 주요 냄새 성분은 락톤(γ-decalactone)이다. 바나나의 냄새 성분은 비교적 단순하여 아밀아세테이트(amyl acetate), 아밀아이소발레레이트(amyl isovalerate) 등의 분자량이 작은 에스터 화합물이다.

2) 동물성 식품의 냄새 성분

(1) 육류 식품의 냄새 성분

신선한 육류에서는 냄새가 거의 나지 않으나 신선도가 저하되면 세균의 작용으로 육류에 존재하는 단백질, 아미노산 등 질소화합물들이 분해되어 휘발성 질소화합물인 메캅탄(mercaptan), 아민류 등을 생성하여 불쾌한 냄새가 난다. 또한, 장기 저장 냉동육에서는 세균에 의한 변패라기보다 육류 내에 존재하는 지질의 산화에 의한 산패로 불쾌한 냄새가 유발되기도 한다.

육류는 가열하면 수많은 냄새 성분을 생성한다. 가열하면 지질의 열분해 및 산화반응, 캐러멜화 반응 등이 일어나는데, 주요 반응은 육류에 들어 있는 아미노산과 당에 의해 휘발성 물질이 생성되는 마이야르 반응(Maillard reaction)이다. 굽거나 볶는 중에 생성되는 주된 육류 냄새물질은 마이야르 반응에 의해 황아미노산으로부터 분해, 생성된 헤테

로고리(heterocyclic)물질들로 알려졌으며, 특히 티아졸(thiazole) 및 티아졸린(thiazoline)이 강한 육류 냄새를 나타낸다. 소, 돼지, 양의 살코기만을 가열하면 생성되는 냄새가 서로 비슷한 이유는 각 육류의 아미노산과 당 구성물질이 비슷하기 때문이다. 그럼에도 육류의 종류에 따라 냄새 차이가 나타나는 것은 각 육류에 함유된 지질의 조성이 다르기 때문이다.

(2) 어류의 냄새 성분

어류 종류에 따른 독특한 냄새는 어류 자체에 존재하는 프로피온산, 부티르산(butyric acid), 아이소발레르산(isovaleric acid) 등의 유기산과 어류에 함유된 지질 성분의 산화에 의해 형성된 알데하이드, 케톤 등의 화합물 등에 기인한다. 신선한 어류에서는 비린내가 강하게 나지 않으나 신선도가 떨어지면 특유의 비린내가 강해진다. 해수어 비린내의 주요 성분은 휘발성인 트라이메틸아민(trimethylamine, TMA)이다. 강한 비린내를 나타내는 트라이메틸아민은 냄새가 전혀 나지 않는 트라이메틸아민 옥사이드(trimethylamine oxide,

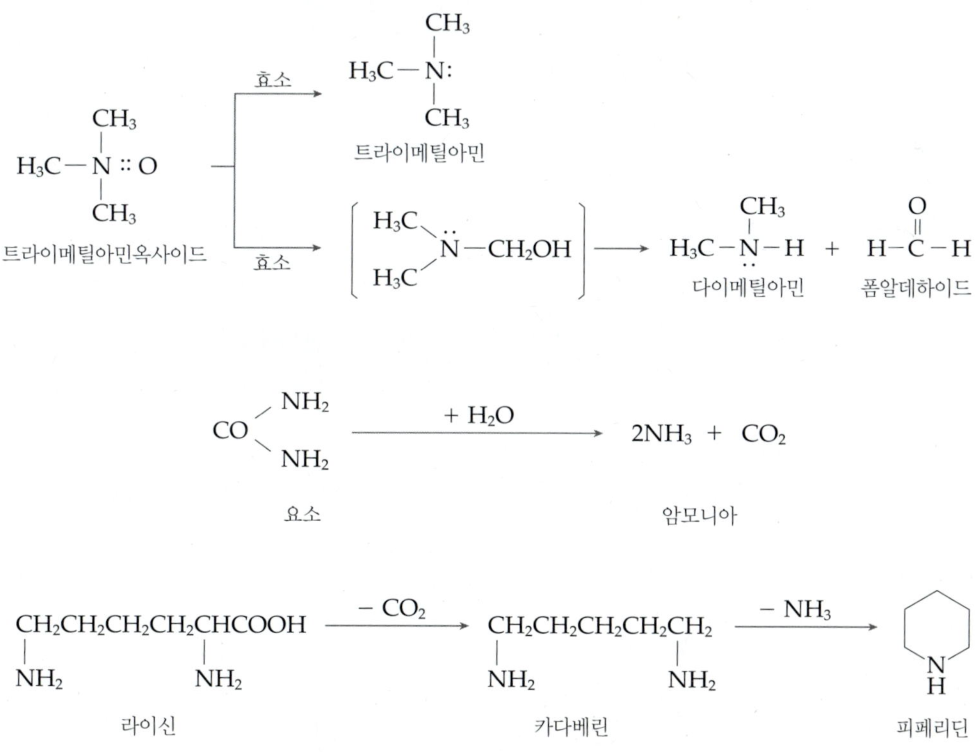

그림 8-12 어류의 비린내 성분 트라이메틸아민, 암모니아, 피페리딘 생성

해수어의 신선도 측정 및 간단한 비린내 감소법

해수어의 신선도 평가를 위해 트라이메틸아민(TMA) 양을 측정한다. 일반적으로 TMA가 1 mg% 정도 검출되면 신선도 저하 초기, 4~6 mg% 정도 검출되면 부패 초기로 간주한다.
트라이메틸아민, 피페리딘 등 생선의 비린내 성분 대부분은 휘발성 염기성 질소화합물로, 식초나 유기산이 함유된 레몬 등을 생선요리에 첨가하여 중화시키면 비린내를 어느 정도 감소시킬 수 있다.

TMAO)에서부터 효소작용에 의해 형성된다.

가오리, 홍어, 상어와 같은 연골어에는 냄새가 없는 요소(urea)가 약 2% 정도 들어 있어 숙성 시 요소로부터 암모니아가 발생한다. 보통 신선도가 저하된 어류에서 암모니아가 발생하는 것은 주로 세균에 의한 단백질 분해에 의한 것이므로 조직이 물러지지만, 연골어에서는 주로 요소 분해에 의한 것이므로 조직이 물러지는 부패 상태가 되지 않는다.

민물고기 비린내의 주요 물질은 피페리딘(piperidine)으로 아미노산인 라이신(lysine)으로부터 카다베린(cadaverine)을 거쳐 형성된다. 신선도가 더욱 저하되면 라이신이나 아르지닌(arginine)으로부터 δ-아미노발레르알데하이드(δ-aminovaleraldehyde)나 δ-아미노발레르산(δ-aminovaleric acid)도 생성된다.

(3) 우유 및 유제품의 냄새 성분

신선한 우유에는 소량의 저분자 알데하이드, 지방산, 황화합물 등이 존재하나 냄새는 거의 나지 않는다. 유지방이 유산균 또는 우유 자체에 존재하는 지방가수분해효소(lipase)에 의하여 가수분해되어 생성되는 짧은사슬지방산인 부티르산은 신선도가 떨어진 우유의 주요 냄새 성분이며, 치즈 또는 버터의 독특한 냄새에도 크게 기여한다. 또한, 우유가 햇빛 등 자외선에 노출되면 우유에 함유된 리보플라빈(비타민 B_2)에 의해 메티오닌(methionine)이 메티오날(methional)로 전환되어 양배추 냄새가 나기도 한다. 버터의 주요 냄새 성분으로는 이외에 유당으로부터 생성되는 아세토인(acetoin)과 다이아세틸(diacetyl)이 있다.

3) 가공에 의한 향미 성분

(1) 음료의 향미 성분

음료는 기호성 식품으로 크게 무알코올 음료와 알코올음료로 나눌 수 있다. 무알코올

음료는 차, 커피, 코코아 등이 대표적이고, 알코올음료는 원료에 따라 맥주나 청주 같은 곡주와 포도주 같은 과일주가 있다.

차

차 제조 과정에서 가열 및 발효 도중 생성되는 향미는 차의 건조중량의 15~25%를 차지하는 플라반올의 산화에 의한다. 주요 반응으로는 카테콜산화효소(catechol oxidase)에 의한 플라반올 구조를 갖는 카테킨 및 그 유도체의 산화이다. 카테킨은 산화 및 중합에 의해 테아플라빈(theaflavin) 또는 더 반응하여 고분자인 테아루비긴(thearubigins)을 생성한다. 이 물질들은 떫은맛과 함께 차의 독특한 향미를 나타낸다. 또한, 산화 플라반올은 아미노산과 반응하여 스트레커(Strecker) 분해에 의해 여러 알데하이드를 생성한다. 찻잎에 함유된 바린, 아이소루신, 루신, 페닐알라닌 등의 아미노산으로부터 아이소부탄알(isobutanal), 2-메틸부탄알(2-methylbutanal), 페닐아세트알데하이드(phenylacetaldehyde) 등이 생성된다. 산화 플라반올은 찻잎의 카로티노이드에 작용하여 이오논(ionone) 구조를 포함하는 휘발성 산화물질을 생성하기도 한다.

커피

생커피콩은 향미가 약하나 볶는 과정을 통하여 갈변반응에 의해 풍부한 향미를 발현시킨다. 볶은 커피의 향기는 수백 개의 화합물로 이루어진다. 그중 주요 성분으로 퓨란(furan)의 황화합물인 2-퓨릴메테인티올(2-furylmethanethiol)이 있다. 커피콩에 1% 정도 존재하는 트라이고넬린(trigonelline)은 볶는 도중 일부는 비타민 B군에 속하는 니코틴산으로 전환되지만 일부는 더 분해되어 피리딘과 피롤을 생성한다. 커피의 신맛은 여러 유기산에 의한다. 페룰산(ferulic acid), 카페산(caffeic acid), 클로로겐산(chlorogenic acid) 등 페놀산도 커피 향미에 기여한다. 커피의 쓴맛은 주로 카페인(caffeine)에 의하나 트라이고넬린도 카페인의 약 1/4 정도 쓴맛을 나타낸다.

카페인의 생리작용

커피열매, 차나뭇잎, 코코아열매, 콜라너트 등 여러 식물에 존재하는 카페인은 더운물에 용해되는 물질로 중추신경을 자극하여 기분을 각성시키며 이뇨작용도 한다. 카페인과 유사한 구조를 갖는 테오브로민도 약하지만 신경을 자극하는 성분으로 코코아에 주로 들어 있어 어린아이들에게 코코아 음료나 초코릿을 과하게 제공하지 말아야 한다. 카페인은 콜라 등 일부 탄산음료에 첨가되고 있다.

맥주

맥주 제조에 사용되는 호프(hop)는 쓴맛을 동반한 독특한 향미를 나타낸다. 호프의 주요 향미 성분은 후물론(humulone)과 이성질체인 루풀론(lupulone)이다. 후물론은 발효 공정을 거쳐 가열 중 아이소후물론(isohumulone)으로 전환된다. 맥주가 저장 중 빛에 노출되면 광분해반응에 의해 아이소후물론의 아이소헥세닐(isohexenyl) 부위가 분해되어 스컹크 냄새 같은 불쾌한 냄새가 발생한다. 그러나 아이소후물론의 케톤 부위를 사전에 환원시키면 광분해반응을 방지할 수 있다. 맥주병 등을 갈색이나 녹색 등 색깔 있는 유리로 만드는 이유는 햇빛을 차단하여 광분해 등 화학반응을 억제하기 위해서이다.

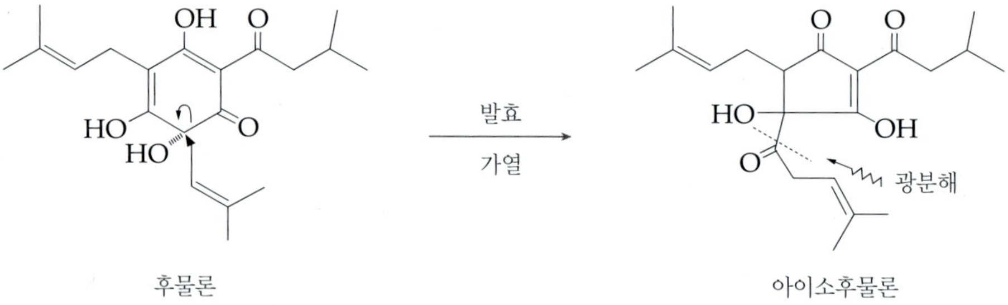

그림 7-13 후물론, 아이소후물론 구조 및 광분해 부위

(2) 기타 가공식품의 냄새 성분

가열 또는 발효 등 가공 처리에 의해 제조되는 가공식품의 냄새 성분은 주로 당류와 아미노산처럼 질소를 포함한 물질 사이에서 일어나는 갈변반응인 마이야르 반응에 의해 생성된다. 마이야르 반응에 의해 생성되는 최종 냄새 성분은 퓨란, 피론(pyrone), 피롤(pyrrole), 피라진(pyrazine), 옥사졸(oxazole), 티아졸(thiazole) 등 고리 모양 화합물들과 황 함유 물질, 카보닐(carbonyl), 산(acid) 등 다양하다. 또한 주로 당류를 가열할 때 일어나는 갈변반응인 캐러멜 반응(caramelization)에 의해서도 퓨란, 피론, 알데하이드, 케톤 등 여러 종류의 냄새 성분이 생성된다.

식품 가공 중에는 지질이 분해되어 냄새 성분이 생성되기도 한다. 지질의 자동산화, 광촉매 산화, 가열에 의한 분해 또는 효소에 의한 분해 등의 방법에 의해 짧은사슬지방산, 알데하이드, 케톤, 알코올, 에스터, 락톤 및 기타 방향족물질 등 바람직하거나 또는 바람직하지 않은 다양한 냄새 성분이 생성된다.

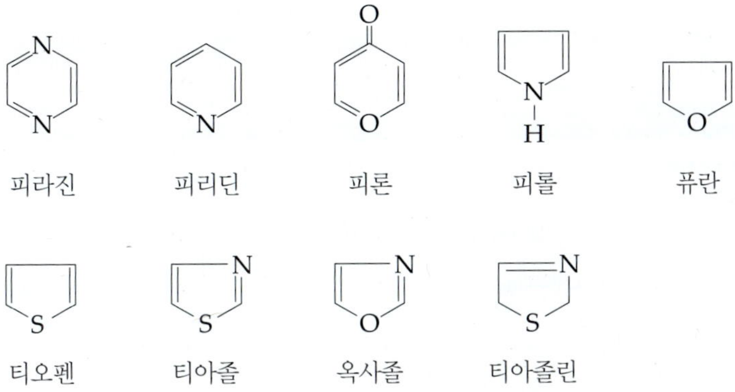

그림 7-14 가공식품의 주요 냄새 성분의 다양한 고리 모양 구조

3. 향신료

1) 향신료의 작용

향신료의 작용에는 향기 부여, 냄새 제거, 식욕 증진 이외에도 항균·방부 작용, 항산화 작용, 생리작용 등이 있다.

(1) 탈취

향신료는 식물성 원료이므로 잎의 조직에 포함되어 있는 정유 성분이 방향성을 가지므로 탈취작용을 한다. 방향 성분은 비린내 성분과 결합하여 냄새가 적은 성분으로 변화하거나 향 자체의 불쾌감을 없앤다. 생선과 고기의 냄새를 없애는 향신료에는 생강, 양파, 마늘, 월계수, 로즈마리(rosemary), 타임(thyme), 오레가노(oregano), 캐러웨이(caraway), 세이지(sage) 등이 있다.

(2) 향기 부여

인류는 역사와 함께 향기가 좋은 향신료를 이용해 향을 증가시켰다. 향기를 부여하는 향신료에는 타임, 세이지, 바질(basil), 셀러리(celery), 시나몬(cinamon), 민트(mint), 펀넬(funnel), 넛맥(nutmeg) 등이 있다.

(3) 식욕 증진

향신료는 주로 매운맛, 쓴맛과 같이 강한 맛을 내어 코나 혀를 자극하고 구강이나 위장에 보내지는 혈액을 증가시켜 타액이나 위액의 분비를 촉진시킨다. 매운맛으로는 겨자나 고추냉이, 고추, 생강, 마늘, 양파, 산초, 파 등이 있다(표 7-2).

표 7-2 매운맛 향신료

품목	이용 부위	성분		용도
		정유	특수	
흑후추	미숙과의 건조품	알파피넨(α-pinene), 베타피넨리모넨[β-pinene(nopinene) limonene], 알파펠란드렌(α-phellandrene), 베타펠란드렌(β-phellandrene), 캐리오필렌(caryophyllene), 디펜텐(dipentene), 세비넨(sabinene)	피페린(piperine) 카비신(chavicin)	건위, 구충, 조미용 향신료, 배합향신료, 식욕 증진
백후추	숙과의 건조품			
고추	숙과	캡사이신(capsaicin), 다이하이드로캡사이신(dihydrocapsaicin), 노하이드로캡사이신(nordihydrocapsaicin), 호모하이드로캡사이신(homodihydrocapsaicin), 호모캡사이신(homocapsaicin)	캡사이신(capsaicin, $C_{18}H_{27}NO_3$)	소화 촉진, 각종 요리, 커리분, 절임류, 방부제, 지질대사항진
겨자	종자	알릴 아이소티오시아네이트(allyl-isothiocyanate), 아이소부틸 머스터드(isobutyl-mustard), 파라-하이드록시벤질 아이소티오시아네이트 (ρ-hydroxybenzyl isothiocyanate)	알릴 머스터드 (allyl-mustard, $CH=CHCH_2NCS$, b.p. 148~154℃)	신경제, 소화 촉진, 이뇨, 폐렴, 류머티즘, 육류, 샐러드
생강	근경	진저베렌 베타비사볼렌[(-) zingiberene β-bisabolene], 세스퀴펠란드렌 아르커큐민 [(-)-sesquiphellandrene (+)-arcurcumene], 시트로네릴 아세테이트(citronellyl acetate)	쇼가올(shogaol) 진저론(zingerone)	소화 촉진, 해독, 음료, 과자, 절임류, 식품 보존, 리큐어(liquer)

표 7-3 착색용 향신료

색	성 분	향신료
황색	베타카로틴(β-carotene)	고추, 겨자, 파프리카
적색	크립토잔틴(cryptoxanthin)	파프리카
황색	제아잔틴(zeaxanthin)	파프리카
적색	캡산틴(capsanthin)	파프리카, 벨페퍼
적색	캡소루빈(capsorubin)	파프리카, 고추
등황색	네오잔틴(neoxanthin)	파슬리
주황색	비올라잔틴(violaxanthin)	파슬리, 벨페퍼

(4) 착색

향신료의 천연색소는 요리를 보기 좋게 하거나 맛있게 보이도록 한다. 향신료를 여러 가지 섞어서 사용하면 맛과 향, 색을 좋게 할 수 있다. 색을 좋게 하는 향신료는 튜머릭(tumeric), 파프리카(paprika), 사프란(saffron) 등이 있다. 카레의 황금색은 튜머릭에 의한 것이고, 스테이크 소스에 사용되는 황금색은 겨자색에 의한 것이다(표 7-3).

2) 향신료의 이용

향신료는 천연의 초근, 목피, 종자, 꽃과 봉오리 등을 그대로 또는 건조, 분말, 혼합 등 간단한 가공 조작을 해서 사용한다. 레몬, 유자, 양파, 셀러리와 같이 신선한 상태로 일반 요리에 흔히 사용되기도 하며, 건조품은 산초와 같이 원형 그대로 건조하거나 굵은 후추나 고춧가루와 같이 가는 입자나 미세분말로 가공한다. 또한, 향미 성분의 추출과 농축, 건조 기술이 발달되면서 유기용매로 향신료의 향미 성분을 추출하여 올레오레진(oleoresin)으로 제조하거나 물로 추출한 아쿠아레진(aquaresin)이 제조되고 있다.

우리나라는 육류 소비가 증가하면서 향신료의 수요도 증가하고 있다. 주로 사용하는 향신료의 부위와 용도는 〈표 7-4〉와 같다.

표 7-4 우리나라의 향신료

명칭	사용 부위	용도 및 사용법
겨자	씨, 줄기	물로 개어 냉채에 사용
생강	뿌리줄기	갈아서 사용. 착즙하거나 생것을 썰어서 초로 양념함
생강순	순	착즙
산초	열매, 잎	된장, 국, 냉채
고추(풋고추)	열매	생것으로 각종 양념
유자	열매	냉채, 초장
푸른 유자	열매	두부요리
감귤	열매	생채, 회
마늘	비늘줄기	생채, 회
파(양파)	잎, 줄기	전반 양념, 삶은 요리
머위	꽃, 줄기, 잎	즙의 향료

(계속)

명칭	사용 부위	용도 및 사용법
참깨	씨앗	즙, 양념, 튀김용
자소	잎, 줄기	회, 염지
여귀	줄기, 잎	여귀초, 연어요리
파드득나물	잎, 줄기	즙, 양념용
미나리	줄기, 잎	즙, 양념용

서양 향신료는 식사할 때에 첨가하는 것이 있고, 조리 시 첨가하거나 향신료를 산 절임하여 그대로 섭취하는 것도 있다. 향은 휘발하기 쉬운 정유 성분이므로 용기에 담아 빛이 없는 서늘한 곳에 보관한다(표 7-5).

과자류나 빵류에도 다양한 향신료를 배합하는데 주로 육두구, 겨자, 올스파이스(allspice), 캐러웨이(caraway), 카다몬(cardamon)을 이용하여 과자의 향미를 증진시킨다.

청량음료에도 향신료가 첨가되는데 콜라, 사이다 등의 탄산음료, 과즙음료 등에도 레몬, 라임, 오렌지에서 추출한 향신료를 배합하여 개발된다.

주류의 제조 과정에도 알코올 발효 또는 알코올을 혼합하는 과정에서 여러 가지 향신료를 배합하고 첨가하여 오미자주, 계피주 등 특유의 맛과 향이 나는 주류를 생산한다.

표 7-5 서양의 향신료

명칭	사용 부위	용도 및 사용법
올스파이스(allspice)	미숙과의 건조품	육류 요리, 유럽 요리
아니스 씨앗(anise seed)	종자	
바질(basil)	잎	
베이 리프(bay leaves)	잎	육류 요리, 피클
페퍼(capsium pepper)	숙과	각종 요리, 카레가루, 절임류, 방부제
캐러웨이(caraway)	과실의 건조품	향료, 리큐어
카다몬(cardamom)	과실의 건조품	육류 요리, 카레가루, 과자 방부제
셀러리(celery)	줄기, 잎, 익은 과일	
시나몬(cinnamon)	나무껍질	과자, 음료, 리큐어
정향(clove)	꽃봉오리의 건조품	조미향료

(계속)

명칭	사용 부위	용도 및 사용법
코리앤더(coriander)	과실의 건조품	조미향료, 리큐어, 코코아, 카레가루, 소시지
커민(cumin)	과실의 건조품	소시지, 카레가루, 치즈
딜(dill)	과실의 건조품	육류 요리
회향 종자(fennel seed)	종자	피클, 생선 요리
호로파(fenugreek)	꼬투리	
생강(ginger)	근경	각종 요리, 음료, 과자, 절임류, 리큐어
마조람(marjoram)	잎	
겨자 종실(mustard seed)	종자	육류 요리, 샐러드
너트메그(Nutmeg and mace)	종자	과자, 육류 요리, 소스
오레가노(oregano)	잎	
파슬리(parsley)	잎	
파프리카(paprika)	열매	헝가리 요리의 착색, 향미
후추(pepper)	열매	조리용, 배합용 향신료
로즈마리(rosemary)	잎	
사프란(saffron)	꽃	아랍 요리, 중앙아시아 요리, 유럽 요리 등의 착색, 향미
세이지(sage)	잎의 건조품	육류 요리, 소스, 음료, 소시지
사보리(savory)	잎	
타라곤(tarragon)	잎	
타임(thyme)	잎의 건조품	햄, 소시지, 리큐어
터메릭(turmeric)	심황	뿌리의 건조품 카레가루, 노란 착색료

연습문제

1. 맛, 냄새, 향미를 구별하여 정의하시오.

2. 쓴맛을 억제하기 위해 사용되는 방법에 대해 설명하시오.

3. 마늘이나 양파를 칼로 자를 때 눈물이 나는 이유를 설명하시오.

4. 마늘 또는 양파의 향미 생성 메커니즘을 설명하시오.

5. 해수어와 민물고기 비린내의 차이에 대해 설명하시오.

6. 향신료를 사용하는 목적에 대해 설명하시오.

식품의 색

학습목표

1. 식품에 함유되어 있는 주요 식물성 색소들의 종류와 특성을 이해함으로써 식품의 조리 및 가공, 저장 시에 활용할 수 있다.
2. 식품에 함유되어 있는 주요 동물성 색소들의 종류와 특성을 이해함으로써 식품의 조리 및 가공, 저장 시에 활용할 수 있다.
3. 효소적 갈변의 원리를 이해하고 그 억제 방안을 제안할 수 있다.
4. 비효소적 갈변반응을 이해하고 가공에서의 활용 및 억제법을 설명할 수 있다.

식품의 색은 식품 고유의 특징을 나타내면서 식품의 신선도와 수용도에 영향을 주어 기호적 인자로 작용하면서 식욕을 결정한다. 일반적으로 천연식품의 색은 밝고 선명한 데 비해 변질된 식품은 어둡거나 변색되어 식품의 가치를 판단하는 근거로 작용한다. 이와 같이 식품의 기호적 인자로 작용하는 식품의 색은 조리나 저장 과정 중에 산소, 광선, 효소, 열, pH 등에 의해 쉽게 변색되며 이는 식품의 선택에도 영향을 미치므로 이에 관한 성질을 이해하고 적절히 조절하여 천연의 색을 유지하도록 하는 것이 필요하다.

한편, 국민소득 향상과 더불어 식문화의 관심은 맛과 향을 추구하는 감각적 식품 소비에서 건강을 생각하는 기능성식품 소비로 변해 가고 있다. 이와 같은 추세에 맞춰 최근 세계적으로 식품의 색에 따라 인체 내에서 항산화, 항암, 항균 등 다양한 기능성을 나타낸다는 연구와 함께 '컬러푸드'에 대한 관심이 증가하고 있다. 우리 조상들도 예로부터 송홧가루나 진달래꽃, 들깨꽃 등을 떡이나 각종 요리에 이용해 왔는데 이것 역시 색을 이용한 요리로서 조상들의 지혜를 엿볼 수 있다.

1. 발색 이론과 자연색소의 분류

1) 발색 이론

색소는 파장이 긴 적색부(780 nm)에서 황색, 녹색, 청색, 남색을 거쳐 자색부(380 nm)까지의 각 파장을 반사하는 물질을 말하며, 태양의 가시광선 중에서 일부는 흡수하고 나머지 부분은 반사하거나 통과시키는데 이것이 우리 눈의 망막을 거쳐 시각중추에 전달되어 흡수된 광선과 대응하는 색(보색)으로 인식하게 되는 것이다(그림 8-1).

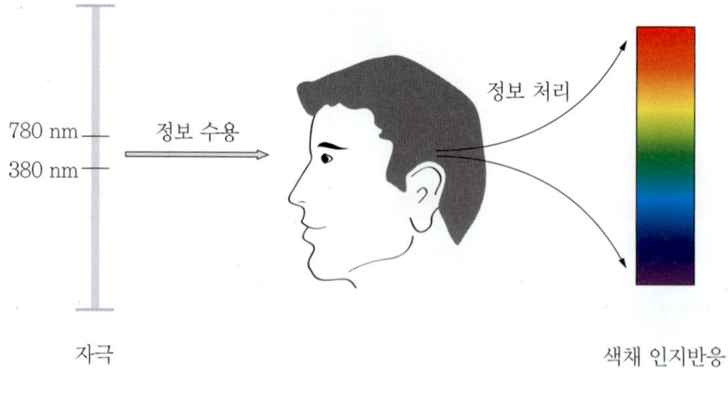

그림 8-1 색의 인지

유색물질의 발색 이론인 색소원설에 의하면 색을 나타내려면 발색단이나 조색단이라는 원자단이 존재하여야 한다. 발색단이란 발색의 기본이 되는 물질로 카보닐기(−C=O), 에틸렌기(−C=C−), 아조기(−N=N−), 니트로기($-NO_2$), 니트로소기(−NO), 티오카보닐기(=C=S) 등이며 발색단을 갖는 물질을 색소원(chromogen)이라고 한다. 대부분은 여러 개의 발색단이 어울려 색을 내거나 무색의 색소원에 수산기(−OH), 아미노기($-NH_2$), 카복실기(−COOH) 등의 조색단이 결합하여 색을 내기도 한다.

2) 자연색소의 분류

식품에 존재하는 색소는 그 출처에 따라 식물성 색소와 동물성 색소로 나뉘며 화학구조에 따라 아이소프레노이드, 피롤 유도체, 벤조피란 등으로 구분할 수 있다.

(1) 급원에 따른 분류

식물성 식품의 색

식물성 식품의 색소는 용해성에 따라 수용성 색소와 지용성 색소로 구분한다(표 8-1). 지용성 색소는 주로 세포의 엽록체(chloroplast)에 존재하는 클로로필과 카로티노이드이며, 수용성 색소는 주로 액포에 존재하는 플라보노이드계 색소로 안토사이아닌과 안토잔틴이 있다. 콜로이드 상태로 존재하며 떫은맛을 내는 무색의 타닌은 쉽게 산화하여 갈색 또는 흑갈색의 물질로 변화하므로 색소에 포함시키기도 한다.

표 8-1 급원에 따른 색의 분류

급 원	특 성		색 소	함유 식품
식물성 색소	용해성	지용성	클로로필	녹색 채소와 과일
			카로티노이드	등황색 채소와 과일
		수용성	안토사이아닌	적·자색 채소와 과일
			안토잔틴	백색 채소와 과일
			타닌류	곡류, 채소류, 과일류
동물성 색소	구조	헴계	헤모글로빈	혈액
			미오글로빈	근육조직
		카로티노이드계	루테인	난황
			아스타잔틴	게, 새우

동물성 식품의 색

동물성 식품의 색소는 동물의 혈액에 존재하는 헤모글로빈과 근육조직에 분포하고 있는 미오글로빈이 있으며, 난황이나 우유, 게, 새우 등에 존재하는 카로티노이드 색소들이 있다.

(2) 화학구조에 따른 분류

식품의 색소는 그 화학구조에 따라 〈표 8-2〉와 같이 분류할 수 있다.

표 8-2 화학구조에 따른 색의 분류

분 류	화학구조	색 소
아이소프레노이드 유도체	$CH_2=C(CH_3)-CH=CH_2$	카로티노이드
테트라피롤 유도체	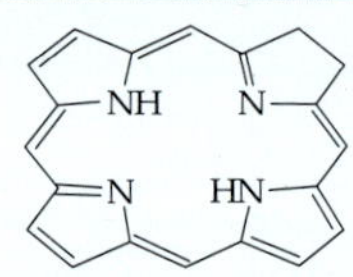	클로로필, 헤모글로빈, 미오글로빈
벤조피란 유도체	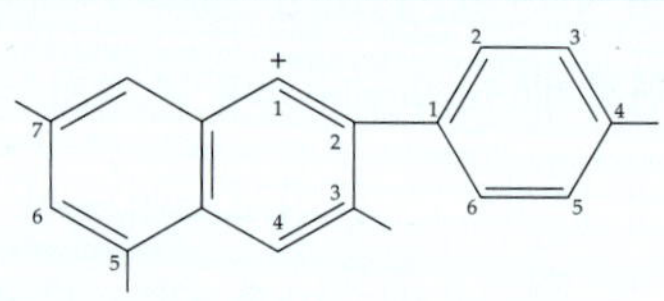	안토사이아닌, 안토잔틴

2. 식물성 식품의 색

1) 클로로필

(1) 구조

클로로필은 식물의 잎과 줄기에 널리 분포하는 녹색 색소로 엽록체에 존재하며 식물의 광합성에 중요한 역할을 한다. 클로로필의 종류에는 클로로필 a, b, c, d 등이 있는데 고등식물에는 a, b만 존재하고 c, d는 해조류에만 존재하는 것으로 알려져 있다. 고등식물에서의 클로로필 a와 b의 존재 비율은 2~3:1이며 a는 청록색을, b는 황록색을 나타낸다.

클로로필은 〈그림 8-2〉와 같이 4개의 피롤 핵이 메틴기(–CH=)에 의해 서로 연결되어 포피린 고리를 이루고 그 중심에 Mg^{2+}을 가지고 있으며 피톨($C_{20}H_{39}OH$)과 메탄올(CH_3OH)이 각각 에스터를 형성하고 있어 지용성을 나타낸다.

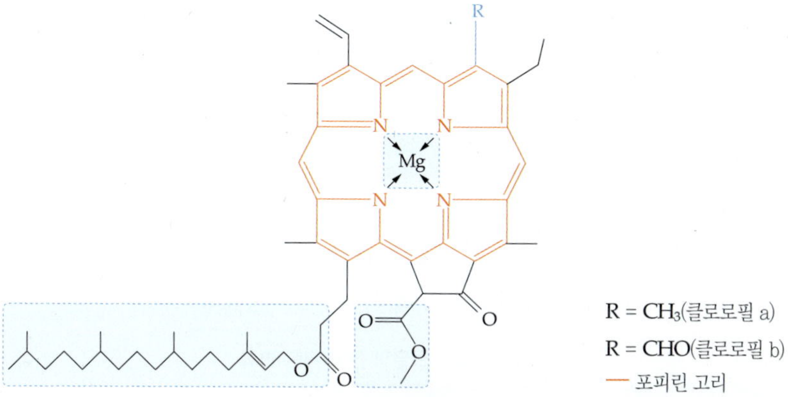

그림 8-2 클로로필의 구조

(2) 변색

클로로필레이스에 의한 변화

가열 등으로 인해 조직이 손상되면 식물조직의 세포 내에 함유되어 있는 클로로필레이스는 클로로필과 만나면서 클로로필의 피톨기를 가수분해하여 녹색의 수용성 색소인 클로로필라이드를 형성하게 된다(그림 8-3). 클로로필레이스의 최적 온도 조건은 55~75℃이며 85℃ 이상에서 불활성화된다.

클로로필은 피톨기로 인해 지용성을 나타내지만 클로로필레이스에 의해 피톨기가 떨어져 나간 클로로필라이드는 수용성을 나타내게 되는데 이는 녹색 채소를 삶은 물이 녹색으로 변하는 것을 보면 알 수 있다.

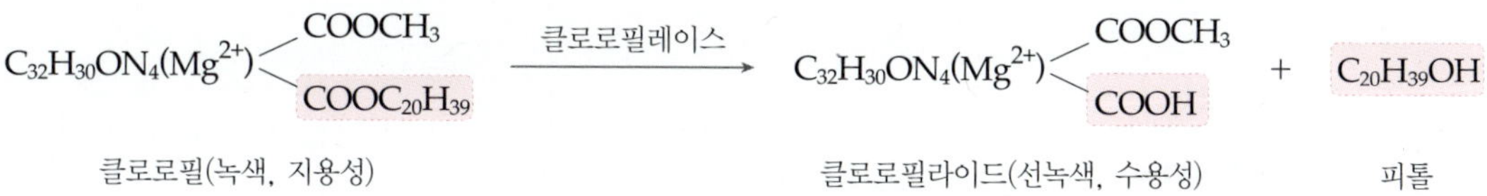

그림 8-3 클로로필의 클로로필레이스에 의한 변화

산에 의한 변화

클로로필은 산에 불안정한 화합물이므로 산으로 처리하면 클로로필의 포피린 고리에 결합되어 있던 마그네슘 이온이 수소 이온과 치환되어 녹갈색의 페오피틴으로 전환된다. 페오피틴에 지속적으로 산이 작용하면 피톨이 떨어져 나가 갈색의 페오포바이드가 형성

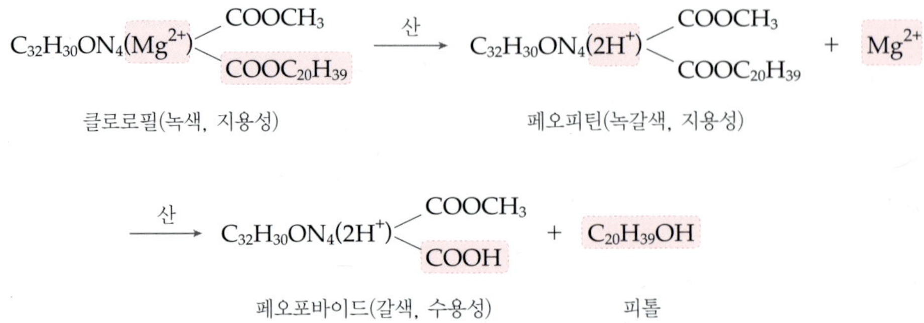

그림 8-4 클로로필의 산에 의한 변화

된다(그림 8-4).

이런 반응은 조리 및 가공 과정 중에 많이 볼 수 있다. 녹색 채소를 삶을 때 채소에 함유되어 있던 유기산과 클로로필이 반응하면 채소의 색이 녹갈색으로 변화되는 것이나, 녹색 채소로 만든 김치나 오이지가 익어 가면서 생성된 아세트산이나 젖산에 의해 갈색을 띠게 된다.

알칼리에 의한 변화

클로로필을 알칼리용액에서 가열하면 피톨기가 떨어져 나가면서 수용성인 녹색의 클로로필라이드가 되고 다시 메탄올기가 떨어져 나가면 진한 녹색의 클로로필린이 된다(그림 8-5).

녹색 채소를 삶을 때 탄산수소나트륨과 같은 알칼리를 가하면 클로로필린이 형성되면서 녹색은 유지되지만 알칼리에 불안정한 비타민 B군, C 등이 파괴되고 또 섬유소가 분

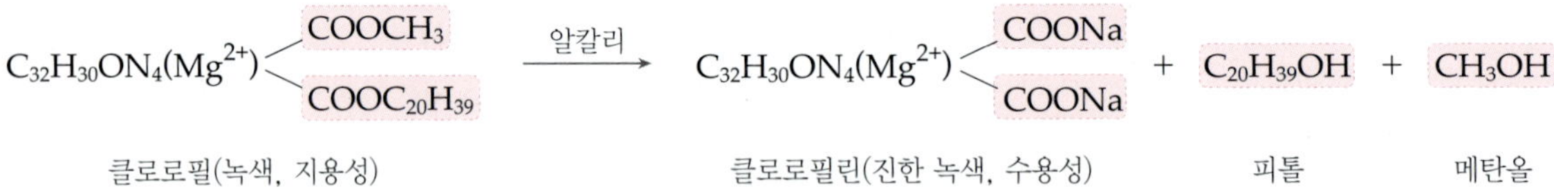

그림 8-5 클로로필의 알칼리에 의한 변화

> **녹색 채소를 데칠 때 색을 유지하는 방법**
>
> 클로로필의 변색을 억제하려면 휘발성 산을 신속히 증발시키고 접촉 시간을 짧게 하는 것이 도움이 된다. 데치는 물의 양은 5배 정도로 하여 유기산을 희석하고, 물이 끓기 시작하면 녹색 채소를 넣고 뚜껑을 덮지 않은 채 고온에서 단시간 가열한다.

해되면서 지나치게 물러지는 경향이 있다. 색을 보존하면서 질감이 물러지는 것을 막으려면 탄산마그네슘이나 아세트산칼슘 혼합물을 소량 함께 사용함으로써 펙틴이 불용성의 칼슘염이나 마그네슘염을 형성하게 하는 것이 좋다.

금속과의 반응

클로로필을 구리나 철 등의 이온 또는 이들의 염과 함께 가열하면 클로로필의 마그네슘 이온이 이들 금속 이온과 치환되어 선명한 청록색의 구리-클로로필, 선명한 갈색의 철-클로로필을 형성한다(그림 8-6). 그러나 이들은 물에 녹지 않으므로 알칼리로 가수분해하여 구리-클로로필린, 철-클로로필린 염으로 만들면 물에 잘 녹고 색깔도 안정하여 식품착색제로 활용하기도 한다.

녹색 채소가 산에 의해 녹갈색의 페오피틴으로 전환된 경우에도 구리를 첨가하면 수소이온이 구리 이온으로 치환되어 구리-클로로필이 되므로 진한 녹색을 유지할 수 있는데 이런 반응은 완두콩 통조림 제조 시 소량의 황산구리를 넣어 녹색을 유지하도록 하는 데에도 이용된다.

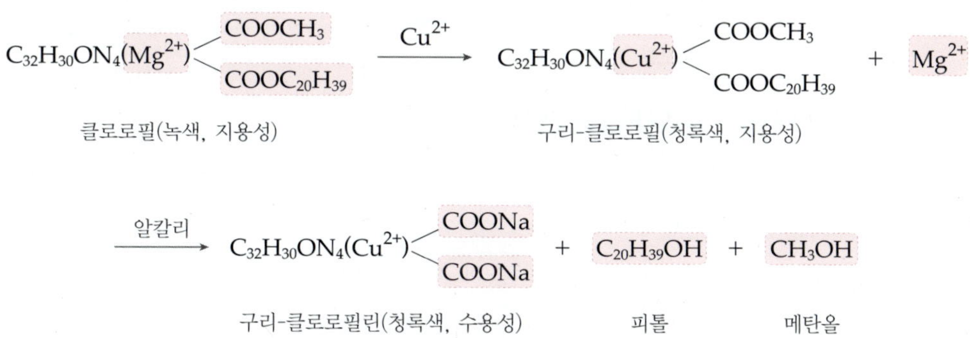

그림 8-6 클로로필의 금속 이온에 의한 변화

2) 카로티노이드계 색소

카로티노이드계 색소는 황색, 주황색, 적색 등의 색깔을 띠는 지용성 색소로 식물성 식품에 존재하는 카로티노이드는 자체 합성된 것이지만 동물성 식품에 존재하는 카로티노이드는 먹이에서 기인한 것이다. 카로티노이드의 색은 클로로필과 공존하는 경우에는 녹색에 가려 그 색이 나타나지 않지만, 가을철 단풍이 드는 것처럼 클로로필이 분해되면 카로티노이드의 색이 나타난다(그림 8-7).

그림 8-7 단풍잎의 색 변화

카로티노이드는 8개의 아이소프렌 단위(그림 8-8)가 결합하여 형성된 테트라터펜(tetraterpene) 구조를 가지고 있다. 분자 내에 7개 이상의 공액이중결합(conjugated double bond)을 가지고 있어 발색의 원인이 되며 분자 내의 이중결합이 많을수록 황색 → 주황색 → 적색으로 나타난다. 그러나 이런 공액이중결합이 고리(ring)의 구조를 이루면 열린 구조처럼 색의 강도에 기여하지 않는다. 즉, 고리의 구조를 갖고 있는 β-카로틴은 11개의 이중결합을 갖지만 오렌지색을 나타낸다.

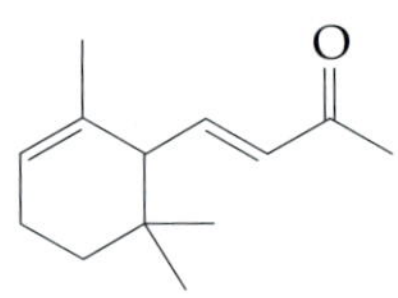

α-이오논

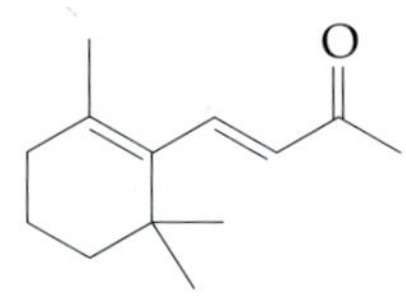

β-이오논

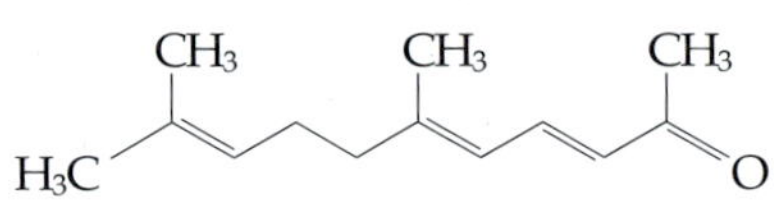

유사(pseudo)-이오논

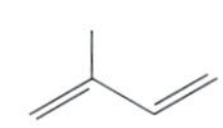

아이소프렌

그림 8-8 카로티노이드의 기본 구조

(1) 분류

이오논(α-, β-, pseudo ionone)핵과 여러 개의 이중결합을 가진 탄화수소(그림 8-8)로 이루어져 있는 카로티노이드는 크게 카로틴과 잔토필로 나뉜다. 카로틴은 아이소프렌의 축합체인 탄화수소이고 잔토필류는 수산기나 카보닐기 등의 극성기를 갖는 카로틴의 산화 유도체이다. 다양한 카로티노이드 중 β-이오논 핵을 가진 물질은 체내에서 산화되어 비타민 A로 전환될 수 있는 프로비타민 A(provitamin A)이다. 카로티노이드의 종류와 특징은 〈표 8-3〉과 같다.

표 8-3 카로티노이드의 종류

분류	색소명	구조	색	함유 식품
카로틴류	α-카로틴* (α-carotene)	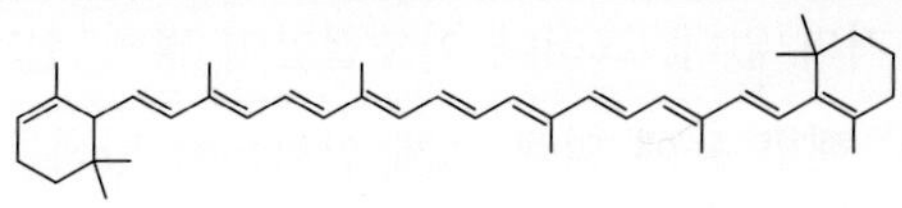	황색	당근, 차
	β-카로틴** (β-carotene)	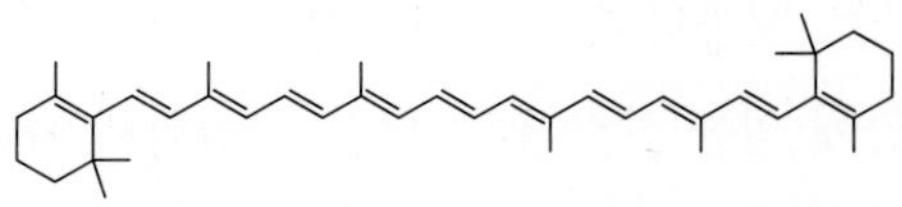	황색	당근, 고구마, 호박
	γ-카로틴* (γ-carotene)	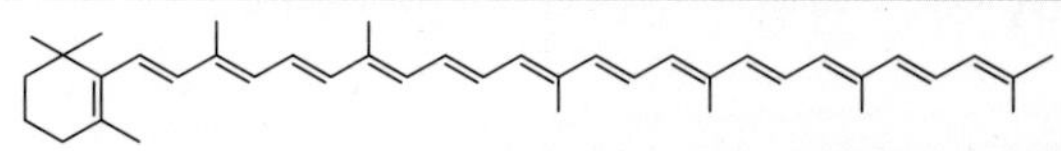	황색	당근, 살구
	리코펜 (lycopene)	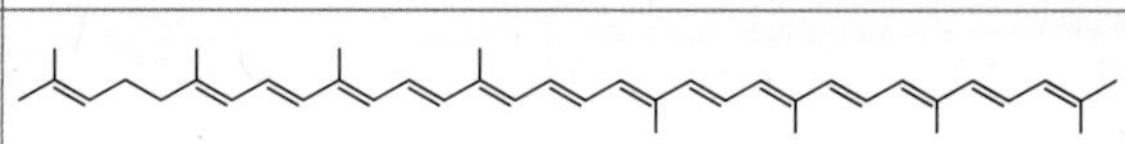	적색	수박, 토마토, 감, 앵두
잔토필류	루테인 (lutein)	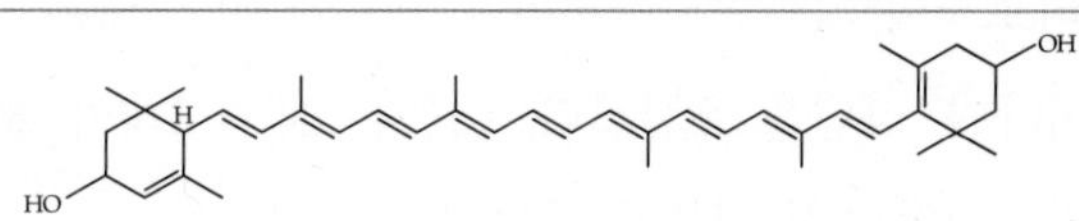	황색	난황, 녹색 잎채소, 호박
	캡산틴 (capsanthin)	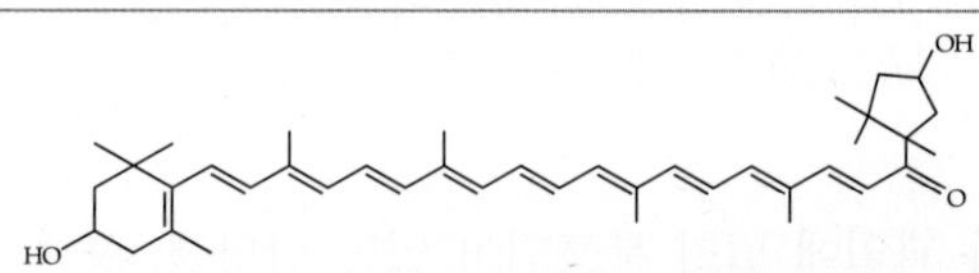	적색	고추, 파프리카
	제아잔틴 (zeaxanthin)	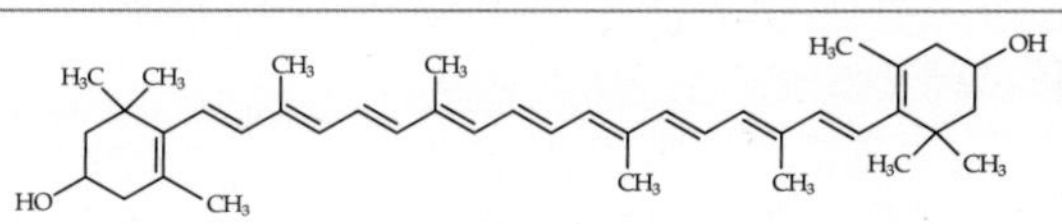	주황색	옥수수, 난황, 호박, 오렌지
	아스타잔틴 (astaxanthin)	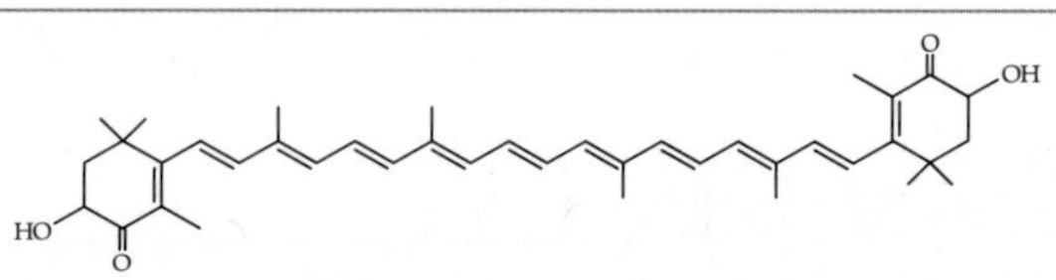	적색	새우, 게, 연어, 송어
	크립토잔틴* (cryptoxanthin)	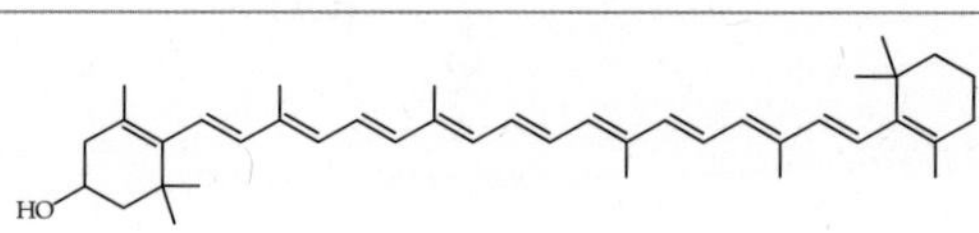	황색	옥수수, 오렌지, 감
	비올라잔틴 (violaxanthin)	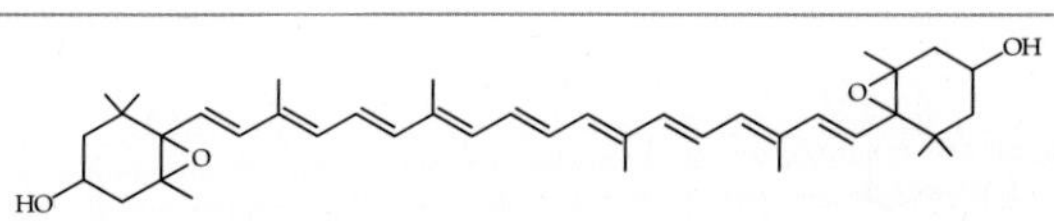	황색	자두, 감, 파파야
	칸타잔틴 (canthaxanthin)	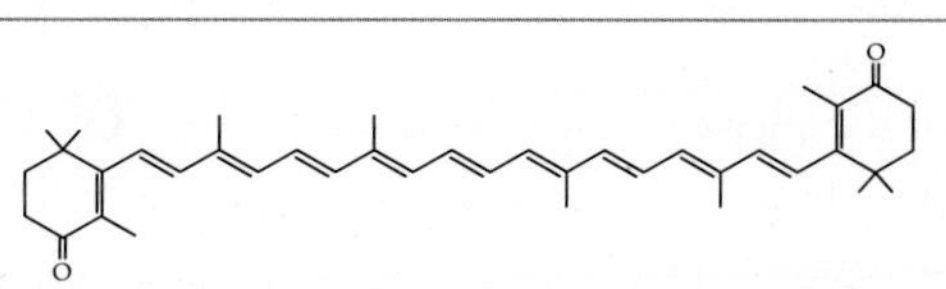	적색	양송이, 송어, 새우
	푸코잔틴 (fucoxanthin)	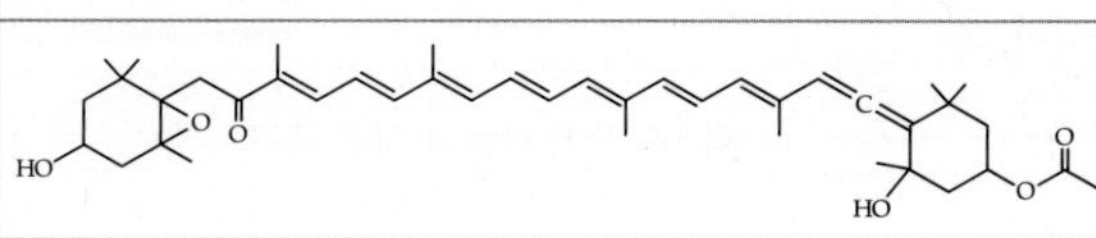	적색	미역, 다시마

* 1분자의 비타민 A로 전환, ** 2분자의 비타민 A로 전환

(2) 변색

카로티노이드는 물에 녹지 않고 기름에 녹으며 열, 약산, 약알칼리에 비교적 안정하여 조리 과정 중 손실이 거의 없다. 그러나 이중결합이 많아 산화에는 매우 약하므로 공기 중의 산소나 산화효소, 햇빛 등에 의해 쉽게 산화되어 퇴색한다. 카로티노이드의 변색을 방지하려면 효소 및 산소, 빛과의 접촉을 막아야 하므로 가열에 의해 효소를 불활성화하거나, 탈기나 가스 치환에 의한 산소 접촉 방지, 항산화제 사용, 적절한 포장이나 용기를 사용하여 햇빛을 차단하는 방법을 고려하는 것이 좋다.

3) 플라보노이드

좁은 의미의 플라보노이드는 안토잔틴만을 의미하지만, 넓은 의미의 플라보노이드는 안토잔틴, 안토사이아닌, 타닌을 포함한다. 이들은 모두 2개의 벤젠핵이 탄소로 연결된 C_6–C_3–C_6(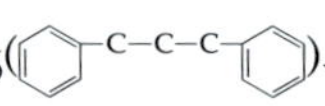)의 기본 구조를 갖는다.

(1) 안토잔틴

안토잔틴은 채소와 과일에 널리 분포되어 있는 담황색, 황색 색소로 주로 당과 결합된 배당체로 존재한다.

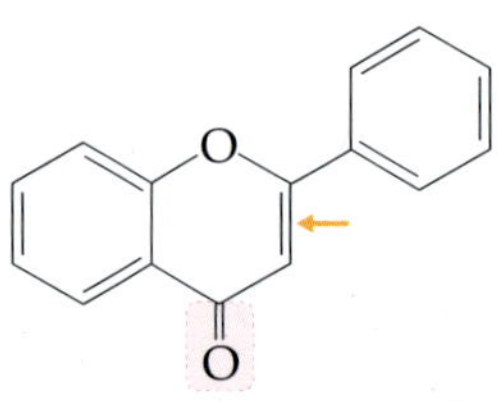

플라본

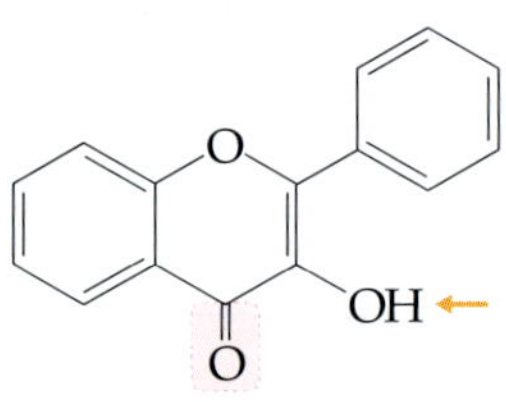

플라보놀

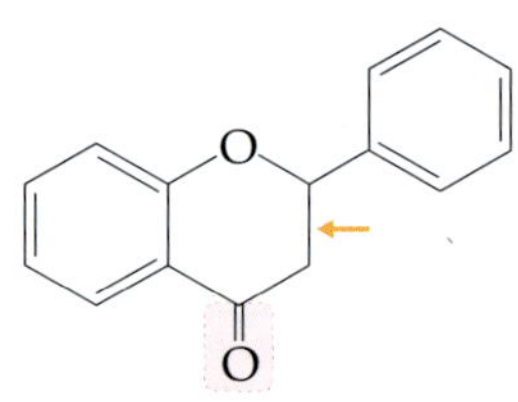

플라바논

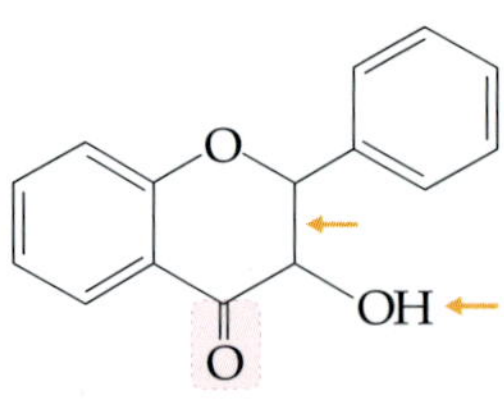

플라바노놀

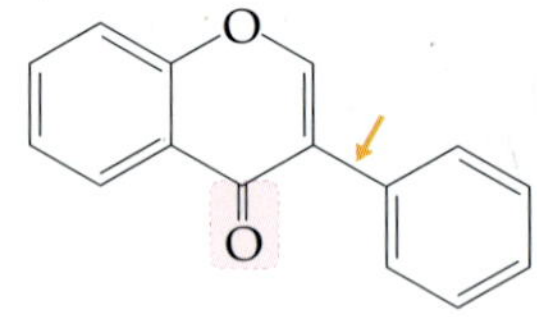

아이소플라본

그림 8-9 안토잔틴의 기본 구조

표 8-4 안토잔틴의 분류 및 특징

분류	색소(배당체)	아글리콘		함유식품
		아글리콘명	구조	
플라본	아핀 (apin)	아피제닌 (apigenin)	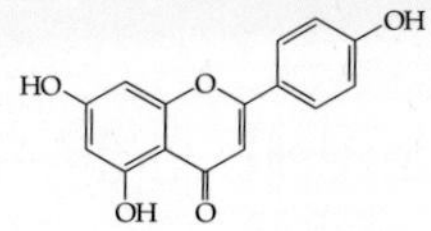	파슬리
플라본	트리신 (tricin)	트리틴 (tritin)	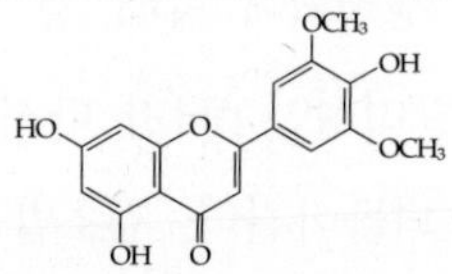	쌀겨
플라보놀	퀘시트린 (quercitrin)	퀘세틴 (quercetin)	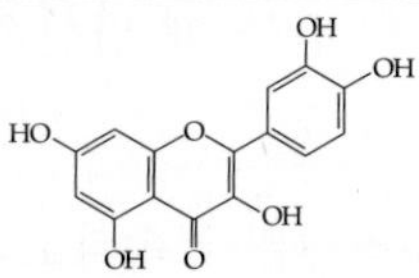	차, 양파 껍질
플라보놀	루틴 (rutin)	퀘세틴 (quercetin)	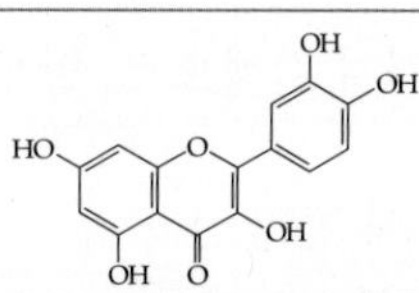	메밀
플라보놀	미리시트린 (myricitrin)	미리세틴 (myricetin)	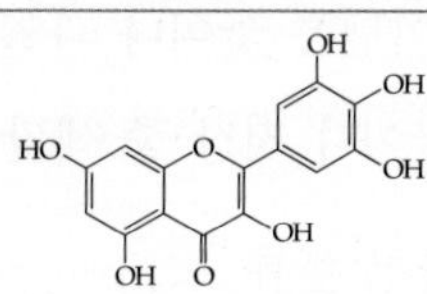	소귀나무(myrica) 열매
플라바논	헤스페리딘 (hesperidin)	헤스페레틴 (hesperetin)	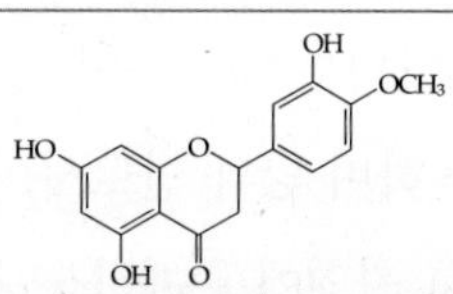	감귤 껍질
플라바논	나린진 (naringin)	나린제닌 (naringenin)	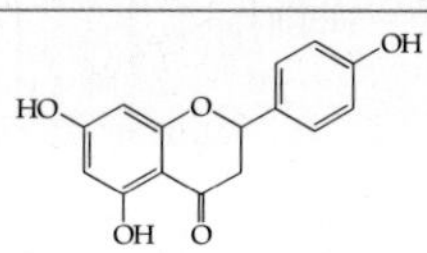	감귤 껍질
플라바논	에리오딕틴 (eriodictin)	에리오딕티올 (eriodictyol)	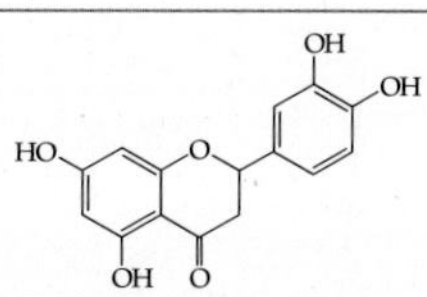	감귤 껍질
아이소플라본	다이진 (daidzin)	다이제인 (daidzein)	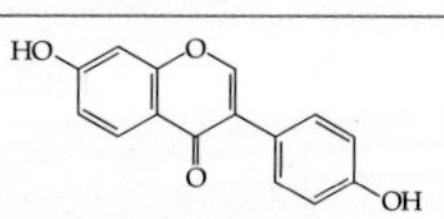	대두
아이소플라본	제니스틴 (genistin)	제니스테인 (genistein)	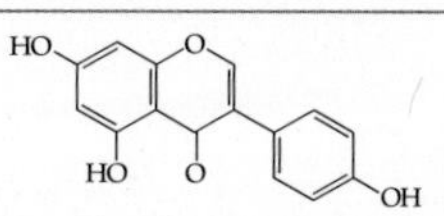	대두

구조에 따른 분류

안토잔틴은 구조에 따라 플라본, 플라보놀, 플라바논, 플라바노놀, 아이소플라본의 5가지로 분류되며(그림 8-9), 그 종류별 특징은 〈표 8-4〉와 같다.

변색

안토잔틴은 산에는 안정하여 무색을 띠지만 알칼리에서는 비당 부분의 고리구조가 열려 칼콘이 생성되어 황색, 갈색을 띠거나 배당체들이 가수분해되어 짙은 황색을 띤다. 그러나 알칼리성인 pH가 다시 산성으로 되면 열린 칼콘이 다시 고리를 형성하여 본래의 구조로 되돌아간다. 김초밥을 만들 때 밥에 식초를 버무리면 밥 색이 더욱 희어지고, 밀가루반죽을 만들 때 탄산수소나트륨을 첨가하여 빵이나 국수를 만들면 황색을 띠게 된다.

또한, 안토잔틴은 금속과도 쉽게 결합하여 착화합물을 만들어 변색한다. 철과 결합하면 녹색을 거쳐 갈색으로, 알루미늄과 결합하면 황색으로 변한다.

(2) 안토사이아닌

안토사이아닌은 꽃이나 과일의 적색, 청색, 자색을 나타내는 수용성 색소로 매우 불안정하여 가공이나 저장 중 색깔이 쉽게 퇴색한다.

구조에 따른 분류

안토사이아닌은 대부분이 당과 결합한 배당체로 존재하는데 그 비당 부분을 안토사이아니딘이라 하며 당과 안토사이아니딘을 합쳐 안토사이아닌이라고 한다. 안토사이아니딘만의 형태로 자연에 존재하는 경우는 매우 드물다. 대부분 당과 결합된 상태로 존재하는

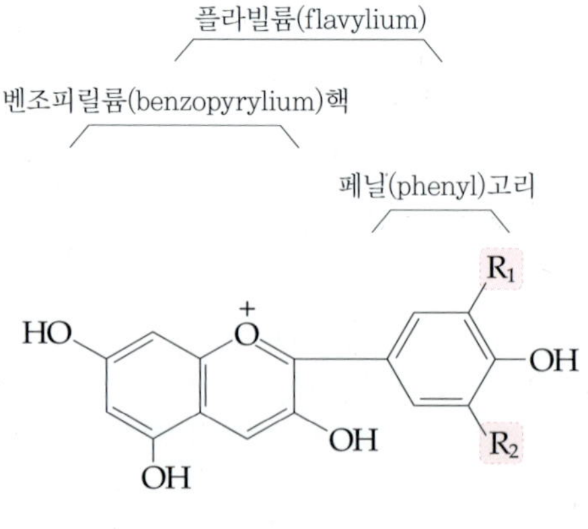

그림 8-10 안토사이아니딘의 기본 구조

이유는 당이 안토사이아니딘을 안정화하기 때문이다.

안토사이아니딘은 〈그림 8-10〉과 같은 구조를 갖는 C_6-C_3-C_6의 플라빌륨 화합물로, 1번 위치의 산소가 3가로 되어 있어 (+) 전하를 가진 옥소늄 화합물을 이루고 있다. 또한, 안토사이아니딘은 벤젠고리의 치환기 수에 따라 펠라고니딘계, 사이아니딘계, 델피니

표 8-5 안토사이아니딘의 분류와 특징

분 류	R_1	R_2	색소명	색	함유 식품
펠라고니딘계(pelargonidin)	H	H	칼리스테핀(callistephin)	적색	양딸기
사이아니딘(cyanidin)	OH	H	케라사이아닌(keracyanin)	농적색	버찌
델피니딘(delphinidin)	OH	OH	나수닌(nasunin)	청색	가지
페오니딘계(peonidin)	OCH_3	H	페오닌(peonin)	자색	자색양파
페투니딘계(petunidin)	OCH_3	OH	페투닌(petunin)	적자색	포도 껍질
말비딘계(malvidin)	OCH_3	OCH_3	말빈(malvin)	적자색	포도 껍질

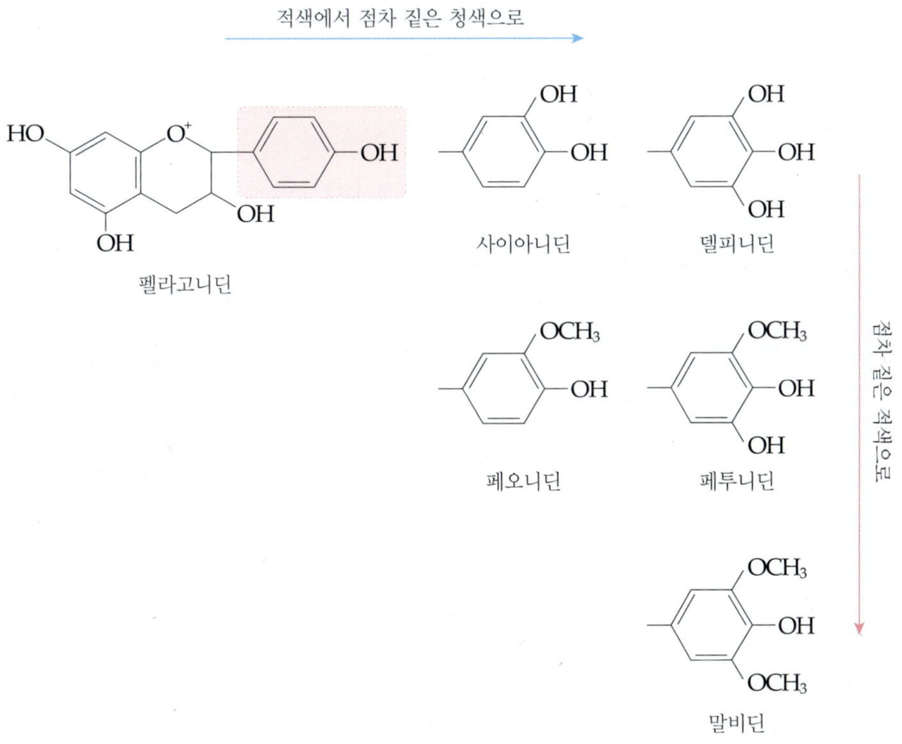

그림 8-11 안토사이아니딘의 구조에 따른 색의 차이

딘계로 나뉘며, 이들은 다시 일부 수산기가 메틸화된 메톡실기에 따라 여러 가지 안토사이아니딘으로 분류된다(표 8-5).

안토사이아닌의 다양한 색은 안토사이아니딘의 구조에 따라 색이 달라지기 때문인데 〈그림 8-11〉에서 보이는 것과 같이 페닐기에 결합한 하이드록실기(-OH)의 수가 증가할수록 청색이 진해지고 메톡실기(-OCH_3)의 수가 증가할수록 적색이 강해지는 경향을 보인다.

변색

안토사이아닌은 옥소늄 구조로 인해 색깔이 불안정하며 조건에 따른 색의 변화는 다음과 같다.

pH에 따른 변화 안토사이아닌은 산성에서 플라빌륨염의 형태로 존재하며 적색을 띠고 중성에서는 무색~자색, 알칼리성에서는 청색~녹색으로 변한다. 이런 변화는 가역적이므로 청색이 된 색소에 산을 다시 가하면 적색으로 변한다(그림 8-12).

안토사이아닌을 함유한 과일이나 채소를 가공, 조리할 때 아름다운 색을 보존하기 위해서는 산을 첨가하는데, 적색양배추로 샐러드를 만들 때 식초를 조금 넣은 물에 담그는 경우가 그 예이다.

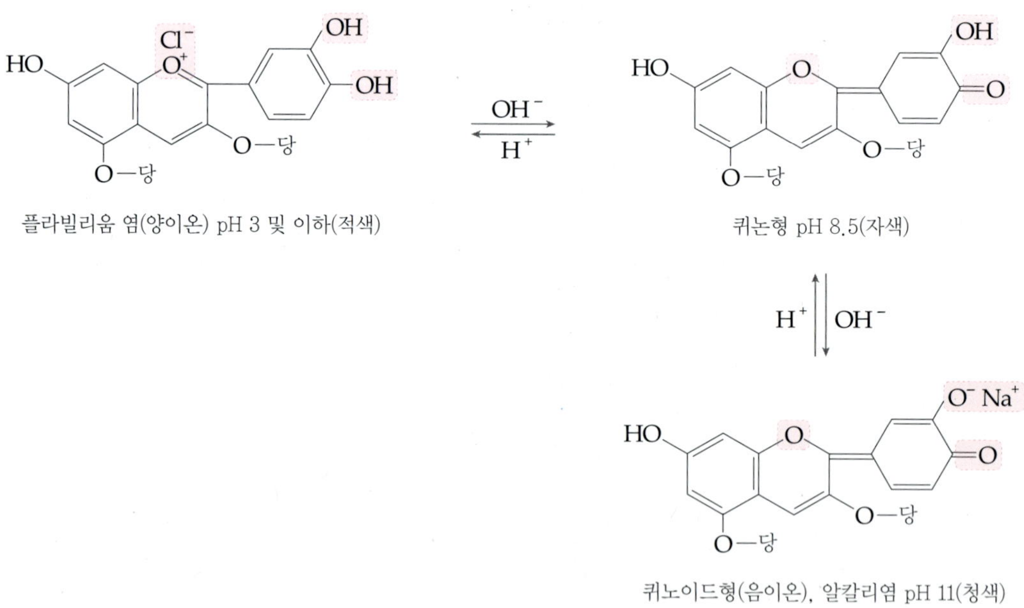

그림 8-12 pH에 따른 안토사이아닌의 구조 변화

적색 과일에 알칼리를 첨가하면 청색이 되어야 하는데 녹색으로 변하게 된다. 그 이유는 안토사이아닌과 함께 존재하는 안토잔틴이 알칼리에서 황색으로 변하기 때문에 청색과 황색이 혼합되어 녹색을 띠는 것이다.

금속에 의한 변화 안토사이아닌은 여러 가지 금속과 반응하여 착화합물을 형성한다. 펠라고니딘을 제외한 안토사이아닌은 철과 반응하여 청색을 나타내며 주석과는 회색이나 자색을, 아연과는 녹색을 띤다. 그러나 경우에 따라서는 금속의 첨가로 바람직한 색깔을 띠게 되는데, 가지를 염장할 때 철과 접촉하면 pH 4.6 부근에서 가지의 나수닌 색소는 고운 청색을 띠게 된다.

효소에 의한 변화 안토사이아닌은 산소의 존재하에서 산화효소에 의해 산화되어 갈변한다. 오래된 포도주가 산화되어 갈변됨을 볼 수 있다. 또한, 안토시아네이스(anthocyanase)는 배당체를 가수분해함으로써 안토사이아닌의 함량을 감소시켜 퇴색하게 한다.

(3) 타닌

식물의 줄기, 잎, 뿌리, 미숙 과일 등에 널리 함유되어 있는 타닌은 식물의 갈변을 일으키는 무색의 폴리페놀 성분의 총칭이다. 무색을 나타내지만 산소, 산화효소 또는 금속에 의해 갈색, 흑색으로 변화된다.

대표적인 타닌으로는 카테킨류, 류코안토사이아닌류, 클로로겐산 등이 있으며 그 구조는 〈그림 8-13〉과 같다.

구조에 따른 분류 및 성질

카테킨류 카테킨류에는 카테킨, 갈로카테킨, 카테킨갈레이트, 갈로카테킨갈레이트, 이들의 광학이성질체가 있는데 사과, 감, 배, 복숭아 등 과일 및 채소에는 카테킨이 대부분이며 갈로카테킨은 소량 존재한다. 찻잎에는 카테킨갈레이트와 갈로카테킨갈레이트가 분

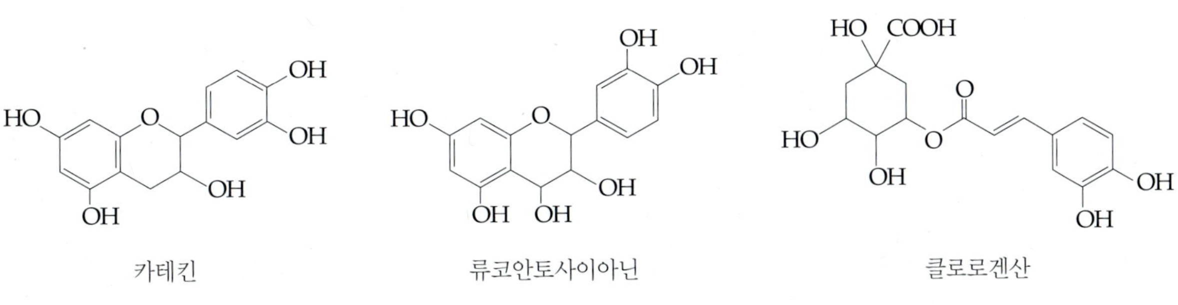

그림 8-13 식품 중의 대표적인 타닌류

포한다. 카테킨과 갈로카테킨은 쓴맛과 떫은맛을, 카테킨갈레이트와 갈로카테킨갈레이트는 떫은맛을 낸다. 카텐킨류는 무색이지만 효소에 의한 산화적 갈변이 일어나면 변색되는데 홍차의 발효 과정에서 테아플라빈 색소가 생성된 것이 그 예이다.

류코안토사이아닌 류코안토사이아닌은 배, 사과, 복숭아, 포도 등의 과일과 콩류, 차 등에 존재하는 무색색소이나 강산성에서 가열하면 적색의 안토사이아니딘을 형성한다. 이 현상은 류코안토사이아닌을 함유하는 과일통조림의 적변현상을 통해 확인할 수 있다.

클로로겐산 클로로겐산은 감자, 사과, 포도 등에 존재하는 효소적 갈변의 기질이 되는 물질이지만 수용성이므로 물에 담가 놓으면 갈변을 억제할 수 있다.

변화

덜 익은 과일에 함유되어 있는 수용성 타닌은 수렴작용이 있어 떫은맛을 나타내지만, 과일이 익어 가면서 중합되어 불용성 물질로 변하면 떫은맛이 없어진다. 또한, 공기 중의 산소로 인해 쉽게 산화, 중합되어 흑갈색의 불용성 중합체를 형성하면서 떫은맛이 없어지기도 한다. 이는 녹차의 떫은맛을 내는 카테킨과 갈로카테킨이 발효 과정에서 폴리페놀산화효소의 작용으로 산화, 중합하여 홍차의 테아플라빈(theaflavin)이라는 적색의 불용성 색소를 만들면서 떫은맛이 사라지는 것을 통해 알 수 있다.

타닌은 단백질 또는 금속과 결합하여 침전반응을 보이는데 맥주의 원료인 홉이나 보리 속의 류코안토사이아닌은 보리의 글로불린 단백질과 결합하여 불용성 침전을 만듦으로써 맥주를 혼탁하게 만든다. 또한, 차를 끓일 때 경수를 사용하면 타닌이 칼슘 이온이나 마그네슘 이온과 결합하여 적갈색의 침전을 형성하는 것도 한 예이다. 그 외에 주석이나 아연과는 옅은 회색, 철과는 갈색 또는 청색의 침전물을 생성한다.

3. 동물성 식품의 색

동물성 식품의 색소로는 혈색소인 헤모글로빈과 육색소인 미오글로빈, 루테인이나 아스타잔틴과 같은 카로티노이드가 있다.

1) 미오글로빈과 헤모글로빈

육류나 참치의 붉은색에 기여하는 색소로 근육 내에서 산소를 저장하는 미오글로빈이 고기 색의 주성분이며 근육 속에 존재하는 일부 혈액의 헤모글로빈도 10% 정도 기여한다.

(1) 구조

미오글로빈은 식물성 색소인 클로로필과 마찬가지로 피롤 유도체로서, 적색색소체인 헴(포피린+철)과 단백질인 글로빈이 결합한 복합단백질이다(그림 8-14). 즉, 헴의 중심부에 있는 철 이온이 글로빈 분자 중의 히스티딘 잔기의 이미다졸 고리의 질소 원자와 직접 결합되어 있으며 철 이온에 산소가 결합할 수 있다. 헤모글로빈과 미오글로빈은 화학구조상 유사한데 차이점은 미오글로빈은 헴 1분자와 폴리펩타이드 사슬 1개가 결합한 반면, 헤모글로빈은 헴 4분자와 폴리펩타이드 사슬 4개가 결합한 것이다.

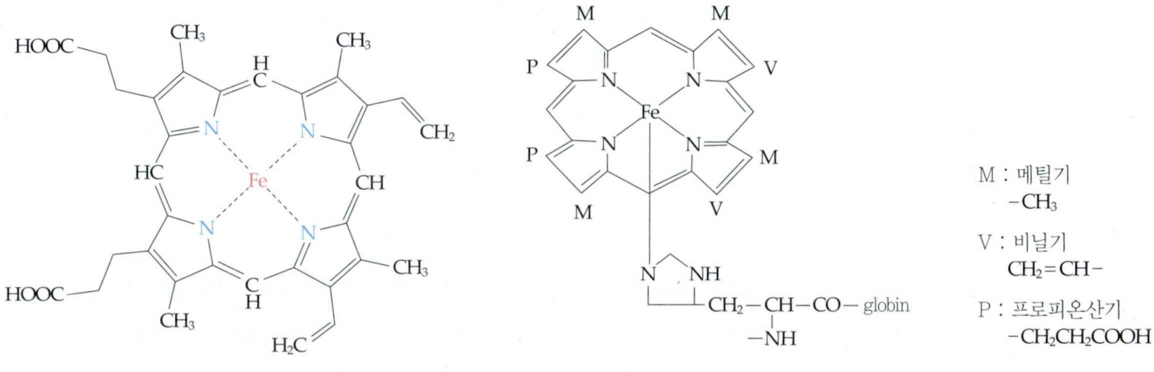

헴 구조　　　　미오글로빈

그림 8-14 헴의 구조와 미오글로빈의 결합 양식

(2) 변화

헴을 함유한 색소는 미오글로빈과 헤모글로빈 2가지이지만 구조가 유사하여 변화가 동일하게 일어나므로 미오글로빈에 대한 내용만 기술하기로 한다.

산소화/산화에 의한 변화

신선한 육류는 Fe^{2+}를 함유하는 환원형 미오글로빈에 의해 적색을 띠지만 고기의 표면이 공기와 접촉하면 산소와 결합하여 선홍색의 옥시미오글로빈(oxymyoglobin, MbO_2)이 된다. 옥시미오글로빈으로 변화하는 것은 철의 이온가는 변화 없이 산소가 결합한 것이므로 산소화(oxygenation)라고 한다. 옥시미오글로빈은 비교적 안정된 색소이지만 육류를 오래 저장하게 되면 천천히 산화가 이루어지면서 2가의 철 이온이 3가의 철 이온으로 산화되어 적갈색의 메트미오글로빈(metmyoglobin, MetMb)이 형성된다(그림 8-15).

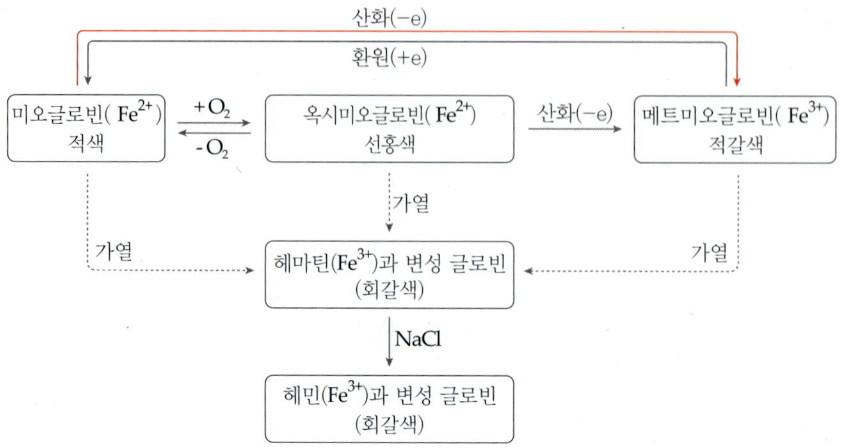

그림 8-15 미오글로빈의 산화 및 가열에 의한 변화

가열에 의한 변화

육류를 가열하면 적자색을 나타내던 미오글로빈은 선홍색의 옥시미오글로빈을 거쳐 적갈색의 메트미오글로빈으로 변한다. 가열을 계속하면 단백질인 글로빈이 변성되고 헤마틴으로 알려진 갈색의 헴 부분이 유리되어 존재하거나 염소 이온과 결합하여 헤민을 형성한다(그림 8-15).

육류 가공 중의 변화

육류를 사용하여 햄이나 소시지를 만들 때 살균 처리를 위해 가열을 하는데 이때 제품의 색이 갈색으로 되는 것을 방지하기 위하여 발색제를 사용한다.

발색제로 사용하는 아질산염에서 생성된 니트로기(NO)는 미오글로빈과 결합하여 선홍색의 니트로소미오글로빈을 형성하게 되는데 이 색소를 가열했을 때 형성되는 변성글로빈니트로실헤모크롬(cured meat color)도 선홍색을 나타내어 육색이 보존되는 효과를 보인다(그림 8-16).

육색소의 가공 저장 중 생성되는 색소의 특성을 정리하면 〈표 8-6〉과 같다.

2) 카로티노이드

동물성 식품에도 카로티노이드에 속하는 색소들이 존재하는데 이는 대부분 섭취한 먹이 중에 포함된 색소가 흡수되어 동물의 조직에 축적되어 나타난 것이다.

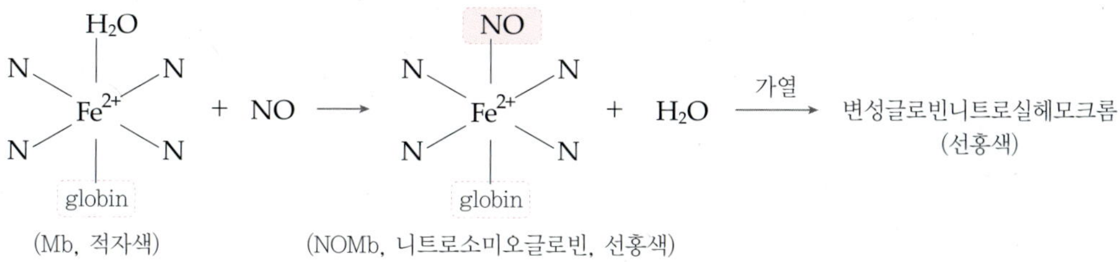

그림 8-16 육류 가공 중 육색의 보존 효과

표 8-6 신선육 및 조리 가공육 색소의 특성

색소명	철의 상태	색
미오글로빈	Fe^{2+}	 적색
옥시미오글로빈	Fe^{2+}	 선홍색
메트미오글로빈	Fe^{3+}	 적갈색
헤마틴	Fe^{3+}	 회갈색
니트로소미오글로빈	Fe^{2+}	 선홍색

(1) 난황과 우유의 카로티노이드

난황의 황색은 카로티노이드인 루테인, 제아잔틴, 크립토잔틴에서 기인한 것이며, 우유의 유지방과 육류의 지방에도 카로티노이드가 존재한다.

(2) 갑각류의 카로티노이드

새우나 게의 껍질은 적색의 카로티노이드인 아스타잔틴이 단백질과 결합함으로써 청록색을 나타낸다. 그러나 이것을 가열하면 단백질이 변성하여 분리되면서 적색의 아스타잔틴이 유리되고 더욱 가열이 진행되면 산화되어 적색의 아스타신이 되는데 이것이 익은 새우와 게에서 나타나는 색이다.

(3) 어패류의 카로티노이드

도미의 껍질이나 연어, 송어의 근육은 아스타잔틴에 의해 붉은색을 띠며, 조개류의 근육 색은 카로틴과 루테인에 의해 나타난다.

4. 식품의 갈변반응

식품을 가공·저장·조리할 때 식품 성분, 효소, 산소, 열 등이 관여하는 반응에 의해 식품이 갈색으로 변하는 현상을 갈변이라 한다. 갈변반응은 식품의 가공 또는 저장 중 단순히 갈색으로 변화되는 것뿐만 아니라 이때 형성된 성분들은 냄새와 맛에도 영향을 끼치며 일부의 경우에는 영양가의 감소도 가져오는 등 식품 품질에 큰 영향을 미친다.

식품에서 일어나는 갈변은 여러 가지가 있으나 일반적으로 효소가 관여하는 효소적 갈변반응과 효소가 관여하지 않는 비효소적 갈변반응으로 구분된다.

1) 효소적 갈변반응

(1) 갈변 원리

효소에 의한 갈변반응은 사과, 배, 복숭아, 바나나, 감자, 우엉 등 많은 종류의 과일과 채소들의 껍질을 벗기거나 조직을 파괴했을 때 일어나는데, 식품 중의 폴리페놀산화효소(polyphenol oxidase)가 산소와 접촉하면서 기질을 산화시켜 멜라닌이라는 갈색 물질을 만드는 반응이다. 대부분의 효소적 갈변반응은 신선한 채소나 과일의 기호도를 떨어뜨리는(그림 8-17) 반면에, 녹차가 발효될 때 녹차에 있던 카테킨, 갈로카테킨이 산화, 중합하여 홍차의 테아플라빈 색소를 만드는 갈변반응은 홍차의 품질에 중요한 색과 향미 성분의 생성에 기여하는 바람직한 결과를 나타내기도 한다.

그림 8-17 사과의 갈변반응

효소

갈변에 관여하는 효소는 폴리페놀산화효소, 폴리페놀레이스(polyphenolase), 다이페놀산화효소(diphenol oxidase)로 불리며, 구리를 함유하고 있는 금속 효소이다. 이 효소는 구리 이온에 의해 활성화되며 염소 이온에 의해서 억제된다. 갈변에 관여하는 또 다른 중요 효소인 티로시네이스는 넓은 의미로는 폴리페놀산화효소에 속하지만 아미노산인 티로신에만 작용하기 때문에 따로 분류하기도 한다. 작용 메커니즘도 다른 폴리페놀산화효소와 유사하며 특히 감자 갈변의 주요 효소이다.

기질

폴리페놀산화효소가 작용하는 기질은 클로로겐산, 카테킨류, 카테콜 등의 폴리페놀류로, 이들 기질의 함량 및 분포는 식품에 따라 다르고 이에 따라 갈변의 정도도 달라진다.

갈색 물질

사과나 배를 깎으면 공기 중의 산소와 접촉하면서 클로로겐산, 카테킨류 등의 폴리페놀류가 폴리페놀산화효소에 의해 퀴논으로 산화되고 이것이 산화, 중합, 축합되면서 갈색의 멜라닌을 형성한다(그림 8-18).

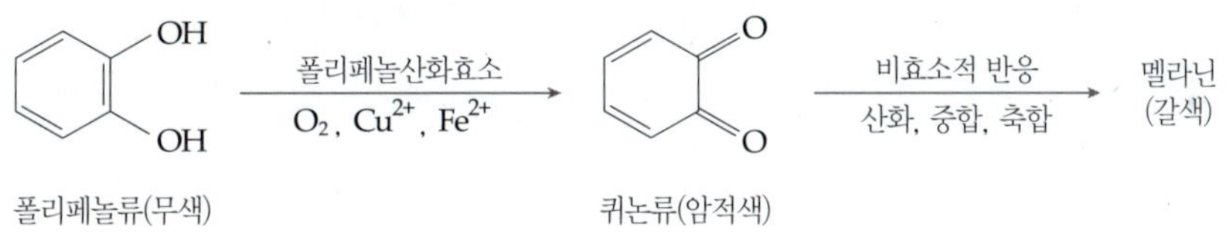

그림 8-18 폴리페놀산화효소에 의한 갈변반응

(2) 갈변반응의 억제법

일반적으로 갈변반응은 식품의 품질을 떨어뜨리므로 갈변을 억제하기 위해 여러 가지 방법들이 사용되고 있다. 효소적 갈변은 효소와 기질, 산소 세 가지 요소가 있어야만 일어나는 반응이므로 이들 중 하나라도 관여하지 못하도록 하면 갈변이 방지될 수 있다. 구체적인 효소적 갈변의 억제 방법은 〈표 8-7〉과 같다.

2) 비효소적 갈변반응

효소의 작용을 받지 않고 식품에 함유된 성분 또는 성분의 상호작용에 의해 갈변이 되는 것을 비효소적 갈변반응이라 하며, 마이야르 반응, 캐러멜화 반응(caramelization), 아

표 8-7 효소적 갈변의 억제 방법

작용 범위	방법	메커니즘	활용 예
효소	pH 조절	산의 첨가로 효소의 최적 pH를 벗어나게 되고 심하면 변성으로 인해 불활성화	과일 껍질을 벗기고 묽은 시트르산용액에 담그기
	가 열	폴리페놀산화효소는 60℃ 이상에서 불활성화	채소, 과일 통조림 가공 중 데치기
	효소저해제 이용	염소 이온이 효소의 작용 억제	과일 껍질을 벗기고 소금물에 담그기
	금속과의 접촉 차단	구리, 철 등의 금속이 효소작용 및 산화를 촉진하므로 접촉 차단	철제 칼 대신 스테인리스 과도로 과일 깎기
산소	산소 차단	산화 요인의 제거	탄산가스나 질소 등의 불활성가스 충전, 과일이나 토란 등 껍질을 벗기고 물에 담그기
	환원성 물질 이용	기질과 산소의 반응 저지	비타민 C 첨가
기질	기질 제거	반응물질인 기질을 제거하여 산화가 일어나지 않게 함	감자 껍질 제거 후 가공 전 물에 침지하여 티로신 제거

스코르브산 산화반응이 있다.

(1) 마이야르 반응

유리 알데하이드나 케톤기를 가진 환원당 또는 가수분해되어 환원당을 만들 수 있는 당류는 아미노기를 가진 질소화합물과 상호 반응하여 멜라노이딘이라는 갈색 물질을 형성하는데 이 반응을 마이야르 반응(아미노-카르보닐 반응, 멜라노이딘 반응)이라고 한다.

대부분의 식품이 당류와 아미노산을 포함하고 있으므로 조리나 식품 가공 중에 많이 볼 수 있는 반응이다. 이 반응은 식품의 색, 맛, 냄새 등을 향상시키나(그림 8-19) 라이신과 같은 필수아미노산의 파괴를 가져오기도 한다. 마이야르 반응이 일어난 식품으로는 커피, 빵, 과자, 맥주, 간장, 된장 등이 있다.

그림 8-19 빵의 마이야르 반응

반응에 영향을 주는 요인

온도 온도가 높아질수록 반응 속도는 급속도로 증가한다.

pH 일반적으로 pH가 높아질수록 반응 속도가 빨라진다.

당의 종류 당의 반응성은 그의 구조적 안정성이나 용액 중에 존재하는 개환된 사슬 구조(open-chain structure)의 양과 관계가 있다. 알도헥소스(aldohexose) 중에서는 마노스＞갈락토스＞글루코스 순으로 반응성이 크며, 육탄당보다는 오탄당이, 이당류보다는 단당류가 더 잘 반응한다.

화학적 저해 물질 아황산염, 황산염, 티올, 칼슘염 등은 마이야르 반응을 억제한다.

수분 수분의 함량이 적을수록 잘 일어나며, 수분활성도는 높을수록 반응 속도가 올라가 a_w 0.6~0.7 범위에서 최대에 이른다.

(2) 캐러멜화 반응

캐러멜화 반응은 마이야르 반응과 달리 아미노화합물 등이 존재하지 않는 상황에서 당류만을 160℃ 이상으로 가열했을 때 산화 및 분해 산물들이 중합, 축합하여 흑갈색의 캐러멜을 형성하는 열분해(pyrolysis)반응이다(그림 8-20). 캐러멜화에 적합한 조건은 pH 6.5~8.2이며 자연발생적으로 일어나지는 않는다.

캐러멜화 반응에서 생성된 각종 분해산물들은 식품의 향기나 맛, 색에 기여한다. 실제로 약식, 과자류 등의 착색을 위해 착색제로 이용되기도 한다.

(3) 아스코르브산 산화반응

아스코르브산은 강한 환원력을 가지고 있는 항산화제로, 효소적 갈변반응의 방지제로도 활용되고 있다. 그러나 아스코르브산이 비가역적으로 산화되면 항산화제로서의 기능을 상실하면서 산화생성물들이 계속 산화, 중합하거나 아미노화합물과 반응하여 갈색

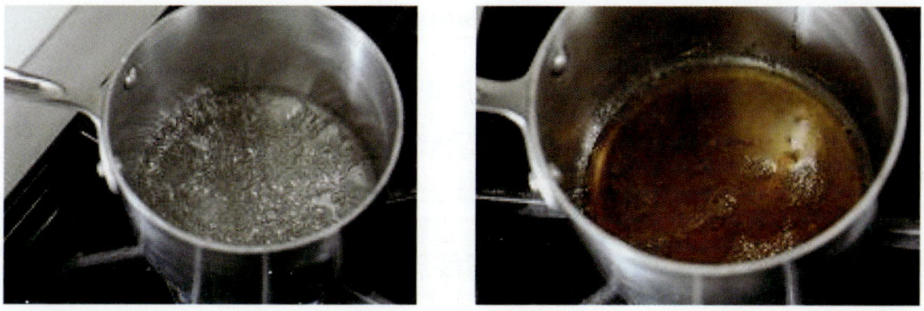

그림 8-20 설탕의 카라멜화 반응

물질을 형성한다.

아스코르브산의 산화에 의한 갈변은 pH가 낮을수록 잘 일어나며 산소의 유무와 관계없이 환원당에 의한 갈변보다도 쉽게 일어나므로 아스코르브산이 많은 감귤류의 가공품(오렌지주스, 분말오렌지 등)에서는 갈변이 문제가 될 수 있다.

연습문제

1. 오이피클을 만들 때 오이 색이 녹갈색으로 변화는 원리를 설명하시오.

2. 안토잔틴 색소가 산성과 알칼리성에서 변색이 일어나는 원리를 설명하고 식품의 예를 설명하시오.

3. 쇠고기를 가열 조리할 때 일어나는 색의 변화를 설명하시오.

4. 배의 껍질을 벗겨서 보관할 때 일어나는 갈변의 원리와 그 방지법을 설명하시오.

5. 커피를 볶을 때 일어나는 갈변현상과 설탕을 끓였을 때 일어나는 갈변현상의 차이를 설명하시오.

식품의 물성

학습목표

1. 콜로이드용액의 종류를 설명할 수 있다.
2. 식품의 텍스처 특성과 측정 방법을 설명할 수 있다.
3. 졸과 겔의 특성을 설명할 수 있다.
4. 유화 특성을 설명할 수 있다.

식품의 기호에 영향을 미치는 요인은 맛, 냄새, 색 이외에도 입안에서 느껴지는 촉감이 중요한데 이것이 식품의 물리적 성질이다. 식품이 가지는 이러한 물리적 특성은 식품의 조리 및 가공 적성을 결정하는 데 중요하다.

물성(rheology)은 흐름을 포함한 물질의 변형으로 외부에서 힘이 가해졌을 때 물질이 반응하는 성질을 말한다. 식품과 관계된 물성은 콜로이드(colloid, 교질)와 텍스처(texture) 2가지이다.

1. 식품의 콜로이드

액체 식품은 용매에 분산되어 있는 용질 입자의 크기에 따라 세 가지로 나뉜다(그림 9-1). 물에 직경 1 nm(10^{-9}) 이하의 크기를 가진 용질이 녹아 균질한 상태를 유지하는 용액을 진용액(true solution)이라 한다. 가장 안정한 상태의 진용액으로는 소금이나 설탕이 물에 녹아 있는 소금물, 간장, 설탕시럽 등이 있다. 현탁액(suspension)은 입자가 커서 저어 주면 섞이지만 방치하면 입자가 분리되어 가라앉는 불안정한 상태의 용액이다. 지방이나 생전분 입자가 찬물에 녹아 있는 용액이 현택액의 예이다. 콜로이드용액(colloidal solution)은 입자가 진용액과 현탁액 용질의 중간 크기를 가진 용액으로, 입자가 녹지도 가라앉지도 않고 잘 분산되어 존재한다. 단백질, 펙틴물질, 헤미셀룰로스와 조리된 전분 용액이 일반적인 콜로이드용액의 예이다.

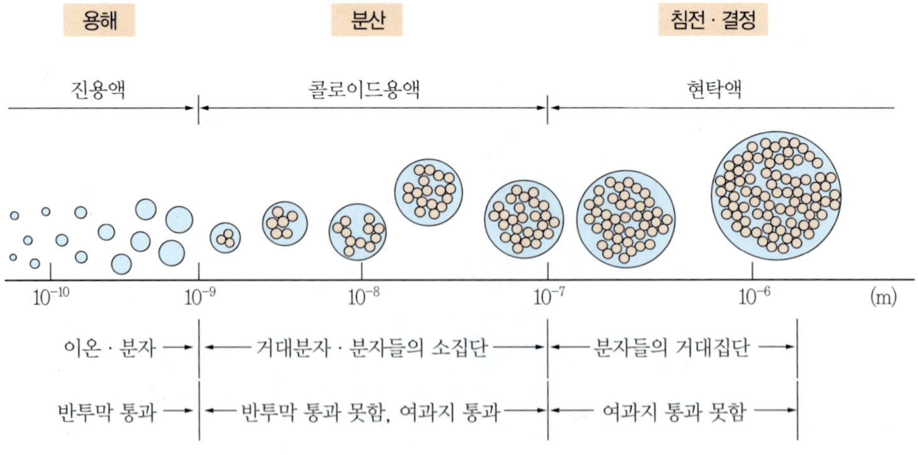

그림 9-1 입자 크기에 따른 용액의 분류와 모식도

1) 콜로이드의 상태

콜로이드용액에서 분산되어 녹아 있는 물질을 분산상(disperse phase)이라 하고, 콜로이드용액을 연속적으로 이어 주고 분산시키고 있는 물질을 분산매(dispersion medium)라고 한다. 이를 통틀어 분산계(dispersion system) 또는 콜로이드(colloid)라고 하는데 식품에서는 〈표 9-1〉과 같은 다양한 분산계가 존재한다.

콜로이드 상태는 진용액과 현탁액의 중간 단계로 콜로이드 입자가 진용액의 입자보다 커서 분산매에서 빠르게 움직이지 못한다. 따라서, 콜로이드용액은 진용액처럼 균질하고 안정한 상태는 아니지만 콜로이드 입자의 브라운 운동, 분산된 입자 표면의 동일 전하 사이의 반발력으로 콜로이드 입자가 서로 떨어져 있게 하는 힘, 콜로이드 입자 표면에 물 분자가 결합되어 보호막을 형성하는 것과 같은 요인에 의해 쉽게 침전되지 않고 안정화될 수 있다.

표 9-1 콜로이드의 종류

분산매	분산상	분산계	예
액체	기체	거품	맥주거품, 사이다, 난백의 기포
	액체	유화액	우유, 마요네즈, 크림
	고체	졸(sol)	된장국, 전분액
고체	기체	거품	빵, 과자
	액체	겔(gel)	양갱, 치즈, 두부
	고체	고체 졸	사탕

(1) 졸

콜로이드용액 중에서 분산매가 액체이고, 분산상이 고체인 콜로이드 입자가 분산되어 전체가 액체 상태일 때를 졸(sol)이라 한다. 우유, 된장국, 호화전분액, 달걀흰자, 수프, 한천과 젤라틴을 넣고 끓인 용액 등이 졸에 속한다(그림 9-2). 호화전분이나 젤라틴 수용액과 같이 분산매와 분산상 사이에 친화성이 있어 잘 분리되지 않고 안정한 상태를 유지하고 있는 상태를 친수성 졸(hydrophilic sol)이라 한다. 한편, 분산상과 분산매가 서로 친화성이 적어 소량의 전해질 첨가로 입자가 가까이 닿게 되면 서로 합쳐져 안정성이 깨지는 졸을 소수성 졸(hydrophobic sol)이라 한다(표 9-2). 소수성 졸에 젤라틴과 같은 친수성 졸

> **보호콜로이드**
> 아이스크림을 만들 때 첨가되는 젤라틴이나 전분, 덱스트린 등은 우유 단백질의 응결을 방지하고 얼음결정이 커지는 것을 방지하는 보호콜로이드 역할을 한다.

된장국 생달걀 우유 수프

그림 9-2 졸 상태의 식품

표 9-2 졸과 겔을 형성하는 혼합액의 분류

분 류	용 액	특 성
상에 따른 분류	현탁액	액체 속에 고체가 분산되어 있는 상태
	유화액	액체 속에 액체가 분산되어 있는 상태
친화성에 따른 분류	친수성 콜로이드	분산매와 분산상 간에 친화성이 존재하며 전해질을 넣어도 콜로이드 상태 유지
	소수성 콜로이드	분산상과 분산매 간에 친화성이 적어 전해질을 넣으면 침전

을 첨가하면 용액의 안정성이 높아지는데, 이러한 친수성 졸을 보호콜로이드라고 한다.

(2) 겔

졸이 냉각하여 굳거나 물의 증발로 분산매가 줄어들어 반고체 상태로 굳어지는 것을 겔이라 한다. 예를 들어, 뜨거운 전분 분산액이나 젤라틴 분산액을 식히면 굳어서 겔이 된다. 겔은 용해도 감소 또는 응고에 의하여 형성되는데, 겔이 형성되는 동안 비교적 커다란 콜로이드 입자가 헐겁게 결합하여 연속적인 망상구조를 형성하여 분산매로 전이되며, 그 내부에 액체를 분산상으로 가두게 된다. 겔은 일반적으로 온도가 낮고 농도가 높을수록 잘 일어나며, 일정한 온도와 농도에서 방치 시간이 길어지면 점도가 증가하면서 겔 형성 능력이 커진다. 식품에서 겔 형성은 달걀, 두부, 치즈, 젤라틴 같은 단백질 겔, 과일 잼이나 젤리 같은 펙틴 겔, 전분 묵, 양갱 같은 당질 겔 등이 있다(그림 9-3).

두부

딸기잼

삶은 달걀

치즈

그림 9-3 겔 상태의 식품

(3) 유화

식품 중에는 서로 혼합되지 않는 두 액체가 미세하게 잘 분산되어 있는 상태가 있다. 분산질인 액체가 분산매인 액체에 녹지 않고 미세하게 잘 분산되어 있는 콜로이드 상태를 유화(emulsion)라고 한다. 물과 기름의 혼합물은 서로 섞이지 않아 불안정한 상태이나 유화제를 첨가하면 두 액체 면에 작용하여 계면장력을 낮추어 줌으로써 두 액체가 혼합되어 안정한 상태의 유화액을 형성할 수 있다. 유화제는 한 분자 내에 친수성기와 소수성기를 동시에 가진 양성물질로 친수기는 물과 결합하고 소수기는 기름과 결합하여 물과 기름의 계면에 피막을 형성함으로써 계면장력을 낮출 수 있다. 유화액에는 물속에 기름이 분산되어 있는 수중유적형(oil in water, O/W)과 기름 속에 물이 분산되어 있는 유중수적형(water in oil, W/O) 두 가지 형태가 있다. 수중유적형에는 우유, 아이스크림, 마요네즈 등이 속하고, 유중수적형에는 버터, 마가린 등이 있다(그림 9-4). 유화제로는 단백질, 난황이나 콩의 레시틴, 모노아실글리세롤(monoacylglycerol)과 다이아실글리세롤(diacylglycerol) 등이 있다.

마요네즈

아이스크림

버터

마가린

그림 9-4 유화액

(4) 거품

거품(foam)은 분산매인 액체에 기체가 분산되어 있는 콜로이드 상태로, 휘핑크림, 난백거품 등이 있다. 기체는 가벼워서 액체 속에서 위로 떠오르기 때문에 안정한 분산계를 형성하지 못하므로 유화액에 유화제가 들어가야 안정화되듯이, 거품의 경우에도 기체와 액체 사이에 기포제가 흡착되어 막을 이루어야 안정화된다. 기포제는 수용성 단백질이나 사포닌 등으로 물과 공기 사이의 계면에 흡착되어 거품을 잘 유지시키는 역할을 한다. 달걀흰자나 젤라틴 등에 함유된 수용성 단백질이 기포를 일으키는 데 사용된다. 맥주의 하얀 거품은 맥주 중의 단백질과 호프 성분이 기체와 액체 표면에 흡착하여 미세하고 맛있는 거품을 만든다. 사이다와 같은 탄산음료는 탄산을 많이 함유하고 있으나 컵에 따르면 거품이 바로 사라지는데 이는 기포제가 없기 때문이다. 맥주의 경우는 풍부하고 흰 거품이 바람직하지만 두부를 제조할 때에는 거품이 생기는 것이 바람직하지 않으므로 거품이 생기는 것을 막기 위하여 소포제를 사용하기도 한다.

2) 콜로이드 성질

콜로이드용액은 소금, 설탕 등을 물에 녹인 진용액과는 서로 다른 성질을 가진다. 콜로이드용액은 입자 크기, 입자 모양과 굴곡성, 입자 표면의 성질, 입자와 입자 사이의 상호작용 등에 따라 다른 성질을 나타낸다(표 9-3).

표 9-3 콜로이드용액의 성질

특 성	성 질
브라운 운동	• 액체나 기체 내에 미립자가 부유하고 있으면서 입자가 불규칙한 운동을 하고 있는 상태 • 물 분자가 항상 불규칙한 운동을 하고 있어 떠도는 콜로이드 입자와 충돌하여 일어나는 현상 • 브라운 운동에 의하여 입자가 침전하지 않고 안정하게 물속에 분산
틴달(Tyndall)현상	• 콜로이드용액에 강한 빛을 비치면 콜로이드 입자가 가시광선을 산란시켜 빛의 통로가 희게 보이는 현상
반투성	• 이온과 같이 작은 분자는 통과하나 콜로이드 입자와 같이 큰 입자는 통과하지 못하는 성질
흡 착	• 콜로이드 입자의 표면적이 커서 다른 물질을 잘 흡착하는 성질
침전(coagulation)	• 소수성 졸 용액에 소량의 전해질을 넣으면 콜로이드 입자가 엉김 • 친수성 졸은 입자를 둘러싼 물에 의하여 안정화되어 있지만 과량의 전해질을 가하면 입자에 붙어 있던 물 분자가 떨어지면서 입자들이 엉기게 되는데 이를 염석(salting out)이라 함

2. 식품의 텍스처

텍스처는 식품을 입에 넣었을 때 입속(혀, 치아), 손, 귀, 눈, 피부에서 느껴지는 식품의 물리적 성질을 말한다. 텍스처 형성에는 물리적 요소와 화학적 요소가 함께 작용한다. 화학적 요소는 맛, 향기, 색 등을 발현하는 데 관여하며, 물리적 요소인 식품의 구조, 조직, 점성, 점조성 등이 텍스처 형성에 영향을 준다. 사과는 아삭아삭한 식감을 주고 가래떡은 씹으면 쫄깃하며 미역은 미끈미끈한 느낌을 주는 것 등을 텍스처라고 한다. 소비자는 부드럽거나, 바삭하거나, 입속에서 촉촉한 느낌의 다양한 텍스처를 지닌 식품을 선호한다. 식품의 텍스처는 주관적, 감각적 평가인 관능적 측정과 객관적인 기계적 측정의 결과를 종합하여 평가한다.

식품의 텍스처는 식품의 구조를 이루고 있는 요소들의 복합체가 인간의 감각체를 통하여 느껴지는 것으로 이를 표현하는 용어는 〈표 9-4〉와 같이 다양하다.

텍스처의 객관적 측정은 텍스트로미터(texturometer)로 측정할 수 있으며 힘(mass), 거리(distance), 시간(time)의 함수로 이루어진다. 치아가 씹는 작용을 모방하여 씹는 동작 2회를 반복했을 때의 텍스처 특성을 시간과 힘의 작용 관계로 나타낸 것으로 이 곡선으

표 9-4 조직의 특성과 조직을 표현하는 용어

<table>
<tr><th></th><th>일차적 변수</th><th>이차적 변수</th><th>관용어</th></tr>
<tr><td rowspan="8">기계적 특성
(mechanical characteristics)</td><td>점착성(adhesiveness)</td><td></td><td>끈적끈적한 - 들러붙는 - 찐득거리는</td></tr>
<tr><td rowspan="3">응집성(cohesiveness)</td><td>부서짐성(brittleness)</td><td>부서지기 쉬운 - 바삭 부서지는 - 잘 깨지는</td></tr>
<tr><td>씹힘성(chewiness)</td><td>부드러운 - 씹히는 - 거친</td></tr>
<tr><td>검성(gumminess)</td><td>바삭한 - 눅진한 - 풀 같은 - 껌 같은</td></tr>
<tr><td>탄력성(elasticity)</td><td></td><td>가소성의 - 탄성의</td></tr>
<tr><td>견고성(hardness)</td><td></td><td>부드러운 - 굳은 - 단단한</td></tr>
<tr><td>점성(viscosity)</td><td></td><td>묽은 - 되직한</td></tr>
<tr><td colspan="3" style="display:none"></td></tr>
<tr><td rowspan="2">기하학적 특성
(geometrical characteristics)</td><td colspan="2">입자의 모양과 배열(particle shape and orientation)</td><td>세포조직 상태의 - 결정형의 - 섬유상의</td></tr>
<tr><td colspan="2">입자의 크기와 모양(particle size and shape)</td><td>가루상의 - 입자 상태의 - 거친</td></tr>
<tr><td rowspan="3">다른 특성
(other characteristics)</td><td rowspan="2">유지 함량(fat content)</td><td>매끄러운(greasiness)</td><td>매끄러운</td></tr>
<tr><td>기름기가 있는(oiliness)</td><td>기름기가 있는</td></tr>
<tr><td>수분 함량(moisture content)</td><td></td><td>마른 - 물기가 있는 - 젖은 - 질퍽한</td></tr>
</table>

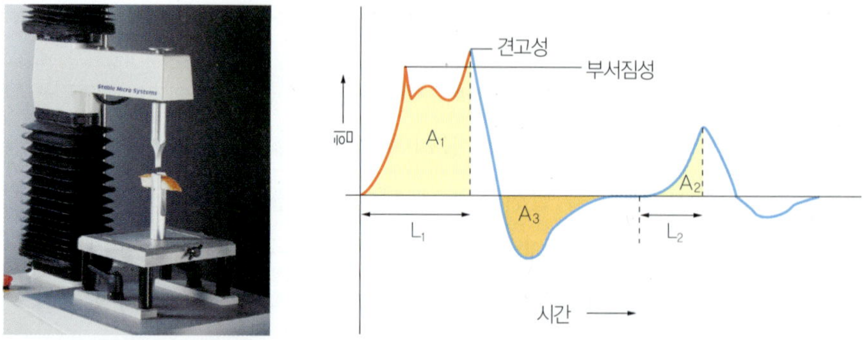

(A) (B)

- 견고성 : 첫 번째 피크의 최대 높이
- 탄력성 : L_2/L_1
- 검성 : 견고성×응집성
- 점착성 : A_3
- 부서짐성 : 첫 번째로 나타나는 중간 피크
- 응집성 : A_1/A_2
- 씹힘성 : 검성×탄력성

그림 9-5 텍스처의 기계적 측정 방법과 텍스처 곡선
자료 : McWilliams(2005), Food, Experimental Perspectives.

로 텍스처 특성을 구할 수 있다(그림 9-5).

3. 식품의 리올로지

리올로지(rheology)는 흐름(flow)을 포함한 물질의 변형(deformation)에 관한 학문으로, 외부의 힘이 가해졌을 때에 물질의 변형 및 흐름의 특성을 규명하고 이를 정량적으로 표현하는 학문이다. 예를 들어, 소비자가 사과 조직을 확인하기 위해 직접 만져보고 손가락으로 누르거나 찔러 보기도 하며 입에 넣고 씹어 봄으로써 조직이 단단한지 혹은 부드러운지 등의 특성을 이해하는 것과 같이, 식품 조직의 물리적 특성에 따라 작용하는 힘에 의해 일어나는 변형의 정도가 다른 특성들을 규명한다.

식품은 구조적으로 매우 복잡한 성분들이 서로 결합된 상태이므로 전체적인 구조는 이질적이다. 따라서, 특정한 한 가지 성분 또는 성질만으로 식품 전체의 조직 특성을 설명하는 것은 불가능하다. 탄성, 소성, 점성, 점탄성 등의 리올로지 특성이 복합적으로 작용하여 식품의 전체적인 구조 특성을 설명할 수 있다.

1) 탄성

탄성(elasticity)은 외부에서 힘을 가하면 비례하여 그 힘만큼 변형되었다가 외부에서 주어진 힘이 제거되면 바로 원형으로 되돌아가는 성질을 말한다. 스프링이나 고무줄을 손으로 당겼다가 놓으면 원상태로 돌아가는 것이 탄성의 대표적인 예이다. 식품에는 이상적인 탄성 성질을 가진 식품은 거의 존재하지 않는다. 식품 중 탄성을 나타내는 것은 젤라틴 겔, 두부, 한천 겔, 어묵 등이다(그림 9-6).

도토리묵 어묵 푸딩 두부

그림 9-6 탄성을 나타내는 식품

2) 소성

소성(plasticity)은 외부에서 힘의 작용을 받아 변형된 것이 힘을 제거하여도 원상태로 복귀하지 않는 성질을 말한다. 소성을 가진 식품은 어느 정도의 힘(항복치, yield stress)에 도달될 때까지는 변형이 일어나지 않으나 항복치 이상이 되면 변형이 일어난다. 소성을 나타내는 대표적인 식품은 버터, 마가린, 쇼트닝, 생크림 등이 있다(그림 9-7).

땅콩버터 버터 사우어크림

그림 9-7 소성을 나타내는 식품

3) 점성

시럽, 식용유, 수프, 국 등 액상 음식을 그릇에 담아 저으면 손에 느껴지는 저항감이 각기 다르다. 이러한 흐름에 대한 저항감을 점성(viscosity)이라 한다. 점도는 액체가 가지고

수프　　　　토마토퓌레　　　　메이플시럽

그림 9-8 점성을 나타내는 식품

있는 고유의 특성으로 끈적끈적한 정도를 나타낸다. 점성은 용매, 용질에 따라 다르다. 예를 들어, 간장이나 식초는 저항이 적어 비교적 잘 흐르고 점성이 적은 반면에 물엿, 수프, 토마토퓌레 등은 저항이 커서 점성이 큰 식품이다(그림 9-8).

4) 점탄성

점탄성(viscoelasticity)은 점성과 탄성의 양쪽 특성을 동시에 가지면서 양쪽의 중간적인

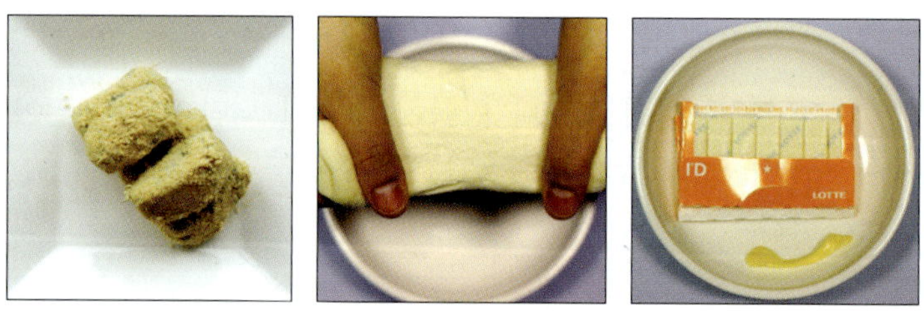

인절미　　　　밀가루 반죽　　　　껌

그림 9-9 점탄성을 나타내는 식품

표 9-5 점탄성체의 성질

성질	특성
예사성(spinability)	점액상 유체 중 난백이나 참마를 강하게 교반한 후 젓가락을 이용하여 끌어 올리면 실같이 꼬여 올라오게 되는 현상이다.
바이센베르그 효과 (Weissenberg's effect)	액체가 탄성을 지닌 경우에 나타나는데 연유에 젓가락을 세우고 회전시키면 연유가 젓가락을 따라 올라가는 현상이다.
경점성(consistency)	점탄성을 나타내는 식품의 경도를 경점성이라 한다. 상이한 형태와 크기를 가진 복합물질로 구성된 토마토케첩, 마요네즈 등이 이러한 특성이 적용된다.
신전성(extensibility)	국수 반죽과 같이 대체로 고체를 이루고 있으며, 긴 끈 모양으로 늘어나는 성질이다.

역학적 움직임을 나타내는 것을 말한다. 대부분의 식품이 가지고 있는 성질이지만 매우 복잡하고 관련 요인이 많아 측정하기가 어려운 편이다. 인절미, 씹은 껌, 밀가루 반죽을 늘였다가 놓으면 줄어드는 현상이 이러한 성질을 보여 준다. 점탄성체는 예사성, 바이센베르그 효과, 경점성, 신전성 등의 특성을 가진다(표 9-5).

연습문제

1. 입자 크기에 따라 용액을 분류하고 특성에 대하여 설명하시오.

2. 콜로이드의 종류를 분류하시오.

3. 콜로이드용액은 어떠한 성질을 갖는지 설명하시오.

4. 식품의 텍스처를 설명하는 용어에 대하여 설명하시오.

5. 식품의 리올로지 특성으로 무엇이 있는지 설명하시오.

식품의 기능성

학습목표

1. 식품 기능성의 정의를 이해하고 설명할 수 있다.
2. 지질, 탄수화물, 단백질, 식물성 생리활성물질의 기능성을 설명할 수 있다.
3. 건강기능식품에 대해 이해하고 설명할 수 있다.

인구의 고령화와 식습관 등으로 인한 질병이 증가함에 따라 건강의 질적 향상과 질병 예방을 위해 식품의 3차 기능인 생체조절 기능이 세계적인 관심사가 되고 있다. 우리나라는 1977년 영양식품이 분류된 이후 식품의 제3 기능에 주목하여 특수영양식품, 건강보조식품제도를 거쳐 현재 기능성을 가진 식품들이 건강기능식품으로 관리되고 있다. 건강기능식품은 불균형한 식사에서 결핍되기 쉬운 영양소나 인체에 유용한 기능을 가진 원료를 함유하여 건강에 도움을 주는 식품이다. 동물시험, 인체실험 등 과학적 근거를 갖는 원료는 건강기능식품의 기능성 원료로 사용되고 영양 기능 정보를 표시하여 소비자가 기능 정보를 바르게 알고 섭취하도록 관리하고 있다.

현재 우리나라의 건강기능식품은 「건강기능식품에 관한 법률」에 준하여 '인체에 유용한 기능성을 가진 원료나 성분을 사용하여 제조·가공한 식품'으로 정의한다. 여기서 기능성이라 함은 인체의 구조 및 기능에 대하여 영양소를 조절하거나 생리학적 작용 등과 같은 보건 용도에 유용한 효과를 나타내는 것을 말한다.

1. 건강기능식품

선진국의 경우는 국민의 건강 증진 및 국민 의료비 절감 등의 차원에서 국가 정책으로 건강기능식품에 관한 법률을 마련하여 국민 건강과 식품산업의 육성에 기여하고 있다. 우리나라 청장년층(20세 이상 64세 미만)의 절반 이상이 고혈압이나 당뇨, 비만 가운데 한 가지 이상의 질환을 갖고 있는 것으로 확인되고 있지만, 국민의 평균수명은 늘어나고 있어서 삶의 질을 의미하는 각종 건강 지표가 점점 떨어지고 있음을 보여 준다. 국내에서도 전 세계적으로 부각되고 있는 건강기능식품을 육성하기 위해 「건강기능식품에 관한 법률」을 제정하고 국민의 건강 증진 및 기능성, 안전성에 대한 과학적인 노력을 기울이고 있다. 〈표 10-1〉은 건강기능식품의 원료와 기능성에 관해 정리한 것으로 식품의약품안전처에서 규격과 기능성의 내용을 관리하고 있다.

1) 건강기능식품의 이해

건강식품(health food)이라는 용어 자체는 100년 이상 전 세계에서 널리 사용되어 왔다. 건강에 대한 사회적 요구가 증대되면서 건강 관련 식품에 관한 연구의 필요성이 강하게 제기되었다. 건강기능식품에 대한 본격적인 체계가 구체화되면서 1984년 식품의 특성을 크게 세 가지로 나뉘었다.

첫째, 영양분을 보급하는 영양 기능

둘째, 맛, 냄새, 색 등의 감각적, 기호적인 기능

셋째, 생체 기능의 조절에 도움이 되는 생체 조절 기능

이 중 세 번째 생체 조절 기능은 식품의 3차 기능으로 현재의 건강기능식품(functional food)의 근본적인 정의를 내리는 기초가 되었다.

우리나라는 현재 식품의약품안전처장이 기능성을 인정하여 고시한 원료 및 성분이 영양소 28종과 기능성 원료 67종으로 총 95종이며(표 10-2), 별도로 인정한 원료 또는 성분은 263종(표 10-3)이다(2016년 12월).

표 10-1 건강기능식품의 기능성 원료

	품목	기능성 내용	기능(지표)성분
1	인삼	면역력 증진·피로 개선에 도움을 줄 수 있음	진세노사이드 Rg1과 Rb1의 합
2	홍삼	면역력 증진·피로 개선·혈소판 응집 억제를 통한 혈액 흐름·기억력 개선·항산화에 도움을 줄 수 있음	진세노사이드 Rg1과 Rb1 및 Rg3의 합
3	엽록소 함유식물	피부건강·항산화에 도움을 줄 수 있음	총 엽록소
4	클로렐라	피부건강·항산화·면역력 증진에 도움을 줄 수 있음	총 엽록소
5	스피루리나	피부건강·항산화·혈중 콜레스테롤 개선에 도움을 줄 수 있음	총 엽록소
6	녹차 추출물	항산화작용·체지방 감소·혈중 콜레스테롤 개선에 도움을 줄 수 있음	카테킨
7	알로에 전잎	배변활동 원활에 도움을 줄 수 있음	안트라퀴논계 화합물(무수바바로인)
8	프로폴리스 추출물	항산화·구강에서의 항균작용에 도움을 줄 수 있음	총 플라보노이드
9	코엔자임 Q_{10}	항산화·높은 혈압 감소에 도움을 줄 수 있음	코엔자임 Q_{10}
10	대두이소플라본	뼈 건강에 도움을 줄 수 있음	대두이소플라본 비배당체〔배당체(Daidzin, Genistin, Glycitin)에 전환계수를 적용한 것과 비배당체(Daidzin, Genistin, Glycitin)의 합〕
11	구아바잎 추출물	식후 혈당 상승 억제에 도움을 줄 수 있음	총 폴리페놀
12	바나바잎 추출물	식후 혈당 상승 억제에 도움을 줄 수 있음	코로솔산

(계속)

	품목	기능성 내용	기능(지표)성분
13	은행잎 추출물	기억력 개선·혈행 개선에 도움을 줄 수 있음	플라보놀 배당체가 240~300 mg/g 함유 & 퀘세틴과 켐페롤 비율이 0.8~1.2
14	밀크씨슬(카르두스마리아누스) 추출물	간 건강에 도움을 줄 수 있음	실리마린
15	달맞이꽃 종자 추출물	식후 혈당 상승 억제에 도움을 줄 수 있음	PGG(Penta-O-galloyl beta-D-glucose)
16	EPA 및 DHA 함유 유지	혈중 중성지질 개선·혈행 개선에 도움을 줄 수 있음	DHA와 EPA의 합
17	감마리놀렌산 함유 유지	혈중 콜레스테롤 개선·혈행 개선에 도움을 줄 수 있음	감마리놀렌산
18	레시틴	혈중 콜레스테롤 개선에 도움을 줄 수 있음	인지질(아세틴불용물) 또는 포스파티딜콜린(대두레시틴은 100 mg/g 이상, 난황레시틴은 600 mg/g 이상 함유)
19	스쿠알렌	항산화에 도움을 줄 수 있음	스쿠알렌
20	식물스테롤/식물스테롤 에스테르	혈중 콜레스테롤 개선에 도움을 줄 수 있음	식물스테롤
21	알콕시글리세롤 함유 상어간유	면역력 증진에 도움을 줄 수 있음	알콕시글리세롤
22	옥타코사놀 함유 유지	지구력 증진에 도움을 줄 수 있음	옥타코사놀
23	매실 추출물	피로 개선에 도움을 줄 수 있음	구연산
24	공액리놀레산	과체중인 성인의 체지방 감소에 도움을 줄 수 있음	공액리놀레산
25	가르시니아캄보지아 추출물	탄수화물이 지방으로 합성되는 것을 억제하여 체지방 감소에 도움을 줌	총(-)-Hydroxy citric acid
26	루테인	노화로 인해 감소될 수 있는 황반색소 밀도를 유지하여 눈 건강에 도움을 줌	루테인
27	헤마토코쿠스 추출물	눈의 피로도 개선에 도움을 줄 수 있음	아스타잔틴
28	쏘팔메토 열매 추출물	전립선 건강 유지에 도움을 줄 수 있음	로르산
29	포스파티딜세린	노화로 인해 저하된 인지력 개선, 자외선에 의한 피부 손상으로부터 피부 건강 유지·피부 보습에 도움을 줄 수 있음	포스파티딜세린
30	글루코사민	관절 및 연골 건강에 도움을 줄 수 있음	글루코사민 황산염 또는 염산염
31	*N*-아세틸글루코사민	관절 및 연골 건강·피부 보습에 도움을 줄 수 있음	*N*-아세틸글루코사민
32	뮤코다당·단백	관절 및 연골 건강에 도움을 줄 수 있음	뮤코다당·단백(단백질과 콘드로이친황산 비율이 1.0~9.0)
33	구아검/구아검가수분해물	혈중 콜레스테롤 개선·식후 혈당 상승 억제·장내 유익균 증식·배변활동 원활에 도움을 줄 수 있음	식이섬유

(계속)

	품목	기능성 내용	기능(지표)성분
34	글루코만난(곤약, 곤약만난)	혈중 콜레스테롤 개선, 배변활동 원활에 도움을 줄 수 있음	식이섬유
35	귀리식이섬유	혈중 콜레스테롤 개선·식후 혈당 상승 억제에 도움을 줄 수 있음	식이섬유
36	난소화성 말토덱스트린	식후 혈당 상승 억제·혈중 중성지질 개선·배변활동 원활에 도움을 줄 수 있음	식이섬유
37	대두 식이섬유	혈중 콜레스테롤 개선·식후 혈당 상승 억제·배변활동 원활에 도움을 줄 수 있음	식이섬유
38	목이버섯 식이섬유	배변활동 원활에 도움을 줄 수 있음	식이섬유
39	밀 식이섬유	식후 혈당 상승 억제·배변활동 원활에 도움을 줄 수 있음	식이섬유
40	보리 식이섬유	배변활동 원활에 도움을 줄 수 있음	식이섬유
41	아라비아검(아카시아검)	배변활동 원활에 도움을 줄 수 있음	식이섬유
42	옥수수겨 식이섬유	혈중 콜레스테롤 개선·식후 혈당 상승 억제에 도움을 줄 수 있음	식이섬유
43	이눌린/치커리 추출물	혈중 콜레스테롤 개선·식후 혈당 상승 억제·배변활동 원활에 도움을 줄 수 있음	식이섬유
44	차전자피 식이섬유	혈중 콜레스테롤 개선·배변활동 원활에 도움을 줄 수 있음	식이섬유
45	폴리덱스트로스	배변활동 원활에 도움을 줄 수 있음	식이섬유
46	호로파종자 식이섬유	식후 혈당 상승 억제에 도움을 줄 수 있음	식이섬유
47	알로에겔	피부 건강·장 건강·면역력 증진에 도움을 줄 수 있음	고형분 중 총 다당체
48	영지버섯 자실체 추출물	혈행 개선에 도움을 줄 수 있음	베타글루칸
49	키토산/키토올리고당	혈중 콜레스테롤 개선·체지방 감소에 도움을 줄 수 있음	키토산/키토올리고당
50	프락토올리고당	유익균 증식 및 유해균 억제·칼슘 흡수·배변활동 원활에 도움을 줄 수 있음	프락토올리고당
51	프로바이오틱스	유산균 증식 및 유해균 억제·배변활동 원활에 도움을 줄 수 있음	생균 수
52	홍국	혈중 콜레스테롤 개선에 도움을 줄 수 있음	총 모나콜린 K(활성형 모나콜린 K가 확인되어야 함)
53	대두단백	혈중 콜레스테롤 개선에 도움을 줄 수 있음	조단백질(다이드제인 및 제니스테인이 확인되어야 함)
54	테아닌	스트레스로 인한 긴장 완화에 도움을 줄 수 있음	L-테아닌
55	엠에스엠(Methylsulfonyl methane, MSM)	관절 및 연골 건강에 도움을 줄 수 있음	엠에스엠(MSM)

(계속)

품목		기능성 내용	기능(지표)성분
56	폴리감마글루탐산	체내 칼슘 흡수 촉진에 도움을 줄 수 있음	폴리감마글루탐산
57	히알루론산	피부 보습에 도움을 줄 수 있음	히알루론산
58	홍경천 추출믈	스트레스로 인한 피로 개선에 도움을 줄 수 있음	로사빈
59	빌베리 추출물	눈의 피로 개선에 도움을 줄 수 있음	총 안토시아노사이드
60	마늘	혈중 콜레스테롤 개선에 도움을 줄 수 있음	Alliin
61	라피노스	장내 유익균의 증식과 유해균의 억제·배변활동을 원활히 하는 데 도움을 줄 수 있음(2017. 7. 1부터 시행)	라피노스
62	분말한천	배변활동에 도움을 줄 수 있음(2017. 7. 1부터 시행)	식이섬유
63	크레아틴	근력 운동 시에 운동수행능력 향상에 도움을 줄 수 있음(2017. 7. 1부터 시행)	크레아틴모노하이드레이트
64	유단백가수분해물	스트레스로 인한 긴장 완화에 도움을 줄 수 있음(2017. 7. 1부터 시행)	αS1-casein(f91-100) (Tyr1 Leu Gly Tyr Leu Glu Gln Leu Leu Arg10)
65	상황버섯 추출물	면역기능 개선에 도움을 줄 수 있음(2017. 7. 1부터 시행)	베타글루칸
66	토마토 추출물	항산화에 도움을 줄 수 있음(2017. 7. 1부터 시행)	all-*trans*-라이코펜
67	곤약감자 추출물	피부 보습에 도움을 줄 수 있음(2017. 7. 1부터 시행)	글루코실세라미드 (Glucosylceramide)

자료 : 식품의약품안전처 식품안전정보포털(http://www.foodsafetykorea.go.kr)

표 10-2 건강기능식품의 원료 또는 성분(95종)

구분	기능성을 가진 원료 또는 성분
영양소 (28종)	• 비타민 및 무기질(또는 미네랄) 25종 : 비타민 A, 베타카로틴, 비타민 D, 비타민 E, 비타민 K, 비타민 B_1, 비타민 B_2, 나이아신, 판토텐산, 비타민 B_6, 엽산, 비타민 B_{12}, 비오틴, 비타민 C, 칼슘, 마그네슘, 철, 아연, 구리, 셀레늄(또는 셀렌), 요오드, 망간, 몰리브덴, 칼륨, 크롬 • 필수지방산 • 단백질 • 식이섬유
기능성 원료 (67종)	• 인삼, 홍삼, 엽록소 함유식물, 클로렐라, 스피루리나, 녹차 추출물, 알로에전잎, 프로폴리스추출물, 코엔자임Q_{10}, 대두이소플라본, 구아바잎추출물, 바나바잎추출물, 은행잎추출물, 밀크씨슬(카르두스마리아누스)추출물, 달맞이꽃종자추출물, 오메가-3 지방산 함유 유지, 감마리놀렌산 함유 유지, 레시틴, 스쿠알렌, 식물스테롤/식물스테롤에스테르, 알콕시글리세롤 함유 상어간유, 옥타코사놀 함유 유지, 매실추출물, 공액리놀레산, 가르시니아캄보지아추출물, 루테인, 헤마토코쿠스추출물, 쏘팔메토열매추출물, 포스파티딜세린, 글루코사민, *N*-아세틸글루코사민, 뮤코다당·단백, 알로에겔, 영지버섯자실체추출물, 키토산/키토올리고당, 프락토올리고당, 프로바이오틱스, 홍국, 대두단백, 테아닌, 엠에스엠(Methyl sulfonylmethane, MSM), 폴리감마글루탐산, 마늘, 히알루론산, 홍경천추출물, 빌베리추출물, 라피노스, 크레아틴, 유단백가수분해물, 상황버섯추출물, 토마토추출물, 곤약감자 추출물

(계속)

구분	기능성을 가진 원료 또는 성분
기능성 원료 (67종)	• 식이섬유(15종) : 구아검/구아검가수분해물, 글루코만난(곤약, 곤약만난), 귀리식이섬유, 난소화성말토덱스트린, 대두식이섬유, 목이버섯식이섬유, 밀식이섬유, 보리식이섬유, 아라비아검(아카시아검), 옥수수겨식이섬유, 이눌린/치커리추출물, 차전자피식이섬유, 폴리덱스트로스, 호로파종자식이섬유, 분말한천

※ 라피노스, 분말한천, 레아틴, 유단백가수분해물, 상황버섯추출물, 토마토추출물, 곤약감자추출물 : 2017. 7. 1. 시행
자료 : 식품의약품안전처 식품안전정보포털(http://www.foodsafetykorea.go.kr)

표 10-3 개별 인정형 기능성 원료 현황(263종)

번호	기능성		기능성 원료	건수
1	간 건강	간 건강에 도움	도라지추출물, 밀크씨슬추출물, 발효울금, 복분자추출물(분말), 브로콜리스프라우트분말, 표고버섯균사체추출물(분말), 표고버섯균사체, 유산균 발효 마늘추출물	8
		알콜성 손상으로부터 간 보호에 도움	유산균 발효 다시마추출물, 헛개나무과병추출물	2
2	갱년기 남성 건강	갱년기 남성의 건강에 도움	MR-10민들레 등 복합추출물, 마카 젤라틴화 분말, 옻나무 추출분말	3
3	갱년기 여성 건강	갱년기 여성의 건강에 도움	프랑스해안송껍질추출물, 백수오 등 복합추출물, 석류추출물, 홍삼(홍삼농축액), 석류농축액, 회화나무열매추출물, 오미자추출물	7
4	과민피부 상태 개선	면역과민반응에 의한 피부 상태 개선에 도움	L. sakei Probio 65, 감마리놀렌산 함유 유지, 과채유래유산균(L.plantarum CJLP133), 프로바이오틱스 ATP	4
5	관절/뼈 건강	관절 건강에 도움	CMO 함유FAC(Fatty acid Complex), N-아세틸글루코사민, Dimethylsulfonylmethane(MSM), 가시오갈피 등 복합추출물, 강황추출물, 글루코사민, 까마귀쪽나무 열매 주정추출물, 닭가슴연골분말, 로즈힙분말, 보스웰리아 추출물, 비즈왁스알코올, 전칠삼추출물 등 복합물, 지방산복합물, 차조기 등 복합추출물, 초록입홍합추출오일, 호프추출물, 황금추출물 등 복합물, 참당귀추출분말	18
		뼈 건강에 도움	가시오가피숙지황 복합추출물, 대두이소플라본, 흑효모배양액분말, 유단백추출물	4
6	기억력 개선	기억력 개선에 도움	구기자추출물, 녹차추출물/테아닌복합물, 당귀 등 추출복합물, 비파엽추출물, EPA 및 DHA 함유 유지, 원지추출분말, 은행잎추출물, 인삼가시오갈피 등 혼합추출물, 테아닌 등 복합추출물, 피브로인효소가수분해물, 홍삼(홍삼농축액), 천마 등 복합추출물(HX106)	12
7	긴장 완화	스트레스로 인한 긴장 완화에 도움	L-테아닌, 아쉬아간다추출물, 유단백가수분해물, 돌외잎추출물	4
8	눈 건강	눈의 피로도 개선에 도움	빌베리추출물, 헤마토코쿠스추출물	2
		눈 건강에 도움	들쭉열매추출물, 루테인/지아잔틴복합추출물, 루테인복합물, 루테인지아잔틴복합추출물20%, 마리골드추출물(루테인에스테르), 지아잔틴추출물, EPA 및 DHA 함유 유지	7

(계속)

번호	기능성		기능성 원료	건수
9	면역기능 개선	면역력 증진에 도움	L-글루타민, 게르마늄효모, 금사상황버섯, *Enterococcus faecalis* 가열처리건조분말, 당귀혼합추출물, 동충하초 주정추출물, 스피루리나, 클로렐라, 청국장균 배양정제물(폴리감마글루탐산칼륨), 표고버섯균사체, 효모베타글루칸, 인삼다당체추출	12
		과민면역반응 완화에 도움	*Enterococcus faecalis* 가열처리건조분말, 구아바잎추출물 등 복합물, 다래추출물, 소엽추출물, 피카오프레토 분말 등 복합물, 합성 PLAG	6
10	배뇨기능 개선	방광에 의한 배뇨기능 개선에 도움	호박씨추출물 등 복합물	1
11	수면질 개선	수면의 질 개선에 도움	감태추출물	1
12	어린이 성장발육	어린이 키 성장에 도움	황기추출물 등 복합물(HT042)	1
13	여성 질건강	유산균 증식을 통한 여성 질 건강에 도움	UREX 프로바이오틱스	1
14	월경전 상태 개선	월경 전 변화에 의한 불편한 상태 개선	감마리놀렌산 함유 유지	1
15	위 건강/소화기능	헬리코박터균 증식 억제 및 위 건강에 도움	감초추출물	1
		위 불편감 개선에 도움	매스틱검	1
		위점막을 보호하여 위 건강에 도움	비즈왁스알코올	1
		담즙 분비를 촉진하여 지방 소화에 도움	아티초크추출물	1
16	요로 건강	요로 건강에 도움	크랜베리추출물, 파크랜 크랜베리추출분말	2
17	운동수행 능력	운동 능력 향상에 도움	마카젤라틴화분말, 크레아틴, 헛개나무과병추출분말	3
		지구력 증진에 도움	동충하초 발효추출물	1
18	인지 능력 향상	인지 능력 개선에 도움	*Lactobacillus Helveticus* 발효물, 도라지추출물(DRJ-AD), 참당귀뿌리추출물, 참당귀추출분말, 포스파티딜세린	5
19	장 건강	장내 유익균 증식 및 유해균 억제에 도움	갈락토올리고당, 구아검가수분해물, 대두올리고당, 라피노스, 락추로스파우더, 밀전분 유래 난소화성 말토덱스트린, 이소말토올리고당, 자일로올리고당, 커피만노올리고당분말, 프락토올리고당	10
		면역을 조절하여 장 건강에 도움	프로바이오틱스(VSL#3)	1
		배변활동 원활에 도움	대두올리고당, 라피노스, 목이버섯, 무화과페이스트, 분말한천, 이소말토올리고당, 자일로올리고당, 커피만노올리고당, 프락토올리고당	9
20	전립선 건강	전립선 건강 유지에 도움	쏘팔메토열매추출물, 쏘팔메토열매추출물 등 복합물	2

(계속)

번호	기능성		기능성 원료	건수
21	정자 운동성	정자 운동성 개선에 도움	마카젤라틴화분말	1
22	체지방 감소	체지방 감소에 도움	*Lactobacillus gasseri* BNR17, L-카르니틴타르트레이트, 가르시니아 캄보지아껍질추출물, 공액리놀렌산(유리지방산), 공액리놀렌산(트리글리세라이드), 그린마떼추출물, 그린커피빈추출물, 깻잎추출물, 녹차추출물, 대두배아추출물 등 복합물, 돌외잎주정추출분말, 락토페린(우유정제단백질), 레몬 밤 추출물 혼합분말, 마테열수추출물, 미역 등 복합추출물(잔티젠), 발효식초석류복합물, 보이차추출물, 서목태(쥐눈이콩) 펩타이드복합물, 식물성유지 디글리세라이드, 와일드망고 종자추출물, 중쇄지방산(MCFA) 함유 유지, 콜레우스포스콜리추출물, 키토산, 키토올리고당, 풋사과추출폴리페놀, 핑거루트추출분말, 히비스커스 등 복합추출물	27
23	치아 건강	충치 발생 위험 감소에 도움	자일리톨	1
24	칼슘 흡수 촉진	칼슘 흡수에 도움	폴리감마글루탐산, 프락토올리고당	2
25	피로 개선	피로 개선에 도움	발효생성아미노산복합물, 헛개나무과병추출물, 홍경천추출물	3
26	피부 건강	자외선에 의한 피부 손상 피부 건강을 유지하는 데 도움	소나무껍질추출물 등 복합물, 메론추출물, 포스파티딜세린, 프로바이오틱스HY7714, 핑거루트추출분말, 홍삼·사상자·산수유복합추출물	6
		피부 보습에 도움	AP콜라겐 효소분해펩타이드, Collactive 콜라겐펩타이드, *N*-아세틸글루코사민, 곤약감자추출물, 민들레 등 복합추출물, 쌀겨추출물, 옥수수배아추출물, 저분자콜라겐펩타이드, 지초추출분말, 포스파티딜세린, 히알루론산, 프로바이오틱스HY7714, 콩 보리 발효복합물, 밀배유추출물, 핑거루트추출분말	15
27	항산화	항산화에 도움	녹차추출물, 대나무잎추출물, 메론추출물, 복분자추출물(분말), 비즈왁스알코올, 유비퀴놀, 코엔자임Q_{10}, 토마토추출물, 포도종자추출물, 프랑스해안송껍질추출물, 홍삼(홍삼농축액)	11
28	혈당 조절	식후 혈당 상승 억제에 도움	L-arabinose, nopal추출물, 계피추출분말, 구아바잎추출물, 난소화성말토덱스트린, 동결건조누에분말, 마주정추출물, 바나바잎추출물, 상엽추출물, 서목태(쥐눈이콩) 펩타이드복합물, 솔잎증류농축액, 실크단백질효소가수분해물, 알부민, 인삼가수분해 농축액, 잔나비걸상버섯균사체(인정 취소), 지각상엽추출혼합물, 콩발효추출물, 타가토스, 탈지달맞이꽃종자추출물, 피니톨, 홍경천 등 복합추출물, 히드록시프로필메틸셀룰로오스	22
29	혈압 조절	높은 혈압 감소에 도움	L-글루타민산 유래 GABA함유분말, 가쯔오부시올리고펩타이드, 나토균배양분말, 서목태(쥐눈이콩) 펩타이드복합물, 연어펩타이드, 올리브잎추출물, 정어리펩타이드, 카제인가수분해물, 코엔자임Q_{10}, 포도씨효소분해추출분말, 해태올리고펩티드	11
30	혈중 중성지질 개선	혈중 중성지질 개선에 도움	DHA농축유지, 글로빈가수분해물, 난소화성말토덱스트린, 대나무잎추출물, 식물성유지 디글리세라이드, 정어리정제어유, 정제오징어유	7

(계속)

번호	기능성		기능성 원료	건수
31	혈중 콜레스테롤 개선	혈중 콜레스테롤 개선에 도움	녹차추출물, 대나무잎추출물, 보리베타글루칸추출물, 보이차추출물, 사탕수수왁스알코올, 스피루리나, 식물스타놀에스테르, 씨폴리놀 감태주정추출물, 아마인, 알로에복합추출물, 알로에추출물, 적포도발효농축액, 클로렐라, 홍국쌀, 창녕양파추출액	15
32	혈행 개선	혈행 개선에 도움	DHA농축유지, L-아르기닌, 나토균배양분말, 나토배양물, 메론추출물, 은행잎추출물, 정어리정제어유, 정제오징어유, 카카오분말, 프랑스해안송껍질추출물, 홍삼(홍삼농축액)	11
총 계				263

1) ----- : 고시된 원료로 전환된 원료
2) 인정된 기능성 원료는 총 263개이나, 동일한 원료에서 2개 이상 기능성이 인정된 경우가 포함되어 합산되었음
자료 : 식품의약품안전처 식품안전정보포털(http://www.foodsafetykorea.go.kr)

건강기능식품의 시장 규모

'2016 건강기능식품 국내 시장 규모 동향 분석'에 따르면 건강기능식품 매출(2016)은 2조 1,260억 원을 기록해 전년보다 16.6% 증가하였다. 생산 실적은 1조 4,700억 원으로 전년 동기 대비 29.9% 늘었다. 품목별 매출 현황을 살펴보면 다음과 같다. 건강기능식품에 대한 소비자의 수요가 늘면서 다양한 제품이 출시되고 있으며, 시장 규모도 꾸준히 성장하고 있다.

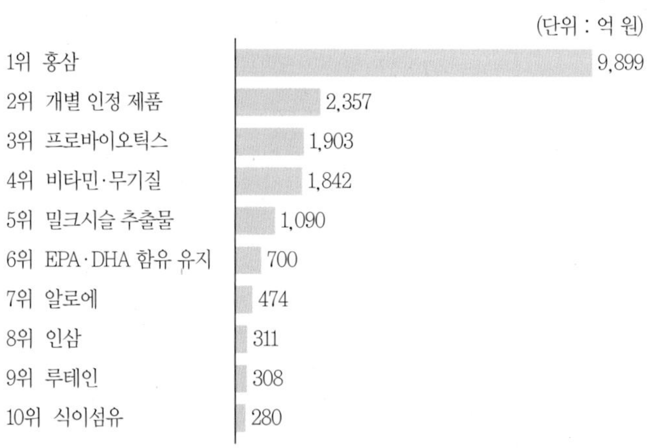

자료 : 식품의약품안전처

2) 건강기능식품의 평가

기능성 원료의 인체에서의 기능성을 과학적으로 입증할 수 있는 인체 적용시험, 동물시험, 시험관시험, 총설, 전통적 사용의 근거작용 등에 관한 자료 검토를 거쳐 기능성 표시 여부가 결정된다. 무작위 배정 대조군과의 중재시험에서 식품 성분과 기능성과의 관

계가 일관된 연관성을 나타내면 "질병 발생위험 감소" 표시가 가능하다는 평가를 한다. 콜레스테롤 조절, 혈압 조절, 혈액응고 방지, 체지방 혈당 조절, 항산화, 뼈와 관절 건강, 장 건강 등의 시험을 통해 건강기능식품의 기능성이 평가되었다.

현재는 장 건강에 도움을 주는 식품, 건강한 콜레스테롤 유지에 도움을 주는 식품, 건강한 혈액 흐름에 도움을 주는 식품, 건강한 혈압 유지에 도움을 주는 식품, 건강한 체지방 유지에 도움을 주는 식품, 건강한 혈당 유지에 도움을 주는 식품, 건강한 인체에 유해한 활성산소 제거에 도움을 주는 식품, 건강한 면역 기능 유지에 도움을 주는 식품, 뼈와 관절 건강에 도움을 주는 식품, 인지 능력에 도움을 주는 식품, 치아 건강에 도움을 주는 식품이 건강기능식품으로 인정된다.

건강기능식품에 관한 궁금증

1. 의약품의 '효능 효과'와 다르다?

많은 사람이 건강기능식품을 질병을 치료하는 의약품으로 오해하고 있다. 건강기능식품의 기능성은 의약품과 같이 질병의 직접적인 치료나 예방을 하는 것이 아니라 인체의 정상적인 기능을 유지하거나 생리 기능 활성화를 통하여 건강을 유지하고 개선하는 것이다.

2. 홍삼 제품에 '기타가공품'이라고 표시되어 있는데, 건강기능식품과 무엇이 다른가?

홍삼정과, 홍삼캔디, 홍삼음료 등의 '기타가공품'은 홍삼 등을 원료로 제조·가공한 식품이다. '건강기능식품'에도 홍삼을 원료로 한 제품은 많이 있다.

그럼, 같은 '홍삼' 원료를 사용했는데 '기타가공품'과 '건강기능식품'은 과연 무엇이 다를까?

우리는 일상적인 식생활의 균형을 유지하거나 기호의 목적으로 식품을 섭취한다. '기타가공품'은 일반 식품으로 분류된다. 반면에, 바쁜 현대인들은 쉽게 식단의 균형이 깨질 수 있어 부족해지기 쉬운 성분들을 '보충제'로 보충하고 있는데 이것이 바로 '건강기능식품'이다. 건강기능식품에는 기능을 나타내는 성분이 인체에서 유용한 기능성을 나타낼 수 있을 정도로 들어 있다. 하지만, '기타가공품'과 같은 일반 식품에는 기능을 나타내는 성분이 낮게 들어 있어서 식품의약품안전처에서 인정한 기능성을 표시하지 못한다.

만약, 소비자가 면역력을 증진하거나 피로회복 개선 등에 도움을 받기 위해 식품을 찾고 있다면 '건강기능식품'이라고 표시되어 있는 홍삼 제품을 선택하는 것이 바람직하다.

3. 건강기능식품과 건강식품의 차이는 무엇인가?

건강기능식품은 특정 기능성을 가진 원료, 성분을 사용하며 안전성과 기능성이 보장되고 일일섭취량이 정해져 있다. 또한, 일정한 절차를 거쳐 '건강기능식품' 문구나 마크가 있는 제품을 말한다. 반면에, 건강식품은 건강에 좋다고 인식되는 제품을 일반적으로 통칭하는 것으로 '건강기능식품'이란 문구나 마크가 없다.

자료 : 식품의약품안전처 식품안전정보포털(http://www.foodsafetykorea.go.kr)

3) 건강기능식품의 안전성

건강기능식품의 기능성을 인정받기 위해서는 안전성이 최우선으로 보장되어야 한다. 즉, 기능성 원료를 제안된 섭취량과 섭취 방법으로 사용하였을 때 인체에 미치는 영향을 안전성 측면에서 평가해야 한다. 대체로 30년 이상의 식용 경험을 입증할 수 있는 근거 자료와 원료에 대한 독성 정보를 알 수 있는 학술 자료, 원료의 섭취 시 위장관에서 다른 영양 성분과의 상관관계, 인체 적용시험 자료 통해 안전성을 평가한다. 식품의약품안전처 식품안전정보포털(http://www.foodsafetykorea.go.kr/)에서 소비자들이 개별 제품, 안전성 등을 확인할 수 있다.

2. 지질 식품의 기능성

지질의 특징을 가지고 있는 물질 중 기능성을 나타내는 소재로는 다가불포화지방산(polyunsaturated fatty acids, PUFA), 공액리놀레산(conjugated linoleic acid, CLA), 레시틴(lecithin) 및 피토스테롤(phytosterol, 식물스테롤)이 있다. 이 밖에 구조지질과 지방 대체물도 저칼로리 지방 소재 기능성 물질로서 연구되고 있다.

한편, 현대인은 ω-6 다가불포화지방산(ω-6 PUFA)의 과잉 섭취에 비해 상대적으로 낮은 ω-3 다가불포화지방산(ω-3 PUFA)을 섭취하고 있어 ω-3 지방산의 중요성이 대두되고 있다.

1) 오메가-3 지방산

ω-3 지방산의 기능성은 생선을 주식으로 하는 에스키모인의 낮은 심혈관 질환 발생률을 연구하면서 알려졌다. 에스키모인들이 섭취하는 바다표범, 고래, 어류의 식이에는 ω-3 지방산이 북미 식이의 10배 이상 들어 있었다. 상대적으로 지질의 섭취량이 많은 에스키모인들이 상대적으로 낮은 동맥경화, 심근경색 등의 질병 발생률을 보이는 것은 이들이 섭취하는 바다표범 및 어류에 다량 함유되어 있는 ω-3 지방산이 혈중 HDL 콜레스테롤을 높이고 LDL 콜레스테롤을 낮춤으로써 심혈관 질환을 억제한다는 것이다.

DHA(docosahexaenoic acid, 22:6)와 EPA(eicosapentaenoic acid, 20:5)는 연어, 고등어, 대구와 같은 바다생선에 많이 들어 있는 고도불포화지방산으로 대표적인 ω-3 지방산이다. DHA는 탄소 수가 22개인 지방산으로 총 6개의 이중결합을 가지고 있고(22:6), 어유

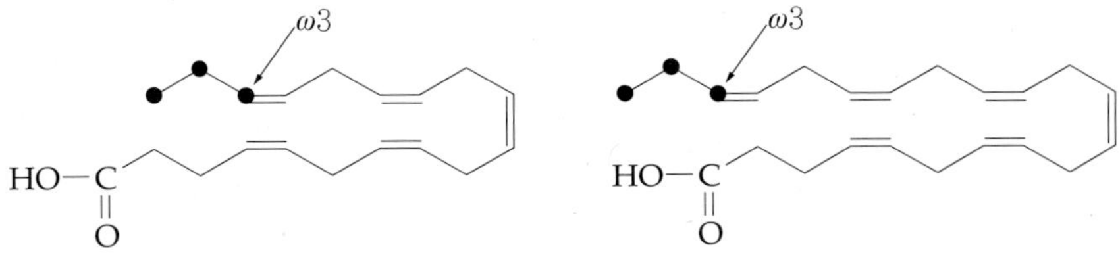

EPA(Eicosapentaenoic acid)　　　　DHA(Docosahexaenoic acid)

그림 10-1 EPA와 DHA의 구조

중량 중의 약 8~20%를 차지한다. EPA는 탄소 수가 20개이며 이중결합이 5개인 지방산이다. ALA(α-linolenic acid, 18:3)도 또 다른 **ω**-3 지방산인데 식물성 기름으로, ALA를 다량 함유하고 있는 것은 아마인유와 들기름을 들 수 있다. 콩기름, 호두, 카놀라유도 소량의 ALA를 함유하고 있다. 이들 **ω**-3 지방산은 세포막에서 비정상적인 응고를 막고 염증을 감소시키며, 혈관을 이완시키는 작용을 한다. DHA는 뇌와 망막의 인지질조직에 다량 존재하며 심장과 정소에 약간 분포한다. 사람의 체내에서는 식물로부터 섭취한 α-리놀렌산으로부터 EPA를 거쳐서 DHA로 변환되지만 생체 내에서 필요한 만큼 충분히 생합성되지 않아 식이를 통한 섭취가 정상적인 생활을 위해 필요하다.

DHA와 EPA는 혈중 중성지질의 농도를 저하시키는 효과가 있으며 항염증성 물질과 항혈전물질을 생성하는 데 관계하고, 혈액 중의 콜레스테롤을 저하시키는 효과가 있다. DHA는 뇌조직에서 먼저 이용되며 뇌세포에서는 정보 전달과 관련이 있는 시냅시스에 많이 존재해서 유아의 뇌 성장 발달, 시각 기능, 성인의 정상 뇌 기능 유지, 학습 능력 향상에 중요한 역할을 하고 있는 것으로 보인다. EPA는 어류 자체에서는 생성되지 않지만 해양조류에서 많이 생성되며 아라키돈산(arachidonic acid)의 대사를 경쟁적으로 방해하여 염증을 억제하는 역할을 하는 것으로 알려져 있다.

DHA와 EPA는 식용 가능한 어류, 수서 동물, 조류에서 채취한 유지를 식용에 적합하도록 정제하여 건강기능식품의 원료로 이용된다. 1일 0.5~2 g 섭취하도록 권장되며, 혈중지질 개선, 혈행 개선의 기능성 표현을 제품에 광고할 수 있도록 관리하고 있다.

2) GLA

감마리놀렌산(γ-linolenic acid, GLA)은 달맞이꽃에서 유래된 기능성 지질이다. 미국 동부에 살던 인디언들은 달맞이꽃을 염증, 발진 등의 상처에 바르거나 천식이나 피부 질환에 사용하여 왔다. 달맞이꽃의 생리활성물질은 필수지방산의 일종으로 체내에서는 합성이 불가능하여 식사로 섭취해야만 하는 감마리놀렌산으로 밝혀졌으며, 달맞이꽃 종자유에는 7~14%, 보라지(borage) 종자유에는 20~27%, 검은 커런트(black currant) 종자유에는 15~20%가 존재하고 모유에서도 발견된다.

GLA의 생리적 역할 중 대표적인 것은 프로스타글란딘(prostaglandin)이라는 물질이 생체 내 합성 시 필수적으로 사용되는 중간물질이라는 것이다. 프로스타글란딘은 염증을 촉진하거나 조절하는 생리활성물질인데 GLA는 항염증 프로스타글란딘으로 전환되어 항염증, 항혈소판 응집 효과가 있는 것으로 알려져 있다. 또한, 혈중 지질량 및 콜레스테롤 수치를 낮춘다.

GLA는 건강기능식품의 원료로 이용된다. 1일 240~300 mg 섭취하도록 권장되며, 콜레스테롤 개선, 혈행 개선의 기능성 표현을 제품에 광고할 수 있도록 관리하고 있다.

그림 10-2 GLA의 구조

3) 레시틴

레시틴(lecithin)은 난황에서 처음 분리되었으며 간, 땅콩, 대두 등에 함유되어 있는 인지질 성분이다. 아이스크림, 마가린, 샐러드드레싱 등의 가공식품에서 유화제로 사용된다. 레시틴의 구성성분인 콜린(choline)은 대두, 간, 오트밀, 양배추, 콜리플라워, 난황, 육류 등에서 발견된다. 레시틴은 대두유 또는 난황에서 분리한 인지질 함유 복합지질을 식용에 적합하도록 정제하여 기능성 원료로 사용한다.

난황 레시틴은 포스파티딜콜린(phosphatidyl choline 69%), 포스파티딜에탄올아민(phosphatidyl ethanolamine 24%)을 포함하고 대두 레시틴은 포스파티딜콜린(24%), 포스파티딜에탄올아민(22%), 포스파티딜이노시톨(phosphatidyl inositol, 19%)을 포함한다. 포스파티딜콜린은 생체 내에서 HDL-콜레스테롤의 양을 높여 주므로 잉여 콜레스테롤을 용이하게 제거하는 역할을 돕는다. 혈액 콜레스테롤 수치를 낮추어 동맥경화 등 심혈관 질환을 예방할 수 있다. 콜린으로부터는 신경전달물질이 되는 아세틸콜린이 만들어져 두뇌 활동을 돕는다. 따라서, 정상적인 뇌 기능 활동과 신경 기능을 도우므로, 치매 예방, 두

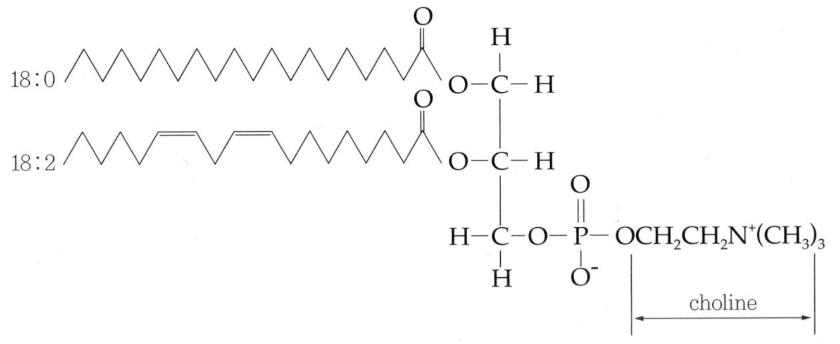

그림 10-3 레시틴의 구조

뇌 식품, 기억력 향상 등의 효과에 대한 연구가 진행되고 있다.

대두 레시틴의 항산화성에 대한 연구 결과 식물성 기름의 지방산화 유도 기간이 대두 레시틴의 첨가량에 비례하여 증가하는 것으로 알려져 있다.

레시틴은 건강기능식품의 원료로 이용된다. 1일 1.2~18 g 섭취하도록 권장되며, 콜레스테롤 개선의 기능성 표현을 제품에 광고할 수 있도록 관리하고 있다.

4) 피토스테롤

피토스테롤(phytosterol)은 식물 및 해양생물에서 유래한 스테롤 물질로서 현재 250여 개 이상의 피토스테롤이 알려져 있다. 피토스테롤은 동물의 콜레스테롤과 같이 식물 세포의 외부 변화에 대한 막 구조의 적응 및 안정화에 기여하며 식물의 생장에 필요한 물질의 전구물질로 작용한다. 피토스테롤은 다른 이중결합을 갖는 불포화지방산과 같이 열, 빛, 금속 이온, 산소에 의해 산화반응을 일으킨다. 대표적인 피토스테롤은 시토스테롤(sitosterol), 캄페스테롤(campesterol), 스티그마스테롤(stigmasterol)이다.

피토스테롤은 식이를 통해서만 섭취할 수 있고, 주로 옥수수·콩·쌀·밀 등의 곡류와 깨·달맞이꽃 등에 다량 분포되어 있으며, 홀로 존재하거나 당과 결합된 배당체로 존재한다. 피토스테롤은 기름의 정제 단계에서 10~70% 정도 물리적 화학반응으로 제거되며 대두유의 경우 튀김 과정에서 24시간 동안 22%의 피토스테롤이 파괴된다.

피토스테롤 섭취 시 동물성 콜레스테롤과 유사한 화학구조에 의해 미셀의 형성을 방해하여 콜레스테롤의 장내 흡수를 저해함으로써 결과적으로 혈중 콜레스테롤의 수치를 낮추는 효과가 있다. 이러한 혈중 콜레스테롤 저하 효과는 캄페스테롤, β-시토스테롤, 스

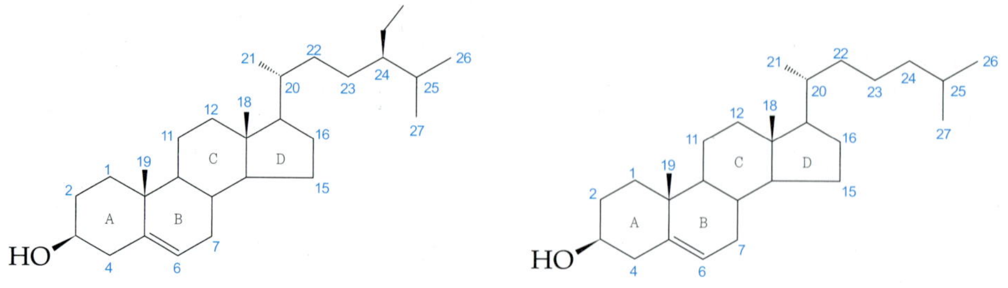

시토스테롤 콜레스테롤

그림 10-4 피토스테롤과 콜레스테롤의 구조

티그마스테롤에서 연구되었다. 혈장 내 피토스테롤의 농도는 매우 낮은 수준인데 이는 소장에서의 흡수율이 낮기 때문이다. 흡수율은 캄페스테롤, β-시토스테롤, 스티그마스테롤의 순이며 용해도를 높여서 이용률을 높이기 위해 피토스테롤 에스터를 제조하는 연구가 활발하다.

피토스테롤은 건강기능식품의 원료로 이용된다. 1일 0.8~3 g 섭취하도록 권장되며, 콜레스테롤 개선의 기능성 표현을 제품에 광고할 수 있도록 관리하고 있다.

5) CLA

리놀레산(linoleic acid, 18 : 2)은 *cis*-9, *cis*-11 옥타데카다이에노산(octadecadienoic acid)으로, 갖고 있는 두 개의 이중결합은 모두 시스(*cis*) 형태로 존재하지만 수소화 공정이나 반추동물의 위에서 세균 발효에 의해 때때로 이중결합의 이성질체가 생성되어 시스(*cis*)와 트랜스(*trans*) 이중결합이 섞여 존재하게 된다. 이런 이성질체를 통틀어 공액리놀레산(CLA)이라 일컫는다. 항암성, 면역 증강 효과, 산화 방지 효과, 체지방 저하 효과, 항콜레스테롤 효과 등이 보고되어 관심을 끌고 있으나 아직 인간을 대상으로 한 임상연구는 적은 편이다.

공액리놀레산은 쇠고기의 항암물질을 검색하던 중 우연히 분리되었고, 소를 포함한 반추동물이 섭취하는 식물 유래 리놀레산으로부터 반추 미생물에 의해 합성되는 중간대사산물로서 우유와 반추동물의 고기에서 소량 발견된다. 천연식품을 통한 CLA의 섭취는 극히 소량이므로 이를 주로 유기합성법에 의해 생산하여 제품 개발에 이용하고 있다.

CLA를 생산하는 방법은 리놀레산을 함유하고 있는 식물성 기름에 염기를 첨가하여 반응시키는 알칼리 이성질화법과 혐기성 미생물을 이용하는 미생물법이 있다. CLA는 체

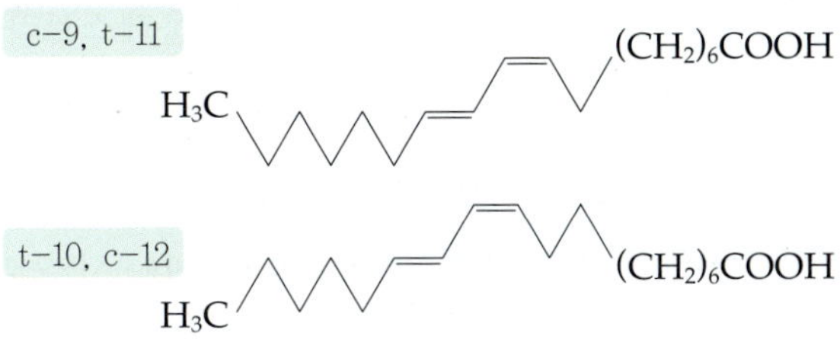

그림 10-5 CLA의 구조

지방을 감소시키는 효과가 있는데 지방분해효소의 활성을 증가시켜 체지방을 감소시키고 근육질을 증가시키는 효과를 나타낸다. 또한, CLA는 암세포의 증식을 억제하고 면역체계를 활성화시키며, 인슐린 저항성을 감소시켜 당뇨 억제에 도움을 준다는 연구 결과가 있다. 현재 CLA 강화 우유, 돼지고기, 달걀 등의 상품이 개발되었으며 우리나라에서도 CLA 함유 상품이 시판되고 있다.

6) 지질 대체물과 구조지질

지질과 같은 물리적 성상을 갖추면서도 칼로리가 낮거나 거의 없는 대체물의 필요성이 증가함에 따라 소화효소에 의해 가수분해가 되지 않는 지방 대체물이 개발되고 있다. 탄수화물에 지방산이 에스터 결합된 형태가 주종을 이루며, 슈크로스폴리에스터(sucrose polyester), 솔비톨폴리에스터(sorbitol polyester), 라피노스폴리에스터(raffinose polyester), 스타키오스폴리에스터(starchyose polyester) 등이 있다.

올레스트라(olestra)는 설탕에 지방산을 화학적으로 반응시켜서 합성된 폴리에스터로서 6~8개의 지방산이 결합되어 있다. 올레스트라는 구조적 방해로 체내 지방분해효소인 라이페이스에 의해 가수분해되지 않아 소화 흡수가 되지 않는다. 올레스트라는 높은

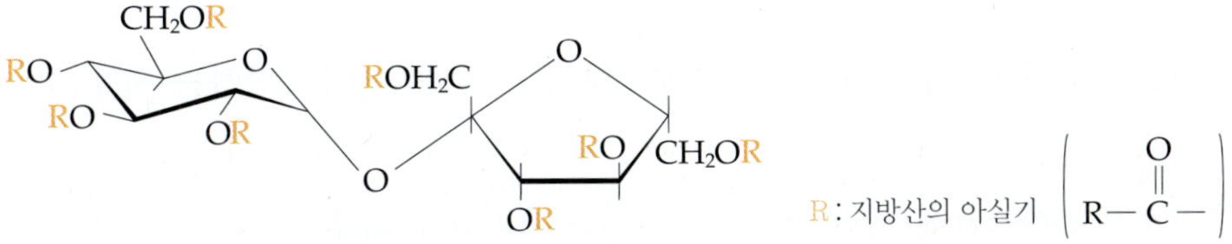

Sucrose Polyester(Olestra)[α Glucopyranosyl-(1→2)-β Fructoluranoside Linkage]

그림 10-6 올레스트라의 구조

온도에서도 안정하여 조리용 기름으로 사용할 수 있다. 올레스트라는 콜레스테롤의 배출을 도와 혈중 콜레스테롤 수준을 감소시키고 체중 감소에도 효과가 있다. 독성은 없는 것으로 보고되었으나 지용성 비타민의 이용을 감소시킨다.

카프레닌(Caprenin®)도 프록터 앤드 갬블(Proctor & Gamble)사가 개발한 또 다른 지질 기반의 g당 5 kcal를 내는 저열량 지방 대체재인데, 글리세롤에 2개의 중간사슬지방산과 1개의 긴사슬지방산을 붙인 제품이다. 살라트림(Salatrim)은 나비스코(Nabisco)사가 개발한 저열량 대체품인데 긴사슬지방산과 짧은사슬지방산을 섞어 붙인 제품으로 'Short and long chain acyltriglyceride molecule'의 약자이다. 살라트림은 지방으로 만들어졌기 때문에 1994년 FDA로부터 GRAS(generally recognized as safe) 물질로 인정받았다.

단백질 기반의 지질 대체재로는 뉴트라스위트(NutraSweet)사가 개발한 심플레스(Simplesse®)가 있는데 달걀흰자와 우유 단백질에 물, 펙틴, 시트르산을 섞어 가열하여 만든 제품으로 한 스푼에 500억 개의 단백질 입자가 있는 미세입자단백질(microparticulated protein, MPP) 제품이다.

구조지질(structured lipid)은 글리세롤에 새로운 지방산을 첨가하거나 지방산의 위치를 바꿔 새로운 지질을 합성한 것이다. 자연계의 지질은 탄소 수가 많은 지방산으로 이루어져 관능적 풍미는 좋으나 칼로리가 높고 심혈관 질환을 유발하는 단점이 있다. 탄소 수가 6~12개 정도의 중간사슬지방산으로 합성한 구조지질은 MCT(medium chain triglyceride)라 하며 이들은 체내 흡수 속도가 빨라 환자의 영양 치료 시 효과가 있는 저칼로리 유지이다.

3. 탄수화물 식품의 기능성

1) 당알코올

당알코올은 식물체에 존재하는 당의 유도체이며 산업적으로 수소첨가반응이나 발효법으로 제조되어 대량 생산한다. 일반적으로 포도당의 1/2~1/3에 해당하는 저칼로리 당류로서 비만 예방, 당뇨 환자용 대체 감미료로 널리 사용되고 있다. 또한, 충치는 발효성 당이 충치균인 뮤탄스균에 의해 발효되어 생기는 유기산에 의해 치아가 손상되는 것인데 당알코올은 충치균에 의해 발효되지 못하므로 충치 예방 효과도 있다.

자일리톨(xylitol)은 5탄당인 자일로스(xylose)가 환원된 상태의 당알코올로, 열과 화학반응에 안정하며 설탕과 가장 유사한 감미도를 가지고 있어 다양한 무설탕 식품에 사용되고 있다. 입안에서 녹을 때는 용해열을 흡수하므로 강한 청량감을 준다. 상업적으로는 자작나무로부터 추출한 자일로스를 화학적 방법이나 발효법으로 생산해 내고 있다. 가공식품에 쓰이는 감미료인 솔비톨은 최근 사탕, 껌, 조미건포에 설탕 대체재로 많이 쓰이는 감미료로, 자연 상태에서는 해조류와 과일에 포함되어 있으며 설탕에 비해 단맛은 60%, 열량은 3분의 2 수준이다.

당알코올은 수분 조절 능력이 있고 식품의 안정성, 점도, 조직감, 저장성을 향상시켜 식품의 품질 개선을 위한 활용도가 크다.

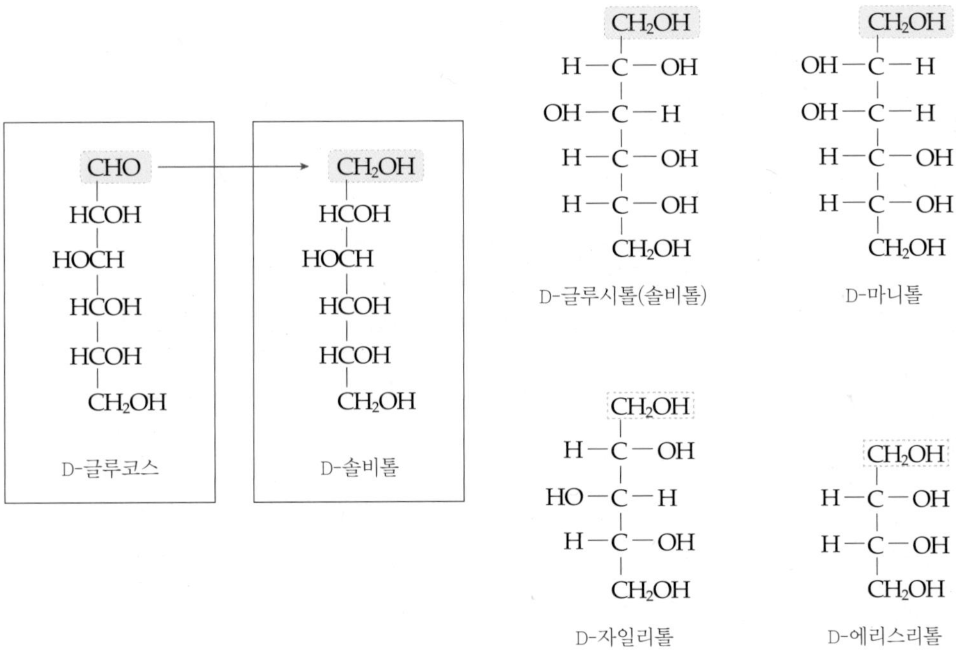

그림 10-7 당알코올의 종류와 구조

2) 기능성 올리고당

올리고당(oligosaccharide)은 글루코스, 갈락토스, 프럭토스와 같은 단당류가 3~10개 정도 결합된 당질이다. 콩, 우엉, 양파 등에 매우 적은 양이 들어 있지만 일상적인 식생활로는 생리적 효과를 기대하기 어렵다. 따라서, 산업적으로 전분, 키틴, 이눌린 등 고분자 탄수화물에 가수분해효소를 작용시키거나 당전달효소를 작용시켜 올리고당을 생산

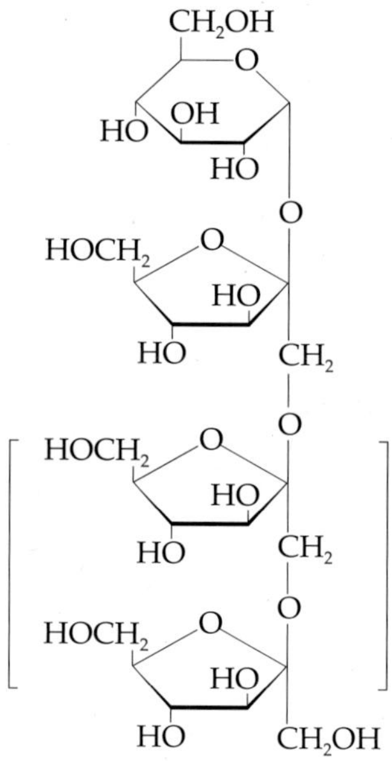

1-F fructofuranosyl nystose

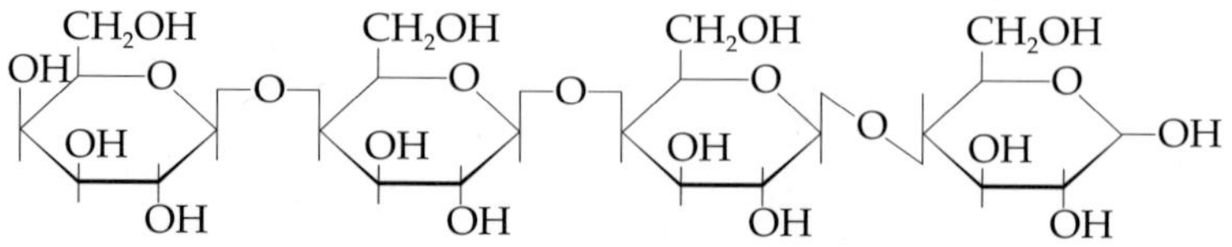

β-D−Gal*p*-(1-4)-β-D-Glc*p*-(1-4)-β-D-Glc*p*-(1-4)-β-D-Glc*p*

그림 10-8 프럭토올리고당과 갈락토올리고당의 구조

한다.

난소화성 올리고당은 소화효소에 의해 소화되지 않기 때문에 섭취 후 혈당을 올리지 않으며, 대장에서는 비피더스균 같은 유익균의 증식을 도와 변비 예방이나 정장작용을 하고 무기질 흡수에 도움을 준다. 난소화성 올리고당은 한 번에 다량 섭취하면 삼투압에 의해 일시적인 설사 증세를 보일 수 있다.

현재 대두올리고당, 프락토올리고당, 아이소말토올리고당, 갈락토올리고당이 생산되고 있으며 제과, 음료, 유제품, 치약 등에 감미질 개선 및 물성 개선의 목적으로 첨가한다. 이 중 대두올리고당, 프럭토올리고당, 아이소말토올리고당은 건강기능식품의 원료로 이용되고 있으며, 유익균의 증식, 유해균 억제, 배변 활동 원활의 기능성 표현을 제품에 광고할 수 있도록 관리하고 있다.

3) 식이섬유

기능성 식이섬유는 유익한 생리적 특성을 가진 난소화성 다당류이며, 일반적으로 장에서의 용해성에 근거하여 불용성과 수용성으로 분류한다. 불용성 식이섬유는 리그닌, 셀룰로스, 헤미셀룰로스 등이 있으며, 물과 친화력이 적고 장내 미생물에 의해서 쉽게 발효되지 않는다. 대장에서는 변의 양을 증가시켜 연동운동을 도와주므로 배변을 부드럽게 한다. 수용성 식이섬유는 펙틴, β-글루칸, 갈락토만난, 이눌린, 검다당류 등이 있다. 이들은 장에서 쉽게 수분을 흡착하여 장액의 점도를 높이고 지질과 포도당의 흡수를 지연시키는 기능이 있다. 또한, 수용성 식이섬유나 불용성 식이섬유는 모두 식후 포만감을 증진시켜 공복감을 줄여 주므로 비만인의 과식 억제에 도움이 된다.

식이섬유 함량은 식품의 종류와 조리, 가공 방법에 따라 매우 달라진다. 특히, 채소나 과일은 즙으로 가공하는 과정에서 많은 식이섬유소가 손실된다.

(1) 검류

검류(gum)는 해조류, 일부 식물 및 미생물에 함유되어 있는 수용성 다당류로 분자 구성에 따라 성질에 차이가 있다. 점증제, 겔 형성, 안정제, 결합제 등으로 가공식품에 다양하게 사용되고 있고, 난소화성 다당류로 장내 미생물에 의해 빠르게 분해된다. 소장에서 겔을 형성하여 콜레스테롤의 흡수를 방해하고 담즙산의 재흡수를 저해하여 혈청 콜레스테롤의 수준을 감소시키는 효과를 나타낸다. 검의 점성으로 인해 위장에서 음식물이 천천히 배출되고 소장에서는 당과 전분의 소화 흡수가 지연되므로 혈당의 급격한 상승을 억제한다. 장내 비피더스균과 같이 유익한 균의 증식을 촉진하여 배변 활동을 돕는다. 구아검 또는 구아검의 가수분해물은 건강기능식품의 원료로 이용되며, 콜레스테롤 조절, 식후 혈당 상승 억제에 도움, 배변 활동 원활의 기능성 표현을 제품에 광고할 수 있도록 관리하고 있다.

(2) 글루코만난

글루코만난(glucomannan)은 곤약의 주성분으로 포도당과 만노스(mannose)가 결합한 비소화성 다당체이다. 산성과 중성 액에서 물을 무한으로 흡수하며 반 고형의 겔을 형성하고 장액의 점도를 높여 콜레스테롤의 흡수를 저해, 배설시킴으로써 콜레스테롤 수준을 낮춘다. 소화되지 않고 대장에서 부드러운 자극을 주고 분변의 용적을 늘려서 배변을 원활하게 한다.

(3) 난소화성 덱스트린

난소화성 덱스트린(dextrin)은 감자, 옥수수 등의 전분으로 만든 수용성 식이섬유이며, 점성으로 인해 위에서 음식물이 천천히 배출되고 소장에서 소화 흡수가 지연되어 식후 혈당 억제 기능을 나타낸다. 건강기능식품의 원료로 사용되고 있다.

(4) 폴리덱스트로스

폴리덱스트로스(polydextrose)는 포도당, 솔비톨, 구연산을 원료로 포도당을 무작위로 결합시킨 평균 분자량 1,500의 합성 수용성 식이섬유소이다. 다른 식이섬유보다 냉수에 잘 용해되고 점도가 낮아서 음료수, 빙과류 등 각종 가공식품에 사용된다. 천연의 식이섬유와 같이 보수성, 흡착성이 크므로 배변 활동을 원활하게 하는 기능성식품의 원료로 사용된다. 하루 7~12 g의 섭취를 권장한다.

(5) 이눌린

이눌린(inulin)은 국화과의 식물 뿌리와 도라지과의 식물에 전분 대신 함유되어 있는 저장 다당류로서 과당의 중합체이다. 양파, 마늘, 치커리, 밀, 바나나에 함유되어 있고 상업용 이눌린은 치커리 뿌리에서 추출한다.

이눌린은 대장에서 유산균에 의해 발효되어 장 기능을 개선하고 배변 활동을 원활하게 한다. 겔을 형성하는 특성이 있어 유제품이나 음료, 제과, 제빵에서 점증제로 사용되어 왔다. 생리적으로는 콜레스테롤을 저하시키고 식후 혈당 상승 억제에 도움을 준다. 과다한 섭취는 복부 팽만 등 대장에 무리를 줄 수 있지만 기능성식품의 원료로 사용되며 하루 8~20 g의 섭취를 권장한다.

(6) 키틴과 키토산

키틴(chitin)은 게, 새우 등 갑각류의 껍질 등에 함유되어 있는 아미노당의 일종인 뮤코다당류이다. 프랑스의 학자 브라코노(Braconnot)가 버섯에 함유된 키틴질을 처음 발견하였고 화학자 루게(Ruge)가 키틴을 탈아세틸화하였으며 그 후에 후페 자일러(Hoppe Seyler)가 키토산(chitosan)이라 명명하였다. 자연계에 널리 분포하고 있으나 잘 이용되지 않던 키틴과 키토산의 산업적 연구는 일본에서 가장 먼저 시작되어 키토산을 대량 생산하게 되었다.

키토산은 화학적으로 2-아미노-2-데옥시-D-글루코사민(2-amino-2-deoxy-D-glucosamine)이 5,000개 이상 결합된 고분자화합물로 양전하를 띤다. 흡착성, 보습성, 유화성을 나타내어 의약품, 식품 보존제, 중금속 흡착제, 화장품 등 다양한 산업에서 활용하고 있다. 또한 아민기를 가지고 있어 음이온을 나타내는 담즙산과 결합하여 담즙산의 배출을 증가시키므로 혈중 콜레스테롤을 조절하는 효과를 나타낸다. 이외에도 항균, 항암 활

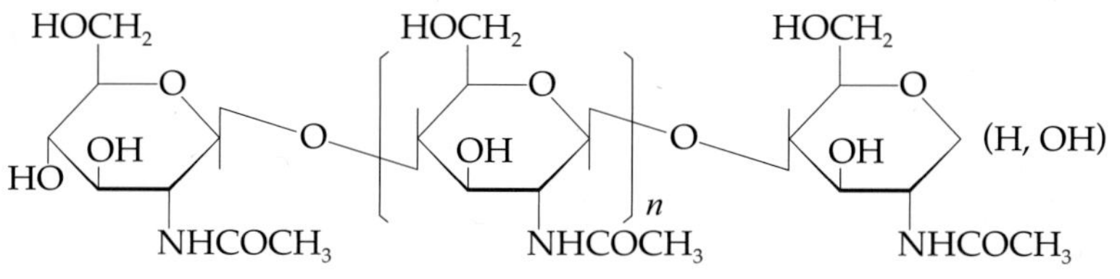

키틴

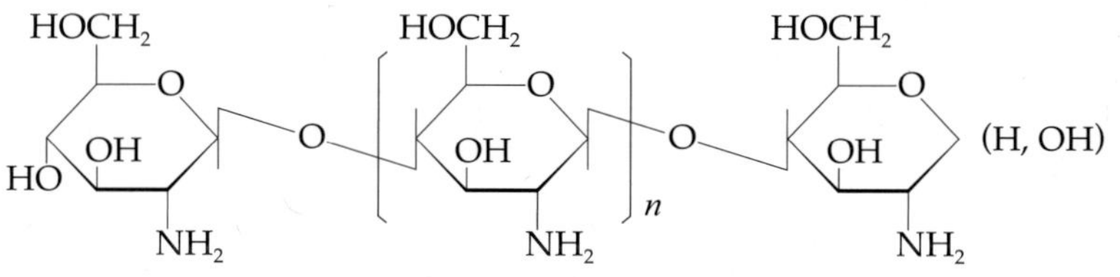

키토산

그림 10-9 키틴과 키토산의 구조

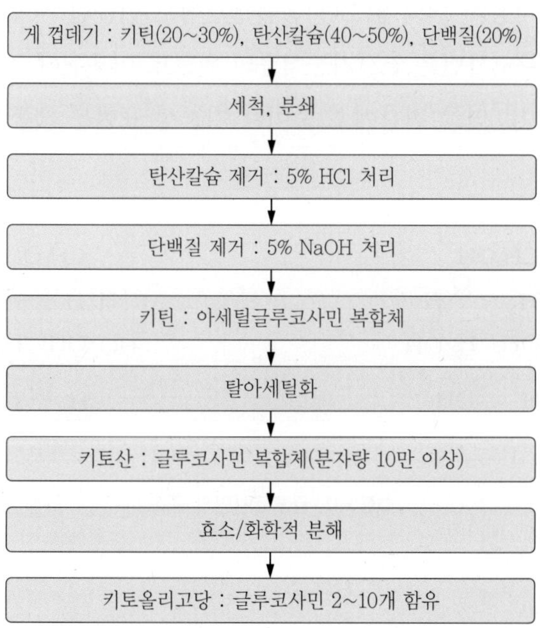

그림 1-10 키틴, 키토산, 키토올리고당의 제조 공정

성, 면역부활작용 등의 연구가 진행되고 있다.

키토올리고당은 키토산을 산이나 효소로 가수분해하여 분자량 200~3,000 사이의 저분자물질로 제조한 것이다. 분자량이 작아 물에 용해되기 쉽고 점도도 낮아 다양한 식품 소재로 활용되고 있다. 키토산은 장에서 겔을 형성하여 무기질이나 지질의 흡수를 방해할 수 있으므로 과량 섭취는 문제가 될 수 있다. 키토산과 키토올리고당은 건강기능식품의 원료로 이용되며, 콜레스테롤 개선이란 기능성 표현을 제품에 광고할 수 있도록 관리하고 있다. 1일 1.2~4.5 g 섭취를 권장한다.

(7) 글루코사민

글루코사민(glucosamine)은 체내에서 생합성되는 아미노당의 일종으로 연골의 구성성분인 프로테오글리칸(proteoglycan)의 전구물질이다. 천연에서는 게나 새우의 껍질에 존재하는 키틴의 구성당으로 존재하므로 키틴을 가수분해하여 산업적으로 제조한다.

글루코사민은 체내에서 빠르게 흡수 대사되어 에너지원으로 이용되거나 결합조직, 연골조직 등에 존재하는 프로테오글리칸의 구성물질로 이용된다. 특히, 정상적인 연골 생성을 촉진시키고 관절 기능을 향상시키며 통증을 완화시킨다는 연구 결과가 보고되었다. 글루코사민은 부작용이 거의 없으나 동물실험에서 인슐린 저항을 악화시킬 수 있는 것으로 알려졌다. 글루코사민은 건강기능식품의 원료로 이용된다. 1일 1.5~2 g을 섭취하도록 권장하며, 관절 및 연골 건강에 도움이란 기능성 표현을 제품에 광고할 수 있도록 관리하고 있다.

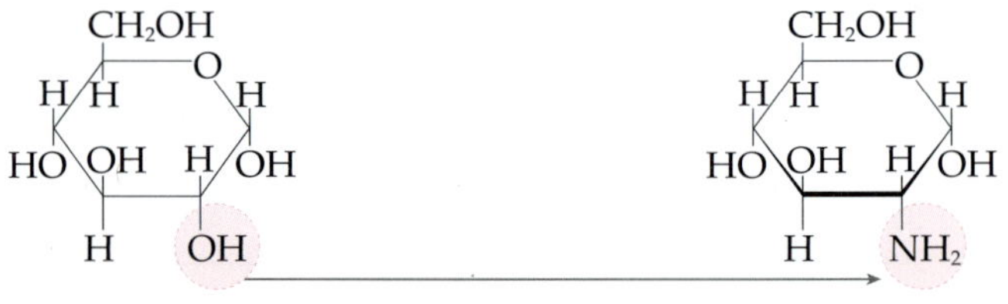

그림 1-11 글루코사민의 구조

(8) 뮤코다당

뮤코다당(mucopolysaccharide) 단백은 아미노당인 아세틸갈락토사민(*N*-acetylgalactosamine)과 아세틸글루코사민(*N*-acetylglucosamine)으로 구성된 고분자 다당류로 동물의 점액성 물질과 결합조직에 함유되어 있다. 구성당의 종류에 따라 콘드로이틴황산(chondroitin sulfate), 히알루론산(hyaluronic acid) 등이 있다. 연골에 많이 존재하며 중심 단백질에 몇 개의 뮤코다당 사슬이 결합하여 중합체를 형성하고 있다.

뮤코다당인 콘드로이틴은 연골의 주성분으로 수십 개의 콘드로이틴황산 사슬이 프로테오글리칸 단백질에 연결되어 있다. 콘드로이틴은 분자량이 크지만 체내에 흡수되어 관절이나 연골에 이행하여 관절 기능을 부분적으로 회복시키는 것으로 알려져 있다. 뮤코다당 단백은 건강기능식품의 원료로 이용된다. 1일 1.2~1.5 g을 섭취하도록 권장하며, 관절 및 연골 건강에 도움이란 기능성 표현을 제품에 광고할 수 있도록 관리하고 있다.

4. 단백질 식품의 기능성

1) 아미노산

최근 아미노산의 생리활성에 대한 연구가 활발히 진행되면서 단백질의 기본 단위라는 범위를 넘어 건강에 이로운 기능성 원료로 알려지고 있다. 신체가 상처나 질병 등의 생리적인 스트레스를 받는 경우에는 대사 기능을 유지하기 위해 특정 아미노산의 이용이 증가한다. 최근의 연구 결과에 의하면 소수성 아미노산이며 분지사슬아미노산(Branched chain amino acid, BCAA)인 루신, 아이소루신, 발린 등이 외상 치료와 지구력 증진에 효과적인 것으로 밝혀졌다. 글루타민은 정상인과 환자의 소화관 점막을 정상적으로 유지하는 데 필수적이다.

(1) 타우린

타우린(taurine)은 소의 담즙에서 처음 발견된 황 함유 아미노산의 일종이다. 식물성 식품에는 존재하지 않으며 해조류, 어패류 중 문어, 오징어 등에 유리아미노산으로 다량 함유되어 있다. 타우린은 신생아의 두뇌에 높은 농도로 존재하며 중추신경계에서 두뇌 발달활성을 나타내므로 영유아식에 영양 강화의 목적으로 첨가한다.

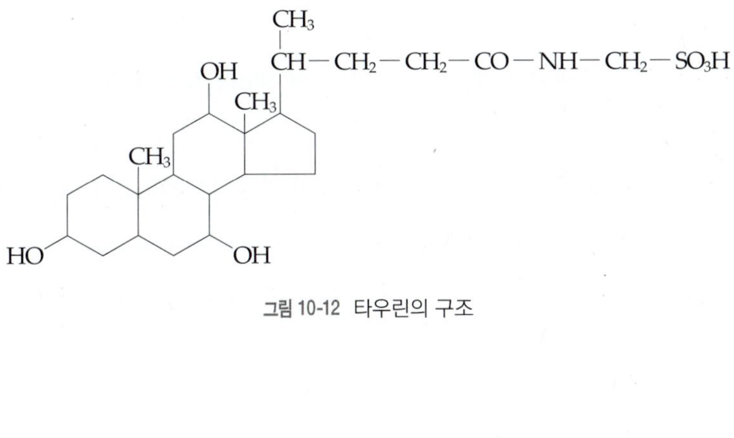

그림 10-12 타우린의 구조

(2) L-카니틴

L-카니틴(L-carnitine)은 아미노산 유도체로서 동물의 근육 추출물에서 최초로 발견되었다. 식물성 식품에는 거의 없으나 동물성 식품은 좋은 급원이다. 카니틴은 체내에서 지방산을 에너지로 전환하는 데 관여하므로 운동 능력 향상과 지질의 연소를 촉진하는 것으로 알려져 있다. 국내에서는 음료, 유아식, 다이어트 식품에 첨가되고 있다.

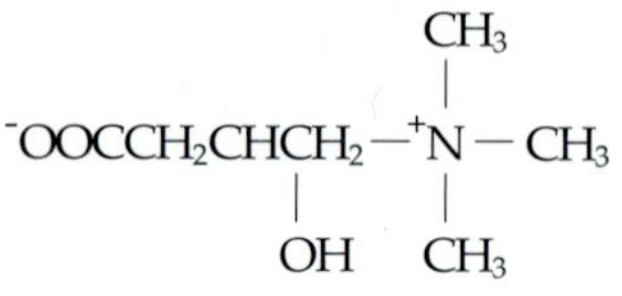

그림 10-13 L-카니틴의 구조

(3) 글루타티온

글루타티온(glutathione)은 효모, 간, 근육 등에 풍부하며 자연계에 널리 분포한다. 글루탐산, 시스틴, 글리신이 결합된 펩타이드로 생체 내의 산화환원반응에 관여하는 항산화제이다. 아스파라거스, 포도, 오렌지, 딸기, 브로콜리, 감자, 토마토를 통해 섭취할 수 있다.

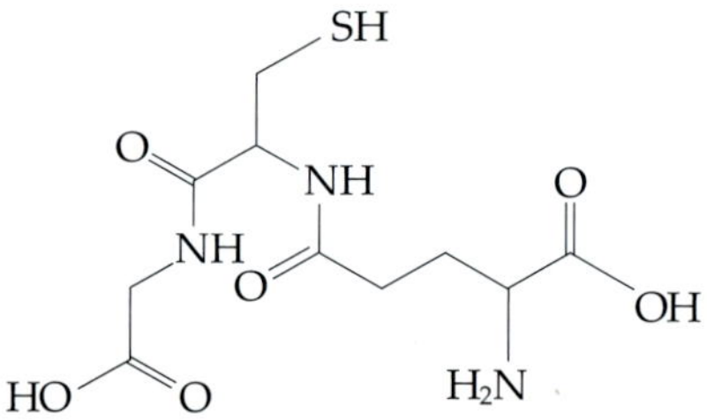

그림 10-14 글루타티온의 구조

2) 펩타이드

식품의 단백질이 가수분해되어 생기는 펩타이드의 생리활성이 보고되면서 다양한 기능성 펩타이드가 주목받고 있다. 펩타이드는 단백질과 비교하여 용해성, 흡수율, 산에 대한 안정성, 낮은 점도, 유화성, 겔 형성 능력이 우수하여 가공 적성이 좋다. 또한, 소수성 펩타이드의 생성으로 나타나는 쓴맛을 약화시키는 방법이 개발되어 활용도가 개선되었다.

카세인 펩타이드와 유청 펩타이드는 우유 알레르기에 대처하기 위해 개발된 우유의 가수분해물이다. 이들은 쓴맛을 없애고 용해성과 내열성이 좋아 음료 등의 가공식품과 기능성식품에 이용되고 있다.

대두 펩타이드는 대두단백의 효소 가수분해물이다. 된장, 간장, 청국장 등에 함유된 소수성 펩타이드는 장관에서 담즙산과 결합하여 흡수를 저해하므로 혈중 콜레스테롤을 낮추어 준다. 항암, 혈압 강하, 혈소판 응집 저해의 기능을 보여 건강기능식품의 원료로 이용되고 있다.

5. 식물성 식품의 기능성

1) 터펜

터페노이드류(terpenoids)는 식물계에서 외부의 유해 성분으로부터 자신을 보호하는 기능을 하는 물질이며 카로티노이드, 토코페롤, 사포닌류 등이 포함된다.

(1) 인삼의 사포닌

인삼의 주된 성분은 사포닌(saponin)의 일종인 진세노사이드(ginsenoside)로 지금까지 많은 연구가 진행되었다. 인삼의 사포닌과 다당류에는 면역 활성, 항암 활성, 혈당 강하 활성, 콜레스테롤 대사 개선 등 다양한 활성이 있는 것으로 보고되었다.

인삼은 재배 조건이 까다롭기 때문에 수확량이 적어서 고가의 영약으로 대접받아 왔다. 인삼류를 가공하는 근본적인 목적은 인삼의 보존성, 사용의 간편화, 효능의 증대 등을 들 수 있다. 수삼은 수분 함량이 70% 내외로 그대로 저장하거나 운송하면 부패, 손상이 쉬워 우리나라에서는 장기 저장, 유통, 품질 안정화를 위해 일찍이 홍삼 및 백삼 제조 방법이 발달하였다. 장기 저장 시 처리 방법과 인삼의 품질이 관계가 있다는 사실을 경험적으로 알게 되어 수삼을 세척, 증숙, 건조 등의 과정을 거쳐 인삼의 전분을 호화시켜 카

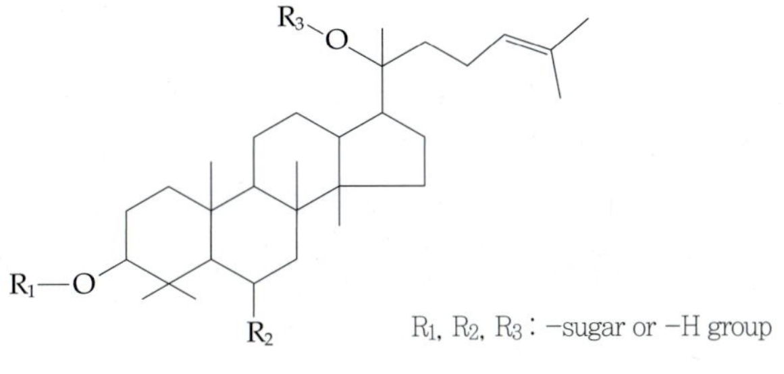

그림 10-15 인삼 사포닌의 구조

라멜화에 의해 적갈색을 띠도록 하는 홍삼 가공법을 고안하였다. 근래에는 가공 기술의 발달로 농축액, 인삼차, 분말, 음료 등 다양한 제품이 개발되어 인삼을 달여 섭취하던 전통적 방법의 불편을 덜었다.

홍삼은 건강기능식품의 원료로 이용되며, 면역력 증진, 피로 회복, 혈소판 응집 억제를 통한 혈액의 흐름에 도움, 기억력 개선 등의 기능성 표현을 제품에 광고할 수 있도록 관리하고 있다.

(2) 카로티노이드

카로티노이드(carotenoids)는 대부분의 과일과 채소에 함유되어 있는 녹황색, 오렌지색, 붉은색을 띠는 지용성 식물 색소의 총칭이다.

카로티노이드는 소장에서 흡수되며 생채소나 과일보다는 조리한 식품의 흡수율이 높고 지질과 함께 섭취하는 것이 가장 좋다. 노화 또는 만성 질환, 암의 주된 원인의 하나는 생체 내의 산화적 손상이다. 이들 산화물질은 생체막의 지질 성분이나 혈중 지질 성분이 DNA에 작용하여 산화적 손상을 일으키므로 식품 소재로서 산화를 억제하는 항산화물질에 대한 연구들이 이루어지고 있다. 카로티노이드 보충 섭취 후 항산화 기능이 유의적으로 증가하여 LDL-콜레스테롤의 산화를 방지하고 DNA의 손상을 방어하는 것으로 보고되었다. 이러한 항산화 기능은 암의 개시와, 동맥경화의 주요 단계에서 연쇄반응을 차단함으로써 항암 기능, 심혈관 질환을 예방하는 것으로 알려져 있다. 과다하게 섭취할 경우 피부색이 노랗게 변하는 것을 제외하고 부작용은 없다.

β-카로틴(β-carotene)은 식품 카로티노이드류에 가장 많이 존재하며 당근, 녹황색 채소 및 복숭아, 살구, 자두, 망고, 오렌지 등의 오렌지색 과일에 함유되어 있다. 리코펜이 풍부한 토마토의 섭취를 늘린 전립선암 환자의 DNA 손상이 감소했다는 보고도 있다. 시금치와 케일, 브로콜리와 같은 녹황색 채소에 함유된 루테인과 제아잔틴은 눈의 황반을 구성하는 색소를 증가시켜서 황반변성(macular degeneration)을 줄인다는 연구가 발표되었다.

2) 페놀 화합물

페놀 화합물(phenolic compound)은 식품에 있어서 페놀 분자를 기본으로 하는 여러 가지 화합물인데, 플라보노이드(flavonoid), 안토사이아닌(anthocyanins)류, 카테킨(catechin) 등이 대표적이다. 주로 채소나 과실의 갈변이나 쓴맛에 관여하며 생리활성을 나타낸다.

(1) 플라보노이드

플라보노이드는 식품에 널리 분포하는 황색 계통의 색소로, 플라본을 기본 구조로 갖는 폴리페놀 화합물로서 식물성 생리활성물질(phytochemical)로 주목을 받고 있다. 과일류, 채소류, 견과류, 종자류, 곡류, 차류, 포도주 등과 같은 많은 식물성 식품에 널리 분포하며 현재 6,000종 이상의 다양한 플라보노이드가 보고되어 있다. 이들은 식물계에서 미생물, 기생충, 산화적 손상으로부터 자신을 보호하는 역할을 한다.

플라보노이드는 당류와 에테르 결합을 통해 배당체의 형태로 존재하는 경우가 많고, 가열하여 당이 분리되면 유리된 형태인 아글리콘(aglycone)으로 되어 색깔이 더욱 진해진다. 플라보노이드는 화학적 구조 차이에 의해 여러 그룹으로 나뉜다. 플라본은 배당체로서 파슬리와 셀러리에 다량 함유되어 있는 루테올린(luteolin)과 아피제닌(apigenin)이 대표적이다. 플라본올은 여러 종류의 식품에서 가장 흔하게 볼 수 있으며 양파, 케일, 브로콜리, 블루베리에 다량 존재한다. 퀘세틴(quercetin)과 캠페롤(kaempferol)이 대표적이다.

플라보노이드의 가장 대표적인 항산화 기능이 생체 내 산화작용을 억제하는 것으로 알려지면서 암의 예방과 심혈관 질환 예방을 위한 연구가 활발히 진행되고 있다. 또한, 시험관시험을 통해 플라보노이드가 혈중 낮은 농도에서도 세포의 신호 전달 과정을 조절하여 생리활성을 나타낸다는 가능성이 제시되었다.

(2) 카테킨

카테킨(catechin)은 주로 차를 통해 섭취할 수 있으며 녹차의 떫은맛, 향, 색에 영향을 주는 성분이다. 녹차의 주요 카테킨은 에피갈로카테킨갈레이트((−)-epigallocatechin gallate, EGCG), 에피갈로카테킨((−)-epigallocatechin, EGC), 에피카테킨갈레이트(epicatechin gallate, ECG), 에피카테킨((−)-epicatechin, EC)이다.

녹차에 비하여 우롱차와 홍차는 생산 과정 중에 카테킨 함량이 감소된다. 카테킨은 화학구조상 수산기를 많이 가지고 있어 여러 물질과 쉽게 결합하는 물질이다. 카테킨의 항산화력은 매우 강하며, EGCG가 가장 강력한 항산화 기능을 보인다. 활성산소의 제거와 지질 과산화 방지, 노화 억제, DNA 손상 억제, 항암 기능이 보고되어 있다.

(3) 아이소플라본

아이소플라본(isoflavone)은 식물성 에스트로겐(phytoestrogen)으로 알려져 있다. 대두 아이소플라본은 유방암 예방 등의 생리활성이 보고되어 활발한 연구가 진행되고 있다.

아이소플라본은 구조적으로 에스트로겐과 유사성이 높아 에스트로겐 수용체와 반응하여 약한 에스트로겐의 기능을 하거나 에스트로겐과 경쟁을 한다. 폐경기 이후 에스트로겐이 부족한 여성의 갱년기 증상이나 골다공증의 예방에 관여하는 것으로 나타났다.

보건복지부 산하 질병관리본부는 우리나라 60세 이상 여성 노인의 경우 절반 이상이 골다공증을 앓고 있어 예방에 주력해야 한다고 보고한 바 있다. 이외의 임상연구에서 아이소플라본의 혈중 지질 성분 개선 효과가 심혈관 질환을 예방할 수 있다는 가능성을 제기하였다.

6. 유산균 식품의 기능성

프로바이오틱스(probiotics)는 살아 있는 미생물로 적정량을 섭취하였을 때 숙주에 유용한 살아 있는 미생물이며, 비피더스균(*Bifidus*), 유산균(*Lactobacillus*) 등이 이에 해당된다. 프로바이오틱스균들은 장내에서 정착하여 활동함으로써 유해한 균의 증식을 억제하고 유익한 균들의 작용을 도와준다. 우수한 유산균은 우선 장내 정착성이 좋고 생리활성이 우수하여 건강 증진 효과를 나타낸다. 프로바이오틱스균은 사람 장에서의 정착성, 장내 다른 균들과 경쟁에서의 생존력, 독성물질을 제거하는 능력 등이 균주에 따라 차이가 있다.

장의 상태가 건강하지 않은 경우 장내 유익균과 유해균의 균형이 무너지는데, 이때 유산균의 섭취로 유해균의 증식이 억제되면 정상적인 세균총을 회복할 수 있다. 유산균이 생산하는 유기산은 장의 연동운동을 도와 쾌변을 유도하고 변비 개선 효과를 나타낸다. 육류 위주의 식생활은 장내 유해균에 의해 독성물질을 발생하여 대장암 발생률을 높인다.

프로바이오틱스는 동물실험에서 항암성과 면역 조절 기능을 나타내어 암 예방과 아토피 질환의 예방에 효과적인 것으로 알려졌다. 부작용이 없고 매우 안전하며, 식후 섭취하면 위에서도 유산균이 사멸하지 않고 생존 확률이 높다.

프로바이오틱스는 건강기능식품의 원료로 이용된다. 1일 1억 이상 100억 CFU 정도 섭취하도록 명시되어 있고, 유익한 유산균 증식, 유해균 억제 또는 배변 활동 원활 등의 기능성 표현을 제품에 광고할 수 있도록 관리하고 있다.

연습문제

1. 기능성 올리고당의 종류와 기능을 쓰시오.

2. 심장질환을 예방하기 위해 섭취 시 효과적인 기능성식품에 대해 설명하시오.

3. 키틴과 키토산의 제조 방법과 기능에 대해 설명하시오.

4. 프로바이오틱스의 종류와 기능성을 쓰시오.

5. 건강기능식품의 기능성 표시에 대해 설명하고 평가 방법의 예를 쓰시오.

6. 건강기능식품의 안전성을 평가하는 방법을 설명하시오.

Part 4

다양한 식품 이해하기

11 식물성 식품

12 동물성 식품

13 기호식품

14 식품첨가물

SMART FOOD SCIENCE

식물성 식품

학습목표

1. 다양한 식물성 식품의 종류와 특성을 알고 이해할 수 있다.
2. 조리와 새로운 메뉴 개발 시 다양한 식품을 선택하고 또한 대체하여 사용할 수 있다.

일반적으로 식물성 식품에는 곡류, 감자 및 전분류, 콩류, 채소류, 과실류, 해조류, 버섯류, 종실류, 식물성 유지류 등이 포함된다. 곡류와 서류는 탄수화물의 주요 급원이 되고 콩류는 단백질의 주요 급원이며 채소류, 과일류, 해조류, 버섯류는 무기질과 비타민의 좋은 급원이 될 수 있다.

1. 곡류

곡류는 전 세계 여러 지역에서 중요한 식량으로 이용되고 있으며 각 지역의 기후나 토양의 특성에 따라 다양한 종류가 생산된다. 곡류는 미곡, 맥류, 잡곡으로 분류되는데 미곡에는 쌀, 맥류에는 대맥인 보리와 소맥인 밀, 귀리, 호밀 등이 포함되며 잡곡에는 옥수수, 조, 수수, 귀리, 메밀, 율무 등이 있다. 이 중에서 쌀, 밀, 옥수수는 세계 3대 식량 작물이라 할 만큼 소비량이 많다.

곡류의 열매는 왕겨 등으로 둘러싸여 있으며 그 내부는 외피(bran layer), 배유(endosperm), 배아(germ) 등으로 이루어진다. 배아에는 단백질, 무기질, 지질이 많이 함유되어 있지만 도정 시 이들 영양소 대부분이 손실된다. 곡류의 구성성분 중 단백질은 약 10% 내외로 비교적 많은 편이나 필수아미노산의 조성은 불완전하므로 동물성 단백질에 비해 질은 낮은 편이다. 특히, 라이신, 메티오닌, 트립토판 등의 필수아미노산이 부족하므로 육류, 달걀, 우유 등과 함께 섭취하는 것이 좋다.

표 11-1 곡류의 일반 성분

(단위 : 100 g당)

식품	에너지	수분	단백질	지질	회분	탄수화물	총 식이 섬유	칼슘	인	철	나트륨	칼륨	비타민 B_1	비타민 B_2	니아신	비타민 C
	(kcal)	(g)	(g)	(g)	(g)	(g)	(g)	(mg)	(mg)	(mg)	(mg)	(mg)	(mg)	(mg)	(mg)	(mg)
쌀(백미)	345	13.4	6.4	0.4	0.4	79.5	-	7	87	1.3	8	170	0.23	0.02	1.2	0
쌀(발아현미)	324	10.3	7.0	2.3	1.0	79.4	-	8	233	3.3	3	128	0.25	0.06	1.2	0
보리쌀(겉보리)	316	13.4	8.74	1.66	0.82	75.38	11.0	30	161	2.40	9	202	0.234	0.051	2.017	0
밀쌀	321	10.6	10.6	1.0	2.0	75.8	-	52	254	4.7	17	538	0.43	0.12	2.4	0
호밀	290	10.1	15.9	1.5	1.8	70.7	-	10	378	6.4	2	501	0.26	0.16	1.8	0
귀리(쌀귀리)	334	9.7	14.3	3.8	1.8	70.4	-	18	183	7.0	3	385	0.15	0.46	2.2	0

자료 : 농촌진흥청 국립농업과학원(2016), 제9개정판 식품성분표.

1) 쌀

벼(米, rice, *Oryzae sativa* L.)는 열대나 아열대 지역에서 재배되는 일년생 초본식물이다. 겉껍질인 왕겨와 속 알맹이인 현미로 구성되는데, 현미는 다시 겨층(5~6%), 배아(2~3%), 배유(92% 내외)로 구성된다. 현미의 쌀겨층과 호분층을 제거한 백미를 대개 쌀이라 한다. 현미를 100%로 보았을 때 겨층을 제거한 정도에 따라 5분도미(96%), 7분도미(94%), 배아미(93%), 정백미(92%) 등으로 구별한다. 5분도미는 대부분의 배아가 남으며, 7분도미는 배아가 70% 정도 남고, 정백미는 배아와 겨층이 모두 제거된다.

벼의 품종은 일반적으로 자포니카 쌀(Japonica rice, 단립형)과 인디카 쌀(Indica rice, 장립형)로 나뉜다. 전 세계 쌀 생산의 90%를 인디카 쌀이 차지하며, 자포니카 쌀은 10% 정도로 한국, 중국, 일본 등에서 주로 생산되고 소비된다. 자포니카 쌀은 쌀알이 짧고 동글동글하며 밥이 찰지고 끈기가 있는 반면에, 인디카 쌀은 가늘고 길며 탈곡이 쉬우나 밥의 끈기가 약한 특징을 보인다.

쌀의 주성분은 전분으로 70~80%를 차지하며, 이 전분은 아밀로스와 아밀로펙틴으로 구성되어 있다. 멥쌀은 아밀로스와 아밀로펙틴의 비율이 2 : 8이지만 찹쌀은 거의 아밀로펙틴으로만 구성되어 있다.

쌀에 들어 있는 주단백질은 오리제닌(oryzenin)이며, 필수아미노산 중 라이신과 트립토판 함량은 적은 편으로 단백가가 78이다. 지질은 약 1% 내외로 적은데 이 중 20% 정도는 배아와 겨층에 들어 있다. 비타민 B군과 칼륨, 인, 마그네슘 등의 무기질도 주로 배아와 겨층에 있어서 도정 과정 중 많이 손실된다.

우리나라는 전통적으로 쌀을 이용한 밥을 주식으로 해왔으나, 최근에는 경제·사회 구

그림 11-1 벼의 구조와 품종

가공 및 기능성 특수미

- 유색미 : '흑진주벼'와 '흑남벼'는 흑자색의 유색미로 항산화색소 C3G(cyanidine 3-glucoside) 등을 지님
- 황금쌀 : 고추의 색소 유전자를 벼에 도입, 부족할 경우 야맹증 등 각종 눈과 피부 질환을 일으키는 비타민 A의 전구물질인 '베타카로틴'의 함량이 쌀 100 g당 1.27 mg 함유
- 고아미2호·3호, 도담쌀 : 인체 내 효소로는 소화되지 않는 식이섬유인 헤미셀룰로스(hemicellulose) 함량이 많고 전분이 잘 소화되지 않는 난소화성(難消化性)으로 체내 소화 이용 측면에서는 효용성이 떨어지지만, 다이어트와 당뇨 환자에게 유용
- 단미 : 유리당 축적이 높아 현미로 직접 이용하거나 쌀음료, 첨가물로서 식품 가공품으로 이용성이 큼
- 목적별 적절한 품종
  - 발아현미용 : 큰눈
  - 양조용 : 설갱, 한가루
  - 즉석밥용 : 주안, 삼광, 하이아미
  - 쌀국수용 : 새미면, 팔방미, 고아미
  - 쌀과자·떡·빵 : 보람찬

조 변화에 따른 식생활 환경의 변화로 매년 쌀 소비량이 감소하고 있는 추세이다. 이에 정부에서도 쌀을 식량 원조를 위한 복지용, 가공용, 사료용 등으로 소비를 다각화하려는 계획을 가지고 있다. 그러나 쌀을 주식으로 하고 다양한 반찬을 먹는 우리의 전통적 식사 방식은 건강에도 매우 유익한 식단이므로 계속해서 이어나갈 수 있도록 많은 관심과 노력을 기울어야 할 것이다.

2) 맥류

(1) 보리

보리(大麥, barley, *Hordeum vulgare/distichum* L.)는 벼과 보리속(*Hordeum*)에 속하는 식물로, 이삭에 달린 씨앗의 줄 수에 따라 두줄(조)보리와 여섯줄보리로 나뉜다. 맥주용으로는 두줄보리가 주로 사용되며, 우리나라에서는 식용이나 엿기름으로 이용하기에 적합한 여섯줄보리를 주로 심는다. 열매껍질이 낟알에서 쉽게 떨어지느냐에 따라서 겉보리는 찰흑미(피맥 또는 대맥)와 쌀보리(나맥)로 구분되며, 파종 시기에 따라서 가을보리(추파형)와 봄보리(춘파형)로 나뉘는데 우리나라에서는 대부분 가을보리를 재배한다. 보리차는 주로 겉보리를 사용한다.

보리의 주성분은 탄수화물로 75% 정도가 함유되어 있는데 전분이 약 60%, 펜토산(pentosan)이 8~10%, β-글루칸(glucan)이 3~7%로 다량 들어 있고, 소당류가 소량 함유되어 있다. 조단백이 9.4%, 조지방이 1.2%인데 섬유소의 함량이 쌀보다 높은 편이다. 주요 단백질은 호데닌(hordenin)과 호데인(hordein)이고, 필수아미노산은 라이신, 메티오닌,

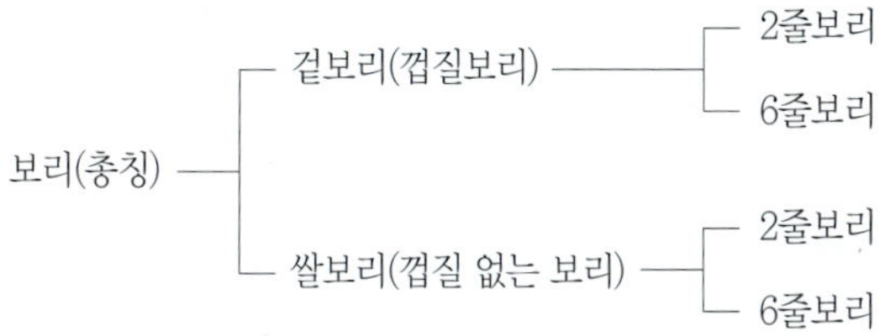

그림 11-2 보리의 분류

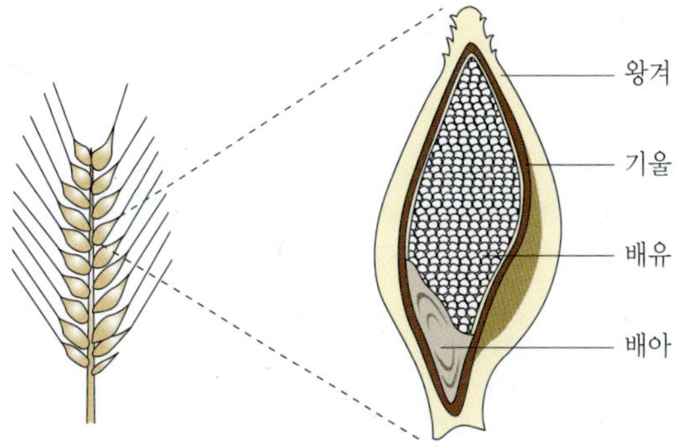

그림 11-3 보리의 구조

트립토판이 적고 페닐알라닌은 많은 편이다. 비타민 B_1, B_2가 많고, 니코틴산(nicotinic acid)이 쌀보다 많은 편이다.

(2) 밀

밀(小麥, wheat, *Triticum aestivum/vulgare*)은 세계의 작물 중 최대 재배 면적을 가지며, 농업의 기원과 더불어 재배된 가장 역사가 오래된 식량작물로 알려져 있다. 종피색에 따라 백소맥과 적소맥으로 나누는데 백소맥은 백황색이고, 적소맥은 황색, 적황색, 황금색, 황적색, 갈적색 등을 총칭한다. 보통, 밀은 글루텐의 양과 질에 따라 제과·제빵용과 국수용으로 구분해서 사용하고 듀럼밀은 마카로니용으로 사용한다.

밀의 배유세포에는 전분과 단백질이 들어 있는데 피층 쪽으로 갈수록 단백질 함량이 높고 배유 중심으로 갈수록 전분 함량이 높다. 펜토산은 밀의 배유 중에 2~3% 정도 들어 있는데 특히 수용성 펜토산은 반죽 과정에서 응집력 형성에 관여한다. 밀의 단백질 함량은 7~16% 정도로 밀가루 제품의 질에 매우 중요한 영향을 미친다. 밀단백질은 글리아딘(gliadin, 42%)과 글루테닌(glutenin, 42%)이 대부분이며 기타 알부민, 글로불린도 소량

특수 보리와 보리의 기능성 성분

- 배아찰 : 배아 크기가 일반 보리에 비하여 월등히 커서 라이신 등 필수아미노산 함량이 높고 당과 비타민 함량이 많아 선식 및 이유식용으로 적합한 찰쌀보리
- 유색보리 : 자색보리(자수정찰, 보석찰 등), 청색보리(강호청), 흑색보리(흑나래, 흑광 등)
- β-글루칸 : 포도당이 β형으로 결합된 단순고분자물질이며, 점질성의 식이섬유로 보리나 귀리에 들어 있다. 간의 콜레스테롤 생합성을 저해함은 물론 섭취한 포화지방산 등의 배설을 촉진하므로 동맥경화, 고혈압, 당뇨병 등의 성인병 예방에 좋은 성분으로 알려져 있다('제10장 식품의 기능성' 참조).

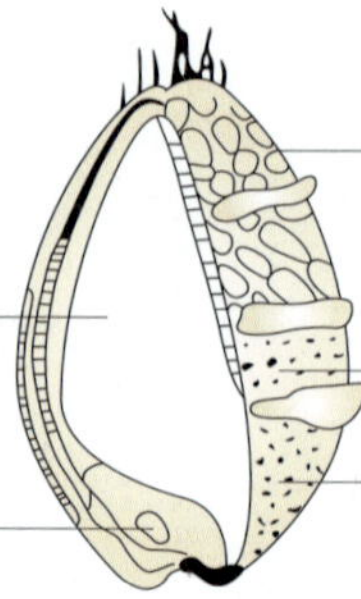

그림 11-4 밀의 구조

표 11-2 밀가루의 단백질 함량에 따른 용도

단백질 함량	종류	단백질 함량	종류
5~8%	케이크 밀가루	8~10%	가루반죽 밀가루
10~11.5%	다목적 밀가루	11~13%	제빵용 밀가루
14% 이상	고글루텐 밀가루		

함유한다. 글리아딘과 글루테닌 두 단백질이 합해지면 특유한 점탄성이 있는 글루텐을 형성하는데 밀가루 반죽의 중요한 골격이 된다. 밀은 라이신, 트립토판, 트레오닌 등의 필수아미노산을 적게 함유하고 있어 단백가(47)가 낮은 편이다.

현재 우리나라에서 유통되는 대부분의 밀가루는 수입산이지만, 국내산 우리밀 품종으로는 제빵용으로 금강밀, 조경밀 등이 있고 제과용에는 고소밀과 토종 우리밀인 앉은뱅이밀 등이 대표적이다.

(3) 호밀

호밀(胡麥, rye, *Secale cereale*)은 토양이 척박한 조건하에서도 잘 자랄 수 있으며 맥류 중에서 내한성이 가장 강하므로 북방 지역에서 많이 재배된다. 재배종과 야생종이 있다. 러시아에서 전 세계 호밀의 60%를 재배하며, 주로 위스키나 보드카의 양조 원료, 흑빵의 원료로 사용된다. 우리나라에서는 주로 사료용으로 재배된다.

(4) 귀리

귀리(燕麥, oat, *Avena sativa*)의 원산지는 중국, 북아메리카, 유럽 남부 등 지리적으로 다양한 것으로 알려져 있다. 우리나라에서는 1970년대 이전에는 강원도 등 산간지대에서 식용으로 소규모 재배되었다. 성분은 탄수화물 55.5%, 단백질 13~13.5%, 지질 6.5%로 단백질과 지질 함량이 높고 비타민 B군도 풍부하며 맛이 독특하다. 대부분 사료로 사용되나 일부는 도정하여 오트밀로 식용한다 가루를 내어 죽을 만들거나 위스키나 과자의 원료로도 이용한다.

3) 잡곡류

잡곡류는 벼와 맥류를 제외한 모든 작물을 총칭하는데 옥수수·메밀·율무·기장·수수·조·피 등이 이에 속한다.

(1) 옥수수

옥수수(corn/maize, *Zea mays* L.)는 단위면적당 생산량이 많고 재배 방법도 단순하며 사료로서의 이용성이 높아 벼, 밀과 함께 세계 3대 작물의 하나로 널리 재배되고 있다. 우리나라에서는 주로 식물체 전체를 베어서 가축 사료로 이용하거나 찰옥수수, 단옥수수와 같이 옥수수 이삭이 완전히 익기 전에 풋옥수수로 수확하여 쪄서 간식용으로 이용한다.

국내에서 재배되고 있는 옥수수는 일반 옥수수(오목씨, 굳음씨)와 식용 옥수수(단옥수수, 초당옥수수, 찰옥수수, 튀김옥수수)로 크게 나뉜다. 오목씨는 옥수수 알의 맨 윗부분이 오목하게 들어가 말 이빨을 닮아 오목씨(마치종, dent corn)라고 하며, 알의 양옆은 각질배유(굳음녹말)이고 안쪽은 전분질배유(가루녹말)이다. 우리나라에서 가장 많이 재배되는 종으로 알껍질이 두꺼워 식용보다는 사료용 및 공업용으로 적합하다. 굳음씨(경립종, flint

표 11-3 잡곡류의 일반 성분

(단위 : 100 g당)

식품	에너지	수분	단백질	지질	회분	탄수화물	총식이섬유	칼슘	인	철	나트륨	칼륨	비타민 B_1	비타민 B_2	니아신	비타민 C
	(kcal)	(g)	(g)	(g)	(g)	(g)	(g)	(mg)	(mg)	(mg)	(mg)	(mg)	(mg)	(mg)	(mg)	(mg)
옥수수	83	71.5	3.8	0.5	0.8	23.4	-	21	106	1.8	1	314	0.23	0.14	2.2	0
메밀	345	13.1	13.64	3.38	2.04	67.84	6.3	21	453	2.78	1	444	0.458	0.255	5.189	0
율무	363	9.4	15.4	3.2	1.5	70.5	-	10	290	3.7	4	324	0.32	0.07	1.7	0
수수	243	14.2	9.85	2.96	1.49	71.50	-	9	358	2.28	2	440	0.352	0.196	2.773	0
조	357	11.4	10.70	3.70	1.39	72.81	5.9	15	302	3.64	1	279	0.599	0.166	1.173	0
기장	360	11.3	11.2	1.9	1.0	74.6	-	15	226	2.8	6	233	0.42	0.09	2.9	0

자료 : 농촌진흥청 국립농업과학원(2016), 제9개정판 식품성분표.

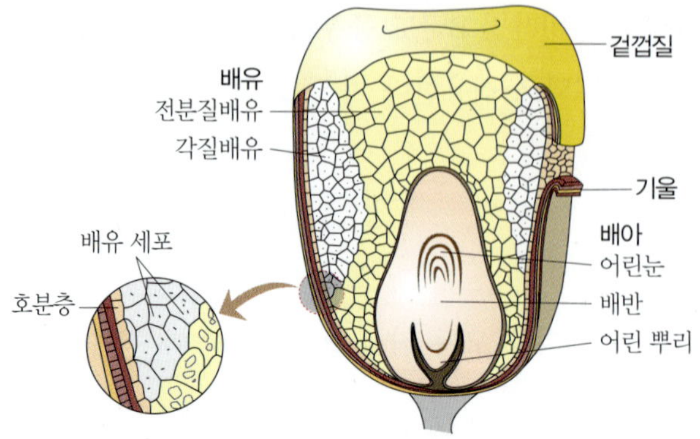

그림 11-5 옥수수 낟알의 구조

corn)는 옥수수 알의 양쪽 옆 부분에서부터 위쪽까지 각질배유이고 속부분은 전분질배유이다. 오목씨 다음으로 알이 굵고 알껍질이 다소 얇아 식용, 사료용 또는 공업용으로 이용된다. 단옥수수(감미종, sweet corn)와 초당옥수수는 옥수수 알의 가운데에 있는 씨눈을 제외하고 대부분이 전분으로 되어 있으며 성숙하면 알이 쭈글쭈글해진다. 당분 함량이 많으면서 섬유질 함량은 적어 간식 및 통조림용으로 이용된다. 최근에 보급된 고당옥은 당도가 높고 껍질이 얇아서 생으로 먹어도 맛이 좋다. 찰옥수수(나종, waxy corn)는 아밀로펙틴 함량이 높아 찰기가 있어 쪄서 간식용으로 이용하거나 떡을 만들어 먹기도 한다. 튀김옥수수(폭렬종, pop corn)는 옥수수 알의 크기가 매우 작으며 대부분이 각질배유이고 적은 양의 전분질배유가 중앙 윗부분을 향하여 분포하고 있어 열을 가하면 잘 튀겨지기 때문에 팝콘으로 이용된다.

또한, 일반 옥수수로 물엿을 만들기도 하며 씨눈으로는 옥수수기름을 생산한다. 옥수수수염에 존재하는 메이신(maysin)은 황색의 플라보노이드(flavonoid) 계열 물질로 항산화 및 항암 작용이 있다.

옥수수의 주 단백질은 제인(zein)으로 필수아미노산 중 라이신과 트립토판이 매우 적어 단백가 42로 옥수수를 주식으로 지속적으로 먹으면, 트립토판으로부터 전환되는 비

옥수수의 메이신(maysin)

옥수수수염에 들어 있는 메이신은 황색의 플라보노이드로 항산화 및 항암 작용을 하는 것으로 알려져 있다. 예로부터 민간요법에서는 신장병의 약용 원료로 이용되었다. 최근에는 옥수수수염차가 음료 제품으로 널리 소비되고 있다. 메이신이 다량 함유된 새로운 품종으로 광평옥, 장다옥, 강다옥 등의 옥수수가 농촌진흥청에서 개발 보급되고 있다.

흑진주찰 옥수수

안토사이아닌이 많이 들어 있어 항산화 활성이 우수하며 껍질이 얇고 맛이 뛰어난 검정찰옥수수이다.

타민인 니아신의 결핍증인 펠라그라(pellagra)가 발병할 수 있다.

(2) 메밀

메밀(buckwheat, *Fagopyrum esculentum* Moench.)은 생육 기간이 짧고 병충해가 적은 무공해 작물이다. 잡곡류 중에서는 옥수수 다음으로 재배 면적이 넓으며, 전국적으로 비교적 고르게 재배되고 있다. 메밀은 단메밀과 쓴메밀로 나뉘는데 우리나라에서는 단메밀이 주로 재배된다. 단메밀은 주로 메밀국수, 빵, 묵, 수제비, 부침, 전병, 떡 등을 만드는 데 사용된다. 쓴메밀은 메밀죽, 빵을 만드는 데 주로 이용되고 있으며, 쓴맛을 개선하기 위하여 단메밀, 보리, 밀 등 다른 잡곡가루를 섞어 사용한다. 부드러운 메밀 잎은 채소로도 이용될 수 있다. 우리나라에서는 전통적으로 메밀 종실의 껍질을 베갯속 재료로 이용한다.

메밀 종실의 화학적 구성성분은 전분, 비전분 다당류, 단백질, 지질, 착색물질 등이다. 메밀 종실의 중심부만을 가루로 만들면 메밀가루 빛깔이 희지만, 가루를 많이 낼수록 검어진다. 특히, 메밀은 가루를 많이 내어 색이 좀 검거나, 제분 직후의 것이 메밀 향기가 좋고 진해서 우수한 메밀 맛을 낼 수 있다. 메밀 종실의 주성분은 탄수화물이 66%, 지방은 2% 정도, 단백질을 12~15% 함유하고 있으며, 라이신(5~7%)을 비롯한 아미노산 조성이 좋아서 건강식품으로 이용되고 있다.

메밀

탈피한 메밀

메밀의 루틴(rutin)

루틴($C_{27}H_{30}O_{16}$)은 플라보놀(flavonols)의 일종으로 비타민 P 복합체이며 퀘세틴(quercetin)의 루티노사이드(rutinoside)로서 혈관의 지나친 투과성을 억제시켜 주며 모세혈관 벽을 튼튼하게 해주는 약리작용을 가지고 있다. 메밀은 종실뿐만 아니라 잎, 줄기, 뿌리, 꽃 등의 각 조직에 루틴을 함유하고 있으며, 어린 식물체의 잎은 루틴을 더 많이 함유하고 있으므로 차 등 다양하게 활용할 수 있다('제10장 식품의 기능성' 참조).

(3) 율무

율무(薏米, adlay/Job's tears, *Coix lachrymajobi* var. *mayuen*)는 중국 원산의 귀화식물로서 약용작물로 재배한다. 종자를 의이인(薏苡仁)이라고도 하는데, 차 등으로 먹거나 이뇨·진통·진경·강장 작용이 있으므로 부종·신경통·류머티즘·방광결석 등의 약재로 쓰인다. 『본초강목』에는 율무쌀은 비장을 튼튼하게 하고 위와 폐를 보하며 열을 없애 준다고 기록하고 있다.

탄수화물 함량이 60~70% 정도이며 대부분 전분이고 찰성을 띤다. 조단백질은 15~20% 정도로 다른 곡류에 비해 함량이 많다. 항염성, 항종양, 진정작용 등이 있는 것으로 알려진 코익솔(coixol), 코세놀라이드(coxenolide)가 대표적인 기능성 성분이다. 율무는 죽을 쑤어 먹거나 가루를 내어 차나 떡 등을 만들어 먹는다.

(4) 수수

수수(sorghum, *Sorghum bicolor*)는 배유의 전분 차이에 따라서 메수수와 찰수수가 있다. 아미노산 함량은 트립토판과 시스테인이 부족한 편이며 단백질의 소화율은 60% 정도로 다른 곡류에 비해 낮은 편이다. 밥에 섞어 사용하기도 하고 가루를 내어 떡, 과자, 전분의 원료, 주정 원료, 엿 등을 제조하는 데 이용한다.

(5) 조

조(粟, Italian millet, *Setaria italica*)는 전분의 구성에 따라 차조와 메조로 나뉜다. 쌀이나 보리와 함께 주식의 혼반용으로 이용한다. 또한, 밥, 엿, 떡, 죽으로 만들어 먹거나 소주 및 종국의 원료 등으로 사용하고, 조류의 사료로도 이용된다.

(6) 기장

기장(hog millet, *Panicum miliaceum*)에는 전분의 구성에 따라 메기장과 찰기장으로 나뉘

율무

수수

차조

기장

며, 조와 비슷하나 조보다는 조금 더 굵다. 주로 농가의 별식을 만드는 데 이용되고, 기름지지 않고 메마른 땅에서도 잘 자라며 조보다 성숙이 빠른 장점이 있어 산간지방에서 재배되고 있다. 밥이나 떡을 만들어 먹으며 사료로도 쓰인다.

2. 서류 및 구근류

서류(庶類)는 땅속줄기나 뿌리의 일부가 비대 성장하여 영양분을 저장한 괴경이나 구경 등을 이루는 구근류로, 전분이나 기타 다당류를 저장하는 덩이식물을 말한다. 대개 지하 괴경, 구경, 구근 등을 사용하는 식물은 근채류로 분류하지만, 그중에서 전분의 함량이 특히 많아 열량원 식품으로 볼 수 있는 감자, 고구마 등은 별도로 서류라고 한다.

(1) 감자

감자(potato, *Solanum tuberosum*)의 원산지는 남아메리카 안데스산맥 지역으로 알려져 있으며, 유럽을 통해 세계 각국으로 전파되었는데 우리나라에는 조선 순조 24년(1824년) 만주 간도 지방에서 전래되었다고 한다.

감자는 80%의 수분 외에 고형 성분 중의 대부분은 전분으로 65~80% 정도 함유한다. 포도당, 과당, 자당과 같은 단순당은 10% 정도 들어 있고, 단백질은 약 1.5~2.5% 정도 함유되어 있으며, 가식부 100 g당 열량은 50 kcal 정도이다. 단백질은 주로 글로불린계

표 11-4 서류의 일반 성분

(단위 : 100 g당)

식품	에너지	수분	단백질	지질	회분	탄수화물	총 식이섬유	칼슘	인	철	나트륨	칼륨	비타민 B_1	비타민 B_2	니아신	비타민 C
	(kcal)	(g)	(g)	(g)	(g)	(g)	(g)	(mg)	(mg)	(mg)	(mg)	(mg)	(mg)	(mg)	(mg)	(mg)
감자(대지)	50	81.9	2.01	0.04	0.97	15.08	2.7	9	0.58	412	0	0	0.06	0.027	0.348	10.51
고구마(밤)	108	60.6	1.01	0.11	1.09	37.19	2.7	15	0.45	370	0	32	0.065	0.027	0.501	7.12
토란	53	80.8	2.08	0.14	1.21	15.77	2.8	11	0.59	520	0	10	0.081	0.022	0.630	1.21
마(장마)	35	87.8	1.56	0.28	0.81	9.55	1.8	15	0.22	313	0	0	0.53	0.031	0.441	1.42
야콘	45	83.8	0.7	0.1	0.7	14.7	-	5	2.2	199	0	80	0.10	0.02	0.1	5
돼지감자	35	81.2	2.18	0.09	1.41	14.92		17	0.53	561	0	0	0.044	0.088	0.472	1.34

자료 : 농촌진흥청 국립농업과학원(2016), 제9개정판 식품성분표.

컬러감자

컬러감자는 농촌진흥청에서 개발된 것으로 안토사이아닌이 풍부하여 항산화, 항염증 등의 기능성을 가지며 고혈압, 아토피, 피부미용 등에도 효과가 있는 것으로 알려져 있다. 컬러감자의 대표적인 것으로는 붉은 감자 '홍영'과 자주감자 '자영'이 있으며, 컬러감자는 그냥 먹어도 비린맛이 나지 않아 샐러드용으로 적합하다.

홍영

의 튜베린(tuberin)이다. 필수아미노산 조성은 비교적 우수한 편이나 황 함유 아미노산인 메티오닌이 부족한 편이다. 무기질 함량은 1% 정도로 칼륨과 인이 많이 함유되어 있는 알칼리 식품이며, 다른 식량 작물과는 달리 채소에 많이 함유되어 있는 비타민 C를 비롯해 비타민 B_1, B_2, 니아신 등이 풍부하게 들어 있다. 특히, 감자의 비타민 C는 가열 조리 시에도 비교적 안정한 편이다. 한편, 감자에는 알칼로이드의 일종인 솔라닌(solanine, $C_{45}H_{73}O_{15}N$)이 감자의 싹 부위와 햇빛에 노출되어 녹색으로 변한 껍질 부분에 많이 존재한다. 이 물질은 독성이 있어 복통, 위장 장애 등의 중독 증상을 나타내며 다량 섭취 시 중추신경계의 기능 저하가 일어나므로 싹이나 녹색 부분을 제거하고 조리해야 한다.

감자를 이용한 요리는 전 세계적으로 다양하게 개발되어 있으며, 삶아서 주식 또는 간식으로 이용하고, 굽거나 기름에 튀겨 먹기도 한다. 또한, 소주의 원료와 알코올 발효의 원료로 사용되고, 전분으로 당면을 만들거나 공업용 원료로 이용하는 것 외에 사료로도 사용된다.

(2) 고구마

고구마(sweet potato, *Ipomoea batatas*)의 원산지는 멕시코에서 남아메리카 북부에 이르는 지역으로 추정되며, 전 세계적으로 많은 품종이 있다. 외관과 맛, 백색, 황색, 홍색, 자주색 등의 속 색깔, 육질의 점성과 물리적 특성 및 성장 속도 등에 따라 품종이 다양하다. 고구마는 소비 형태가 매우 다양하여 단순 식용이나 가공식품의 재료로 활용된다.

고구마의 주성분은 탄수화물이고 이의 대부분은 전분이나 전분 외에도 포도당, 과당, 자당, 펜토산, 만니톨(man-nitol), 이노시톨 등의 당류가 들어 있어 단맛이 강하다. 일반적으로 고구마는 숙성됨에 따라 전분 함량은 감소하고 당이 증가된다. 주 단백질은 이포메인(ipomain)이며, 각종 영양 성분이 많이 함유되어 있는 지상부를 채소로 이용할 수

자색 고구마

도 있다. 지상부를 채소로 이용하는 방법은 대부분의 나라에서 줄기, 잎자루(엽병) 그리고 부드러운 잎이 포함된 끝순 10~15 cm 정도 부위를 식용하고 있으나 한국이나 일본은 잎자루를, 타이완에서는 잎자루와 줄기를 주로 이용하고 있다. 항산화 활성을 나타내는 클로로겐산(chlorogenic acid), 카페산(caffeic acid), 아이소클로로겐산(isochlorogenic acid) 등은 괴근보다 잎과 끝순에 많이 함유되어 있다.

우리나라는 주로 고구마의 잎자루(엽병)만을 나물로 이용하고 있는데, 앞으로 고구마 잎이나 지상부 15~20 cm 정도의 끝순을 쌈용, 국거리용이나 녹즙 등으로 이용할 수 있도록 하는 것이 고구마를 더 효과적으로 이용할 수 있는 방법이 될 것이다.

고구마는 상처가 나면 유액이 분비되는데 그 성분은 얄라핀(jalapin)이다. 이런 상처는 고온다습한 조건(30~33℃, 습도 85~95%)에서 4일 정도 저장하는 큐어링(curing)을 해주면 새로운 코르크층 표피가 형성되어 조직이 보호되고 부패균의 침입을 막아 준다. 수확한 고구마는 간단한 구조의 굴이나 지하 3 m 정도의 지하실에 저장하는 것이 좋으며, 실내 시설에 대규모로 저장할 경우에도 미리 큐어링하여 저장하는 것이 고구마의 저장성을 높여 준다. 고구마는 냉장저장 시 냉해(chilling injury)를 입는 작물이다. 고구마에 흑반병이 생기면 이포메아마론(ipomeamarone)이 생기는데 이 물질은 특이한 냄새와 강한 쓴맛을 가지며 독성이 있으므로 먹지 않도록 한다.

공업용 전분 제조용으로 30% 정도를 사용하고 그 외에 엿·포도당·과자류·식용 가공품·의약품·화장품·알코올·위스키·소주 등의 원료로 많이 사용한다. 삶거나 굽는 것 외

표 11-5 고구마 부위별 영양 성분 함량

(단위 : 100 g당)

부위별	수분(g)	단백질(g)	지질(g)	탄수화물(g)		칼슘 (mg/100g f.w.)	철 (mg/100g f.w.)	비타민 C (mg/100g f.w.)
				당질	섬유질			
고구마(밤)	66.3	1.4	0.2	31.2	0.9	15	0.45	7.12
줄기	94.3	0.76	0.02	3.63	2.2	92	0.41	1.7
끝순	84.1	3.0	0.4	9.0	1.4	88	2.3	30
잎	86.5	3.92	0.44	7.34	5.8	196	5.64	8.31

자료 : 농촌진흥청 국립농업과학원(2016), 제9개정판 식품성분표.

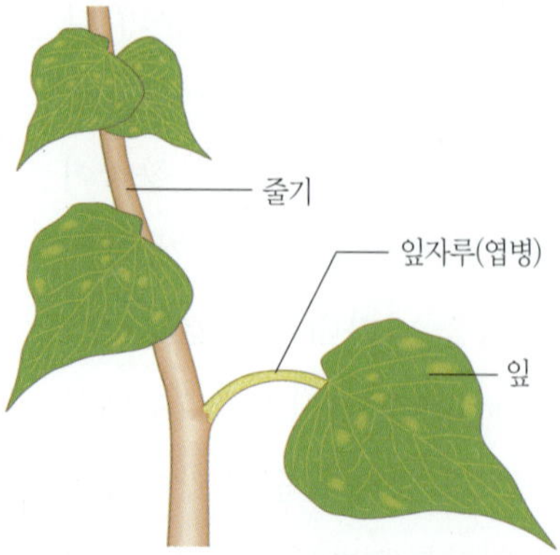

그림 11-6 고구마 지상부의 구조

에 튀김이나 죽으로도 조리하며 서양에서는 버터 구이, 파이, 프라이드 스위트포테이토 등을 만들며, 중국 요리에서도 쓰인다.

(3) 토란

토란(土卵, taro, *Colocasia esculenta*)은 인도, 인도네시아 등 열대 아시아가 원산지인 여러해살이풀이다. 줄기는 땅속에서 거의 자라지 않고 비대해져 알줄기나 덩이줄기가 된다. 덩이줄기 100 g 중에는 탄수화물 12.8 g, 단백질 2.6 g, 지질 0.2 g이 함유되어 있으며 열량은 60 kcal 정도이다. 주로 국으로 끓여 먹고 굽거나 쪄서도 먹는다.

토란

토란의 점성물질은 갈락탄(galactan)에 기인하는 것으로 이것이 단백질과 결합하여 당단백질의 형태로 존재한다. 또한, 토란의 아린 맛은 호모겐티스산(homogentisic acid)과 옥살산(oxalic acid)에 의한 것으로 요리하기 전 물에 미리 담가 두어 아린 맛을 제거한 뒤 사용한다.

(4) 마

마(yam, *Dioscorea opposita*)는 식물체에 자줏빛이 돌고 뿌리는 육질이며 땅속 깊이 들어간다. 품종에 따라 긴 것, 손바닥처럼 생긴 것, 덩어리 같은 것 등 다양한 형태를 갖는다. 덩이뿌리를 한방에서는 산약(山藥)이라고 하며, 식용 및 약용(강장·강정·지사제)으로 이용한다. 마의 주성분

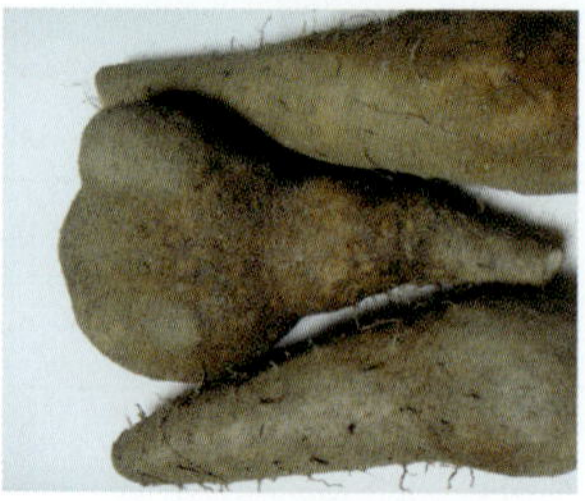

마

은 전분이며 당분, 펜토산, 만난과 함께 단백질, 무기질, 비타민 C, 비타민 B_1 등의 성분도 포함하고 있다. 유효 성분으로 점성물질인 만난과 글로불린 결합체인 당단백질도 가지고 있다. 참마는 일본에서 가장 많이 사용되는 식재료이다.

(5) 야콘

야콘(yacon, *Polymnia sonchifolia*)은 남아메리카 안데스산맥이 원산지인 국화과 식물로 뿌리의 생김새가 고구마와 비슷하며 당도가 높고 수분감이 많으며 아삭한 질감을 갖는다. 식용으로 이용되는 부위는 주로 덩이뿌리이다. 덩이뿌리는 고구마처럼 단맛이 나고 배처럼 시원하며 수분이 많다. 주된 성분은 프락토올리고당이며 난소화성 다당류인 이눌린(inulin)과 식이섬유, 폴리페놀 등도 함유하고 있어 저칼로리 식품 소재로 인기가 높다. 샐러드 등에 넣어 날것으로 먹거나 삶아 먹어도 좋다. 어린잎은 샐러드용으로 이용하고 수확기의 잎은 차로도 이용한다. 대표적인 가공식품으로는 야콘냉면, 야콘국수, 야콘식초 등이 있다.

(6) 돼지감자

돼지감자(Jerusalem artichoke, *Helianthus tuberosus*)는 북아메리카가 원산지로 '뚱딴지' 또는 '국화감자'라고도 한다. 덩이줄기는 둥글거나 길쭉한 것에서 울퉁불퉁한 것까지 모양이 매우 다양하며 크기와 무게도 제각각이다. 덩이줄기를 식용으로 재배하기도 하고 인가 근처에서 야생으로도 잘 자란다. 가축의 사료로도 사용된다. 주성분은 이눌린으로 산, 효소로 분해하면 과당을 얻을 수 있고 알코올의 원료로 주로 사용된다. 한방에서는 뿌리를 국우(菊芋)라는 약재로 쓰는데 해열작용이 있다고 알려져 있다.

(7) 카사바

카사바(cassava, *Manihot esculenta*)는 남아메리카가 원산지이며 '마니옥(manioc)'이라고도 한다. 덩이뿌리는 사방으로 퍼지고 고구마처럼 굵어져 길이가 30~50 cm, 지름은 20 cm 정도이고, 겉껍질은 갈색이며 내부는 노란빛이 도는 흰색이다. 이 덩이뿌리에는 20~25%의 전분이 들어 있고 칼슘과 비타민 C가 풍부하다. 덩이뿌리는 맛이 쓴 것과 쓰지 않은 것 두 종류(고미종, 감미종)가 있는데, 쓴 계통의 덩이뿌리에는 사이안산(cyanic acid)이라는 독성이 있다. 이 독성은 열을 가하면 없어지므로 원주민은 덩이뿌리를 감자처럼 쪄서 먹었으며, 고미종은 주로 전분 제조에 사용된다.

덩이뿌리에서 추출한 전분은 타피오카(tapioca)라 하는데 중요한 전분 자원으로 이용되고 있다. 독성분은 주로 겉껍질에 들어 있으므로 껍질을 잘 벗겨내고 물로 잘 씻어 갈아서 침전시킨다. 이것을 말리면 하얀 타피오카 전분이 된다. 타피오카 전분은 분말인데, 이것을 마르기 전에 베주머니에 넣고 흔들면 지름 3~5 mm의 알갱이가 된다. 이 알갱이를 가열한 철판 위에 놓고 잘 섞으면 표면이 풀로 되어 반투명한 진주 알갱이처럼 된다. 이것을 타피오카 펄(tapioca pearl)이라고 한다. 타피오카 전분은 과자, 알코올, 풀, 요리 원료 등으로 다양하게 사용된다.

3. 콩류

콩류(pulses)는 콩과식물(legumes)의 꼬투리 속의 마른 종자를 총칭한다. 'beans'이라고 할 때는 엄격하게 구별하면 *Phaseolus*속(강낭콩, 녹두 등)에 속한 것을 말하나 커피콩(coffee beans), 바닐라콩(vanilla beans) 등 일반적인 의미에서 꼬투리 속의 종자뿐만이 아니라 기타 씨앗류를 일컫을 때도 보편적으로 널리 사용하고 있다.

콩류는 종류에 따라 구성성분의 차이가 크므로 그 성분에 따라 크게 세 그룹으로 나눌 수 있다.

첫째는 단백질과 지질 함량이 높고 탄수화물 함량(20%)이 비교적 적은 것 : 콩, 땅콩

둘째는 지질의 함량(2% 정도)은 극히 작고, 50% 이상의 탄수화물을 함유한 것 : 팥, 녹두, 완두, 강낭콩

표 11-6 콩류의 일반 성분

(단위 : 100 g당)

식품	에너지	수분	단백질	지질	회분	탄수화물	총식이섬유	칼슘	인	철	나트륨	칼륨	비타민 B_1	비타민 B_2	니아신	비타민 C
	(kcal)	(g)	(g)	(g)	(g)	(g)	(g)	(mg)	(mg)	(mg)	(mg)	(mg)	(mg)	(mg)	(mg)	(mg)
팥	347	10.1	21.6	0.3	3.6	64.4	–	68	7.3	2644	0	85	0.46	0.29	2.3	15
녹두	352	9.4	24.51	1.52	4.42	60.15	22.4	100	4.11	1420	0	243	0.156	0.358	1.634	5.29
강낭콩	172	56.1	8.80	0.86	1.86	32.38	14.1	49	3.11	281	0	53	0.449	0.124	1.801	2.12
완두	114	71.0	7.92	0.44	1.13	19.51	8.5	36	2.08	356	0	383	0.186	0.141	2.946	11.00
동부	162	58.5	11.2	0.3	1.6	28.4	–	28	3.3	–	0	11	0.32	0.41	0.8	13
땅콩	525	10.8	25.74	42.57	2.53	18.36	13.4	67	3.07	746	0	4	0.389	0.212	10.514	0

자료 : 농촌진흥청 국립농업과학원(2016), 제9개정판 식품성분표.

셋째는 채소적 성격을 띤 것 : 청태콩, 껍질콩, 풋완두

(1) 콩

콩(大豆, soybean, *Glycine max*)은 중국, 한국, 일본 등지에 자생하는 야생콩(돌콩)에서 유래되었다. 야생콩은 줄기가 가늘고 덩굴성이며, 잎의 모양과 종자의 크기가 상당히 다양하다. 콩에는 여러 품종이 있는데, 일반적으로 용도에 따라서 성숙자실용, 청예사료용, 녹비용 등으로 구분한다. 자실의 형태와 색깔 면에서 보면 대부분이 황색이고 둥근데, 푸른콩이라고 부르는 녹색품종이나 검정콩, 자실이 매우 작은 쥐눈이콩, 그 밖에 갈색, 얼룩이, 아주까리콩 등 매우 다양하다.

콩의 탄수화물 함량은 약 20%이며 종피에는 펜토산 2.3~4.9%, 갈락탄 1.1~5.6%, 자당 3.3~6.3% 정도가 함유되었으나 전분은 1% 이하로 매우 적게 들어 있다. 라피노스(raffinose)나 스타키오스(stachyose) 같은 소당류가 일부 함유되어 있다. 단백질 함량은 약 40%이며 비교적 양질의 단백질을 가지고 있다. 주 단백질은 글로불린인 글리시닌(glycinin)으로 전체 단백질의 84%를 차지하며 알부민은 5.4% 정도 들어 있다. 아미노산 조성은 메티오닌, 시스틴 등으로 황 함유 아미노산은 적으나 곡류에 부족한 라이신을 많이 함유하고 있어 함께 섭취 시 쌀이나 밀에 부족한 아미노산을 보충할 수 있다. 단백질 분해효소인 트립신의 작용을 억제하는 트립신 억제제(trypsin inhibitor)가 들어 있어서 콩 단백질은 소화가 어려운 편이나 이 물질은 가열하면 불활성화된다. 또한, 적혈구의 응고를 촉진하는 헤마글루티닌(hemaglutinin) 등도 존재한다.

콩의 지질 함량은 18% 정도로 리놀레산과 불포화지방산이 85% 이상을 차지하며 포화지방산은 15% 정도이다. 칼륨, 마그네슘, 칼슘 등의 무기질을 4~6% 정도 함유하고 있으며, 비타민 B군이 많이 들어 있고 비타민 A와 D는 소량 함유되어 있다. 또한, 콩은 건조중량의 1~2% 정도 아이소플라본(isoflavone)을 함유하고 있으며 사포닌(soy saponin)은 약 0.3% 정도 함유하고 있다. 이 외에도 콩 펩타이드, 피트산(phytic acid) 등의 생리활성이 보고되는 등 콩은 매우 우수한 기능성식품으로 널리 인정되고 있다('10장 식품의 기능성' 참조).

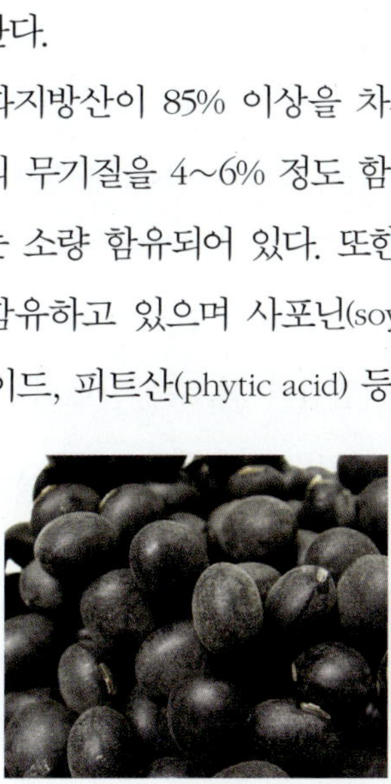
검은콩

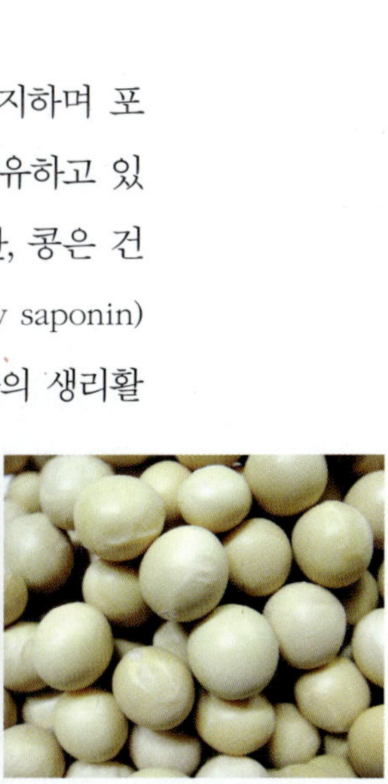
백태

콩은 식용과 공업용으로도 쓰이는데, 어린 풋대콩은 삶아서 먹고, 완숙한 콩은 콩밥·콩자반·콩엿 등을 만들어 먹는다. 두부·비지·된

다양한 콩

- 진품콩 : 비린내 없는 콩(lipoxygenase deficient mutant)으로 콩의 이취가 개선되어 두부 식감과 두유 가공 특성도 우수하다.
- 작두콩 : 꼬투리 끝이 굽어 있거나 갈고리 모양을 하고 있고 길이 20~30 cm, 나비 5 cm 내외이며 콩은 3 cm 정도이고 붉은색 또는 흰색이다. 열매 꼬투리가 작두같이 생겨서 작두콩이라고 한다.
- 녹풍콩 : 최근에 보급되기 시작한 콩으로 속과 표피까지 푸른 콩이다. 당도가 높고 조직이 부드러워 밥밑콩으로 사용하기에 좋으며, 두유를 만들어도 식과 맛이 우수하다.
- 선비콩 : 초록색 표피에 가운데 검은색을 가지고 있으며 당도가 일반 콩보다 높고 조직이 부드러워서 밥밑콩에 사용하기 좋다.

작두콩

녹풍콩

선비콩

장·간장·콩나물·콩기름 등으로 가공하여 먹기도 하고, 인조기름·인조고기 등을 만들기도 한다. 콩기름은 각종 공업원료로도 이용되며 최근에는 두유의 원료로 많이 소비된다. 콩의 생초·건초와 콩깻묵은 사료나 비료로, 줄기는 인공섬유의 원료로도 이용된다. 이 밖에 비누, 방수제, 유화제, 살충제, 화약, 의약품 등 공업용 용도도 다양하다.

(2) 팥

팥(小豆, red bean, *Vigna angularis*)은 원산지가 중국 일대일 것으로 추정되는 재배 역사가 오래된 작물이며, 소두(小豆), 적소두(赤小豆)라고도 한다.

팥에는 전분 등의 탄수화물이 50% 이상 함유되어 있으며, 그 밖에 단백질이 약 20% 함유되어 있는데 그중에 80% 정도는 글로불린에 속하는 파세올린(phaseolin)으로 이 단백질은 황 함유 아미노산이 부족한 편이나 라이신과 트립토판은 많이 들어 있다. 무기질로는 칼륨과 인이 많고 비타민 B_1도 많이 들어 있으며 사포닌이 0.3~0.5% 정도 들어 있다. 씨껍질의 색소는 안토사이아닌이므로 알칼리나 철 냄비에 끓이면 검은색을 띠고, 산에 접촉하면 붉은색을 띤다.

팥

(3) 녹두

녹두(綠豆, mung bean, *Phaseolus radiatus*)의 원산지는 인도로 추정하며 한국, 중국, 인도 등의 아시아 지역에 주로 분포한다. 안두(安豆), 길두(吉豆)라고도 한다. 종자의 빛깔에 따라 노란색, 녹색을 띤 갈색, 검은빛을 띤 갈색 녹두로 구분하나 녹색녹두가 전체의 90%를 차지한다. 성분은 전분 53~54%, 단백질 20% 이상으로 영양가가 높고 향미가 좋으며 점성물질인 갈락탄도 함유하고 있다. 칼슘, 인, 철, 칼륨 등이 쇠고기보다 많다. 특히, 녹두 전분은 점성이 강하여 청포묵(녹두묵)을 쑤는 원료로 사용된다. 그 밖에도 빈대떡, 떡고물, 녹두차, 녹두죽, 숙주나물 등으로 이용한다. 민간에서는 피부병을 치료하는 데 쓰며 해열·해독 작용을 한다고 알려져 있다.

녹두

(4) 강낭콩

강낭콩(kidney bean, *Phaseolus vulgaris*)은 채두(菜豆), 운두(雲豆)라고도 한다. 마른 강낭콩의 주성분은 탄수화물로 60%를 차지하고 단백질은 20% 정도이다. 밥에 넣어서 먹거나 떡, 과자의 소로 이용하고, 어린 꼬투리는 채소로 쓰인다. 중남미, 인도, 아프리카 등지에서는 주식으로 이용된다.

(5) 완두

완두(豌豆, pea, *Pisum sativum*)는 껍질이 부드러운 연협종은 풋콩이라 하며, 껍질이 단단한 경협종은 그린피스라 불린다. 미숙한 종실을 수확하여 밥에 넣어 먹거나 통조림, 수프의 재료로 이용한다. 완두의 단백질은 레구민(legumin)이라고 하며 라이신과 트립토판이 풍부하여 곡류와 혼식할 경우 아미노산의 보충 효과가 좋다. 그 외에도 비타민 B군과 C도 풍부하다.

(6) 동부

동부(豇豆, *Vigna sinensis*)는 팥과 비슷하나 종자가 약간 길고 종자의 눈도 길어서 팥과 구별된다. 종실을 밥에 넣거나 떡이나 빵의 소, 과자를 만드는 데 이용한다. 한의학에서는 약재로도 쓰이는데, 신장을 보호하고 위장을 튼튼히 하며 혈액순환을 촉진시킨다고 알려져 있다.

(7) 땅콩

땅콩(落花生, peanut, *Arachis hypogaea*)은 낙화생(落花生)이라고도 하며 독특하게 열매가 땅속에서 여문다. 브라질이 원산지로 전 세계에서 널리 재배되고 있으며, 우리나라에는

1800~1845년 중국에서 들어왔을 것으로 추정한다.

종자가 큰 대립종은 단백질 함량이 높아서 보통 간식용으로 이용하며, 종자가 작은 소립종은 지방 함유율이 높아서 기름을 짜거나 과자나 빵 등 식품 가공 시에 주로 이용된다. 땅콩 종자에는 45~50%의 지방과 20~30%의 단백질이 포함되어 있어 영양가가 매우 풍부한 식품에 속한다. 주 단백질은 글로불린의 일종인 아라킨(arachin)과 콘아라킨(cornarachin)이다. 겉껍질째 소금물에 삶아 껍질을 벗겨 먹기도 하고, 껍질 벗긴 것을 볶은 후 버터를 넣어 먹기도 한다. 중국에서는 팔각 등의 향신료를 넣고 데치거나 소금물에 삶기도 하고, 기름에 튀긴 후 소금을 뿌리기도 한다. 땅콩을 갈아서 만드는 땅콩버터도 전 세계에서 널리 애용된다.

이외에도 최근에는 외국에서 수입하거나 새로 재배를 시작하여 소비가 늘어나고 있는 콩류가 몇 가지 있다. 먼저, 병아리의 머리와 모양이 비슷하다고 하여 명명된 병아리콩(chick pea)은 인도나 중동, 아프리카 등지에서 많이 생산된다. 병아리콩을 곱게 갈아 레몬주스, 올리브유 등을 넣어서 만든 걸쭉한 소스인 후무스(hummus)나 반죽을 동그랗게 빚어 튀겨낸 펠라펠(felafel)과 같이 중동 지역의 유명한 요리는 이미 전 세계적으로 알려져 있다.

렌틸콩(lentils)은 볼록한 렌즈 모양을 하고 있어 렌즈콩이라고도 부르는데 척박한 땅에서도 잘 자라서 전 세계에서 재배되고 있다. 콩과식물로 단백질이 풍부하고 수프나 샐러드, 스튜 등 다양한 요리에 사용한다.

병아리콩

렌틸콩

4. 채소류

채소류는 수분 함량이 80~90%로 독특한 색채와 질감으로 식욕을 증진시키고, 다양한 비타민과 무기질의 좋은 급원인 중요한 식재료이다. 채소는 수확 후에도 증산작용과 호흡작용이 왕성하여 품질이 저하되기 쉽기 때문에 저장 온도를 낮추어 대사와 호흡작

표 11-7 채소의 분류

분류 요인		분류
식용 부위	엽채류	배추, 양배추, 시금치, 상추, 쑥갓, 부추, 들깻잎 등
	경채류	파, 콩나물, 죽순, 셀러리, 아스파라거스, 두릅 등
	근채류	무, 당근, 양파, 마늘, 도라지, 더덕, 우엉, 연근 등
	과채류	호박, 오이, 가지, 고추, 토마토, 참외 등
	화채류	브로콜리, 콜리플라워, 아티초크 등
색 상	녹황색 채소	시금치, 무청, 당근, 호박, 고추, 토마토 등
	담황색 채소	무, 양파, 마늘, 연근 등
온도 적응성	호냉성 채소	무, 마늘, 케일, 근대, 배추, 시금치 등
	호온성 채소	오이, 가지, 토마토, 고구마, 고추, 호박 등
과	겨자과	유채, 양배추, 브로콜리 등
	박과	오이, 호박, 참외, 수박, 박 등
	미나리과	당근, 셀러리, 미나리 등
	가지과	가지, 토마토, 감자, 피망, 고추 등
	국화과	우엉, 양상추, 머위, 돼지감자 등
	명아주과	시금치, 명아주 등

용을 억제하여 품질이 유지되도록 한다. 채소는 식용 부위에 따라 엽경채류(葉莖菜類), 근채류(根菜類), 과채류(果菜類), 화채류(花菜類)의 4종류로 크게 구별할 수 있는데, 그 외에도 채소의 색상이나 온도 적응성, 식물학적 분류 방법에 의하여 과(科)로 구별하기도 한다.

1) 엽경채류

엽경채류(leaf and stem vegetables)는 잎이나 줄기를 식용하는 채소류의 총칭이다. 수분이 90% 이상이며 당질의 함량이 적고 단백질과 지질도 거의 들어 있지 않으나 비타민 A, 비타민 B_2, 비타민 C와 같은 비타민류와 철, 칼슘 등 무기질의 좋은 급원이 된다.

(1) 배추

배추(chinese cabbage, *Brassica campestris* ssp. *pekinensis*)는 중국이 원산지이며 십자화과에 속한다. 가열하면 황화합물이 분해되어 황화수소가스 등을 생성하여 쾌쾌한 황 냄새

표 11-8 엽경채류 채소의 일반 성분

(단위 : 100 g당)

식품	에너지	수분	단백질	지질	회분	탄수화물	총식이섬유	칼슘	철	칼륨	레티놀	베타카로틴	비타민 B_1	비타민 B_2	니아신	비타민 C
	(kcal)	(g)	(g)	(g)	(g)	(g)	(g)	(mg)	(mg)	(mg)	(μg)	(μg)	(mg)	(mg)	(mg)	(mg)
배추	11	95.6	1.1	0	0.6	2.7	-	29	0.5	222	0	5	0.20	0.03	0.4	10
양배추	26	89.7	1.68	0.08	0.62	7.92	2.7	45	0.27	241	0	13	0.035	0.033	0.573	19.56
시금치	30	89.4	3.1	0.5	1.0	6.0	-	40	2.6	502	0	2876	0.12	0.34	0.5	60
상추(로메인)	24	90.6	1.8	0.2	1.0	6.4	-	84	8.7	222	0	1095	0.23	0.16	0.4	45
대파	19	92.8	1.78	0.15	0.47	4.80	1.6	24	0.82	181	0	277	0.066	0.094	0.143	3.55
쑥갓	14	94.6	1.93	0.17	0.95	2.35	2.4	91	0.79	239	0	2472	0.029	0.088	0.155	10.40
부추(재래종)	19	93.0	1.8	0.3	0.8	4.1	-	28	3.4	-	0	87	0.16	0.08	0.6	5
들깻잎 싹	16	95.1	1.7	0.1	0.6	2.5	-	29	7.8	-	0	47	0.04	0.19	0.1	7
아스파라거스	14	94.6	1.9	0.1	0.6	2.8	-	22	0.5	220	0	321	0.12	0.13	0.8	5

자료 : 농촌진흥청 국립농업과학원(2016), 제9개정판 식품성분표.

가 난다. 우리나라에서는 김치를 담그는 데 주로 쓴다. 뿌리 쪽의 흰 부분에는 비타민 A가 없고 푸른 잎 부분에 많다.

(2) 양배추

양배추(cabbage, *Brassica oleracea* var. *capitata*)는 지중해 연안과 소아시아가 원산지이며 겨자과에 속한다. 잎은 두껍고 표면이 분처럼 흰빛이 돌며, 가장자리에 불규칙한 톱니가 있고 주름이 있어 서로 겹쳐지며 가장 안쪽에 있는 잎은 공처럼 둥글고 단단하다. 양배추에는 비타민 C가 20 mg%로 풍부하고, 주로 샐러드로 해서 날로 먹거나 양배추김치, 양배추말이 등으로 요리하여 먹는다. 독일 요리로 식초에 절인 사워크라우트(sauerkraut)가 유명하다.

(3) 시금치

시금치(spinach, *Spinacia oleracea*)는 아시아 서남부가 원산지로 한국에는 조선 초기에 중국에서 전해진 것으로 보이며 흔히 채소로 가꾼다. 뿌리는 육질이고 연한 붉은색을 띠며 굵고 길다. 시금치는 비타민 A와 C가 풍부하며 비타민 K도 들어 있어 중요한 비타민 급원 식품이다. 샐러드용 시금치가 재배되면서 생식도 가능하며, 주로 데쳐서 나물을 무쳐 먹거나 된장국을 끓여 먹는다.

(4) 상추

상추(lettuce, *Lactuca sativa*)는 전 세계적으로 널리 재배되는 채소로 결구상추(var. *capitata*), 잎상추(var. *crispa*), 배추상추(var. *longifolia*), 줄기상추(var. *asparagina*)의 4가지 변종으로 나뉜다. 한국에서는 주로 잎상추를 심으나 최근에는 결구상추(양상추)도 많이 심는다. 상추는 주로 샐러드나 쌈을 싸 먹는 데 이용되고 겉절이로도 먹는다. 비타민과 무기질이 풍부하여 빈혈 환자에게 좋으며, 줄기에서 나오는 우윳빛 즙에는 락투세린(lactucerin)과 락투신(lactucin)이 들어 있는데 이것이 진통과 최면 효과가 있어 상추를 많이 먹으면 잠이 올 수 있다. 옥살산(oxalic acid)이 많이 들어 있어 칼슘의 이용률을 떨어뜨릴 수 있다.

(5) 파

파(spring onion, *Allium fistulosum*)의 원산지는 중국 서부로 추정하며, 동양에서는 옛날부터 중요한 채소로 재배하고 있으나 서양에서는 거의 재배하지 않는다. 높이는 약 70 cm 정도이고 잎의 수가 많은 계통을 대파 또는 움파라고 하며, 잎의 수가 적고 굵기가 실처럼 가늘고 뿌리가 일자인 것을 실파라고 한다. 실파와 비슷한 쪽파는 뿌리 쪽이 동그랗다. 실파는 진액이 많지 않아서 고명으로 사용하거나 파강회나 파전 등에 사용하는 것이 좋고, 진액이 좀 더 많고 매운맛이 강한 쪽파는 김치를 담을 때 사용하는 것이 좋다. 파에는 칼슘, 아연, 비타민 A, 비타민 C 등이 많이 들어 있고, 매콤하며 특이한 향취가 있어서 생식하거나 요리에 널리 쓴다. 민간요법에서는 뿌리와 비늘줄기를 거담제, 구충제, 이뇨제 등으로 쓴다.

(6) 쑥갓

쑥갓(crown daisy, *Chrysanthemum coronarium* var. *spatiosum*)은 유럽이 원산지이며, 서양에서는 관상용으로 많이 심는 데 비해 동양에서는 주로 채소로 재배하여 먹는다. 독특한 향과 연한 줄기, 산뜻한 맛이 특징이다. 쑥갓은 비타민 A가 풍부하며 섬유소도 많은 편이다. 상추쌈에 곁들여 쌈 재료로 이용하거나 데쳐서 나물로 먹는다. 비타민 C를 산화시키는 아스코비네이스(ascorbinase)를 가지고 있다.

(7) 부추

부추(Korean leek, *Allium tuberosum*)는 백합과에 속하며, 잎은 녹색으로 가늘고 긴 줄기 모양이며 조직은 부드럽다. 지역에 따라서 정구지(충청도)나 솔(전라도)로도 불린다. 김치를 담거나 부침개로 지져 먹는다.

(8) 들깻잎

들깨(perilla leaf, *Perilla frutescens* var. *japonica*)는 주로 기름을 짜기 위하여 유지작물로 재배되며, 생육하는 동안에는 부드러운 잎을 수확하여 먹는데 이것이 들깻잎이다. 원산지는 동남아시아로 추정되고 한국과 중국에서 재배되고 있으며, 다른 나라에서는 거의 재배하지 않는다. 철분이 시금치의 2배 이상 함유되어 있고, 칼슘 등의 무기질과 비타민 A, 비타민 C 등도 풍부하게 함유되어 있어 영양가가 높다. 특히, 독특한 향이 육류의 누린내와 생선의 비린내를 잘 가려 주어 쌈으로 많이 먹고 있어 상추와 함께 대표적인 쌈 채소이다. 향긋한 나물이나 장아찌, 깻잎김치 등으로 만들어 먹기도 하고, 무침이나 탕 등에도 향신료처럼 사용한다.

(9) 아스파라거스

아스파라거스(asparagus, *Asparagus officinalis*)는 줄기가 약 1.5~2 m까지 자란다. 뿌리는 끝같이 긴 것과 양끝이 뾰족한 짧은 원기둥 모양이 있다. 어린줄기가 자라서 가지를 낸다. 아스파라진이 이 식물에서 처음 발견되었기 때문에 붙여진 이름이다. 비타민 B군이 많고 혈관 강화작용을 하는 루틴과 사포닌을 가지고 있다. 흰색, 자주색 등의 다양한 색의 아스파라거스가 있다.

아스파라거스

(10) 셀러리

셀러리(celery, *Apium graveolens* var. *dulce*)는 식물체 전체에 강하고 독특한 향기가 있는데 연한 잎과 줄기를 식용하며 서양 요리에서 없어서는 안 될 중요한 재료이다.

2) 근채류

근채류(root vegetables)는 뿌리를 이용하는 채소류의 총칭이다. 다른 채소류에 비해 수

표 11-9 근채류 채소의 일반 성분

(단위 : 100 g당)

식품	에너지	수분	단백질	지질	회분	탄수화물	총식이섬유	칼슘	철	칼륨	레티놀	베타카로틴	비타민 B_1	비타민 B_2	나이신	비타민 C
	(kcal)	(g)	(g)	(g)	(g)	(g)	(g)	(mg)	(mg)	(mg)	(μg)	(μg)	(mg)	(mg)	(mg)	(mg)
무(조선)	13	95.3	0.63	0.09	0.62	3.36	0.6	23	0.18	268	0	4	0.059	0.021	-	7.34
마늘	102	65.3	7.03	0.12	0.90	26.65	3.3	8	0.82	357	0	0	0.118	0.276	0.613	11.86
양파	20	92.0	0.95	0.04	0.33	6.68	1.7	15	0.20	145	0	2	0.035	0.011	0.099	5.88
당근	25	91.1	1.02	0.13	0.72	7.03	3.1	24	0.28	299	0	5516	0.037	0.062	0.882	3.02
생강	32	88.2	0.97	0.15	0.86	9.82	2.6	18	0.95	337	0	19	0	0.052	0.497	1.50
연근	55	80.0	1.63	0.07	1.02	17.28	3.3	28	0.80	478	0	0	0.087	0.124	0.136	28.35
우엉	54	81.0	2.61	0.06	1.04	15.29	4.6	46	0.80	406	0	0	0.019	0.110	0.108	0.61
비트	30	88.3	1.7	0	1.6	8.4	-	7	2.2	406	-	0	0.02	0.04	0.1	23

자료 : 농촌진흥청 국립농업과학원(2016), 제9개정판 식품성분표.

분 함량이 적고 당질 함량은 높다.

(1) 무

무(radish, *Raphanus sativus*)는 배추, 고추와 함께 3대 채소로 십자화과에 속한다. 무는 크기와 색상에 따라 여러 가지 종류로 나눠며, 각각의 품종에 따라 어느 계절에나 재배할 수 있다. 동아시아에서는 아메리카나 유럽 등지에서 재배되는 무와는 달리 상대적으로 크고 흰색 빛깔을 지닌 무를 재배하는데, 이를 한국에서는 굵기와 길이에 따라 조선무 또는 왜무라고 부른다. 동아시아에서 재배되는 무의 길이는 약 20~35 cm이며 지름은 약 5~10 cm 정도이다. 아밀레이스를 함유하고 있어 소화가 잘되며 비타민 C가 많다. 무의 줄기와 잎을 말하는 무청에는 카로틴과 비타민 C가 풍부하다. 대표적인 매운맛 성분은 트랜스-4-메틸티오-3-부테닐 아이소티오시아네이트(*trans*-4-methylthio-3-butenyl isothiocyanate)로 휘발성이 강하다. 최근에는 일명 보르도무라고 하는 자색 무도 재배 보급되고 있다.

자색 무

(2) 마늘

마늘(garlic, *Allium scorodorpasum* var. *viviparum Regel*)은 백합과에 속하며 땅속의 비늘줄기를 주로 요리에 사용하는데, 연한 잎과 줄기를 먹기도 한다. 마늘에 들어 있는 알린(alliin, S-allyl-L-cystein sulfoxide)은 그 자체로는 냄새가 나지 않는다. 그러나 마늘을 씹거나 칼로 다지면 마늘에 들어 있는 효소 알리네이스(allinase)의 작용으로 알린이 분해되어 알리신(allicin, dially isothiosulfinate)과 다이알릴 다이설파이드(diallyl disulfide)가 생겨나는데, 이러한 물질이 마늘의 특징적인 맵고 강한 향을 만들어 낸다. 비타민 B_1, B_2, C가 상당량 들어 있고 칼슘, 철분 등의 무기질이 함유되어 있다.

(3) 양파

양파(onion, *Allium cepa*)는 백합과에 속하는 것으로 양파의 매운맛 성분은 황 함유 성분인 알릴화합물(propyl allyldisulfide, allyldisulfide)들인데 가열하면 자극적인 냄새와 매운맛이 없어지고 단맛(propyl mercaptan)이 증가한다. 양파 껍질에는 항산화 효과가 있는 퀘세틴이 함유되어 있다. 문화권마다 차이는 있지만 생것, 얼린 것, 통조림한 것, 절인 것, 말린 것 등 다양한 형태로 유통된다. 다지거나 썰어서 거의 모든 요리에 넣어 먹을 수 있고 양념장의 형태로도 쓰이며 샐러드에도 들어간다.

(4) 당근

당근(carrot, *Daucus carota* var. *sativa*)은 미나리과에 속하며 홍당무라고도 한다. 카로티노이드(carotenoid)가 다량 함유되어 있으며 소화흡수율은 생으로 섭취하면 10% 정도이지만 익히거나 기름에 튀기면 30~50% 정도로 증가한다. 비타민 C 분해효소인 아스코비네이스가 있어 조리 시 비타민 C의 파괴가 일어날 수 있다.

(5) 생강

생강(生薑, ginger, *Zingiber officinale*)은 생강과에 속하는 여러해살이풀로 동남아시아가 원산지이며, 새앙, 새양이라고도 부른다. 뿌리줄기는 옆으로 자라고 다육질이며 덩어리 모양이고 육질은 황색이다. 생강은 특유의 향기와 매운맛이 나는데 매운맛은 진저론(gingerone)과 쇼가올(shogaol)이라는 성분 때문이다. 수분 함량은 86% 정도이며 다량의 무기질을 함유하고 있다. 말린 생강은 건강(乾薑)이라 하며 건위발한(建胃發汗)에 효능이 있어 한약재로도 쓰인다.

(6) 도라지

도라지(balloon flower root, *Platycodon grandiflorum*)는 '길경'이라고도 하는데, 산과 들에서 자라며 뿌리는 굵고 줄기는 곧게 자라며 자르면 끈적한 흰색의 즙액이 나온다. 쓴맛이 있어 껍질을 벗긴 후 잘게 찢어서 소금을 뿌리고 주물러 쓴맛을 뺀 뒤 물에 충분히 담갔다가 요리한다.

(7) 더덕

더덕(*Codonopsis lanceolata*)은 사삼, 백삼이라고도 부르며 숲속에서 자란다. 도라지처럼 굵고 자르면 흰색의 즙액이 나온다. 쓴맛이 있어 소금물에 담가 쓴맛을 제거한 후 구이, 무침, 튀김 등의 요리를 하거나 술을 담가 먹기도 한다.

(8) 연근

연근(蓮根, lotus root, *Nelumbo nucifera*)은 수련의 뿌리로 주성분은 전분이다. 주로 정과(正果)나 조림 등에 사용되며 아삭아삭한 식감이 특징이다. 폴리페놀류가 많아 산화효소에 의해 갈변이 잘 일어나므로 조리할 때에는 껍질을 벗긴 후 바로 소금이나 식초를 넣은 물에 잠깐 담갔다가 조리한다.

(9) 우엉

우엉(burdock, *Arctium lappa*)은 식용으로 하는 뿌리의 길이가 1.5 m 정도이고 조직은 단단하며 우엉 특유의 독특한 향기를 가지고 있다. 모세혈관을 강화시켜 주는 작용이 있는 플라보노이드계의 루틴이 들어 있으며, 폴리페놀 화합물이 많아 갈변 효소의 작용으로 쉽게 산화되어 갈변한다.

(10) 비트

비트(beet, *Beta vulgaris*)는 일반적으로 뿌리채소로 알려져 있으나, 잎도 이용하는데 어

생강

도라지

더덕

비트

린잎은 샐러드로 이용하고 자라면 조리해서 먹는다. 뿌리는 생으로 먹거나 조리해서 먹는데 생 비트는 약간의 이취가 있으나 조리하면 이취가 없어지고 단맛이 높아진다. 비트는 색깔별로 빨간색, 황금색, 줄무늬 비트로 나눌 수 있으며 당질이 주성분이다. 진한 붉은색으로 음식의 색을 예쁘게 하는 데 많이 사용된다.

3) 과채류와 화채류

과채류와 화채류는 일년생 초본의 열매나 꽃을 식용으로 하는 채소류의 총칭이다. 다른 채소류에 비해 일반적으로 당분이 많으며, 색이 아름답고 향기와 맛이 좋다.

(1) 고추

고추(hot pepper, *Capsicum annuum*)는 남아메리카가 원산지로 아메리카 대륙에서 오래전부터 재배되었다. 한국에는 400여 년 전 임진왜란을 전후하여 중국 또는 일본에서 들어온 것으로 보고 있으며 이후 한국인의 식생활에 커다란 영향을 주었다.

표 11-10 과채류와 화채류 채소의 일반 성분

(단위 : 100 g당)

식품(생것)	에너지	수분	단백질	지질	회분	탄수화물	총식이섬유	칼슘	철	칼륨	레티놀	베타카로틴	비타민 B_1	비타민 B_2	니아신	비타민 C
	(kcal)	(g)	(g)	(g)	(g)	(g)	(g)	(mg)	(mg)	(mg)	(μg)	(μg)	(mg)	(mg)	(mg)	(mg)
고추	23	91.1	1.71	0.19	0.58	6.42	4.4	15	0.50	270	0	458	0.008	0.076	0.588	43.95
파프리카	12	95.5	1.0	0.1	0.4	3.0	-	12	1.3	255	0	185	0.06	0.01	0.2	162
애호박	17	93.1	1.07	0.09	0.60	5.14	2.2	15	0.23	224	0	270	0.038	0.080	0.348	3.11
늙은호박	25	89.4	1.08	0.06	0.84	8.62	1.4	13	0.40	339	0	392	0.027	0.056	0.647	1.37
오이	12	95.2	1.22	0.02	0.51	3.05	0.7	18	0.20	196	0	61	0.002	0.034	0.091	11.25
가지	15	93.9	1.13	0.03	0.58	4.36	2.7	16	0.26	232	0	52	0.035	0.163	0.366	0
토마토	16	93.9	1.03	0.18	0.63	4.26	2.6	9	0.19	250	0	380	0.013	0.037	0.311	14.16
브로콜리	28	89.4	3.08	0.20	1.00	6.32	3.1	39	0.80	365	0	264	0.033	0.143	1.024	29.17
여주	19	93.8	1.28	0.36	0.58	4.48	3.7	15	0.15	253	0	158	0.270	0.045	0.489	73.01
오크라	30	90.2	2.1	0.2	0.9	6.6	5.0	92	0.5	260	0	670	0.09	0.09	0.8	11
올리브	118	81.6	0.8	12.3	1.9	3.4	2.5	68	0.8	10	0	-	0.05	0.06	0.3	tr

*tr : trace

자료 : 농촌진흥청 국립농업과학원(2016), 제9개정판 식품성분표.

열매는 수분이 적은 원뿔 모양의 장과로 8~10월에 익는데 처음에는 짙은 녹색이나 익어 가면서 점점 붉어지며 껍질과 씨는 매운맛을 낸다. 붉게 익은 열매는 말려서 향신조미료로 쓰고 관상용, 약용(중풍·신경통·동상 등)으로도 쓴다. 연한 잎은 나물로 이용하기도 하고 풋고추는 조려서 반찬으로 하거나 부각으로 만들어 먹는다. 고추의 매운맛은 캡사이신(capsaicin, $C_{18}H_{27}O_3N$)이라고 하는 염기 성분 때문이며 붉은 색소의 성분은 주로 캡산틴(capsanthin)이다.

보통 말린 고추와 풋고추의 2가지로 나누어 사용하며, 우리나라의 고추 종류는 약 100여 종에 이르고 산지의 지역 이름을 따서 영양·천안·음성·청양·임실·제천 고추 등으로 부르기도 한다.

(2) 파프리카

파프리카

파프리카(paprika, *Capsicum annum*)는 단고추(sweet pepper)의 일종으로 헝가리고추라고도 하며 우리나라에서는 착색단고추라고도 한다. 열매는 주홍색, 빨간색, 노란색 등 다양하며 신선한 것은 채소, 피클, 샐러드 등에 이용한다. 건조분말은 약간 매운맛이 있는 편이며 어패류, 카나페, 수프 등에 다양하게 이용된다.

(3) 호박

호박(pumpkin/squash, *Cucurbita* spp.)은 열대 및 남아메리카가 원산지이며 전 세계적으로 널리 재배된다. 열매는 매우 크고 품종에 따라 크기, 형태, 색깔이 다양하다. 열매를 식용하고 어린 잎이나 순도 먹는다. 한국에서 재배하는 호박은 중앙아메리카 또는 멕시코 남부의 열대 아메리카 원산의 동양계 호박(*C. moschata*), 남아메리카 원산의 서양계 호박(*C. maxima*), 멕시코 북부와 북아메리카 원산의 관상용인 페포계 호박(*C. pepo*)의 3종이다. 동양계 호박은 과실이 크고 익으면 과피가 황색이 된다. 육질은 점질이지만 익기 전부터 맛이 좋아 애호박으로도 많이 이용한다.

서양계 호박은 숙과를 쪄서 먹는 계통으로 단호박이 대표적이다. 과실은 방추형, 편원형 등이고 색깔은 흑록색, 회색, 등황색이 있다. 육질은 분질이 많고 완숙되어야 맛이 좋다. 호박의 색은 카로틴(carotene)과 잔토필(xanthophyll)이 대표적이며 다량의 비타민 A를 비롯하여 약간의 비타민 B와 C도 함유하여 비타민 급원으로서 매우 좋은 식품이다.

(4) 오이

오이(cucumber, *Cucumis sativus*)는 박과의 덩굴식물로 종류는 가시오이(취청오이 : 가시가 뚜렷함), 백다다기오이(표피가 매끈하며 흰색이 돌고 조직이 아삭함), 피클오이(길이 10 cm 이내)가 있다. 수분 함량이 95.5% 정도이고 열량이 낮으며(100 g당 11 kcal) 즙이 많고 맛이 깔끔해 날로 먹거나 피클, 냉채, 오이소박이 등 여러 요리에 쓰인다. 오이에는 아스코비네이스가 많으며, 오이의 싱그러운 향은 주로 쿠쿠비타신(cucurbitacin)에 의한 것이다.

(5) 가지

가지(egg plant, *Solanum melongena*)는 가지과에 속하는 일년생 초본식물로 모양은 원형, 달걀형, 대장형, 중장형 등이 있고 색도 흑자색, 자갈색, 청백색, 자주색 등 다양하다. 우리나라에서 주로 재배되는 가지는 진한 흑자색이고 긴 장방형이다. 열매는 나물, 전, 찜, 튀김 등으로 이용한다.

(6) 토마토

토마토(tomato, *Lycopersicon esculentum*)는 식물학적으로 열매는 개화식물의 씨방이 발달한 것이다. 이에 따르면 토마토의 열매를 과일로 볼 수 있지만 서양에서는 식사의 주요리에 쓰이기 때문에 채소로도 분류된다. 목본성 식물의 씨방이 발달한 식용 열매를 과일, 초본성 식물의 씨방이 발달한 식용 열매를 채소로 분류하나 우리나라에서는 토마토를 식사와는 별도로 먹는 경우가 많으므로 일상적으로는 채소보다는 과일에 가깝게 인식한다.

과육의 색깔은 보통 붉은색이지만 노란색인 품종도 있다. 열매는 카로틴이 풍부하며 루틴이 들어 있어 혈관을 튼튼하게 해주고 혈압을 내리는 역할을 한다. 토마토의 빨간색은 리코펜(lycopene)으로 수확 후에도 계속 합성되어 붉은색이 진해진다. 신선한 것은 날로 먹고 샐러드, 샌드위치 등에 쓰며 주스, 퓌레, 케첩과 각종 통조림 등 가공용에도 많이 쓰인다.

흑토마토

흑색 토마토는 유럽과 일본에서 인기가 있는데 일반 토마토보다 항산화물질인 리코펜 성분이 2배 정도 많이 들어 있다.

(7) 브로콜리

브로콜리(broccoli, *Brassica oleracea* var. *italica*)는 배추속에 속하는 채소의 일종으로 양배추의 변종이다. 가지 끝에 녹색의 꽃봉오리가 다발로 뭉쳐 있으며 이 부분을 식용한다.

브로콜리는 비타민 A와 C, B군 등이 모두 풍부하며, 무기질 중에서는 칼슘, 구리와 아연이 많다. 황 함유 화합물인 매운맛 성분인 아이소티오시아네이트(isothiocyanate)가 있으며 항암 효과가 뛰어난 설포라판(sulforaphan)을 다량 함유하고 있다. 날것으로 먹거나 요리해서 먹는데 우리나라에서는 데치거나 삶아서 초고추장에 찍어 먹기도 한다.

브로콜리

(8) 콜리플라워

콜리플라워(cauliflower, *Brassica oleracea* L. var. *botrytis*)는 겨자과의 여러해살이풀로 꽃양배추라고도 하며, 지중해 연안이 원산지이다. 잎은 잿빛을 띤 녹색이며 꽃방석처럼 펴져 있는데 양배추보다 길다. 꽃자루에 두툼한 꽃들이 빽빽이 무리 지어 달려 하나의 덩어리를 이룬다. 이 노란색의 꽃봉오리를 식용하는데, 끝부분이 단단하고 즙이 많을 때 먹는다. 비타민 C가 100 g당 99 mg이나 들어 있다.

콜리플라워

(9) 아티초크

아티초크(artichoke, *Cynara scolymus*)는 국화과로 지중해 연안이 원산지이며, 줄기는 높이가 1.5~2 m이고 엉겅퀴와 비슷하게 생겼다. 우리나라의 남부지방 해안이나 제주도에서도 재배된다.

꽃이 피기 전에 총포 밑부분을 잘라 채소로 먹거나 통조림으로 사용한다. 꽃봉오리는 연하고 담백하며 영양가가 높다. 단백질, 비타민 A, 비타민 C, 칼슘, 철, 이눌린 등이 함유되어 있다. 꽃봉오리 겉 부분은 벗겨 내고 속 부분만 이용하며 검게 갈변하는 것을 막으려면 식초 물에 담근다. 조리 시 물에 담갔다가 쌉싸래한 맛을 우려내고 끓는 물에 살짝 데쳐서 사용한다. 아티초크에는 콜레스테롤 저하, 신장과 간 기능 개선, 이뇨작용 등에 효과가 있는 것으로 알려진 시나린(cynarin)이라는 기능성 물질이 있어 약용으로도 이용한다.

(10) 여주

여주(bitter gourd, *Momordica charantia*)는 주로 동남아시아에서 재배되며 익기 전 녹색의 열매를 이용해 요리하거나 차로 이용한다. 쓴맛 때문에 '쓴오이' 또는 '쓴 멜론'이라고도 부른다. 당뇨병과 고혈압 등에 효과가 있다고 알려진 카란틴(charantin)과 식물 인슐린(P-Insulin)이 많이 들어 있어 최근 소비가 늘고 있다. 쓴맛의 성분인 모모르디신(momordicin)은 장 기능 개선에 효과가 있다. 일본의 오키나와현에서는 돼지고기와 두부 등과 함께 볶아 먹는 '고야찬푸루'가 유명하다.

(11) 오크라

오크라(okra, *Hibiscus esculentus*)는 아프리카 북동부가 원산지이며, 열매를 식용하고 종자는 커피 대용으로 사용하기도 한다. 어린 깍지는 수프를 만들어 먹고, 딱딱한 깍지는 술을 담그는 데 사용한다. 일 년 내내 꽃이 피고 열매를 맺는다.

(12) 올리브

올리브(olive, *Olea europaea*)는 물푸레나무과에 속하는 상록교목의 열매로, 지중해 연안에서 주로 자란다. 덜 익은 열매는 그린올리브로, 완전히 익으면 블랙올리브로 이용한다. 고소하며 씹는 식감도 있어 생과로도 먹지만, 주로 병조림이나 통조림으로 만들어 파스타나 피자, 샐러드 등 다양한 요리에 활용되고 있다. 올리브에서 추출한 기름도 조리용으로 널리 사용된다.

5. 과일류

과일은 채소에 비하여 포도당, 과당, 자당 등 단맛 성분과 각종 유기산이 풍부하여 상쾌한 맛과 과일마다 특유의 향기를 가진다. 펙틴질을 많이 함유한 과일로는 잼이나 젤리를 만들 수 있으며, 과육을 갈아서 주스를 만들기도 한다. 다양한 효소를 가지고 있으므로 후식으로 적당하고, 육류의 연화를 위해 고기 양념에 넣기도 한다. 과일류는 일반적으로 〈표 11-11〉과 같이 여섯 종류로 분류할 수 있다.

1) 인과류

(1) 사과

사과(apple, *Malus domestica*)는 1900년대 초 여러 가지 개량 품종이 들어오면서 우리나

표 11-11 과일의 분류 및 특징

분 류	특 징	종 류
인과류 (Pomaceous Fruits)	꽃받침이 발달하여 결실한 과일	사과, 배, 감 등
핵과류 (Stone Fruits)	중과피가 과육을 이루고 내과피가 나무처럼 단단한 핵을 이루고 있으며 그 속에 종자가 있음	복숭아, 자두, 살구, 대추, 앵두, 매실 등
장과류 (Berries)	꽃받침이 주머니 모양이며, 중과피와 내과피가 부드럽고 즙이 많은 육질을 가짐	포도, 딸기, 무화과 등
과채류 (Fruit Vegetables)	일년생 채소에서 씨방이 발달하여 열매 맺는 것으로 과일과 채소의 중간 형태	토마토, 참외, 수박 등
열대과일류 (Tropical Fruits)	열대나 아열대 지방에 분포하는 과일로 생산지의 기후 특성에 의해 실온 보관해야 함	바나나, 파인애플, 키위, 아보카도, 망고 등
견과류 (Nut Fruits)	겉껍질이 단단하고 속에 종실이 있는 형태로 영양분이 종실 내에 저장되어 있는 형태	밤, 땅콩, 잣, 호두, 개암 등

라에서도 본격적인 재배가 시작되었으며, 그 전에는 재래종인 능금을 주로 재배하였다. 품종은 모두 700여 종에 이르는데, 우리나라에서는 국광, 홍옥, 인도, 딜리셔스, 골든 딜리셔스, 후지, 쓰가루 등 10여 종을 주로 재배해 왔으나 1992년 무렵부터는 후지와 쓰가루가 주종을 이루고 있다.

주성분은 탄수화물이며 단백질과 지질은 비교적 적고, 비타민 C가 풍부하여 철분의 흡수율을 높여 준다. 칼륨·나트륨·칼슘 등의 무기질이 풍부하며, 특히 칼륨은 몸속의 염분을 밖으로 내보내는 작용을 하여 고혈압 예방과 치료에 도움을 준다. 섬유질이 많아서 장을 깨끗이 하고 위액 분비를 활발하게 하여 소화를 도와주며 철분 흡수율도 높여 준다. 긴장을 풀어 주는 진정작용을 하여 불면증에 좋고 빈혈, 두통에도 효과가 있는 것으로 알려져 있다.

날로 먹거나 잼, 주스, 사이다, 술, 식초, 파이 등을 만들어 먹는다. 유럽에서는 소시지나 고기 요리에 튀긴 사과나 사과소스를 쓰며, 카레, 스튜를 만들거나 감귤류로 젤리나 무스를 만들 때 사과나 사과즙을 넣어 맛과 향을 돋운다. 껍질을 벗겨 공기 중에 두면 효소의 산화작용으로 과육이 갈변하는데 이를 예방하려면 0.1%의 소금물에 담가 둔다.

(2) 배

배(pear, *Pyrus ussuriensis* max.)는 서양배와 중국배, 남방형 동양배로 나뉘며 생김새와 맛이 각각 다르다. 서양배는 미국·유럽·칠레·호주 등지에서 재배하고, 중국배는 중국, 남방형 동양배는 한국과 일본에서 주로 재배한다.

가식부 100 g당 수분이 85~88%, 열량은 약 40 kcal이다. 리그닌과 펜토산이 주성분인 석세포는 장을 자극하여 연동운동을 촉진시켜 변비를 예방한다. 향기의 주성분은 아세트알데하이드(acetaldehyde)이다. 배에는 단백질가수분해효소가 들어 있어 육류를 연화시키고 소화를 돕는다. 전통적으로 해열에 효과가 있고 기침에 좋아 이에 사용되고 있다. 그 밖에 해독작용이 있어 숙취를 없애 주는 효과도 알려져 있다.

(3) 감

감(persimmon, *Diospyros kaki* Thunb.)은 동아시아 온대 지역의 특유한 과일로 한국, 중국, 일본이 원산지이다. 감은 떫은 감과 단감이 있는데 우리나라 재래종은 대개 떫은 감이고 외래종 단감은 주로 남부지방에서 재배된다.

감의 주성분은 탄수화물로 13~18%인데 포도당과 과당의 함유량이 많아 총당량이 10~13% 정도이다. 떫은맛의 성분은 디오스피린(diospyrin)이라는 타닌 성분인데 디오스피린은 수용성이기 때문에 쉽게 떫은 맛을 나타낸다. 아세트알데하이드가 타닌 성분과 결합하여 불용성이 되면 떫은맛이 사라진다. 단감의 속이나 과피의 검은 점은 타닌이 불용화한 변형된 타닌세포이다. 그 밖에 펙틴, 카로티노이드가 함유되어 있다. 과일의 주황색은 카로티노이드계 색소인 리코펜이며, 말린 곶감 표면의 흰 분말은 만니톨이다. 감잎은 차로 이용될 수 있는데 비타민 C의 매우 좋은 급원이 된다.

떫은맛을 없애는 방법(탈삽)으로는 큰 통에 떫은 감을 넣고 30~40% 에탄올 또는 30°의 소주를 분무하여 20℃에서 4~5일간 밀폐한다. 또는, 큰 통에 떫은 감을 담고 부피의 50%의 이산화탄소 또는 적당한 양의 드라이아이스를 넣고 밀폐하여 3~5일간 방치하기도 한다.

(4) 감귤류

감귤류(citrus, *Citrus reticulata*)는 준인과류로서 형태는 인과와 다르지만 중심부에 종자가 모여 있어 인과와 유사하여 준인과라고 한다. 감귤류의 종류에는 온주밀감, 여름밀감, 라임, 레몬, 만다린 등이 있다. 우리나라에서 주로 재배하는 것은 온주밀감이다. 감귤에는 10% 정도의 당분이 들어 있는데 대부분 포도당과 과당이다. 펙틴의 함량이 높고 비타민 C의 함량도 높다. 감귤류의 껍질에는 쓴맛 성분인 나린진(naringin), 헤스페리딘(hesperidin)이 들어 있는데 나린진은 나린기네이스(naringinase)에 의해 먼저 처음 당(rhamnose)이 분리되면 쓴맛이 없는 프루닌(prunin)으로 변하고 가수분해가 더 진행되어 포도당이 더 분리되면 역시 쓴맛이 없는 나린제닌(naringenin)이 된다. 감귤은 주로 생식하며 주스, 잼, 마멀레이드 등으로 가공하여 이용한다.

2) 핵과류

(1) 복숭아

복숭아(peach, *Prunus persica*)는 과육이 흰 백도와 노란 황도로 나뉘며, 핵이 과육과 잘 분리되는 이핵종(free stone peach)과 잘 분리되지 않는 점핵종(cling stone peach)이 있다. 생과일로는 수분이 많고 부드러운 백도를 쓰고, 통조림 등 가공용으로는 단단한 황도나 점핵종을 쓴다. 황도에는 백도에 비하여 베타카로틴(β-carotene), 제아잔틴(zeaxanthin), 크립토잔틴(cryptoxanthin) 등의 카로티노이드계 색소가 더 많다. 주성분은 수분과 당분이며 타타르산(tataric acid), 말산(malic acid), 시트르산(citric acid) 등의 유기산이 1%가량 들어 있고, 비타민 A와 에스터류와 알코올류, 알데하이드류, 펙틴 등도 풍부하다. 과육에

표 11-12 인과류와 핵과류 과일의 일반 성분

(단위 : 100 g당)

식품(생것)	에너지	수분	단백질	지질	회분	탄수화물	총식이섬유	칼슘	철	칼륨	레티놀	베타카로틴	비타민 B_1	비타민 B_2	니아신	비타민 C
	(kcal)	(g)	(g)	(g)	(g)	(g)	(g)	(mg)	(mg)	(mg)	(μg)	(μg)	(mg)	(mg)	(mg)	(mg)
사과	49	85.2	0.20	0.03	0.21	14.36	2.7	4	0.10	107	0	25	-	0.019	0.388	1.41
배	43	87.0	0.30	0.04	0.31	12.35	1.4	1	0.05	128	0	0	0.016	0.049	0.147	2.76
감	63	82.2	0.5	0.1	0.3	16.9	2.8	7	0.1	200	0	100	0.02	0.02	0.3	55
감귤	37	89.0	0.7	0.1	0.3	9.9	-	13	tr	173	0	5	0.13	0.04	0.4	44
복숭아	46	85.8	0.59	0.04	0.47	13.10	2.6	4	0.11	216	0	3	0.022	0.023	0.290	2.10
자두	25	93.2	0.5	0.6	0.4	5.3	-	3	0.2	164	-	-	0.04	0.03	0.3	5
대추	99	70.2	1.45	0.10	0.69	27.56	3.0	14	0.28	310	0	25	0.018	0.231	0.427	85.99
살구	29	90.9	1.20	0.05	0.73	7.12	1.9	15	0.45	249	0	2280	0.078	0.032	0.157	-
매실	39	89.4	1.1	1.1	0.6	7.8	-	28	3.7	301	0	14	0.06	0.02	0.5	11

*tr : trace

자료 : 농촌진흥청 국립농업과학원(2016), 제9개정판 식품성분표.

는 유리아미노산이 많이 들어 있는데, 특히 아스파라긴산이 많다. 종자는 한방에서 도인(桃仁)이라고 하여 약재로도 사용된다.

(2) 자두

자두(plum, *Prunus salicina*)는 장미과에 속하는 자두나무의 과실로 원산지는 중국이다. 품종은 동양자두, 서양자두가 있으며 색은 주황색, 홍색, 검붉은색 등 다양하다. 동양자두는 수분이 많고 새콤달콤하여 생과로 주로 먹으며 서양자두는 수분을 건조시켜 건과(乾果)로 많이 이용한다. 미국에서는 건과로 이용하는 품종을 플럼이라고 하며, 말린 자두는 아침식사나 과자류의 장식으로 쓰인다. 말린 자두에는 칼슘(42 mg%)과 칼륨(808 mg%)이 풍부하다. 생과육을 그대로 먹기도 하고 잼·젤리의 원료, 통조림·과실주 등으로도 이용된다.

(3) 대추

대추(jujube, *Zizyphus jujuba* Mill.)는 표면이 적갈색이며 길이 1.5~2.5 cm 정도의 타원형으로 빨갛게 익으면 단맛이 난다. 주성분은 탄수화물이며 철과 칼슘과 같은 무기질이 다량 함유되어 있다. 생대추에는 비타민 C가 86 mg% 함유되어 있다. 과실은 생식할 뿐 아니라 채취한 후 말려 건과로서 과자, 요리 및 약용으로 쓴다. 한방에서는 이뇨, 강장(强壯), 완화제(緩和劑)로도 사용된다. 우리나라에서는 충청북도 보은의 대추가 유명하다.

(4) 살구

살구(apricot, *Prunus armeniaca*)는 중국이 원산지이나 미국이 최대 생산국이며 국내에서는 경북, 충남이 주요 산지이다. 열매의 약 90% 이상이 수분이며 주요 성분은 당분이다. 유기산은 시트르산, 말산 등이 1~2% 들어 있고, 무기질은 칼륨이 가장 많이 들어 있다. 또한, 비타민 A의 효과를 내는 베타카로틴이 말린 열매에 풍부하게 들어 있다. 펙틴이 많이 들어 있어 잼을 만들기 좋다. 종자는 행인(杏仁)이라고 하는데 사이안배당체인 아미그달린(amygdalin, B_{17})이 함유되어 있고 해열, 진해, 거담 등의 효능이 있으며, 행인의 지질은 미백과 피부 미용에 효과적이다.

살구

(5) 매실

매실(Japanese apricot, *Prunus mume* Sieb. et Zucc.)은 매화나무의 열매로 둥근 모양이고 5월 말에서 6월 중순에 녹색으로 익는다. 원산지는 중국이며 중국, 한국, 일본 등에 분포한다. 3,000년 전부터 건강 보조식품이나 약재로 사용되었으며 수확 시기와 가공법에 따라 여러 종류로 나뉜다. 껍질이 연한 녹색이고 과육이 단단하며 신맛이 강한 청매, 잘 익어서 향이 좋고 빛깔이 노란 황매, 청매를 증기에 쪄서 말린 금매, 청매를 소금물에 절여 햇볕에 말린 백매, 청매의 껍질을 벗겨 연기에 그을린 후 햇볕에 말려 검게 만든 오매 등이 있다. 전라남도 광양과 경상북도 영천, 경상남도 하동 등지에서 많이 재배하며 일본과 중국에서도 식용으로 재배한다.

열매 중 과육이 약 85% 정도이며, 그중에서 약 85%가 수분이고 당질은 약 10% 정도이다. 무기질, 비타민, 유기산이 풍부하고 특히 시트르산이 많아 산미가 강하며 칼슘, 인, 칼륨 등의 무기질과 카로틴도 들어 있다. 미숙 과실의 씨에는 아미그달린이 함유되어 있어 효소에 의해 사이안산을 생성할 수 있으므로 청매를 생식하면 중독의 가능성이 있어 매실 당절임을 할 때에도 어느 정도 매실의 육즙이 빠져 나오면 과육을 건져 내고 후발효를 진행시킨다. 보통, 농축액과 술을 담가 먹으며 잼이나 주스를 만들어 먹거나 말려서 먹는다. 그 밖에 간장, 식초, 정과, 차를 만들거나 장아찌를 담아 먹기도 한다.

(6) 앵두

앵두(chinese bush fruit, *Prunus tomentosa* Thunb.)는 앵두나무의 열매로, 지름이 1 cm 정도의 둥근 모양으로 6월에 붉게 익으며 새콤달콤한 맛이 난다. 씨가 과육에 비해 큰 편이며 성숙한 열매는 생과로 먹고 술이나 화채, 과편(앵두편), 정과 제조 등에 이용된다. 붉은 빛깔의 색소는 안토사이아닌계의 수용성이다.

3) 장과류

(1) 포도

포도(grape, *Vitis vinifera*)는 포도과에 속하는 덩굴나무의 열매로 생과로도 많이 이용하며 포도주, 주스, 젤리 등을 제조하거나 건포도를 만들어 사용하기도 한다. 흔히 볼 수 있는 보라색의 포도 외에도 빨간색, 흰색, 녹색 등 다양한 색의 품종이 있다.

포도는 탄수화물이 10~18%인데 주로 포도당과 과당의 형태로 존재하고 있어 흡수가 빨라 피로 회복에 좋고 비타민이 풍부해서 신진대사를 원활하게 한다. 그 밖에 칼슘, 철,

나트륨, 마그네슘 등의 무기질도 들어 있다. 포도의 색소는 안토사이아닌계 색소로 주로 오에닌(oenin), 말빈(malvin), 페오닌(peonin), 페투니딘(petunidin)이다. 알칼리성 식품으로서 근육과 뼈를 튼튼하게 하고 이뇨작용을 하여 부종을 치료하는 데 도움이 된다. 조혈작용을 하여 빈혈에 도움이 되고 바이러스 활동을 억제하여 충치를 예방하며, 레스베라트롤(resveratrol)이라는 항암 성분이 있어서 암의 억제에도 효과가 있다. 포도씨는 지질이 약 20%가량 들어 있는데 시토스테롤, 토코페롤 등이 많아 건강기능식품으로 이용된다.

색깔에 따른 포도 품종

- 자흑색 품종 : 거봉, 세리단, 캠벨얼리(campbell early)
- 흑색 품종 : 타노레드(tano red), 델라웨어(delaware)
- 백황색 품종 : 골든 머스캣(golden muscat), 톰슨시드리스(thompson seedless)

(2) 딸기

딸기(strawberry, *Fragaria grandiflora* Ehrn.)는 장미과에 속하는 덩굴의 다년생 초본으로 무기질 중에서는 칼륨이 많아 체내 나트륨을 많이 배설시키는 이뇨작용을 한다. 비타민 C가 풍부하고, 유기산은 0.6~1.5% 정도 함유하고 있으며, 딸기의 빨간색은 안토사이아닌 색소로 잼을 만들 때 레몬즙을 넣으면 선명한 붉은색이 잘 유지된다. 생과, 주스, 잼, 젤리, 제과 원료, 냉동 딸기 등으로 이용된다.

(3) 무화과

무화과나무(fig, *Ficus carica*)는 뽕나무과에 속하는 나무로 열매의 생김새는 둥근 모양, 납작하면서 둥근 모양, 원뿔 모양 등이 있다. 과일의 껍질 색깔도 녹색, 노란색, 붉은빛을 띤 녹색 등 다양하다. 유럽과 미국에서는 건과로 많이 쓰고 한국과 일본에서는 주로 날로 먹는다.

주요 성분으로는 당분(포도당과 과당)이 약 10% 들어 있어 단맛이 강하다. 유기산은 적으나 펙틴이 있고 단백질분해효소인 피신(ficin)이 들어 있다. 그 밖에 라이페이스(lipase), 아밀레이스(amylase), 산화효소(oxidase) 등의 효소와 섬유질 및 단백질이 풍부하다. 날로 먹거나 말려서 먹고, 잼, 젤리, 술, 양갱, 주스, 식초 등으로 가공해서 사용하기도 한다.

무화과

표 11-13 장과류와 과채류 과일의 일반 성분

(단위 : 100 g당)

식품(생과)	에너지	수분	단백질	지질	회분	탄수화물	총식이섬유	칼슘	철	칼륨	레티놀	베타카로틴	비타민 B_1	비타민 B_2	니아신	비타민 C
	(kcal)	(g)	(g)	(g)	(g)	(g)	(g)	(mg)	(mg)	(mg)	(μg)	(μg)	(mg)	(mg)	(mg)	(mg)
포도(캠벨얼리)	57	83.4	0.66	0.42	0.42	15.1	1.1	3	0.11	170	0	39	0.063	0.051	0.225	0.12
딸기	34	89.7	0.8	0.2	0.4	8.9	-	7	0.4	167	-	tr	0.03	0.02	0.5	71
무화과	54	84.6	0.6	0.1	0.4	14.3	1.9	26	0.3	170	0	15	0.03	0.03	0.2	2
참외	45	86.1	1.57	0.29	1.03	11.01	1.7	6	0.26	450	0	6	0.006	0.080	0.184	1.99
수박	30	91.1	0.79	0.05	0.23	7.83	0.2	6	0.18	109	0	853	0.024	0.030	0.285	-

*tr : trace
자료 : 농촌진흥청 국립농업과학원(2016), 제9개정판 식품성분표.

최근에는 블루베리, 라즈베리, 블랙베리, 아로니아, 아사이베리 등 다양한 종류의 베리류가 재배되면서 안토사이아닌의 풍부한 공급원이 되고 있으며 생과나 잼, 분말 등으로 가공하여 많이 소비되고 있다.

4) 과채류

(1) 토마토

토마토(tomato, *Lycopersicon esculentum*)는 서양에서는 식사의 주요리나 소스 만들 때 많이 쓰이기 때문에 채소로 분류하나 우리나라에서는 토마토를 주로 식사와는 별도로 먹는 경우가 많으므로 일상적으로는 채소보다는 과일에 가깝게 인식된다('채소류' 참조).

(2) 참외

참외(oriental melon, *Cucumis melo* var. *makuwa*)는 인도산 야생종에서 개량된 것으로 재배 역사가 긴 식물이다. 분류학적으로는 멜론(Cucumis melo)의 한 변종이다. 외(瓜), 첨과(甛瓜), 참외(眞瓜), 쥐참외(野甛瓜) 등의 다양한 명칭으로 불린다. 외피가 백색 또는 황색이고 매끈하며, 과육은 대부분 희고 육질은 연하고 맛이 달다. 무기질 중에서는 칼륨이 풍부하다. 꼭지의 쓴맛 성분은 쿠쿠비타신(cucurbitacin)이다. 주로 생과, 화채, 주스로 이용하며 미숙한 참외를 된장에 박아 숙성시켜 먹는 장아찌도 있다.

(3) 수박

수박(watermelon, *Citrullus vulgaris*)은 박과에 속하는 일년생 덩굴초본으로, 열매는 크고 둥글며 수분이 많고 단맛이 많다. 과육의 색이 적색과 황색인 것, 모양이 구형과 타원형인 것, 또한 과피의 색이 녹색, 줄무늬, 황색인 것 등이 있으며 크기도 다양하다. 수박의 붉은색은 리코펜과 카로틴의 혼합물이다. 수분 함량은 93% 정도이고, 열량은 100 g당 30 kcal로 낮은 편이며 무기질 중에는 칼륨(109 mg)이 많아 나트륨 배설에 효과적이고 시트룰린(citrulline) 성분도 있어 이뇨작용, 해열·해독 작용을 한다.

5) 열대과일류

(1) 바나나

바나나(banana, *Musa*)는 파초과 바나나속에 속하는 식물로 열대 아시아가 원산지이다. 열매가 크고 향기가 있으며 주로 생과로 먹는다. 노란색, 흰색, 연한 갈색, 주홍색 등 색이 다양하고, 크기는 엄지손가락만 한 것에서부터 50 cm를 넘는 것까지 있다. 다른 과일에 비해 수분이 77%로 적은 편이고 당질은 20% 정도로 많다. 탄수화물은 소화 흡수가

표 11-14 열대과일류의 일반 성분

(단위 : 100 g당)

식품(생과)	에너지	수분	단백질	지질	회분	탄수화물	총 식이섬유	칼슘	철	칼륨	레티놀	베타카로틴	비타민 B_1	비타민 B_2	니아신	비타민 C
	(kcal)	(g)	(g)	(g)	(g)	(g)	(g)	(mg)	(mg)	(mg)	(μg)	(μg)	(mg)	(mg)	(mg)	(mg)
바나나	79	76.1	1.10	0.10	0.76	21.94	1.9	7	0.29	346	0	25	0.049	0.075	0.493	5.94
파인애플	50	84.9	0.46	0.04	0.28	14.32	2.5	16	0.09	97	0	62	0.052	0.087	0.137	45.43
코코넛(말린 것)	660	3.00	6.88	64.53	1.94	23.65	16.3	26	3.32	543	0	0	0.060	0.100	0.603	1.5
파파야	36	88.9	0.7	0.1	0.5	9.8	-	22	0.8	223	0	53	0.09	0.02	0.3	37
아보카도	187	71.3	2.5	18.7	1.3	6.2	5.3	9	0.7	720	0	53	0.10	0.21	2.0	15
망고	57	82.9	0.72	0.10	0.31	15.97	1.7	7	0.18	142	0	1392	0.035	0.054	0.299	14.85
용과	42	87.9	1.0	0.4	0.4	10.3	-	6	0.3	305	0	15	0.08	0.03	0.4	7
두리안	133	66.4	2.3	3.3	0.9	27.1	2.1	5	0.3	510	0	36	0.33	0.2	1.4	31
리치	63	82.1	1.0	0.1	0.4	16.4	0.9	2	0.2	170	0	0	0.02	0.06	1.0	36

자료 : 농촌진흥청 국립농업과학원(2016), 제9개정판 식품성분표.

잘되고 약 100 g당 80 kcal의 열량을 가지며, 특히 칼륨의 함량이 높다. 바나나는 덜 익었을 때 수확하나 후숙시키는 동안 껍질의 색이 노랗게 변하며 과육은 떫은맛이 사라지고 단맛이 생긴다. 바나나의 향기 성분은 아이소아밀 알코올(isoamyl alcohol), 아이소아밀 아세테이트(isoamyl acetate) 등이며, 과육은 날로 먹거나 샐러드, 건조, 분말, 퓌레 등으로 쓰인다. 요리용 바나나는 기름에 튀기거나 삶고, 또는 굽거나 쪄서 먹는다. 바나나 잎은 음식을 담아내는 데 사용하거나 식재료를 싸서 찌기나 굽기 등의 조리하는 데 사용하기도 한다.

(2) 파인애플

파인애플(pineapple, *Ananas comosus*)은 파인애플과에 속하는 다년생 식물인 파인애플의 열매이다. 열매는 즙이 많고 자당 10%, 시트르산이 1%가량 들어 있어 상쾌한 신맛과 단맛이 있다. 브로멜린(bromelin)이라고 하는 단백질분해효소도 가지고 있어서 효과적인 육류의 연육제로 사용된다. 그러나 덜 익거나 추숙(일찍 수확한 후 익히는 것)이 불충분한 열매에는 산과 옥살산칼슘 등이 많아 먹으면 혀를 자극한다. 일반적으로 열매를 수확한 뒤 2~3일 후숙하면 단맛이 강해진다. 파인애플은 주로 통조림을 만드는데, 통조림은 열매의 속심을 제거하고 껍질을 벗긴 다음 원통 모양으로 만든 것을 적당한 크기로 잘라서 설탕시럽을 넣고 가열·살균하여 만든다. 원통 모양 그대로인 것, 얇게 자른 것, 잘게 자른 것 등 여러 가지 모양이 있다. 통조림은 과자의 재료, 과일 샐러드 등에 쓴다. 생열매로 과실주를 만들기도 한다.

(3) 코코넛

코코넛(coconot)은 열대와 아열대 지방에 널리 자라며 연한 녹색의 열대과일로서 즙이 많아 음료로 마신다. 열매 안쪽의 젤리처럼 생긴 과육은 단맛과 고소한 맛이 나 그대로 먹거나 기름을 짠다. 다 익으면 갈색이 되고 과육도 단단해진다. 단단해진 과육을 깎아서 말린 코프라(copra)는 과자 재료 등으로 사용되고 코코아크림은 아이스크림과 디저트 요리의 재료로 많이 사용된다.

코코넛

잘 익은 코코넛

(4) 파파야

파파야(papaya, *Carica papaya*)는 공 모양, 긴 달걀 모양 등의 형태이다. 열매의 빛깔은 녹색을 띤 노란색에서 붉은색을 띤 노란색으로 변하며, 과육은 짙은 노란색 또는 자줏빛을 띤 빨간색이고 열매 안에는 콩알 같은 많은 종자가 젤리 같은 것에 싸여 있다. 익지 않은 열매는 소금에 절여서 사용하기도 하는데 날로 먹기도 하고 잼, 설탕에 절인 과자 등을 만들기도 한다. 연육 효과가 있는 파파인(papain) 효소가 들어 있다.

(5) 아보카도

아보카도(avocato, *Persea americana*)는 악어의 등처럼 울퉁불퉁한 껍질 때문에 악어배라고도 한다. 멕시코와 남아메리카가 원산지이다. 열매는 녹갈색, 자줏빛을 띤 검은색 등이고 둥글거나 타원 모양 또는 서양배같이 생겼으며 길이는 10~15 cm이다. 과육은 버터같이 부드럽고 노란색을 띠며 독특한 향기가 난다. 가장 영양가 높은 과일로 알려져 있는데, 수분은 70% 정도이며, 단백질 2.5 mg%, 지질은 18.7 mg%, 비타민 A, C, E가 풍부하다. 가장 지질의 함량이 높은 과일로 알려져 있다. 소스를 만들거나 샐러드 등의 요리 재료로 쓰며, 빵에 발라 먹거나 아보카도기름을 채취하기도 한다.

(6) 망고

망고(mango, *Mangifera indica* L.)는 옻나무과에 속하며 원산지는 동남아시아이다. 미얀마, 인도 북부, 멕시코 등 아열대지방에 분포한다. 열매는 익으면 노란빛을 띤 녹색이거나 노란색 또는 붉은빛을 띠며 과육은 노란빛이고 즙이 많다. 아이스크림, 디저트, 음료수, 과자 등에도 쓰인다. 비타민 A가 많고, 카로틴은 푸른 채소와 거의 비슷하게 들어 있다. 산지에서는 덜 익은 것을 채소와 같이 볶거나 절여서도 먹는다.

파파야

아보카도

망고

그린망고

(7) 용과

용과(dragon fruit, *Hylocereus undatues*)는 선인장의 열매로 용의 여의주 모습을 닮았다고 하여 붙여진 이름이다. 중앙아메리카 원산으로 아시아의 따뜻한 지방에서 재배되며, 우리나라의 제주도에서도 특산품으로 재배된다. 품종은 백육종과 적육종, 황색종이 있다. 백육종은 과피는 붉은색이지만 과육은 흰 품종이고, 적육종은 과피와 과육이 모두 붉은 품종이다. 황색종은 과피가 노랗고 과육은 희다. 백육종은 바나나처럼 껍질을 벗겨 먹을 수 있고, 적육종은 과일의 색소가 손에 묻어 숟가락으로 떠먹는 것이 좋다. 과육의 칼륨 함량이 305 mg%로 매우 높으며 각종 무기질과 비타민이 풍부하고 항산화물질도 풍부하게 함유하고 있다. 물이나 우유, 요구르트, 꿀 등을 섞어 주스로 갈아 먹기도 한다. 이 밖에 화채나 젤리를 만드는 데 주재료로 사용되기도 한다.

용과

(8) 두리안

두리안(durian, *Durio zibethinus*)은 동남아시아가 원산지이고, 열매 지름이 약 30~40 cm 정도로 자라며 두껍고 강한 가시로 뒤덮인 껍질을 가지고 있다. 속살은 노르스름한 흰색에서 붉은색에 이르기까지 종에 따라 다양하며, 커스터드같이 부드러우나 향이 매우 독특하고 강하다. 과일 중의 왕자라는 별명을 지닐 만큼 크고 맛있는 열매이지만, 양파나 달걀 썩은 것 같은 냄새가 나서 싫어하는 사람도 있다.

(9) 리치

리치(litchi, *Litchi chinensis* Sonn.)는 무환자나무과의 상록교목인 여지나무의 열매이다. 중국 남부가 원산지이며, 열매는 둥글고 지름이 3 cm 정도로 겉에 돌기가 많아 우둘투둘하다. 껍질의 색은 갈색으로 두껍고 단단하지만 쉽게 벗겨진다. 껍질 속에 유백색의 과육이 들어 있는데 시고 달며 독특한 향기가 있어 날로 먹는다. 비타민 C가 36 mg% 함유되어 있다. 신선한 것은 빨간색이나 가지에 붙어 있지 않은 것은 빨간색이 금방 갈색으로 변한다. 통조림이나 생과 등으로 이용한다.

(10) 망고스틴

망고스틴(mangosteen, *Garcinia mangostana*)은 동남아시아 등지에서 재배하며, 붉은색의 향기로운 과일이 열린다. 열매는 약간 납작한 공 모양으로 탁구공보다 조금 큰데 향기가 있고 새콤달콤하여 과일 중의 여왕이라고 할 정도로 맛이 뛰어나다. 과피의 색소에 쉽게 색이 변하지 않는 타닌이 들어 있어 염료로도 쓰인다.

(11) 람부탄

람부탄(rambutan, *Nephelium lappaceum*)은 말레이시아어로 털이 있는 열매라는 뜻으로, 돌기로 덮인 모양 때문에 생긴 이름이다. 열매는 타원 모양이며 10~12개씩 모여 달리고 작은 달걀만 한 크기이다. 7~8월에 붉은색으로 익으며 길고 부드러운 돌기로 덮여 있다. 열대지방의 중요한 과일로 과육은 흰색이고 과즙이 많으며 달고 약간 신맛이 있다.

람부탄

6) 견과류

견과류는 단단한 과피에 싸여 있는 나무열매로 먹을 수 있는 부분은 곡류나 콩 종류처럼 떡잎에서 이루어진 것인데 잣나무, 밤나무, 은행나무, 개암나무 등의 열매가 여기에 속한다.

표 11-15 견과류의 일반 성분

(단위 : 100 g당)

식품 (마른 것)	에너지	수분	단백질	지질	회분	탄수화물	총식이섬유	칼슘	철	칼륨	레티놀	베타카로틴	비타민 B_1	비타민 B_2	니아신	비타민 C
	(kcal)	(g)	(g)	(g)	(g)	(g)	(g)	(mg)	(mg)	(mg)	(μg)	(μg)	(mg)	(mg)	(mg)	(mg)
잣	639	3.5	15.4	61.5	2.0	17.6	-	21	15.9	-	0	0	0.586	0.05	1.3	0
호두	693	2.9	15.47	71.99	1.72	7.92	6.7	81	2.49	353	0	26	0.047	0.282	2.872	0
밤(생것)	133	61.5	3.28	0.50	1.33	33.39	5.4	16	0.84	439	0	29	0.82	0.065	1.638	15.98
은행(생것)	180	49.6	4.69	1.53	1.40	42.78	2.2	7	0.90	684	0	270	0.119	0.033	2.887	16.89
피스타치오넛	560	4.37	20.16	45.32	2.99	27.17	10.6	105	3.92	1025	0	305	0.87	0.16	1.30	5.6
마카다미아 (조미·볶음)	720	1.3	8.3	76.7	1.5	12.2	6.2	47	1.3	300	0	-	0.21	0.09	2.1	0
헤이즐넛	659	4.7	19.8	58.5	3.6	13.4	-	312	3.7	967	0	0	0.07	0.22	7.0	0
브라질너트	659	3.42	14.32	67.10	3.43	11.74	7.5	160	2.43	659	0	0	0.617	0.035	0.295	0.7

자료 : 농촌진흥청 국립농업과학원(2016), 제9개정판 식품성분표.

(1) 잣

잣(pine nut, *Pinus koraiensis* Sieb. et Zucc.)은 해송자(海松子), 백자(柏子), 송자(松子), 실백(實柏)이라고도 한다. 향기와 맛이 좋으므로 식용하거나 약용한다. 성분은 지질 약 70%, 단백질 15% 정도를 함유하며 아미노산 조성이 우수하고 비타민 B_1도 많은 편이다. 호두나 땅콩보다 철이 풍부하다. 각종 요리에 고명으로 쓰이며, 갈아서 죽을 끓여 먹기도 한다.

(2) 호두

호두(walnut, *Juglans regia*)는 중국이 원산지이나 세계 각지에서 재배되며 미국 캘리포니아주가 전 세계 호두 공급량의 66%를 차지한다. 호두나무(*Juglans sinensis* Dode.)의 열매로 호두는 열매가 성숙된 가을에 수확해서 육질을 썩혀 외과피(外果皮)를 제거하고 햇볕에 말린 뒤 딱딱한 내과피를 깨서 종자를 얻는다. 호두의 지질 함량은 50~60%인데 ω-3 지방산인 리놀렌산(linolenic acid)이 많이 함유되어 있고, 칼로리가 높은 100 g당 693 kcal 식품이다. 단백질은 15% 정도이며 필수아미노산인 트립토판이 풍부한 양질의 단백질이다. 또한 비타민 B_1, 비타민 B_2 등이 풍부하여 식용과 약용으로도 많이 쓰인다. 종자는 그대로 먹기도 하고 과자(호두과자), 술안주 등 기타 여러 요리에 이용하며 호두기름은 식용 외에 화장품이나 향료의 혼합물로도 활용한다.

(3) 땅콩

콩과에 속하는 땅콩의 꼬투리로 낙화생(落花生)이라고도 한다('콩류' 참조).

(4) 밤

밤(chestnut, *Castanea crenata* var. *dulcis Nakai*)은 밤나무의 열매로 날로 먹거나 삶거나 구워서 먹는데, 수분이 13% 정도 되도록 말리면 당도가 더 높아진다. 꿀, 설탕에 조리거나 가루를 내어 죽이나 이유식을 만들어 먹고 통조림, 술, 차 등으로 가공해서 이용하기도 한다. 각종 과자와 빵, 떡 등의 재료로도 쓰이는데, 유럽에서는 밤과자인 마롱글라세(marrons glaces)를 만드는 데 많이 쓰인다.

(5) 은행

은행(gingko nut, *Ginkgo biloba* L.)은 은행나무의 암수 딴 그루에서 수정되어 10월에 암그루에 달린 열매가 황색으로 익는다. 열매 바깥쪽의 외과피는 악취가 난다. 열매의 성분은 탄수화물 43%, 단백질 4.7%, 지질 1.5% 외에 카로틴, 비타민 C 등도 풍부하게 함유하

은행

헤즐넛

브라질너트

고 있다. 그 밖에 사이안산배당체를 함유하고 있으므로 은행을 많이 먹으면 중독을 일으킬 수도 있다. 은행은 볶아서 그냥 먹거나 술안주로 이용하며 신선로 등 여러 음식에 고명으로 사용한다. 한방에서는 백과(白果)라 하여 진해, 거담 등의 효능이 있는 것으로 알려져 있다.

(6) 피스타치오

피스타치오(pistachio, *Pistachia vera*)는 중·서아시아 원산이며 4,000년 전부터 지중해 연안에서 재배하여 왔다. 열매는 핵과로서 달걀 모양의 타원형이고 길이 1.5 cm 정도이며 붉은빛을 띤 노란색이다. 과육을 제거한 흰 내과피가 피스타치오너트(pistachio nut)이다. 이 안에 육질의 떡잎이 들어 있는데 날것으로 먹거나 과자, 아이스크림의 재료로 사용한다. 터키, 이란, 아프가니스탄 등지에서 많이 생산된다.

(7) 마카다미아

마카다미아(macadamia, *Macadamia tenuifolia*)의 열매는 담백한 단맛과 고소한 맛으로 볶음스낵, 고급 과자, 초콜릿의 재료로 사용하거나, 얇게 저며서 아이스크림, 케이크 등을 만드는 데 쓰인다.

(8) 헤즐넛

헤즐넛(hazelnut, *Corylus avellana*)은 개암나무의 열매로 콥넛(cobnet), 필버트넛(Filbert nut)이라고도 하며, 우리나라에서는 '개암'이라고도 부른다. 열매는 공 모양이나 타원형인데 고소한 맛이 있어 생으로 먹거나 강장제로 사용한다. 식품산업에서는 헤즐넛의 고소한 맛과 독특한 향을 커피, 초콜릿, 과자 등에 접목시키고 있으며, 기름을 내어 여러 요리에 이용하기도 한다. 초콜릿과 함께 넣어 만든 누텔라 스프레드가 유명하다.

(9) 브라질너트

브라질너트(Brazil nut, *Bertholletia excelsa*)는 남미에 자생하는 오예과(Lecythidaceae)에 속하는 브라질너트나무의 무겁고 단단한 열매의 종자로, 백색의 과육을 갖는 3~4 cm 길이의 약간 큰 견과류이다. 지질 함량이 67% 정도로 매우 높으며, 이 중 불포화지방산의 비율이 75% 정도이고 ω-3 지방산인 리놀렌산도 풍부하다. 전분은 거의 없고 식이섬유는 7.5% 정도이며, 비타민 B_1(0.617 mg%), 마그네슘(376 mg%), 인(725 mg%), 칼슘(160 mg%) 등이 풍부하다. 특히, 종양의 성장을 억제한다는 셀레늄(1.917 mg%)이 풍부한 것으로도 잘 알려져 있다(USDA Nutritional Database). 그러나 껍질에 아플라톡신(aflatoxins) 오염 가능성이 있어서 검역에 주의를 기울여야 한다.

6. 버섯류

버섯류는 산과 들에 널리 자생하며 여러 가지 색깔과 다양한 모양을 가지며 향미와 질감도 독특하다. 또한, 식용뿐만 아니라 약용으로 이용되는 버섯도 많으나 독버섯도 많이 자생하므로 사용에 신중을 기해야 한다. 버섯류는 엽록체를 지니지 않아 필요한 영양분을 고목이나 노목에 기생하여 자라는 균류이다. 영양기관인 균사체와 번식기관인 자실체로 되어 있다. 근래에는 버섯의 배양종균을 이용한 인공재배가 일반화되어 있다.

표 11-16 버섯류의 일반 성분

(단위 : 100 g당)

식품 (생것)	에너지	수분	단백질	지질	회분	탄수화물	총 식이섬유	칼슘	철	칼륨	레티놀	베타카로틴	비타민 B_1	비타민 B_2	니아신	비타민 C
	(kcal)	(g)	(g)	(g)	(g)	(g)	(g)	(mg)	(mg)	(mg)	(μg)	(μg)	(mg)	(mg)	(mg)	(mg)
표고버섯 (말린 것)	35	82.4	3.0	0.7	0.9	13.0	0	5	0.6	246	0	0	0.06	0.27	2.0	0
느타리버섯	18	90.5	2.68	0.08	0.74	6.0	3.8	0	0.66	291	0	0	0.150	0.196	5.454	0.63
양송이	15	91.7	3.56	0.19	0.84	3.71	1.6	2	0.88	392	0	0	0.057	0.423	4.55	0
잎새버섯	23	88.2	3.6	0.5	1.1	6.6	-	1	2.3	-	0	0	0.21	0.49	4.0	0
송이버섯	21	89.0	2.05	0.15	0.68	8.12	4.6	1	1.85	317	0	0	0.016	0.402	3.758	1.18

자료 : 농촌진흥청 국립농업과학원(2016), 제9개정판 식품성분표.

(1) 표고버섯

표고 또는 표고버섯(shiitake mushroom, *Lentinula edodes* Sing.)은 느타리과에 속하는 버섯으로, 봄부터 가을에 걸쳐 참나무, 밤나무, 떡갈나무 등의 죽은 나무에 기생해 자라는데 대부분 참나무에 종균하여 인공재배로 생산한다. 자루는 짧고 굵으며, 지름이 6~10 cm 정도인 둥근 갓의 표면은 다갈색이고 때로는 터져서 흰 육질이 보이기도 한다.

표고버섯을 햇빛에서 말리면 함유하고 있는 에고스테롤(ergosterol)이 태양의 자외선에 의해 비타민 D로 전환되고 표고의 맛과 향도 깊어진다. 표고의 감칠맛은 주로 구아닐산(guanilic acid), 아데닐산(adenylate)에 기인한다. 표고버섯은 혈중 콜레스테롤을 저하시키고 혈압을 강하시키는 성분(eritadenine), 항종양성 성분(lentinan), 면역 기능을 항진시키는 성분(KS-2) 등 특수한 기능 성분들이 있다는 것이 밝혀져, 고혈압을 예방하는 식품으로도 잘 알려져 있다. 흑화고와 백화고가 있는데 백화고가 좀 더 쫄깃한 식감을 갖는다. 생표고는 그대로 요리에 이용하기도 하고, 마른 표고를 물에 불린 후 국물이나 각종 요리에 다양하게 사용한다.

(2) 느타리버섯

느타리버섯(oyster mushroom, *Pleurotus ostreatus*)은 각종 활엽수의 고목에 자생하며 전세계에 분포되어 있으나, 대부분은 인공재배한다. 약간 부채꼴의 갓 모양이 굴 껍질과 유사해서 오이스터 머시룸이라고 한다. 생버섯은 비교적 오래 보관이 가능하며 국, 전골, 튀김, 찌개 등에 쓰이고 삶아서 나물로도 먹는다. 최근에는 노란색과 빨간색을 띠는 느타리버섯도 보급되고 있다.

(3) 팽이버섯

팽이버섯 또는 팽나무버섯(winter mushroom, *Flammulina velutipes*)은 팽나무의 고목에

표고버섯

느타리버섯

노랑느타리

적느타리

팽이버섯

새송이버섯

양송이

자라는 버섯이다. 갓의 지름은 2~8 cm이며, 모양은 반구형을 거쳐 편평하게 된다. 표면은 점성이 강하고, 황갈색 또는 노란색을 띠며 주변은 엷은 색이다. 살은 흰색이나 엷은 크림색이다. 톱밥을 이용한 인공재배를 주로 한다.

(4) 새송이버섯

새송이버섯(king oyster mushroom, *Pleurotus eryngii*)은 큰느타리버섯이라고도 하며, 생육 초기에는 오뚝이 모양 또는 눈사람 모양으로 자라다가 성숙해지면서 갓의 표면이 불룩한 형태에서 수평한 형태로 변한다. 대는 흰색이고, 갓은 연한 회색을 띤다. 자실체의 균사조직이 치밀하여 육질이 뛰어나고, 맛은 탁월한 자연산 송이와 비슷하다. 수분 함량이 다른 버섯보다 적어서 저장 기간이 길며 유통 기한이 길다. 다른 버섯에 비해서 비타민과 무기질이 풍부하다.

(5) 양송이

양송이(cultivated mushroom, *Agaricus bisporus* Sing.)는 유럽이 원산지로 서양송이라고도 한다. 세계 각국에서 널리 재배하는 버섯으로 여러 품종이나 변종이 있다. 갓은 지름 5~12 cm 정도이고 색은 흰색, 크림색, 갈색이 있으나 우리나라에서는 흰색을 주로 재배한다. 향기는 송이보다 약하나 조직은 매우 연하고 감칠맛이 많다. 수프나 샐러드 등 생으로도 다양하게 이용되며 통조림으로 가공하여 많이 쓰인다.

(6) 잎새버섯

잎새버섯(hen of the woods, *Grifola frondosa*)은 북한에서는 춤버섯이라고 한다. 여러 갈래로 가지를 친 버섯대의 가지 끝에 작은 갓이 무수히 많이 모여 집단을 이루는 복잡하고 큰 버섯덩이이다. 갓 표면은 처음에는 검은색이다가 짙은 재색 또는 회갈색으로 변한다. 육질은 흰색이며 건조하면 조직이 단단해지고 부서지기 쉽다.

잎새버섯

참잎새버섯

버들송이버섯

잣버섯

쫄깃한 식감에 맛도 좋으면서 약리작용이 뛰어난 기능성 버섯으로, 항종양 성분을 가지고 있는데 상황버섯에 이어 두 번째로 항암 효과가 높은 것으로 알려져 있다. 특히, 특이한 분자구조로 버섯요리를 먹기만 해도 항암 효과가 있다는 것이 증명되어 일본에서도 팽이버섯, 표고 다음으로 생산과 소비가 많은 인기 있는 버섯이다.

(7) 송이버섯

송이버섯(pine mushroom, *Tricholoma matsutake* Sing.)은 한국, 일본, 중국, 타이완 등에 분포하며 우리나라에서는 주로 태백산맥과 소백산맥을 중심으로 생산된다. 인공재배가 안 되고 가을에 잠깐 수확되기 때문에 귀하고 값이 비싼 버섯이다. 가을 추석 무렵에 소나무 숲 땅 위에서 무리를 지어 자라거나 한 개씩 자란다. 송이의 품질은 갓의 피막이 터지지 않고, 버섯대가 굵고 짧으며 살이 두툼하고 탄력성이 큰 것이 좋다.

향과 맛이 좋아 식용 버섯 가운데 으뜸으로 손꼽힌다. 주로 생송이로 이용되나 일부는 냉동 또는 염장하거나 통조림으로 가공하여 이용하기도 한다.

(8) 기타 버섯

그 외에도 최근 개발되어 보급 중인 버들송이버섯과 잣버섯 등이 있는데 버들송이버섯은 맛이 좋을 뿐만 아니라 씹는 느낌까지 좋아서 향후 재배 농가의 확대가 기대되는 버섯이다.

잣버섯은 잣나무 또는 소나무의 그루터기에서 자생하는 버섯으로 소나무 향이 강하고 맛이 좋아서 인공재배 기술 연구가 진행 중이다.

7. 해조류

해조류는 바다에 사는 조류(algae)를 말하는데 조류는 물속에서 생활을 하는 단순한

표 11-17 해조류의 일반 성분

(단위 : 100 g당)

식품 (마른것)		에너지	수분	단백질	지질	회분	탄수화물	총식이섬유	칼슘	철	칼륨	레티놀	베타카로틴	비타민 B_1	비타민 B_2	니아신	비타민 C
		(kcal)	(g)	(g)	(g)	(g)	(g)	(g)	(mg)	(mg)	(mg)	(μg)	(μg)	(mg)	(mg)	(mg)	(mg)
갈조류	미역	126	16.0	20.0	2.9	24.8	36.3	-	959	9.1	5500	0	3330	0.26	1.00	4.5	18
	다시마	110	12.3	7.4	1.1	34.0	45.2	-	708	6.3	7500	0	576	0.22	0.45	4.5	18
	톳 (생것)	14	88.1	1.9	0.4	4.6	4.0	0	157	3.9	-	0	378	0.01	0.07	1.9	4
홍조류	김	163	10.4	41.8	1.5	9.9	36.4	-	265	15.3	2773	0	11690	0.65	1.13	9.8	16
녹조류	파래	144	15.2	23.8	0.6	13.7	46.7	-	652	17.2	-	-	-	0.40	0.52	10.0	10
	매생이	125	15.6	20.6	0.5	22.7	40.6	-	574	43.1	-	-	-	-	-	-	-

자료 : 농촌진흥청 국립농업과학원(2016), 제9개정판 식품성분표.

형태의 식물군으로 일반적으로 광합성을 하여 독립영양 생활을 한다. 해조류는 주로 우리나라와 일본, 중국에서 식용한다. 자라는 바다의 깊이와 색깔에 따라 녹조류(green algae), 갈조류(brown algae), 홍조류(red algae)로 나뉘는데, 갈조류(미역, 다시마, 톳, 대황, 모자반 등)와 홍조류(김, 우뭇가사리 등)의 경우 주로 바다에서 생육하지만 녹조류(파래, 청각, 청태 등)는 일부가 담수에서도 서식한다.

(1) 미역

미역(seaweed, *Undaria pinnatifida*)은 미역과에 속하는 갈조류로 한국과 일본 등에 분포하는데 우리나라는 전 연안에 분포하나, 한·난류의 영향을 강하게 받는 지역에는 잘 자라지 않는다. 겨울에서 봄에 걸쳐서 주로 채취되며 이 시기에 가장 맛이 좋다. 채취된 미역은 대부분 건조하거나 염장하여 유통된다.

건조 미역에는 단백질 20%, 탄수화물 36%, 무기질 25%, 지질이 3% 정도이다. 식이섬유와 칼륨, 칼슘, 요오드 등이 풍부하여 신진대사를 활발하게 하고 산후조리, 변비, 비만 예방, 철분·칼슘 보충에 탁월하여 일찍부터 애용되어 왔다. 최근에는 양식 기술의 발달로 가공품으로 많이 이용·수출되고 있으며, 국이나 냉국 혹은 무침, 볶음, 쌈 등 다양한 방법으로 먹는다. 식이섬유가 풍부하여 다이어트 식품으로도 좋다.

(2) 김

김(laver, *Porphyra tenera*)은 홍조류로 해태(海苔)라고도 한다. 한국, 중국, 일본 등에 분포하며 우리나라에서는 서해안, 남해안, 제주도가 주산지이다. 바다의 암초에 이끼처럼 붙어서 자라는데 채취는 1~2월이 최적기이다. 길이 14~25 cm, 너비 5~12 cm이다. 몸 윗부분은 붉은 갈색이고 아랫부분은 파란빛을 띤 녹색이다.

김을 구우면 독특한 향기가 나는데 다이메틸설파이드(dimethy sulfide)가 주성분이며 색소로는 붉은색의 피코에리트린(phycoerythrin), 청색의 피코사이안(phycocyan), 녹색의 클로로필(chlorophyll) 등이 있다. 김을 구우면 피코에리트린이 피코사이안으로 바뀌기 때문에 청록색으로 변한다. 김은 오래되고 습기가 많아지면 붉게 되는데 엽록소 등의 색소가 분해되기 때문이며 이때는 구워도 녹색으로 변하지 않는다.

흔히 김밥으로 말아 먹는다. 그냥 구워 먹거나 참기름이나 들기름을 발라 소금을 뿌려서 구워 먹기도 한다. 주로 요리의 부재료로 쓰이며, 잘게 썰어 국이나 탕 위에 고명으로 뿌려 먹기도 한다.

(3) 다시마

다시마(sea tangle, *Laminaria* spp.)는 다시마과에 속하는 갈조류로 길이 1.5~3.5 m, 너비 25~40 cm 정도로 자란다. 겉보기에는 줄기, 잎, 뿌리의 구분이 뚜렷하며 잎은 띠 모양으로 길고 가운데 부분보다 약간 아래쪽이 가장 넓다.

성분은 종류에 따라서 다르지만 건다시마는 대체로 수분 12%, 단백질 7%, 지질 1%, 탄수화물 49%, 무기염류 26.5% 정도이며, 탄수화물의 20%는 섬유소이고 나머지는 알긴산(alginic acid)과 라미나린(laminarin) 등 다당류이다. 다시마에는 카로틴류, 잔토필류, 엽록소 등의 여러 가지 색소 외에 세포벽의 성분인 알긴산이 많이 들어 있고, 요오드, 칼륨, 칼슘 등 무기질이 풍부하다. 감칠맛의 주성분은 글루탐산나트륨이고, 건조 다시마 표면의 하얀 가루는 만니톨이며, 염분도 있어 짠맛이 있다. 다시마에 들어 있는 라미닌(laminin)이라는 아미노산은 혈압을 낮추는 효과가 있다. 주로 국수나 어묵 등의 국물을 내는 데 많이 사용되며 다시마조림, 다시마튀각 등으로도 이용한다.

(4) 파래

파래(green laver, *Enteromorpha*)는 창자파래, 납작파래, 가시파래, 잎파래 등이 있는데 모양이나 크기가 매우 다양하여 때로는 수 미터에 이르는 것도 있으며 녹색 또는 연녹색을

파래

톳

매생이

띤다. 무기염류와 비타민이 풍부하며 향기와 맛이 강하고 독특하다. 익혀 먹기보다 주로 생으로 무쳐서 밑반찬으로 많이 먹는다.

(5) 톳

톳(hijiki, *Hizikia fusiforme*)은 갈조류이며 녹미채(綠尾菜)라고도 한다. 우리나라 남해안과 제주에서 잘 자란다. 진한 갈색으로 끝이 뾰족하고 가운데 부위는 통통한 침상의 잎이 가지를 쳐 마치 채송화 잎 모양을 하고 있다. 주로 초봄에 채취하는데 봄에서 초여름에 가장 연하고 맛이 좋다. 제주 지역에서는 '톨'이라 하며 식량이 부족했던 시절 이른 봄의 보릿고개가 있을 때 톳밥을 지어 구황식품으로 이용하기도 하였다. 칼슘, 요오드, 철 등의 무기염류가 풍부하며 톳밥이나 무침, 샐러드, 냉국, 튀김, 기타 국물요리 등으로 이용된다.

(6) 매생이

매생이(seaweed fulvescens, *Capsosiphon fulvescens*)는 주로 우리나라의 남도 지방에서 식용하며, 가늘고 매끄러우며, 부드러운 녹조류이다. 파래와 유사하게 생겼으며 주로 겨울철에 채취한다.

보통 정월대보름에 향토음식으로 많이 사용되거나 굴을 넣고 국으로 끓여 먹는다.

연습문제

1. 곡류를 분류하고 간단히 설명하시오.

2. 콩류를 주성분에 따라 분류하고 주요 기능성 성분을 설명하시오.

3. 채소나 과일류를 분류하고 간단히 설명하시오.

4. 버섯류의 종류와 성분상의 특성을 설명하시오.

5. 해조류의 종류와 성분상의 대표적인 특성을 설명하시오.

동물성 식품

학습목표

1. 육류의 종류와 특성을 설명할 수 있다.
2. 우유 및 유제품의 종류를 특성에 따라 분류할 수 있다.
3. 난류의 구조와 특성을 설명할 수 있다.
4. 어패류의 종류와 특성을 이해하고 설명할 수 있다.

동물성 식품은 축산물과 수산물로 분류한다. 축산물 중 소와 돼지가 대표적인 육류이며 닭, 칠면조, 오리, 거위, 메추리, 꿩 등이 식용하기 위해 사육되는 조류이다. 조류 중 우리나라에서는 닭고기, 미국에서는 칠면조, 중국에서는 오리고기를 가장 많이 식용하고 있다. 수산물에는 어류와 패류, 그리고 그 가공품이 포함된다.

동물성 식품은 필수아미노산 조성이 우수하여 단백질의 좋은 급원이 되는 식품이지만, 지방은 포화지방산이 많고 콜레스테롤 함량이 높아 과다 섭취하면 비만, 동맥경화와 같은 만성 질환을 일으킬 수 있다.

1. 육류

육류는 단백질의 좋은 급원이다. 특히, 성장기 어린이의 뼈와 근육을 형성하는 데 큰 비중을 차지한다. 우리나라의 2015년 1인당 육류 소비량은 쇠고기 14.6 kg, 돼지고기 30.3 kg, 닭고기 18.3 kg으로 돼지의 소비량이 가장 많은 것으로 전망하였다(USDA). 식육은 주로 동물의 골격근인 살코기를 말하지만 기타 내장기관을 포함하는 경우 내장육이라 한다.

식용으로 하고 있는 육류는 근육조직, 결합조직, 지방조직 등으로 구성되어 있으며 골격은 동물의 구조 형성에 필수적 요소이다.

1) 근육조직

근육조직은 동물조직의 약 30~40%를 차지하며 기능에 따라 골격근, 내장근과 심근으로 나뉘는데 주로 식용으로 이용되는 것은 골격근이다. 근육조직은 미오신(myosin)과 액틴(actin) 단백질 분자가 모여 근원섬유(myofibril)를 만들고 약 2,000개의 근원섬유가 모여 근섬유(muscle fiber)를 만든다. 이 근섬유가 모여 근속을 이루고 근속과 근속이 결합조직에 의해 연결되어 근육(muscle)이 되며 근육은 힘줄에 의해 뼈에 붙어 있다(그림 12-1).

근육은 두꺼운 섬유상단백질인 미오신과 가느다란 섬유상단백질인 액틴이라는 단백질로 이루어져 있다. 근육이 수축할 때 미오신 사이로 액틴이 미끄러져 들어가서 서로 겹치므로 길이가 짧아지고 가교를 형성하여 액토미오신이라는 새로운 단백질을 형성한다(그림 12-1). ATP가 존재하면 액토미오신이 다시 액틴과 미오신으로 되면서 근육이 이완된다.

결합조직은 체내의 여러 조직을 연결하고 유지하는 조직으로 길고 강한 섬유상 단백질

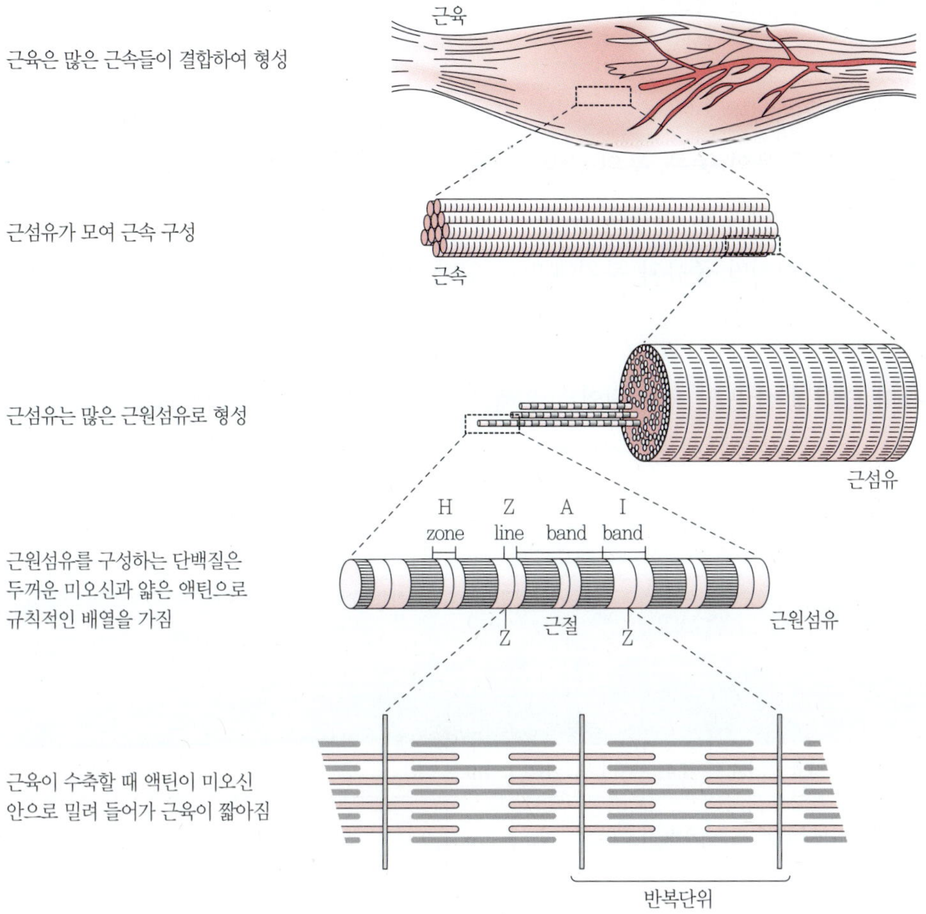

그림 12-1 육류의 근육 구조

인 콜라겐과 엘라스틴을 함유하고 있다. 대부분 근육의 결합조직에는 콜라겐이 엘라스틴보다 훨씬 많다. 운동을 많이 한 동물의 근육에는 결합조직이 더 발달하므로 많이 움직이는 부위는 결합조직이 많아서 질기다. 돼지는 거의 운동을 시키지 않으므로 소보다 결합조직이 덜 발달하여 육질이 연하다.

지방세포들은 결합조직의 그물구조 내부에 끼어서 존재한다. 동물이 살찌면 지방세포가 근육 사이에 모여 마블링(marbling)을 형성하게 되며, 마블링이 잘된 고기는 육질이 부드럽고 풍미가 좋다. 지방조직의 색은 동물의 나이가 들어감에 따라 지방조직에 카로티노이드 색소가 축적되어 더 노랗다.

뼈의 상태는 동물의 나이에 따라 달라 어린 동물의 뼈는 연하고 분홍빛을 띠며 성숙한 동물의 뼈는 단단하고 백색이다.

2) 육류의 성분

식육 성분은 동물의 종류, 부위, 성별, 연령, 영양 상태, 부위에 따라 그 조성에 상당한 차이가 있다. 일반적으로 식육은 수분 70~75%, 단백질 17~22%, 지질 4~28%, 무기질 1% 정도를 함유하지만 종류와 부위에 따라 일반 성분에 차이가 있다(표 12-1, 표 12-2).

(1) 단백질

육류의 단백질 함량은 20% 내외로 용해도에 따라 근원섬유단백질(섬유상단백질, myofibrillar protein), 근장단백질(구상단백질, sarcoplasmic protein)과 결합조직단백질(stroma

표 12-1 가금류의 일반 성분

(단위 : 가식부 100 g당)

식품		에너지	수분	단백질	지질	회분	탄수화물	총식이섬유	칼슘	철	칼륨	레티놀	베타카로틴	비타민 B_1	비타민 B_2	니아신
		(kcal)	(g)	(g)	(g)	(g)	(g)	(g)	(mg)	(mg)	(mg)	(μg)	(μg)	(mg)	(mg)	(mg)
닭고기	살코기	106	73.1	24.0	1.4	1.4	0.1	11	110	1.1	327	47	0	0.20	0.21	2.9
	넓적다리(껍질 제거)	179	69.6	18.59	11.83	0.86	0	9	176	0.54	251	41	0	0.058	0.137	6.697
	목	325	56.3	15.05	29.59	0.66	0	26	112	0.84	147	73	0	0.014	0.072	-
	가슴살(껍질 제거)	98	76.2	22.97	0.97	1.13	0	4	251	0.28	371	10	0	0.203	0.054	10.815
	날개	168	70.8	18.78	10.53	0.78	0	17	155	0.56	195	45	0	0.132	0.072	5.681
닭품종	성계	170	69.4	19.0	10.6	0.9	0.1	10	170	0.9	59	50	0	0.20	0.21	2.7
	오골계	129	74.0	19.0	6.1	0.8	0.1	22	166	1.2	245	16	0	0.08	0.12	8.3
	토종닭	109	74.0	22.0	2.6	1.2	0.2	11	169	1.0	59	21	0	0.21	0.17	3.2
거위(살코기)		161	68.30	22.75	7.13	1.10	0	13	175	2.57	420	12	-	0.129	0.377	4.278
오리	오리(살코기)	109	76.8	21	3.1	1.1	0	0	11	2.6	305	11	0	0.2	0.1	5.2
	산오리	251	63.3	14.4	21.6	0.5	0.2	15	111	1.8	289	-	-	0.21	0.23	3.8
	집오리	311	55.3	16.0	27.6	1.0	0.1	15	180	1.7	233	-	0	0.21	0.31	3.9
칠면조(미국산)		143	72.7	21.6	5.6	1.0	0.1	0	11	0.9	224	17	0	0	0.2	7.6

자료 : 농촌진흥청 국립농업과학원(2016), 제9개정판 식품성분표.

protein)로 나뉘며 단백질의 종류와 특성은 〈표 12-3〉과 같다.

육류는 필수아미노산 조성이 표준단백질과 비교 시 거의 부족한 아미노산이 없어 질적으로 매우 우수한 단백질 식품이다.

표 12-2 육류의 일반 성분

(단위 : 가식부 100 g당)

식품 (생것)			에너지	수분	단백질	지질	회분	탄수화물	칼슘	인	철	칼륨	레티놀	베타카로틴	비타민 B_1	비타민 B_2	니아신
			(kcal)	(g)	(g)	(g)	(g)	(g)	(mg)	(mg)	(mg)	(mg)	(μg)	(μg)	(mg)	(mg)	(mg)
쇠고기	한우 (생것)	살코기	199	58.2	18.6	14.1	0.8	0	5	2.2	160	269	5	0	3.9	0.1	2.0
		갈비	292	56.4	16.5	24.4	0.8	1.9	9	110	3.0	194	0	0	0.03	0.27	0.9
		등심	298	55.3	15.61	26.30	0.69	-	11	147	2.24	241	26	0	0.019	0.345	1.754
		안심	193	66.6	19.17	13.14	0.98	0	5	197	2.78	337	5	0	0.070	0.215	2.122
		양지	240	61.0	18.58	18.59	0.83	0	5	163	1.92	265	12	0	0.009	0.245	2.301
		우둔	163	68.4	20.6	9.2	1.8	0	48	189	-	325	6	0	0.05	0.36	1.9
		채끝살	118	76.2	17.1	5.6	0.9	0.2	11	2.2	111	261	7	0	0.1	0.2	4.2
돼지고기	갈비		223	65.0	17.77	17.06	0.88	0	9	185	0.73	287	4	0	0.610	0.176	3.092
	등심		125	71.6	24.03	3.60	1.12	0	4	222	0.38	354	1	0	0.273	0.179	1.796
	안심		114	74.4	22.21	3.15	1.17	0	3	211	0.78	373	3	0	0.868	0.298	3.954
	목심살		214	62.0	17.21	16.36	0.90	-	8	183	0.73	301	16	0	0.660	0.293	3.119
	삼겹살		373	50.3	13.27	35.70	0.69	0	6	143	0.42	231	19	0	0.489	0.163	1.192
	넓적다리		128	73.6	18.9	5.8	1.0	0.7	6	145	0.8	273	0	tr	0.68	0.33	8.1
	앞다리		126	73.1	18.84	5.91	1.06	-	5	175	0.92	328	4	0	0.634	0.076	4.771
	뒷다리		113	73.4	21.30	3.34	1.11	0	3	216	0.74	374	2	0	0.377	0.349	3.411
	살코기		178	68.4	19.78	11.25	0.99	0	6	183	0.65	325	7	0	0.662	0.092	4.901
양고기 (어린)	살코기		143	72.55	20.88	5.94	1.06	0	12	190	1.91	276	0	-	0.130	0.230	6.510
	갈비		372	50.80	14.52	34.39	0.74	0	15	137	1.39	190	0	-	0.100	0.190	6.090
	다리		201	67.17	18.58	13.49	0.98	0	8	178	1.71	261	0	-	0.130	0.230	6.220
	어깨		264	61.39	16.58	21.45	0.89	0	16	158	1.50	230	0	0	0.110	0.210	5.660
염소고기			170	64.6	19.88	10.31	0.99	-	10	186	2.73	298	5	0	0.101	0.172	2.579

*tr : trace

자료 : 농촌진흥청 국립농업과학원(2016), 제9개정판 식품성분표.

표 12-3 근육단백질의 종류와 특성

단백질의 종류	구성	특징
근원섬유단백질	미오신(myosin) 액틴(actin) 트로포미오신(tropomyosin) 트로포닌(troponin)	• 섬유상단백질 • 염용성 • 육단백질의 약 60% 차지 • 미오신은 근수축에 관여하여 사후경직이나 육가공 시 결착성과 보수성에 관여하는 단백질 • 액틴은 구상과 섬유상의 두 가지 형태로 가역적으로 변함 • 액토미오신은 미오신과 액틴이 결합된 형태
근장단백질	미오겐(myogen) 미오글로빈(myoglobin) 해당계의 여러 효소 등	• 구상단백질 • 근원섬유 간의 근장에 녹아 있는 단백질로 수용성 • 육단백질의 약 30% 차지
결합조직단백질	콜라겐(collagen) 엘라스틴(elastin) 레티큘린(reticulin)	• 육단백질의 약 20% 차지 • 고도 염용성 • 결합조직에 분포 • 동물의 나이가 많아짐에 따라 함량이 증가 • 콜라겐은 물을 넣고 가열하면 수용성의 젤라틴이 됨 • 엘라스틴은 불용성으로 인대와 혈관에 많이 분포되어 있으며 고기의 질긴 맛의 주원인

(2) 지질

동물의 종과 부위에 따라 지질 조성에 차이가 크다. 쇠고기 안심은 지방 함량이 13.1% 정도이나 돼지 삼겹살의 경우 35.7% 정도의 지질을 포함하고 있다(표 12-2).

근육조직에 존재하는 지질은 대부분 중성지질로서 주요 구성 지방산은 팔미트산, 스테아르산, 올레산과 리놀레산 등의 고급지방산이다.

쇠고기와 양고기의 지방산은 닭고기와 돼지고기보다 스테아르산이 많고 불포화지방산인 리놀레산이 적기 때문에 단단하고 푸석푸석하며 녹는점이 높다. 또한, 장기 주위의 지방조직에서 추출되는 지방은 포화지방산 함량이 높아 녹는점이 더 높다. 필수지방산인 리놀레산은 부위별 차이는 있으나 닭고기 15.1~21.3%, 돼지고기 9.7~14.4%이며 쇠고기는 1.5~8.7% 정도로 닭고기에 가장 많이 함유되어 있으며 쇠고기보다는 돼지고기에 더 많다. 이처럼 돼지고기와 닭고기는 불포화방산의 함량이 쇠고기나 양고기보다 많아 녹는점이 상대적으로 낮다(표 12-4). 육류 지방의 녹는점은 고기의 맛에 크게 영향을 주는 요인으로, 쇠고기 40~50℃, 돼지고기 28~48℃, 양고기 44~55℃, 닭고기 30~42℃, 오리고기 27~39℃이며 입안에서 녹는 정도의 녹는점을 가지는 돼지고기와 가금류는 입안

표 12-4 육류 지방의 지방산 조성(%)

종류			$C_{16:0}$	$C_{16:1}$	$C_{18:0}$	$C_{18:1}$	C18:2	$C_{18:3}$	$C_{20:4}$
쇠고기	한우	등심	21.1	4.4	10.3	45.8	1.6	0.1	0.1
		사태	21.7	3.1	14.1	43.2	3.9	0.2	0.1
		안심	22.3	3.4	12.1	44.5	1.5	0.1	0.1
		양지	28.6	4.1	16.9	35.5	5.1	0.2	0.1
	수입우	갈비	30.8	2.9	17.5	39.9	2.6	tr	-
		안심	27.4	6.2	11	44.2	2.6	0.1	-
		홍두깨살	26.9	6.7	10.5	45.4	2.3	0.1	0.1
		목심장정	27.9	7.7	9.8	43.4	2.7	0.1	-
돼지고기		등심	26.6	3.3	12.3	44.7	10.1	0.4	-
		뒷다리	24.6	3.3	12.1	45.4	9.7	0.6	0.2
		삼겹살	23.9	2.8	11.2	42.7	11.8	0.6	0.21
양고기		갈비	26.8	2.2	18.4	41.2	4.3	1.2	0.2
닭고기		가슴살	24.6	7.2	5.7	41.5	15.1	1.2	1.2
		날개	22.8	6.8	5.1	44.1	15.8	1.3	0.1
		다릿살	23.4	6.9	5.7	43.5	15.2	1.2	0.1

*-: 수치가 애매하거나 측정되지 않음
*tr: 식품 성분 함량이 미량 존재
자료 : 농촌진흥청 국립농업과학원(2006), 제7개정판 식품성분표.

에서 촉감이 더 좋고 맛있게 느껴진다.

(3) 탄수화물, 비타민, 무기질

근육 중의 탄수화물은 0.5~1% 정도로 소량 존재하며 대부분 간과 근육에 글리코겐의 형태로 존재한다. 근육 중 글리코겐의 양은 도축 전 가축의 영양 상태, 운동 정도에 따라 달라지는데 죽기 직전에 가축이 심한 운동을 하였거나 기아 상태 또는 추운 곳에 있었던 경우에 근육 내 글리코겐 함량이 적다. 글리코겐의 함량은 도축 후 육류의 사후경직에 영향을 미친다.

근육은 비타민 B_1, 비타민 B_2, 니아신뿐만 아니라 다른 비타민 B군의 훌륭한 공급원이다. 특히, 돼지고기에는 비타민 B_1의 함량이 다른 육류보다 훨씬 높으며, 간에는 여러 종류의 비타민이 풍부하게 함유되어 있다.

육류의 무기질 함량은 1% 내외로 철, 아연과 인의 좋은 급원이며, 칼슘과 마그네슘은 적다. 육류의 조리와 가공 과정 중 과도한 열 처리는 비타민 B_1의 손실을 초래하여 가열된 육류의 평균 비타민 B_1의 보유량은 약 65%로 감소한다.

(4) 색

육류의 붉은색은 주로 육색소인 미오글로빈과 혈색소인 헤모글로빈이다. 미오글로빈과 헤모글로빈은 화학구조가 유사하여 글로빈(globin) 단백질과 철 함유 색소인 헴(heme)으로 구성되어 있다. 헤모글로빈은 혈류 속에서 산소를 운반하는 반면, 미오글로빈은 근육세포 안에서 산소를 잡고 있다. 근육 내 미오글로빈의 양은 나이와 함께 증가하기 때문에 쇠고기가 송아지고기보다 더 어두운색이다. 육류의 색깔도 동물의 종류에 따라 다양하다. 돼지고기의 근육은 일반적으로 쇠고기 근육보다 미오글로빈을 적게 함유하고 있기 때문에 더 밝은 색상을 띤다. 같은 동물의 근육이라도 부위에 따라 색상이 다르다.

신선한 육류의 조리에 따른 색 변화는 '제8장 식품의 색'에서 자세하게 설명하고 있다.

(5) 맛

육류의 맛 성분은 대부분 고기를 열탕 처리할 때 침출되는 고기추출 성분(meat extractives)에 기인한다. 추출되어 나오는 성분은 단백질, 펩타이드, 지질, 색소, 핵산, 기타 고분자화합물과 유리아미노산, 유기산, 저분자질소화합물 등으로, 총칭하여 고기추출 성분이라 한다. 이들은 고기의 맛난 맛 성분으로 단백질의 중간대사산물이다. 고기추출 성분 중 이노신산은 육류의 중요한 맛 성분이며, 질소화합물은 주로 근육의 중간분해산물인 크레아틴(creatin), 크레아티닌(creatinine)이며 요소와 요산 등이 소량 존재한다. 동물의 나이가 많고 운동량이 많을수록 고기추출 성분이 많아 맛이 진하고 풍부하다.

3) 육류의 숙성

(1) 사후경직

동물이 도살되면 세포 내 산소 공급이 중단되어 신진대사가 멈추면서 근육이 뻣뻣해지는 사후경직(rigor mortis)이 일어난다. 도살에 의해 산소 공급이 중단되면 최초 1~3시간 동안은 근육이 유연하고 탄력성이 높은 상태를 유지하는데 이는 크레아틴인산(creatin phosphate, CP)과 글리코겐으로부터 ATP가 생성되어 ATP 수준이 높게 유지되기 때문이다. 시간이 경과함에 따라 글리코겐이 혐기성 해당 과정을통해 젖산을 생성하여 근육조직의 pH가 6.5 정도로 떨어지면, 인산분해효소가 활성화되어 크레아틴인산과 ATP가 분해되어 근육의 pH가 더 떨어지면서 액토미오신이 액틴과 미오신으로 분리되지 못하여 근육이 수축하게 된다(그림 12-2). 사후경직이 일어나면 근육의 유연성과 탄력성이 감소하여 굳고 뻣뻣해진다.

사후경직이 일어나는 시기와 기간은 동물의 종류, 영양 상태, 나이와 도살 직전의 활동정도, 보관 온도 등에 따라 다르다. pH가 떨어지는 속도와 최종 pH는 고기의 보수력(water holding capacity)에 영향을 주어 낮은 온도에서 서서히 경직이 이루어진 경우 빠르게 경직이 일어난 경우보다 근육의 보수력이 월등히 높다. 경직 상태나 경직이 풀린 직후의 고기는 가열 조리하여도 연해지지 않고 질기므로, 고기를 조리할 때에는 경직이 풀린 고기를 냉장 상태로 저장하면서 고기가 숙성되어 연해지고 맛이 좋아진 것을 사용한다.

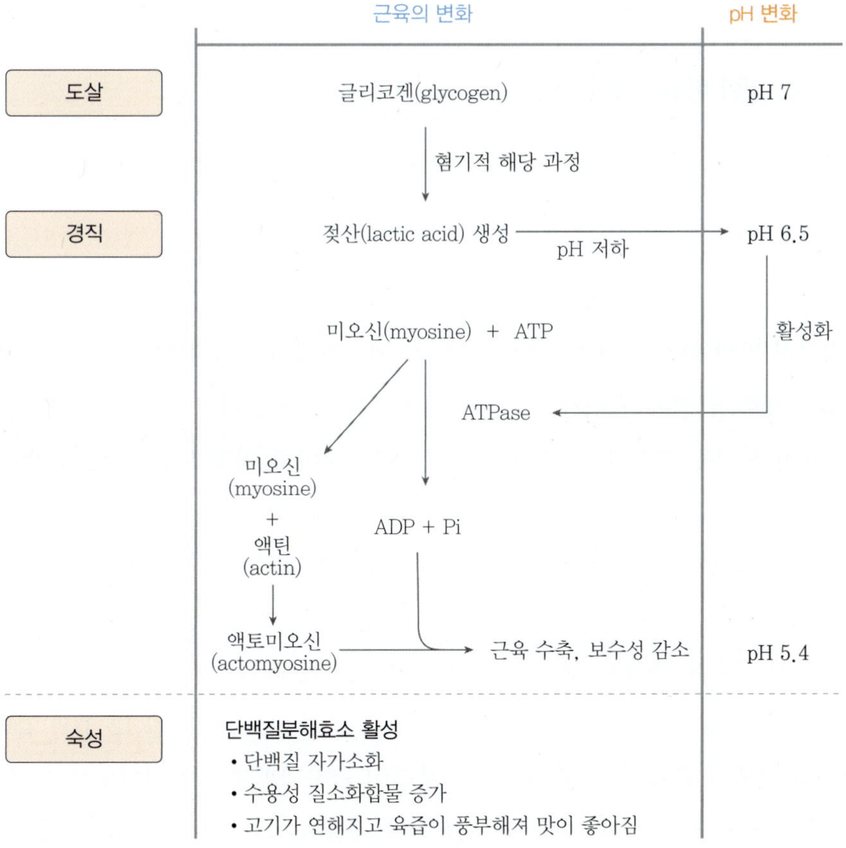

그림 12-2 육류의 사후경직과 숙성

(2) 숙성

사후경직 후 일정 시간이 지나면 경직이 풀려 근육이 다시 부드러운 상태로 되돌아가는 것을 숙성(aging)이라고 한다. 근육의 pH가 5.4 이하로 떨어지면 산성에서 활성을 갖는 근섬유에 있는 단백질분해효소인 카텝신(cathepsin)의 작용으로 단백질이 분해되어 핵단백의 분해산물과 아미노산이 생기면서 단백질은 군데군데 끊어져 부드러워진다.

고기가 숙성되면서 가용성 단백질, 펩타이드, 펩톤, 아미노산 등 수용성 질소화합물이 생성되고 고기가 연해지면서 육즙이 풍부해져 맛이 좋아진다(그림 12-2). 이러한 과정을 숙성(ripening)이라 한다. 숙성 시 약간의 pH 증가는 보수력을 증가시켜 가열 처리 시 육즙의 손실을 막는다. 따라서, 숙성이 잘된 고기는 육즙이 풍부하여 입안에서 조직감이 부드럽고 향미가 좋게 느껴진다.

숙성 기간은 동물의 종류와 온도에 따라 다르며, 일반적으로 0℃에서 쇠고기는 10일, 돼지고기는 3~5일, 닭고기는 12시간~1일 정도 걸린다. 숙성은 온도가 높을수록 잘 일어나지만 온도가 너무 높으면 미생물에 의해 부패가 일어나므로 저온에서 서서히 이루어지도록 하는 것이 바람직하다.

4) 육류의 종류

(1) 쇠고기

쇠고기는 맛이 좋고 영양가가 높아 전 세계 사람들이 가장 좋아하는 육류 중의 하나이다. 비육이 잘된 암소의 고기는 암적색으로, 절단면에 광택이 있고 특유의 신선한 고기향이 난다. 또한, 근섬유는 섬세하고 탄력이 있으며 광택이 나고 근육 사이에 지방이 촘촘히 끼어 마블링을 형성한다. 송아지고기는 담홍색에서 적홍색을 띠는데 지방이 적고 근섬유가 가늘고 수분이 많아 연하지만 풍미는 떨어진다. 쇠고기의 육질은 품종, 성별, 연령, 영양 상태 등에 따라 차이가 나타나며 부위에 따라 서로 차이가 난다. 우리나라의 육질 등급은 근내지방도, 육색, 지방색, 조직감, 성숙도에 따라 1^{++}, 1^{+}, 1, 2, 3등급 및 등외로 구분하며, 육량 등급은 고기량의 적고 많음을 표시하는 기준으로 A, B, C등급 및 등외 등급으로 구분된다. 쇠고기의 부위별 명칭과 조리 용도는 〈그림 12-3〉과 같다.

쇠고기의 단백질 함량은 20% 내외로 대부분이 근육단백질로서 아미노산 조성이 매우 우수하여 성장기 어린이에게 가장 좋은 단백질 공급원이다. 지방은 부위에 따라 차이가 많아 안심은 13% 정도로 지방 함량이 낮지만 갈비살은 24% 정도로 지방 함량이 높다.

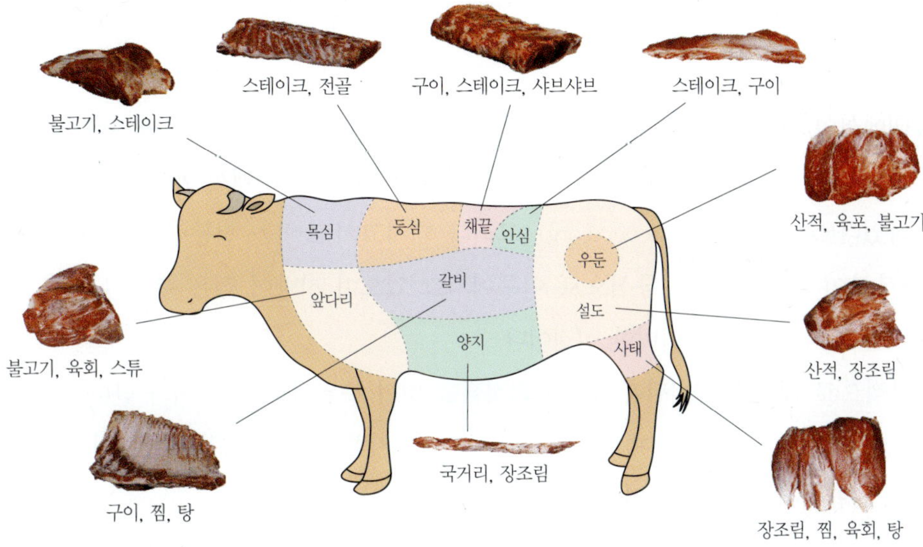

그림 12-3 쇠고기의 부위별 명칭 및 용도
자료 : 축산물품질평가원(http://www.ekape.or.kr)

또한, 포화지방산은 대부분이 팔미트산과 스테아르산인데, 전체 지방산 비율의 50~57%로 높아 고지혈증인 사람은 주의해야 한다(표 12-4 참조).

탄수화물은 대부분이 글리코겐이지만 도살 직후부터 감소하기 시작하여 숙성이 된 고기에는 그 함량이 매우 적다. 무기질은 칼슘에 비해 인의 함량이 많은 산성 식품이므로 알칼리성 식품인 채소와 함께 먹는 것이 바람직하다. 또한, 육색이 진하기 때문에 다른 육류보다 철이 풍부하다.

쇠고기는 한우, 한우 거세소, 우유용 젖소, 수입소 등으로 분류하며, 한우의 수컷은 육질이 단단하여 상품 가치가 떨어지기 때문에 거세하여 사육한다. 젖소는 우유 생산이 끝나면 식용으로 사용한다. 수입소는 미국, 캐나다, 호주로부터 동결육이나 냉장육의 형태로 수입되고 있다. 소는 부위별 영양 성분 함량과 특징이 다르기 때문에 부위별로 적절

축산물 이력제

소와 돼지의 출생에서 도축, 가공, 판매에 이르는 전 과정의 정보를 기록, 관리하여 위생과 안전에 문제가 생길 경우 신속히 추적, 대처하기 위해 만들어진 제도이다.

자료 : 농림축산식품부 축산물이력제(http://mtrace.go.kr)

한 조리법을 선택하여 조리하면 맛있는 음식을 만들 수 있다.

(2) 돼지고기

국내에서의 육류 소비는 점차 증가하는 추세이며 육류 종류별로는 돼지고기가 가장 많이 소비되고 있어 1인당 돼지고기 소비량이 1988년 12.6 kg에서 2014년 24.3 kg으로 증가하였다(OEDE, http://data.oecd.org). 그러나 돼지고기 소비는 전통적 식습관의 영향으로 대부분이 목심, 삼겹살 중심으로 이루어지고 있으며 지방이 적은 부위인 안심, 등심, 뒷다릿살은 국내 소비가 미미한 실정이다.

일반적으로 돼지고기는 담홍색에서 회적색을 띠며 부위에 따라 차이가 난다. 돼지고기는 근섬유가 가늘고 섬세하여 고기가 부드러우며, 지방은 미세한 입자로 되어 있는 순백색으로 입안에서 잘 녹고 소화율도 95% 이상이다.

돼지고기의 단백질 함량은 17~22% 정도이며 필수아미노산의 조성이 우수하지만 지방 함량이 높아 섭취에 주의하여야 한다. 지방 함량은 각 부위별로 차이가 많아 삼겹살 35.7%, 안심 13.2%, 등심 3.2%, 뒷다릿살 21.3%로 삼겹살이 안·등심, 뒷다릿살보다 지방을 더 많이 함유하고 있다(표 12-2). 돼지고기는 쇠고기보다 올레산(41~51%)과 리놀레산(6~8%)을 더 많이 함유하고 있어 녹는점이 낮아 입안에서 기름이 녹으면서 고기의 풍미를 더한다(표 12-4). 돼지고기는 비타민 B가 많이 함유되어 있으며 특히 비타민 B_1이 쇠고기의 10배 정도이며 안심과 등심 부위에 많다. 돼지고기는 설익혀 먹으면 선모충에 감

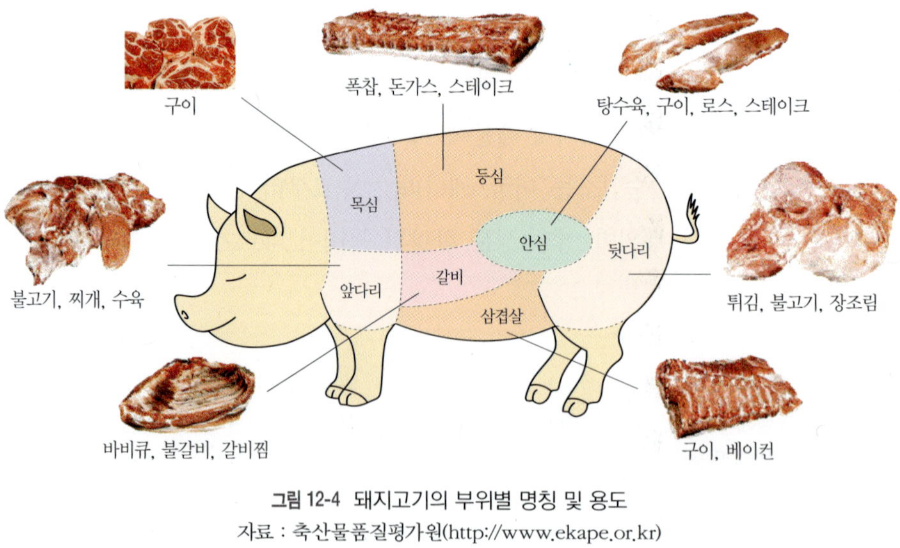

그림 12-4 돼지고기의 부위별 명칭 및 용도
자료 : 축산물품질평가원(http://www.ekape.or.kr)

염될 수 있으므로 충분히 가열 조리하여 먹어야 한다.

돼지고기는 생고기로 직접 조리하여 이용하는 것 이외에도 햄, 베이컨, 소시지 등의 가공품으로 이용되는데 지방이 많은 삼겹살은 베이컨, 단백질과 수분이 많고 지방이 적은 뒷다릿살은 햄을 만드는 데 쓰인다. 돼지고기는 삼겹살의 상태, 고기 색깔, 지방의 침착 정도에 따라 1^{+}, 1, 2, 등외등급의 4개 등급으로 구분한다. 돼지고기의 부위별 명칭 및 조리용도는 〈그림 12-4〉와 같다.

(3) 양고기

양은 생후 1년 이상된 비육양을 머튼(mutton)이라 하고, 어린 양은 램(lamb)이라 하는데 머튼은 특이한 냄새가 있어 어린 양인 램을 더 선호한다.

양고기는 근육섬유가 가늘고 조직이 단단하지 않아 육질이 연하고 소화도 잘된다. 양고기는 쇠고기나 돼지고기에 비해 단백질 함량은 약간 적지만 지방 함량이 비교적 높다(표 12-2 참조). 양고기의 색은 쇠고기보다 엷으나 돼지고기보다는 진하며 지방은 백색이다.

농경문화에 뿌리를 둔 한국인의 밥상은 닭, 돼지, 소를 주요 단백질 섭취원으로 하고 있지만, 2010년을 전후하여 양고기의 소비가 증가하고 있다. 양고기는 전골, 로스구이, 징기스칸 요리에 주로 이용되며, 지방의 녹는점이 높아 입안에서 잘 녹지 않으므로 뜨거운 상태로 음식을 제공해야 한다.

(4) 닭고기

OECD 자료를 살펴보면 선진국일수록 육류 소비량이 많아지는데, 품목별로는 닭고기와 쇠고기의 소비량은 많아지고 돼지고기 소비량은 낮아지는 것으로 나타났다. 특히 1인당 GDP 3만 달러 이상인 국가에서 닭고기의 소비량이 다른 육류보다 많은 것을 볼 수 있는데, 이는 건강에 대한 관심 등으로 소비자의 백색육 선호도가 높아지고 있음을 나타낸다. 닭의 성분과 영양가는 다른 수조육류와 크게 다르지 않으나 껍질과 지방을 제거하면 다른 수조육류보다 지방과 콜레스테롤 섭취를 줄일 수 있는 장점이 있다.

근육섬유가 가늘고 치밀하며 부위에 따라 고기 색이 다르다. 가슴살은 혈액량이 적어 희고 단백질이 많으며 지방 함량이 적다. 또한, 붉은 살코기보다 근육섬유가 짧고 결합조직이 적어 매우 부드럽다. 반면에 다릿살은 붉은 살이며 결합조직이 발달하여 풍미가 좋다.

닭고기의 지방은 밝은 황색을 띠는데, 이는 카로틴을 함유하고 있기 때문이다. 따라서, 다른 육류에 비해 비타민 A 함량이 비교적 높다. 닭고기의 지방은 껍질 아래 부분과 복

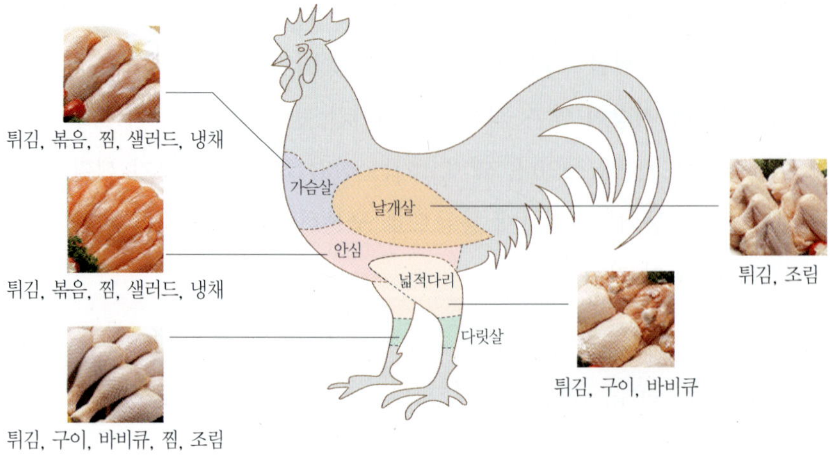

그림 12-5 닭고기의 부위별 용도
자료 : 축산물품질평가원(http://www.ekape.or.kr)

강에 주로 분포되어 있어 쉽게 분리할 수 있고 육류보다 부드러운 조직감을 가지며 녹는점도 낮다. 닭 껍질 부분은 결합조직이 발달되어 있지만 지방이 풍부하여 부드럽고 쫄깃한 질감을 가지므로, 쇠고기나 돼지고기와는 달리 껍질째 요리할 수 있다. 닭고기의 부위별 용도는 〈그림 12-5〉와 같다.

우리나라에서는 닭고기의 등급을 축산물품질평가원에서 닭도체의 무게(특대, 대, 중, 중소, 소의 5개 규격)와 품질 등급(1^+, 1, 2, 3등급)에 따라 분류한다(그림 12-6).

그림 12-6 닭고기의 등급 판정 표시 예
자료 : 축산물품질평가원(http://www.ekape.or.kr)

(5) 오리고기

오리고기(집오리)는 가식부 100 g당 열량 311 kcal, 수분 55.3%, 단백질 16 g, 지방 27.6 g으로 지방 함량이 매우 높은 식품이나 불포화지방산 함량이 높은 것이 특징이다. 포화지방산은 주로 팔미트산이고, 불포화지방산은 올레산과 리놀레산이 많이 함유되어 있으며 녹는점이 낮아 식감이 좋다. 조류 중에서 가장 맛있는 고기로, 동서양을 불문하고 고급 소재로 취급되고 있다. 오리고기는 붉은색을 띠고 지방은 피하에 많으며 부드럽고 풍미가 뛰어나다.

(6) 칠면조고기

칠면조는 북아메리카에서 사육되는 식용 가금류로, 닭이나 오리보다 몸집이 커서 암컷은 9.0 kg, 수컷은 16.2 kg 정도이다. 다른 가금류에 비해 단백질 함량이 높은 고단백 식품이다. 칠면조는 살이 많은 편이며 특히 가슴살이 많다. 겨울이 가까워짐에 따라 지방이 많이 붙어 맛이 좋아져 구미 각국에서는 크리스마스나 추수감사절 음식으로 많이 이용한다.

2. 우유 및 유제품

우유는 포유동물의 신생아 발육에 필요한 영양소가 적절하게 함유되어 있어 영양적으로 완전식품에 가깝다. 또한, 일반 식품에 부족하기 쉬운 칼슘이 풍부하여 칼슘의 우수한 공급원이며, 모든 영양소가 소화되기 쉬운 상태이므로 성장기 아동에게 좋은 식품이다. 우유의 전체 소비량은 정체 또는 감소 추세였으나 2016년 유제품이 들어간 커피류와 기능성 우유의 소비량이 증가하면서 증가세를 보였다. 또한, 우유를 원료로 하여 제조 가공한 아이스크림, 치즈 등의 소비량도 증가하고 있다.

착유한 무처리 상태의 우유를 바로 마실 수 있도록 균질화와 살균 처리한 우유를 시유(city milk)라고 한다. 시유의 종류에는 살균시유와 멸균시유, 가공유는 인체에 필요한 영양소 성분을 강화한 강화우유, 용도에 맞도록 성분 조성을 변화시킨 성분조성유가 있으며, 풍미를 첨가한 환원우유도 있다.

원유에서 지방만 분리한 것을 크림(cream), 그 나머지는 탈지유(skim milk)라 하며 크림을 분리하지 않은 원유 상태를 전유(whole milk)라고 한다. 크림으로는 버터를 만드는데 이때 부산물로 나오는 것을 버터밀크(butter milk) 또는 유장(milk plasma)이라 한다. 치즈는 우유를 효소로 응고시켜 분리한 것으로 커드(curd)라 하고, 커드를 분리하고 남은 것을 유청(whey)이라고 한다(그림 12-7).

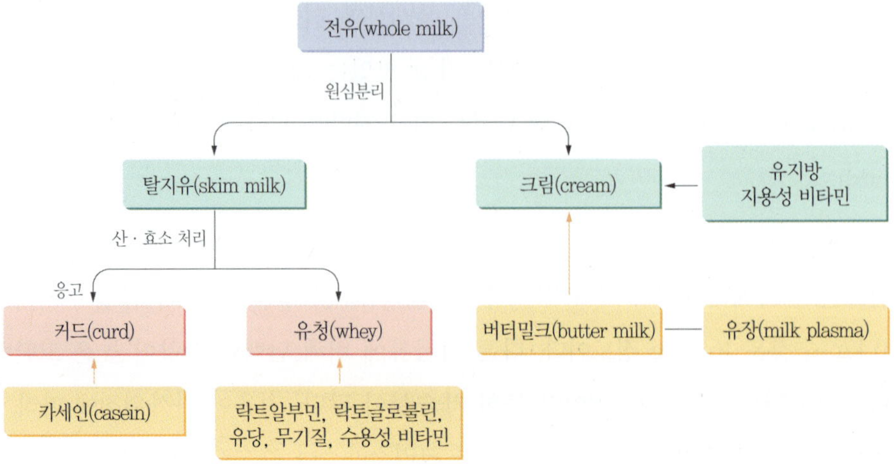

그림 12-7 우유의 구성

1) 우유의 성분

우유는 일반적으로 수분 87~88%, 지방 3.4~3.7%, 단백질 3.2~3.3%, 유당 4.8~4.9%, 회분 0.6~0.7% 등이 포함되어 있다. 비타민은 비타민 A와 리보플라빈, 무기질은 칼슘, 칼륨, 인 등이 많고 비단백질소, 스테롤 및 인지질이 고루 함유되어 있다(표 12-5).

각 성분의 함량은 젖소의 품종, 착유 간격 및 방법, 사료, 외부 온도, 계절, 소의 나이와 건강 상태 등에 따라 달라진다. 특히, 지질 함량의 변동이 가장 크며 그 다음이 단백질 함량이다. 탄수화물, 회분과 무기질 함량은 거의 영향을 받지 않는다.

(1) 단백질

우유 단백질의 75~80%가 카세인(casein)이며 나머지 20~25%는 유청 단백질(whey proteins)로서 락트알부민(lactalbumin), 락토글로불린(lactoglobulin)과 소량의 다른 단백질도 포함되어 있다.

우유를 마시면 순한 양이 된다?

우유 단백질 중에는 진정, 진통, 체온 유지, 신경안정 등의 모르핀(morphin)과 같은 기능을 가지는 오피오이드(opioid) 펩타이드가 장내 소화 과정에서 다량 생성되어 생리적인 안정감을 주어 숙면과 숙취를 해소할 수 있다. 또한, 필수아미노산인 트립토판이 신경을 진정시키는 세로토닌의 생성을 촉진하여 우유를 계속 마시면 심리적으로 안정되고 성격도 온순해질 수 있다.

자료 : 한국낙농육우협회

표 12-5 우유 및 유제품의 일반 조성

(단위 : 가식부 100 g당)

식품	에너지	수분	단백질	지질	회분	탄수화물	당류	칼슘	인	철	레티놀	베타카로틴	비타민 B_1	비타민 B_2	니아신	비타민 C
	(kcal)	(g)	(g)	(g)	(g)	(g)	(g)	(mg)	(mg)	(mg)	(μg)	(μg)	(mg)	(mg)	(mg)	(mg)
모유	65	88.0	1.1	3.5	0.2	7.2	6.4	27	14	0.0	45	-	0.01	0.03	0.2	5
우유	66	87.4	3.08	3.32	0.67	5.53	4.12	113	84	0.05	55	0	0.021	0.162	0.301	0.79
저지방우유	42	90.1	3.43	0.09	0.71	4.86	3.59	116	87	0.03	13	0	0.017	0.127	0.256	0.27
전지분유	514	2.7	25.46	27.32	5.45	39.07	38.63	977	770	0.13	418	7	0.168	1.064	0.913	8.41
탈지분유	364	4.3	33.88	0.97	7.69	53.16	46.17	1414	1068	0.15	0	0	0.158	1.314	1.266	10.10
가당연유	382	16.3	7.76	7.84	1.80	66.30	51.88	273	238	0	95	0	0.051	0.453	0.177	2.19
무당연유	129	74.5	5.56	5.73	1.09	13.12	5.05	165	158	0.28	169	0	0.026	0.317	0.126	0
산양유	62	88.4	3.16	3.62	0.79	4.03	3.48	149	134	0.03	67	0	-	0.034	0.215	0.33
요구르트(액상)	69	83.2	1.29	0.02	0.26	15.23	12.49	45	33	0.02	0	0	0.015	0.064	0.020	0.46
요구르트(호상, 무첨가)	69	86.8	5.18	3.84	0.82	3.36	1.0	14.11	105	0.03	59	0	0.021	0.145	0	1.32
아이스크림(유지방 12%)	212	61.3	3.5	12.0	0.8	22.4	17.0	130	110	0.1	100	-	0.06	0.18	0.1	tr
치즈(체다)	294	49.3	18.76	21.30	4.47	6.17	0.24	626	857	0.09	57	272	0.059	0.170	0.079	0.07
치즈(모짜렐라)	286	46.0	28.02	16.89	3.70	5.39	0.90	957	535	0.13	44	58	0.028	0.327	0.242	0.06

*tr : trace

자료 : 농촌진흥청 국립농업과학원(2016), 제9개정판 식품성분표.

카세인, 락트알부민과 락토글로불린은 복합 단백질로 카세인에는 α-, β-, γ-와 κ-카세인이 있으며, κ-카세인이 카세인 입자를 안정화시켜 콜로이드 용액을 형성할 수 있게 한다. 콜로이드상의 인산칼슘은 카세인 분자 간을 연결하여 작은 미셀을 형성하여 우유가 흰색으로 보이게 한다(그림 12-8).

카세인은 분자구조 내에 인산을 함유하고 있어 인단백질로 분류된다. 신선한 우유의 산도(pH 6.6)에서는 인산칼슘의 인산기가 카세인과 연결되어 있어 카세인미셀(Ca-phosphocaseinate)를 형성한다. 카세인은 우유의 pH가 4.6 이하로 떨어지면 응고하여 침전한다. 또한, 어린 소의 위에 존재하는 응유효소인 레닌(renine)에 의해 약하게 가수분해되어 칼슘과 결합하여 응고하지만 열에는 100℃로 가열하여도 응고하지 않는다.

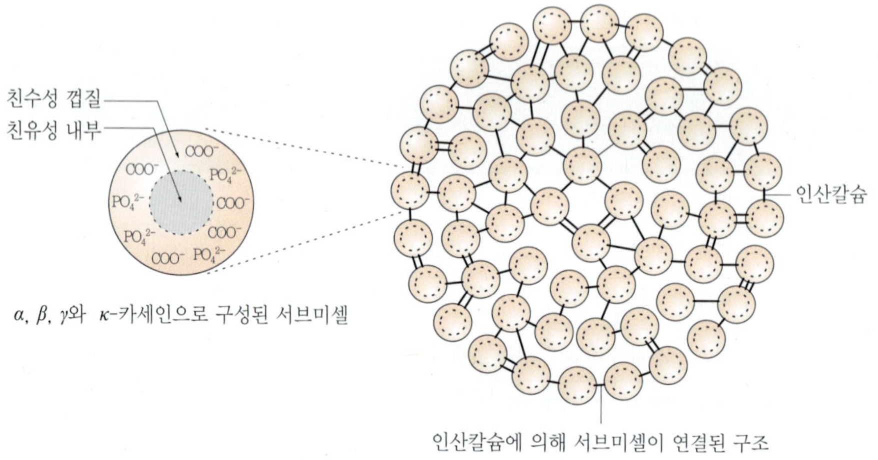

그림 12-8 카세인 미셀의 구조
자료 : Belitz et al. (2007), Food Chemistry.

유청 단백질은 산에는 응고하지 않으나, 열에 응고되어 우유를 가열하면 표면에 막이 형성되는 것을 볼 수 있다. 락토글로불린에는 면역글로불린이 5~6% 함유되어 있으며, 특히 초유에는 유청 단백질의 90%를 이 면역글로불린이 차지한다. 우유 단백질의 필수아미노산 조성은 메티오닌이 약간 부족하지만 곡류에 부족한 라이신이 풍부하게 함유되어 있다.

(2) 지질

일반 시유에는 지방이 3~4% 정도 함유되어 있으며 아주 작은 입자(0.1~10 μm)로 분산되어 유화액을 형성한다.

유지방은 대부분 중성지질(97.5%)로 구성되어 있으며 그 외에 소량의 인지질과 콜레스테롤도 함유되어 있다. 중성지질을 구성하는 지방산은 포화지방산 57.5%, 단일불포화지방산 32.2%, 다가불포화지방산 9.3%로 포화지방산 함량이 높다. 구성하고 있는 포화지방산은 부티르산과 카프로산, 카프릴산, 카프르산과 같은 단쇄포화지방산으로 녹는점이 낮아 입안에서 바로 용해되어 독특한 향미를 느낄 수가 있다(표 12-6). 버터가 중성지질의 가수분해로 변패하면 불쾌한 냄새와 향이 나는데 이는 중성지질 내 부티르산과 카프로산이 유리되어 나오기 때문이다. 구성 지방산 중 특히 함량이 많은 것은 팔미트산(30.4%)과 올레산(28.6%)이다.

금방 짠 우유를 그대로 두면 지방구들이 모여 덩어리를 형성하여 우유 표면에 크림층

표 12-6 우유 지방의 지방산 조성

종 류	포화지방산(%)							불포화지방산(%)			
	C_4	C_6	C_{10}	C_{12}	C_{14}	C_{16}	C_{18}	$C_{18:1}$	$C_{18:2}$	$C_{18:3}$	$C_{20:4}$
우유	3.1	1.0	1.2	2.2	10.5	26.3	13.2	32.2	8.3	-	1.0
모유	0.4	0.1	0.3	5.8	8.6	22.6	7.7	36.4	2.8	0.4	0.8

을 형성하게 되지만, 균질화 과정을 거쳐 지방구를 작고 균질하게 만들면 분산액이 안정화되어 방치하여도 크림층을 형성하지 않는다. 지용성 비타민인 A, D, E와 K는 지방구에 녹아 있으며, 지용성 카로티노이드 색소도 지방구에 녹아 있어 우유가 중후한 크림색을 띠게 한다.

(3) 탄수화물

우유의 탄수화물 함량은 4~5% 정도이며, 주요 탄수화물은 이당류인 유당이 98%이고 그 밖에 미량의 포도당과 갈락토스가 함유되어 있다. 유당은 상대적 감미도가 약 30으로 단맛이 적으며 용해도가 아주 낮다. 용해도가 낮기 때문에 유당의 농도가 높아지면 결정화되어 식품의 조직감을 거칠게 만들기도 한다. 아이스크림 제조 시 무지방 우유를 과량 첨가하면 녹지 않은 당이 낮은 온도에서 과포화되어 모래알 씹는 느낌의 조직감을 가지게 된다.

유당은 장내 유산균의 번식을 증식시켜 유해균의 번식을 억제하여 정장작용을 하며, 생성된 젖산은 장내를 산성 환경으로 만들어 칼슘의 흡수를 촉진시킨다. 유당이 유산균에 의해 쉽게 젖산으로 되는 성질을 이용하여 요구르트와 같은 유산균 음료를 만든다.

(4) 무기질

우유는 무기질을 약 0.5~1.1% 정도 함유하고 있다. 우유는 칼슘의 가장 좋은 급원이며 그 외에도 칼륨, 인, 마그네슘, 염소, 나트륨이 비교적 많이 함유되어 있으나 철과 구리는 미량 들어 있다.

(5) 비타민

우유는 비타민류가 대체로 골고루 함유되어 있으며 특히, 비타민 A, 리보플라빈, 비타민 B_6의 우수한 공급원이나 비타민 C 함량은 낮은 편이다. 비타민 A는 주로 카로틴의 형태로 존재하며 그 함량은 사료 중의 카로틴 함량에 따라 달라져 여름에 착유한 우유에 겨울에 착유한 우유보다 많이 함유되어 있다.

티아민은 우유에 상당히 많이 존재하며 비교적 일정한 양을 유지한다. 리보플라빈은 다른 비타민 B 복합체보다 많이 존재하며 열에 안정하나 자외선에 약하기 때문에 빛에 노출되면 많은 양이 손실된다. 또한, 우유는 니아신 전구물질인 트립토판 함량이 많아 니아신 영양가가 높다. 생우유에는 아주 소량의 비타민 C가 존재하나 살균 과정에서 약 25%가 파괴되므로 비타민 C의 좋은 급원이 되지는 못한다.

2) 우유의 특수 성분

(1) 색

우유는 콜로이드상으로 분산된 카세인 미셀과 인산칼슘염이 빛에 반사되어 불투명한 유백색을 띤다. 또한, 지용성인 카로틴이 지방구에 존재하면서 우유의 황색에 기여하며, 수용성인 리보플라빈은 유청에 존재하면서 형광 연두빛을 나타낸다.

(2) 향미 성분

우유의 향은 매우 연하며 유당이 함유되어 있어 약한 단맛이 난다. 우유의 주요 맛은 유화된 유지방뿐 아니라 단백질과 인산칼슘이 결합하여 형성된 콜로이드 구조에 기인한 입안에서의 '바디감'이라 할 수 있다.

신선한 우유의 냄새 성분은 아세톤, 아세트알데하이드, 다이메틸설파이드(dimethyl sulfide), 메틸케톤, 짧은사슬지방산과 락톤 같은 저분자물질이다. 초고온 살균한 우유는 가열취(cooked flavor)가 나는데 이는 락트알부민 중 -SH기가 유리되어 황화수소를 발생하기 때문이다. 우유의 불쾌취는 우유 내 인지질의 산화에 의한 것이며, 구리는 산화취 형성을 가속시킨다. 또한, 빛에 노출시키면 부패취가 생성되는데 이는 우유 단백질과 리보플라빈에 의한 것으로 부패취가 생성되면 리보플라빈의 함량이 감소된다. 우유를 종이 상자나 불투명한 플라스틱 용기에 담는 이유이다.

(3) 산도

신선한 우유의 pH는 6.4~6.6 정도로 중성이며, 우유를 공기 중에 방치하면 이산화탄소가 빠져나가면서 산도가 약간 감소한다. 생우유는 약간의 유산균을 포함하고 있어 저장하면 유당이 유산균의 작용을 받아 젖산이 생성되면서 산도가 점점 증가하여 산유

시유의 맛이 제조회사에 따라 다른 이유는?

시유는 살균 방법에 따라 고소한 맛과 부드러운 촉감이 달라진다. 특히, 원유의 품질에 따라 지방, 단백질의 함량과 미생물이나 효소의 분해에 의해 맛이나 냄새 등이 다르게 나타난다.

(sour milk)가 된다. 그러나 살균된 우유는 변패하면 부패 미생물이 우유 단백질을 분해하여 쓴맛과 불쾌한 향을 낸다.

(4) 효소

우유에 들어 있는 효소들은 우유 및 유제품의 품질을 변화시킨다. 과산화효소(peroxidase)는 우유의 고온 가열 판정에 이용되며 잔틴산화효소(xanthine oxidase)는 우유에는 있고 모유에는 없어 모유와 우유를 판별하는 데 이용된다. 라이페이스(lipase)는 카세인 미셀 표면에 부착하여 유지방을 가수분해함으로써 지방산을 유리시켜 산패취를 발생한다.

3) 우유의 가공

(1) 우유의 살균

위생적인 처리 과정에서 생산된 우유라도 병원균으로부터 자유로울 수 없기 때문에 소비자의 안전성을 고려하여 살균 과정을 거친다. 살균은 병원균이 파괴되기 충분한 온도와 시간이 필요하며 일반적으로 비병원성 균도 95~99% 정도 파괴된다. 우유의 살균 방법과 특성은 〈표 12-7〉과 같다. 멸균유는 우유를 138~150℃에서 2~6초간 살균하여 무

표 12-7 우유 살균법의 종류와 특성

살균 방법	살균 조건	특성
저온장시간살균법 (low temperature long time, LTLT)	63~65℃, 30분	• 병원균과 부패효소 사멸 • 내열성 세균은 잔존 • 원유의 색, 풍미, 영양소 파괴 최소화
고온순간살균법 (high temperature short time, HTST)	72~75℃, 15~20초	
초고온살균법 (ultra high temperature, UHT)	130~150℃, 0.5~5초	• 거의 모든 박테리아 사멸 • 무균 상태의 우유 제조 • 상온에서 3개월간 보관 가능 • 가열취 • 우유의 영양에는 큰 변화 없음

> **멸균유와 살균유의 차이**
>
> 멸균유는 초고온살균법(UHT)으로 가열 처리한 후 무균적으로 포장 용기에 충전한 우유이며, 살균유는 초고온살균법(UHT), 고온순간살균법(HTST) 및 저온장시간살균법(LTLT)으로 병원성 미생물만 최소한 사멸시킨 후 충전 포장한 우유이다.

균 포장한 것으로 상온에서 최소한 3개월 이상 저장이 가능하며 포장을 연 후에는 냉장 보관하여야 한다.

우유의 살균 정도의 지표는 우유에 존재하는 알칼리성 인산가수분해효소(alkaline phosphatase)라는 효소이다. 이 효소가 완전히 비활성화되면 우유 내 병원균이 완전히 파괴되었다는 의미가 된다.

(2) 우유의 균질화

원유는 시간이 경과함에 따라 지방구가 떠올라 크림층을 형성하므로 균질화 과정을 거쳐 안정화시킨다. 살균한 우유에 압력을 가하여 작은 구멍으로 압출 처리하면 지방구가 아주 작은 입자로 쪼개져 분산되어 매우 고운 유화액을 형성하게 되고, 오래 방치하여도 크림이 분리되지 않는다(그림 12-9). 균질화 과정에서 우유 내 단백질이 유화제로 작용하여 지방구를 둘러싸게 되어 지방의 분산이 증가되면서 우유의 풍미가 향상되고 점도는 증가한다. 그러나 균질화된 우유는 균질화되지 않은 제품보다 열이나 산에 의해 쉽게 응고가 되기 때문에 조리할 때 주의가 필요하며, 균질화 과정에서 지방구가 작아져 표면적이 증가하기 때문에 산패가 쉽다.

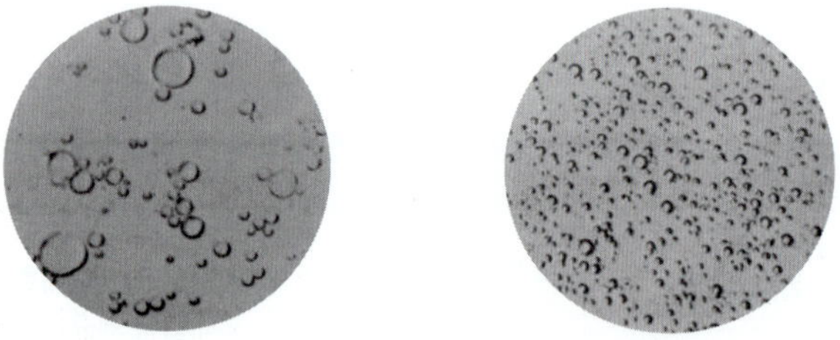

균질화 전 균질화 후

그림 12-9 우유 지방구의 모양

자료 : Harion Bennion(2000), Introductory Foods.

(3) 우유의 영양소 강화

우유는 어린 동물의 성장 발육에 필요한 영양소를 충분히 가지고 있지만 영양소를 강화하여 더 완전한 식품으로 만들기도 한다. 가장 일반적인 경우가 비타민 D로, 약 400IU를 첨가하여 강화시킨다. 비타민 D는 체내에서 칼슘과 인의 흡수 및 이용에 관여하므로 우유에 비타민 D의 강화는 중요하다.

비타민 A는 우유의 지질 부분에 존재하기 때문에 탈지우유나 저지방 우유에서 비타민 A의 강화는 필수적이다. 특히, 세계의 많은 나라 어린이들이 비타민 A를 다른 급원으로부터 적절히 섭취하지 못하기 때문에 우유에 비타민 A를 강화하는 것은 매우 중요한 의미를 가진다.

4) 유제품

우유는 소비자의 요구에 따라 다양한 맛을 가진 여러 형태의 것이 시판되고 있으며 생산자들은 품질 유지 및 개선, 유통과 저장성 개선, 부산물의 이용을 극대화하기 위해 새로운 유제품을 개발하고 있다(그림 12-10).

(1) 시유

원유를 그대로 살균 처리한 우유는 전유(whole milk)로 3.25%의 지방과 적어도 8.25% 이상의 무지방 고형분을 함유하고 있다. 지방 함량을 2.0% 이하로 낮춘 저지방 우유(low fat milk)는 지방을 제외한 다른 영양소의 함량은 전유와 동일해야 한다. 일반적으로 무지방 우유는 지방이 전혀 없다고 생각하지만 공정상 제거 가능한 지방을 완전히 제거한 것으로 0.5% 이하의 지방을 함유하고 있다.

(2) 농축유

우유의 수분을 50~55℃의 진공 상태에서 약 60% 정도 증발시켜 만든 것이 농축유인데 설탕의 첨가 여부에 따라 무당연유와 가당연유로 나뉜다. 무당연유는 최소한 7.5%의 지방과 25%의 고형물을 함유해야 한다.

가당연유는 전유나 탈지유에 약 15% 정도의 당을 첨가한 후 처음 부피의 약 1/3 정도로 농축시킨 것으로 총 우유 고형분이 28% 이상이어야 한다. 약 42% 정도의 당을 함유하고 있어 보존성이 있다.

농축 우유의 갈변반응은 살균과 저장 동안에 일어나는 마이야르 반응(Maillard reaction)

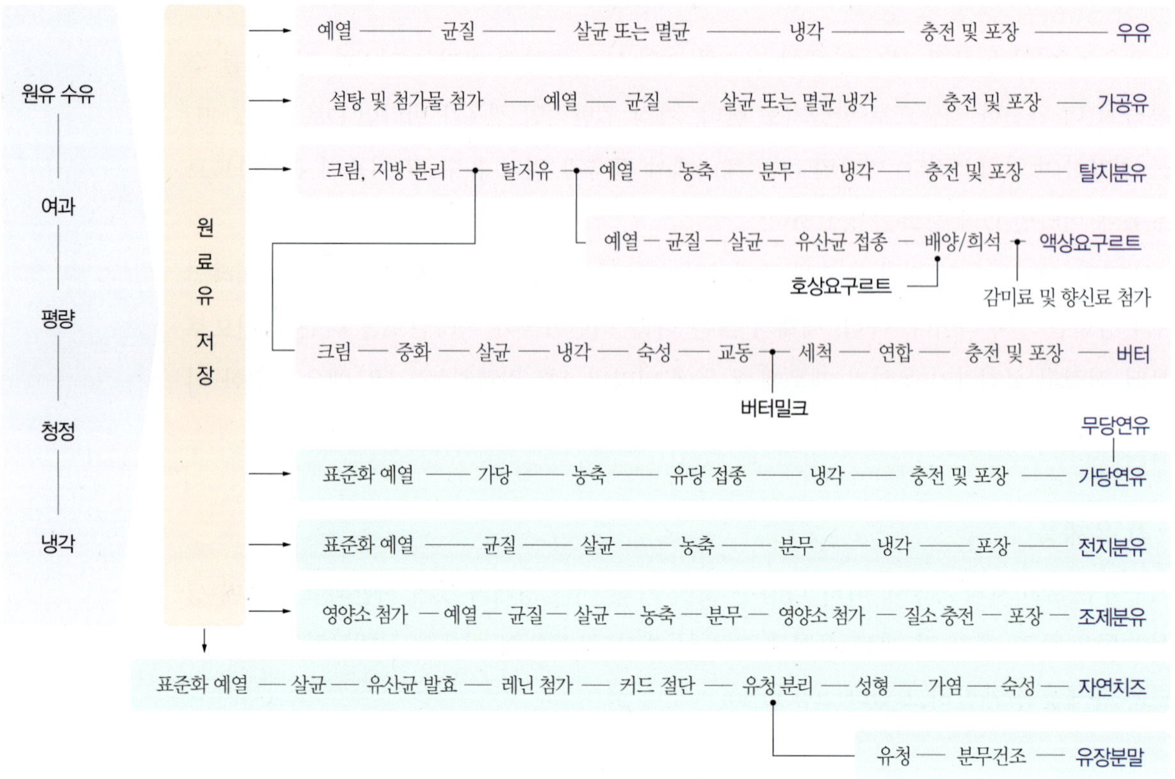

그림 2-10 유제품의 제조 공정
자료 : 한국유가공협회(http://www.koreadia.or.kr)

에 의한 것으로 상온에서 저장 시간이 길어짐에 따라 반응 속도는 빨라진다.

(3) 분유

분유(dry milk)는 시유를 농축 건조시켜 분말로 만든 것이며 전지분유, 탈지분유, 조제분유 등이 있다. 전지분유(dry whole milk)는 전유를 분무건조하여 통에 담은 후 질소 충전을 한 것으로 우유의 향기를 그대로 보존할 수 있으나 지방이 산화되기 쉽다. 탈지분유는 살균된 신선한 탈지우유의 수분을 진공 상태에서 약 2/3 정도 증발시킨 후 분무건조하여 만든다. 지방의 산화로 인한 이취 발생이 전지분유에 비해 적으므로 많이 이용되고 있다. 조제분유(powdered formula)는 우유 조성을 모유에 가깝도록 한 것으로 영유아의 영양원으로 이용된다.

(4) 발효유

발효유는 우유에 유산균을 첨가하여 배양한 음료로 전 세계적으로 다양한 형태가 소비되고 있다. 미생물에 따라 독특한 발효 특성을 가지고 있어 다양한 향 물질을 생성하기 때문에 미생물에 따라 특성이 다른 발효유를 만들 수 있으며, 일부 단백질이 분해되어 부드럽고 소화가 용이한 응고물을 만든다.

발효유는 유산균 번식으로 유해균과 병원균의 발육이 억제되어 장에서 유해균의 번식을 막아 주는 정장작용을 한다.

우리나라의 발효유에 대한 규정은 유고형분 함량을 기준으로 호상은 8% 이상, 액상은 3% 이상으로 규정하고 있으나, 유산균 음료에 대해서는 유고형분 함량에 대한 규정이 따로 없다(표 12-8).

표 12-8 발효유와 유산균 음료의 차이

	발효유	유산균 음료
정의	• 우유를 고농도 유산균 또는 효모로 발효시킨 유제품 • 액상과 호상 발효유	유산균 발효액을 희석하여 과육, 과즙, 향료 등을 첨가하여 맛을 낸 일종의 청량음료
유산균(CFU/mL)*	• 호상발효유 : ≥ 1억 • 액상발효유 : ≥ 1,000만	≤ 100만
유고형분	• 호상발효유 : ≥ 8% • 액상발효유 : ≥ 3%	규정 없음

* mL당 생성된 미생물 군락의 수

프로바이오틱스

프로바이오틱스란 체내에 들어가서 건강에 좋은 효과를 주는 살아 있는 균을 말한다. 러시아의 과학자 매치니코프(Elie Mechinikoff)가 불가리아 사람들이 장수하는 이유가 유산균(*Lactobacillus*)으로 발효된 발효유를 섭취하기 때문이라는 것을 밝혀내 노벨상을 받은 이후로 전통적으로 프로바이오틱스 제품들은 *Lactobacillus* 등의 유산균을 이용하여 만든 발효유 제품으로 섭취되어 왔다. 그러나 최근 *Lactobacillus* 이외에 비피더스균(*Bifidobacterium*), 장내구균(*Enterococcus*) 일부 균주 등을 포함하는 발효유뿐만 아니라 과립, 분말 등의 형태로 판매되고 있다. 유산균을 비롯한 세균들이 프로바이오틱스로 인정받기 위해서는 위산과 담즙산에서 살아남아 소장까지 도달함은 물론이고 장에서 증식하고 정착해야 하며, 장관 내에서 유용한 효과를 나타내고 독성이 없으며 비병원성이어야 한다. 즉, 장에 도달하여 장 점막에서 생육할 수 있게 된 프로바이오틱스는 젖산을 생성하여 장내 환경을 산성으로 만든다. 산성 환경에서 견디지 못하는 유해균들은 그 수가 감소하게 되고 산성에서 생육이 잘 되는 유익균들은 더 증식하게 되어 장내 환경을 건강하게 만들어 주게 되는 것이다.

자료 : 식품의약품안전처 (2011). 건강기능식품 기능성 원료

요구르트

전유, 저지방유, 무지방유와 크림을 이용하여 요구르트(yogurt)를 만들 수 있으며, 탈지분유가 첨가된다. 요구르트의 영양 성분은 사용된 우유의 영양 성분 조성에 따라 차이가 나지만 발효 과정에서 엽산 농도가 상당히 증가하는 것으로 나타났다.

요구르트 제조에 많이 이용되는 미생물은 락토바실러스 불가리쿠스(*Lactobacillus bulgaricus*)와 스트렙토코커스 서모필러스(*Streptococcus thermophilus*)이며 접종한 후 42~46℃에서 좋은 풍미, 산도와 조점도를 가질 때까지 발효시킨다. 요구르트의 형태는 호상과 액상 요구르트가 있으며 당절임한 과일이 첨가된 제품도 있다.

미생물은 유당분해효소인 락테이스(lactase)를 가지고 있어 유당불내증 환자의 유당 소화에 도움을 준다. 발효되는 동안 일부 유당이 포도당과 갈락토스로 분해된다.

버터밀크

버터밀크(butter milk)는 버터를 만들기 위해 교반(churning)하여 크림을 제거한 후 남는 액체에 스트렙토코커스 락티스(*Streptococcus lactis*)를 접종하여 20~22℃에서 젖산 함량으로 산도가 0.8~0.9(pH 4.6)가 될 때까지 발효시켜 만든 우유이다. 우유의 향미를 향상시키기 위해 버터 입자, 염과 소량의 시트르산을 첨가하기도 한다.

유산균 우유

유산균 우유(acidophilus milk)는 저지방 또는 탈지유에 락토바실러스 아시도필러스(*Lactobacillus acidophilus*)를 접종하여 38℃에서 부드러운 응고물이 생길 때까지 발효시켜 만든 것으로 산미가 강하다. 유산균 우유를 마시면 소장에 아시도필러스균이 도달하여 장내 부패균의 번식을 억제하고 소화관 내 미생물 균형을 유지할 수 있도록 돕는다.

김치 유산균과 우유 유산균은 어떻게 다른가?

김치에는 많은 종류의 유산균이 들어 있으며 그 효능도 거의 비슷한 것으로 보고되고 있다. 다만, 우유 유산균은 우유 중의 유당이나 올리고당을 주요 급원으로 하는 데 비해 김치에는 유당이 없으므로 주로 포도당, 맥아당, 만노스 등을 분해하는 유산균으로 간균 형태의 *Lactobacillus plantarum*과 쌍연쇄상구균의 *Leuconostoc mesenteroides*와 *Pediococcus*속 등이 많다. 김치의 종류에 따라 유산균의 종류와 수는 크게 차이가 난다. 유산균의 주요 급원인 유당이 많이 들어 있는 우유로 만든 발효유 제품(요구르트)은 유산균을 접종하고 발효조건을 조정하여 유산균 수가 일정 범위를 유지하고 있으므로 음용 시 생균 효과가 크다고 할 수 있다.

자료 : 한국낙농육우협회

(5) 크림과 버터

크림은 전유에서 분리한 지방층으로 최소한 18%의 지방을 함유한다. 크림의 농도는 지방 함량에 따른 차이로 지방 함량이 높을수록 농도가 농후해지며 그 용도가 달라진다. 커피 크림은 18~30%, 가벼운 휘핑크림은 30~36%, 무거운 휘핑크림은 최소한 36%의 유지방을 함유하는 제품이다. 사워크림은 발효시키거나 산성화시킨 가벼운 크림으로, 스트렙토코커스 락티스를 크림에 첨가하여 산도가 0.5%가 될 때까지 22℃에서 발효시킨 것이다. 크림은 거품 특성이 있어 휘핑하면 단백질을 함유한 크림 내 수분이 공기를 둘러싸 거품을 형성하여 부드러운 조직감을 가진다.

우유에서 분리한 크림을 천천히 교반하면 유지방을 둘러싼 막이 파괴되면서 지방이 콩알만 한 크기로 엉겨 붙어 버터 입자가 된다. 이것을 모아 뭉쳐서 수분을 제거하여 지방이 80% 이상인 유중수적형 유화식품인 버터를 만든다(그림 12-10 참조). 버터의 종류 및 특성은 '제4장 지질'을 참조한다.

버터는 지방 함량이 높은 고열량 식품이며 소화율이 97~98%로 높고 다양한 지용성 비타민을 함유하고 있으며 특히 비타민 A가 매우 풍부하다.

(6) 치즈

치즈는 우유, 탈지유, 크림, 버터밀크 등을 원료로 산이나 응유효소인 레닌을 첨가하여 커드를 만든 후 유청을 분리하고 고형상으로 만들어 발효 숙성시킨 카세인 응고물이다.

자연치즈(natural cheese)는 우유가 자연 상태에서 혹은 저온 열처리로 응고된 것을 그대로 먹거나 곰팡이를 넣어 숙성시킨 것이다. 가공치즈(processed cheese)는 여러 가지 자연치즈와 식품첨가제, 유화제 등을 섞은 후 가열해 모양을 만든 것으로 보존 기간이 길고 품질이 균일하나 가열 과정 중 휘발성 향기 성분이 휘발되고 성분의 화학 변화가 일어나 천연치즈보다 풍미가 약하다.

치즈는 숙성 과정을 통해 각 치즈의 독특한 냄새, 맛, 조직감과 성분의 변화 같은 물리화학적 특성의 변화가 일어난다. 숙성 중 변화는 유산균에 의한 유당의 분해, 단백질분해효소의 작용으로 펩타이드와 아미노산 생성, 곰팡이 숙성 치즈의 경우에 곰팡이의 생성, 가스의 형성과 지방분해효소인 라이페이스 작용으로 지방이 분해되면서 독특한 향미가 생성된다.

치즈 성분은 사용되는 우유의 종류와 수분 함량, 응고 방법 등에 따라 달라진다. 전유로 만든 치즈는 유청이 분리될 때 지방이 응고물에 남는 반면 유당, 수용성 염과 비타민은 유청과 함께 빠져나간다. 레닌으로 응고시킨 치즈는 산으로 응고시킨 치즈보다 칼슘과 인의 우수한 급원이다. 이것은 산도가 증가되면 칼슘 이온이 카세인의 인산기에서 떨어져 나가 유청으로 빠져나가기 때문이다.

치즈는 최종 치즈의 수분 함량과 숙성의 종류와 정도에 따라 분류된다. 수분 함량에 따라서는 연질, 반경질과 경질 치즈로 분류되며, 숙성의 종류와 정도에 따라 비숙성과 곰팡이 숙성(mold ripened)이나 세균 숙성으로 분류된다(표 12-9).

표 12-9 자연치즈의 분류

경도(수분)	숙성에 관여하는 미생물		치즈의 종류
연질(제한 없음)	곰팡이		Camembert, Brie(프랑스), Elpaese(이탈리아)
	숙성시키지 않은 것		Cottage, Cream(미국), Neufechatel(프랑스)
반경질(50% 이하)	세균		Brick(미국), Munster, Tilsit(독일), Havarti(덴마크), Limburger(벨기에), Port ducalut(프랑스)
	곰팡이		Roquefirt(프랑스), Gorgonzola(이탈리아), Stilyon(영국), Blue(프랑스, 덴마크, 미국)
경질(39% 이하)	세균	큰 치즈 눈	Emmenthal(스위스), Gruyere(프랑스)
		작은 치즈 눈	Gouda, Edam(네덜란드), Samsoe, Fynbo(덴마크), Provolone, Caciavallo(이탈리아)
		치즈 눈이 없는 것	Cheddar, Colby(미국), Cheshire(영국)
초경질(34% 이하)	세균		Grana, Parmesan, Romano, Sapsago(이탈리아)

3. 난류

달걀, 메추리알, 오리알, 타조알 등 다양한 난류를 식용하고 있으나, 요리에는 달걀이 가장 일반적으로 이용된다. 난류는 생명체의 탄생을 준비하는 데 필요한 모든 영양소를 충족하고 있어 양질의 단백질과 지방, 각종 비타민, 무기질 등을 고루 함유하고 있는 완전식품에 가까우면서 가격이 저렴하여 서민들 식탁에 자주 오른다. 최근에는 다양한 종류의 특수란이 시판되고 있다.

달걀 단백질은 가열 시 응고(coagulate)하는 특성이 있어 음식의 구조를 형성하는 데 주요한 역할을 하며, 난황의 유화성과 난백의 기포성은 달걀 요리에 다양한 성질을 부여한다.

1) 달걀의 구조

달걀은 무게가 보통 50~70 g 정도이며 난각, 난각막, 난황, 난백의 4개 부분으로 나뉘고 각 부분별 구성비는 난각 10~12%, 난백 45~60%, 난황 26~33%이다.

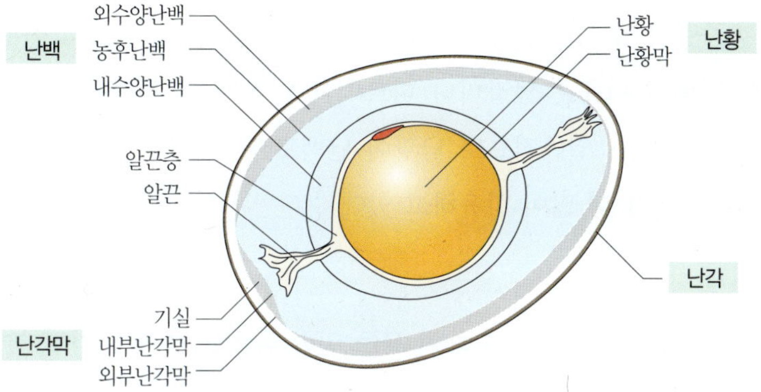

그림 12-11 달걀의 구조

난각은 난각막과 밀착되어 있으나 난각이 다공질로 투과성이 있어 가스 교환을 하기 때문에 저장 기간이 길어지면 난각막이 난각으로부터 분리되고 수분이 감소하여 기실이 형성된다. 달걀의 뭉툭한 쪽에 형성되는 기실은 껍질과 난백 사이에 있는 2개의 얇은 섬유상단백질 막이 분리되어 생성된다(그림 12-11). 산란 직후 난각 표면에는 점액물질이 건조된 까칠까칠한 큐티클(cuticle)이 달걀을 보호하는데, 시간이 경과함에 따라 외피가 벗겨지면서 껍질의 투과성이 증가하여 박테리아나 곰팡이가 침입할 수 있고 좋지 않은 냄새를 흡수하게 된다.

난백은 외수양난백, 농후난백과 내수양난백의 3층으로 구성되어 있으며 그 비율은 달걀의 종류에 따라 매우 다양하고, 저장하는 동안 농후난백이 수양화되기 때문에 비율은 바뀌게 된다. 신선란의 경우 농후난백이 50~60%를 차지한다. 농후난백이 점도가 높은 것은 오보뮤신(ovomucin)이라는 점성단백질을 더 많이 함유하고 있기 때문이다.

난황을 둘러싼 난황막에 바로 근접해 있는 것이 알끈층이다. 이 알끈층은 난황막을 단단히 받쳐 주면서 알끈과 연결되어 있다. 알끈(chalazae)은 난황을 달걀의 중심에 고정시키는 역할을 한다. 난황은 단백질과 지방의 작은 구로 형성되어 있으며 난황막에 단단히 싸여 있다.

2) 달걀의 영양 성분

달걀은 약 75%의 수분, 12%의 단백질, 10%의 지방, 1%의 탄수화물, 그리고 1%의 무기질로 구성되어 있다. 〈표 12-10〉에서 보는 것처럼 난황과 난백은 구성이 서로 완전히 달라 모든 지방은 난황에 존재하며, 난백에는 수분이 많고 지방은 거의 존재하지 않는다. 껍질은 달걀 총중량의 약 11%를 차지하며 95%가 결정상 탄산칼슘으로 이루어져 있다.

난황에 대한 난백의 비율은 달걀마다 다르지만 난백은 대개 전체 가식 부분의 2/3이고, 난황은 대략 1/3이다. 일반적으로 난황이 난백보다 더 영양 밀도가 높고, 그 무게에 비해 무기질과 비타민을 더 많이 함유하고 있다.

(1) 난백 단백질

달걀 단백질은 영양학적으로 우수하여 모든 일반 음식들 중에서 가장 높은 단백질 효

표 12-10 난류의 일반 조성

(단위 : 가식부 100 g당)

식품		에너지	수분	단백질	지질	회분	탄수화물	칼슘	인	철	칼륨	레티놀	베타카로틴	비타민 B_1	비타민 B_2	니아신
		(kcal)	(g)	(g)	(g)	(g)	(g)	(mg)	(mg)	(mg)	(mg)	(μg)	(μg)	(mg)	(mg)	(mg)
달걀	전란	130	75.9	12.44	7.37	0.88	3.41	52	191	1.80	131	136	0	0.078	0.469	0.103
	난백	45	87.5	10.87	0.02	0.58	1.03	5	11	0	145	0	0	0	0.410	0.091
	난황	315	50.9	14.70	23.45	1.63	9.32	151	508	5.24	112	431	12	0.220	0.475	0.023
오리알		186	70.5	12.5	14.0	1.0	2.0	64	219	2.6	140	204	22	0.21	0.40	0.1
메추리알		170	71.8	12.6	12.1	1.3	2.2	60	191	1.8	151	560	66	0.07	1.16	0.6
거위알		185	71.0	13.2	14.1	0.9	0.8	41	70	2.5	77	170	18	0.15	0.48	0.1

자료 : 농촌진흥청 국립농업과학원(2016), 제9개정판 식품성분표.

유정란과 무정란 중 어느 것을 선택할까?

달걀을 사러 갔을 때 무정란보다 유정란의 가격이 더 비싸서 왠지 유정란이 몸에 더 좋을 것 같아 어느 것을 사야 할지 고민해 본 적이 있을 것이다. 그러나 아직 영양학적으로 유정란이 무정란보다 좋다는 과학적 근거는 보고되지 않은 상태이다. 무정란은 암수의 교배 없이 암탉이 낳은 알이기 때문에 부화할 수 없고, 유정란은 암수 교배를 통해 수정이 이루어져 낳은 알이라 부화가 가능하다. 이러한 차이 때문에 유정란이 무정란보다 영양가가 훨씬 좋을 거라고 생각하는데 영양학적으로 별 차이는 없다.

자료 : 축산물품질평가원, 오해하기 쉬운 계란에 대한 상식!!

표 12-11 난백 단백질의 종류와 특성

종류	특성
오브알부민 (ovalbumin)	• 난백의 주요 단백질로 약 54% 함유 • 인단백질 • 열 응고성(약 65℃에서 응고)
콘알부민 (conalbumin)	• 난백 단백질의 12~13% 차지 • 당단백질 • 열에 불안정, 철, 구리 등의 금속 양이온과 결합하여 열에 안정화됨
오보뮤코이드 (ovomucoid)	• 난백 단백질의 약 11% 차지 • 당단백질 • 트립신 억제제로 트립신 작용 억제 • 열에 응고하지 않음
오보글로불린 (ovoglobulin)	• 난백 단백질의 8.0~8.9% 차지 • 기포성이 큼
라이소자임 (lysozyme)	• 난백 단백질의 3.3~3.5% 차지 • 세균에 대한 용균작용
오보뮤신 (ovomucin)	• 난백 단백질의 1.5~2.9% 차지 • 콜로이드상으로 분산되어 있어 난백 섬유구조의 주체 • 난백의 기포 안정성에 기여
아비딘 (avidin)	• 난백 단백질의 0.05% 차지 • 비오틴과 결합하여 비오틴의 흡수 방해
플라빈단백질 (flavoprotein)	• 난백 단백질의 약 0.8% 차지 • 당단백질 • 리보플라빈과 특이적으로 결합하여 리보플라빈을 자외선에 안정화시킴

율을 가진다. 난백의 단백질 함량은 9.8%이며, 주요 단백질의 종류와 특성은 〈표 12-11〉과 같다.

(2) 난황 단백질

난황은 단백질 함량이 14.7% 정도로 리포비텔린(lipovitellin)과 리포비텔리닌(lipovitellinin)의 함량이 많고 그 외 리베틴(livetin)과 포스비틴(phosvitin) 등의 단백질이 있다. 이들은 난황의 지질과 결합된 지단백질(lipoproteins)의 형태로 존재한다. 난황의 지단백질에 존재하는 인지질 중 레시틴은 유화성이 우수하여 마요네즈 제조 시 유화제로 이용한다.

(3) 지질

달걀의 지방은 난백에는 0.1% 이하로 거의 존재하지 않지만 난황에는 신선한 달걀 무게

표 12-12 난류 지방의 지방산 조성

(단위 : 가식부 100 g당)

식품명		콜레스테롤	지방	총 지방산	포화 지방산	불포화지방산		지방산 조성(%)						
		(mg)	(g)	(g)	(g)	단일 불포화	다가 불포화	$C_{16:0}$	$C_{16:1}$	$C_{18:0}$	$C_{18:1}$	$C_{18:2}$	$C_{18:3}$	$C_{18:4}$
달걀	전란	328.83	7.37	7.04	2.56	3.23	1.22	25.5	3.3	8.6	45.3	12.6	0.5	tr
	난백	305.56	0.02	0.01	0.01	0	0	29.6	2.9	15.9	30.4	8.8	0.8	-
	난황	629.30	23.45	22.42	8.12	10.21	3.99	24	3.5	8.1	45.3	13.1	0.4	tr
메추리알		-	12.1	-	-	-	-	28.4	3.9	46.8	2	13.5	0.6	tr

*tr : trace

자료 : 농촌진흥청 국립농업과학원(2016), 제9개정판 식품성분표.

의 약 1/3 정도로 많은 지방이 함유되어 있으며 주로 중성지질(62.3%), 인지질(32.4%)과 콜레스테롤(4.9%) 등으로 구성되어 있다. 중성지질을 구성하는 지방산을 살펴보면 포화지방산은 팔미트산(25.5%)과 스테아르산(8.6%)이 주요 지방산이다. 불포화지방산은 올레산(45.3%), 리놀레산(12.6%)이 주요 지방산이며, 달걀 지방은 불포화지방산을 65% 이상 함유하고 있다(표 12-12). 큰 달걀 하나의 난황에는 약 329 mg의 콜레스테롤을 함유하고 있지만 난백에는 콜레스테롤이 거의 없다. 난황의 지방산 조성은 사료의 영향을 받으므로 산란하는 암탉의 사료에 불포화지방산을 급여하면 불포화지방산 함량이 증가한다.

난황의 인지질은 주로 레시틴(lecithine)과 세팔린(cephalin)으로 대부분이 단백질과 결합하여 지단백질 형태로 존재한다.

(4) 탄수화물

달걀 내 탄수화물은 1% 내외로 매우 적게 존재하며 그 종류는 포도당, 만노스, 갈락토스 등이다. 난백에 존재하는 당은 대부분 단백질과 결합되어 당단백질로 존재하며, 난황의 포도당은 일부가 유리 형태로 존재하고 나머지는 단백질이나 지방에 결합하여 존재한다.

(5) 무기질

달걀 가식부의 회분 함량은 1% 정도이며 난백은 0.7%, 난황은 1.7% 정도 함유하고 있다. 난백에는 칼륨, 나트륨, 염소, 황 등이 많고 칼슘과 인이 적은 반면 난황에는 칼슘, 인, 철 등이 많이 들어 있다. 난백의 유황은 대부분 메티오닌이나 시스테인과 같은 황 함유 아미노산으로 존재한다.

유황은 영양적 가치 이외에도 달걀의 조리 가공에 있어 외관과 풍미 등에 영향을 미친다. 달걀 내 대부분의 철은 난황에 존재하고, 황은 난황과 난백에 반반씩 함유되어 있다. 달걀을 삶을 때 난백에서 형성된 황화수소(H_2S)가 난황 쪽으로 이동하여 난황의 철과 반응하면 검푸른색의 황화제1철을 생성하게 되어 난황 표면이 검푸르게 변하고 불쾌취를 내게 된다. 황화수소는 조리 시간이 길어지고 오래된 달걀일수록 현저하게 생성된다. 삶은 달걀을 찬물에 담그면 달걀 표면이 차가워지면서 압력이 낮아져 생성된 황화수소가 난백 쪽으로 이동하게 되어 황화제1철(FeS)이 덜 생기게 되므로 검푸른색을 적게 띠게 된다.

(6) 비타민

달걀은 비타민 A, 티아민, 리보플라빈, 비타민 B_6, D, E가 풍부하게 함유되어 있으며 대부분 난황에 함유되어 있다. 난황에는 특히 지용성 비타민 A와 D의 함량이 높으며 난백에는 리보플라빈이 많이 함유되어 있다. 반면, 비타민 C는 존재하지 않는다.

3) 달걀의 특수 성분

(1) 색소

난황의 색소는 카로티노이드 색소로서 잔토필계의 루테인, 제아잔틴, 크립토잔틴과 β-카로틴이 함유되어 있어 진한 황색을 띤다. 난황의 색은 주로 사료에 기인하기 때문에 카로티노이드계 색소가 많이 함유된 녹색이나 적색 사료를 먹이면 난황의 색이 짙어진다. 난황의 색은 대부분 잔토필계로 체내에서 비타민 A로 전환되지 않기 때문에 난황의 비타민 A 함유량은 노란색의 선명도만으로는 예측할 수 없다.

달걀 껍질과 노른자의 색에 따라 영양이 다르다!

달걀 껍질의 색과 노른자의 색은 신선도 또는 영양과는 관계가 없음에도 우리나라 소비자는 대부분 색이 진한 껍질과 노른자의 달걀을 선호한다.

달걀 껍질은 닭의 품종이나 계통에 따라 결정되는데, 대체로 갈색 닭은 갈색란을, 백색 닭은 백색란을 낳는다. 노른자의 색깔 역시, 신선도와 영양과는 관계없이 먹이의 종류에 좌우된다. 즉, 노른자는 지방 속 카로티노이드 색소로 인하여 노란색을 띠게 되는데 그 색은 닭이 섭취하는 사료의 영향을 받는다. 황색, 오렌지색, 적색이 풍부한 식물 사료를 먹은 닭이 낳은 달걀의 노른자가 흰색의 곡물 사료를 섭취한 닭이 낳은 달걀에 비해 색이 진한 경향을 띤다.

자료 : 축산물품질평가원. 오해하기 쉬운 계란에 대한 상식!!

(2) 효소

달걀은 하나의 생명체이므로 아밀레이스(amylase), 라이페이스(lipase), 프로테이스(protease), 카탈레이스(catalase) 등 여러 가지 효소를 함유하고 있다. 달걀을 무균 상태에서 장기간 저장할 때 난백이 수양화되고 난황의 점도가 떨어지는 것은 단백질분해효소에 의한 자가소화가 이루어지기 때문이다.

4) 달걀의 품질

(1) 저장 중 품질 변화

평평한 곳에 달걀을 깨어 놓았을 때 아주 신선한 달걀은 점도가 높은 농후난백이 선명하게 둥근 모양으로 난황을 중심으로 둘러싸여 있다. 달걀의 신선도가 떨어짐에 따라 농후난백이 수양화되면서 난백의 점도가 감소하여 달걀이 퍼지게 된다(그림 12-12 참조).

달걀을 저장하면 난황은 난백으로부터 수분을 흡수하여 난황막이 팽팽해지고 난황으로 흡수되는 수분이 많아지면서 난황막이 약해져 껍질 밖으로 나오면 터지게 된다. 알끈은 붕괴되기 시작하고 더 이상 난황을 달걀의 중심에 고정시키지 못하게 되어 난황이 자유롭게 움직이게 된다. 달걀이 오래될수록, 특히 따뜻하고 건조한 환경이라면 달걀의 수분이 증발하여 기실의 크기가 커진다.

신선한 달걀의 난황은 대개 pH 6.0~6.2의 약산성인데 반해 난백은 pH 7.6~7.9으로 알칼리성이다. 저장 중에 이산화탄소가 방출되면서 난백이 수양화되고 pH는 9.0~9.7에 이르게 된다.

(2) 등급

달걀의 규격과 등급은 유통 질서를 확립하고 소비자에게 좋은 품질의 제품을 공급하기 위한 것으로, 달걀을 마련된 기준에 따라 분류하여 등급을 매긴다.

품질 등급을 매기는 데에는 표준달걀검사법에 따라 껍질, 기실, 난백과 난황이 나타내는 현상을 고려한다. 우리나라의 경우 축산물품질평가원의 기준에 따라 달걀의 품질 등급은 1^+, 1, 2, 3의 4개 등급, 중량규격은 왕란, 특란, 대란, 중란, 소란의 5가지로 구분한다. 등급별 깨뜨린 달걀의 형태를 보면 1^+와 1등급은 난황막에 탄력이 있어 난황이 단단하고 높으며, 난황 주위를 둘러싸는 농후난백의 비율이 높다. 2등급의 달걀은 수양난백이 많아지면서 난백이 얇고 넓게 퍼지며 난황도 수분이 많이 들어가 퍼져 보이고 중심에 벗어나 있다(그림 12-12). 3등급의 달걀은 농후난백이 없고 이취가 나거나 변색이 되어 있다.

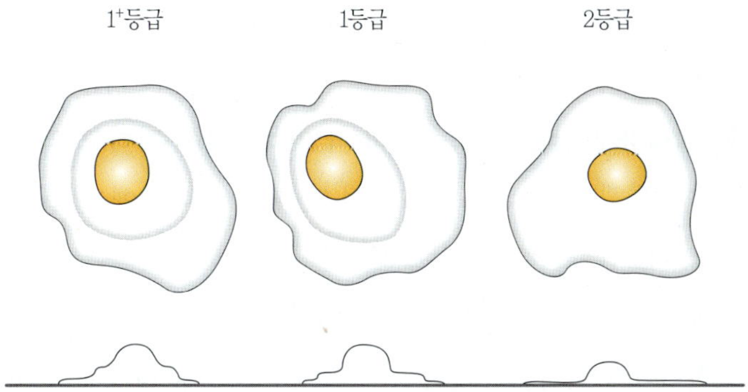

그림 12-12 등급별 달걀의 상태

달걀의 품질은 불안정하여 달걀 내부의 품질은 산란된 순간부터 떨어지기 시작하므로 적절하게 다루어야 품질이 떨어지는 것을 최소화할 수 있다.

(3) 신선도 판정법

달걀의 신선도 검사는 외관검사, 형광등이나 자외선으로 달걀을 투시하는 투시검사와 할란검사, 비중법 등이 있으며, 검사방법과 기준은 〈표 12-13〉과 같다.

표 12-13 달걀 신선도 판정법의 종류와 특징

종류	방법	신선란의 선택 기준
외관검사	• 난각의 오염, 균열 상태, 달걀의 형태 등을 육안으로 관찰	• 껍질이 까칠까칠하면서 광택이 없는 것 • 흔들어 소리가 나지 않는 것
투시검사	• 투시검란법(candling)으로 달걀 내부 상태 평가 • 껍질의 질, 기실의 크기, 난황의 위치, 혈액, 형태, 태아의 생성 등 관찰	• 기실의 크기가 작고 난백부가 밝으며 난황이 둥글고 중앙에 위치 • 달걀 내부는 옅은 장밋빛
할란검사	• 달걀을 깨뜨려 품질을 평가하는 방법 - 난백계수(albumin index) = $\frac{\text{난백 높이}}{\text{퍼진 난백의 평균 직경}}$ - 난황계수(york index) = $\frac{\text{난황 높이}}{\text{난황 직경}}$ - 호우단위(haugh units) = $100 \times \log(H+7.57-1.7W^{0.37})$ H : 난백 높이(mm), W : 달걀 무게(g)	- 난백계수 : 0.14~0.17 - 난황계수 : 0.36~0.44 - 호우단위 : 86~90
비중법	• 달걀의 신선도를 식염수(10%)로 판정	• 신선란의 비중은 1.08~1.09로 식염수에서 가라앉음

5) 달걀의 안전성

미국의 FDA는 달걀을 잠재적으로 위험한 식품으로 규정하고 식품 관계자들이 달걀을 냉장 보관하는 등 적절하게 취급하고, 충분히 가열할 것을 권장하고 있다. 살모넬라균이 암탉의 생식 체계에 침투하면 이 균으로 오염된 알을 낳기 때문에 일부 달걀은 살모넬라균을 포함할 수도 있다. 만약 달걀에 살모넬라균이 있다면 산란 당시에는 그 수가 적어 즉시 먹는다면 문제를 일으키지 않지만, 소비자에게까지 이어지는 유통 과정 중 한 부분에서 위생적으로 처리하지 못하면 식중독이 발생할 수 있다. 따뜻한 온도에서는 미생물이 급속히 증가하기 때문에 달걀은 항상 냉장 보관해야 한다. 또한, 배설물이나 오물에서 옮아온 병원균이 껍질을 오염시켜 기실을 통해 달걀 내부로 들어갈 수 있으므로 주의하여야 한다.

2017년 8월 국내산 달걀의 살충제 검출을 계기로 식품의약품안전처는 달걀 난각에 생산 농가, 산란일, 사육환경 등을 표시하여 소비자가 달걀을 구입할 때 좀 더 자세하고 정확한 정보를 확인할 수 있도록 달걀 난각표시법 개정안을 입법 예고하였다(그림 12-13). 생산농장의 고유번호는 농장별로 가축사육업(「축산법」) 허가 시 부여된 고유번호(예를 들

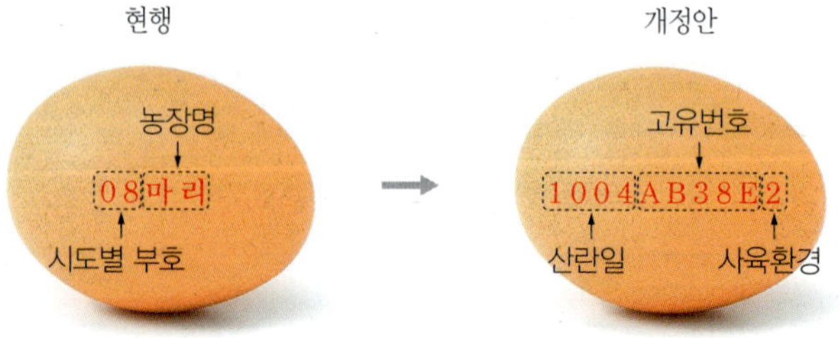

그림 12-13 달걀 난각표시의 개정 전후 비교

살충제 달걀 그 원인은?

2017년 7월 유럽에서 피프로닐에 오염된 달걀과 가공식품이 유통된 사건 이후 8월 국내산 달걀에서도 유독성 살충제 성분이 검출되면서 확산된 사태로, 국내산 달걀의 살충제 검출은 산란계 사육 단가를 낮추기 위해 좁은 공간에 많은 가축을 키우는 '밀집 사육'이 가장 큰 원인으로 꼽힌다. 일반적으로 야생 상태의 닭은 땅에 몸을 문지르는 흙 목욕이나 발로 모래를 뿌리는 등의 동작으로 몸에 붙은 해충을 없앤다. 하지만, 국내 산란계 농장의 99%는 A4용지 한 장 크기에도 못 미치는 케이지(철재 우리)에서 닭을 사육하기 때문에 진드기가 널리 퍼지기 쉬운 환경이다. 이에 산란계 농가에서는 살충제를 뿌려 닭에 기생하는 해충을 없애려 하다 보니 살충제 달걀 파동이 발생하게 되었다.

자료 : pmg지식엔진연구소(2017). 시사상식사전 _살충제 달걀 파동. 박문각

어 그림에서 AB38E)를 활용하며, 사육환경번호는 사육환경에 따라 유기농(1), 방사사육(2), 축사내평사(3), 케이지사육(4) 등의 번호로 구분하여 표시하도록 한 것이다.

4. 어패류

우리나라는 삼면이 바다로 둘러싸여 있어 해산물이 풍부하며 어종도 다양하다. 어패류는 수조육류보다 육질이 연하면서 양질의 단백질을 함유하고 있고 지방 조성도 우수하여 섭취량이 계속 증가하고 있다. 어패류는 계절에 따른 생산량의 변동이 심하고 육질이 부드러워 저장에 주의하지 않으면 변패가 쉬운 것이 특징이다.

어류는 지느러미가 있으며 뼈로 구성된 골격을 가지고 있는 것을 말하며, 패류는 껍질이나 등딱지가 있는 무척추 수생식물로 조개류, 연체류, 갑각류로 분류하고, 그 외에 극피동물이 있다(표 12-14).

표 12-14 어패류의 분류 및 특성

분류		종류	특징
어류	해수어	참다랑어류, 대구류, 꽁치, 멸치, 정어리, 고등어류, 조기, 가자미, 갈치 등	• 바다에 서식 • 지방의 함량에 따라 붉은살생선과 흰살생선으로 구분
	담수어	뱀장어, 붕어, 미꾸라지, 메기, 쏘가리	• 민물에 서식
패류	갑각류	새우류 곡미류(왕게) 단미류(털게, 꽃게) 구각류(가재)	• 대부분 바다에 서식 • 딱딱한 껍질로 덮여 있어 가식부가 50% 정도 • 새우는 주로 복부의 근육을 식용 • 게류는 가슴과 다리 근육을 식용 • 꽃게는 서해안에 많이 서식하며 우리나라에서 가장 많이 식용
	연체동물	두족류(문어, 오징어)	• 겨울이 제철 • 몸통을 둘러싸고 있는 외투근이 발달 • 내장을 제거하고 건조시켜 식용
		부족류(대합, 바지락)	• 정미 성분의 주체는 석신산 • 피조개는 살이 농적색으로 단백질이 어육의 50%를 차지하며 칼슘을 비교적 많이 포함
		복족류(전복, 소라)	• 겨울에서 봄에 걸쳐 맛이 좋음 • 전복은 루신, 알기닌, 글루탐산 등의 아미노산을 많이 함유하고 있어 특유의 맛을 내어 식용 가치가 높음
극피동물		성게류와 해삼	• 연안의 진흙 위나 암초에 서식 • 주로 날것으로 섭취

1) 어패류의 분류

(1) 어류

어류는 서식 장소에 따라 담수어와 해수어로 분류하며, 이들은 향미와 품질이 상당히 다른 특성을 보인다. 해수어는 다시 흰살생선과 붉은살생선으로 어육의 지방 함량에 따라 분류된다. 흰살생선에는 도미, 가자미, 농어, 넙치, 대구, 명태, 복어 등이 속하며 지방 함량은 2% 이하로 낮다. 이들은 주로 심해에서 살며 운동성이 적은 정착성 어류로, 근육 수축이 빠르고 결합단백질 함량이 낮아 삶으면 살이 무르며 일반적으로 붉은살생선보다 맛이 담백하다. 붉은살생선에는 가다랑어, 다랑어, 방어, 꽁치 등이 속하며 지방을 5% 이상 함유하고 있다. 이들은 바다 표면 가까운 곳에 살고 운동성이 강한 회유성 어류로 근육이 단단하며 산소 공급량이 많아 근육 중에 헤모글로빈이나 미오글로빈 등의 색소단백질을 많이 함유하고 있는 혈합육이 발달하였다(표 12-15).

해수어는 담수어와 구별되는 향미를 가지며, 붉은살생선은 흰살생선보다 향이 더 강한 특징이 있다.

표 12-15 지방 함량에 따른 해수어의 분류

분류	종류	특징
흰살생선 (lean fish)	도미, 가자미, 민어, 대구, 광어, 숭어, 명태	• 근육이 흰색을 띠며 지방 함량이 5% 이하 • 해저 가까이에 살고 횟감으로 선호도가 높음
붉은살생선 (fat fish)	다랑어, 참치, 조기, 고등어, 꽁치, 청어	• 5~20%의 지방을 함유하고 있어 근육이 다양한 색을 띰 • 바다의 표면 가까이에 살며 운동성이 커서 근육이 단단하고 살이 많음

(2) 패류

패류는 다시 조개류, 갑각류와 연체류로 분류된다. 조개류는 부드러운 근육조직을 가지면서 단단한 껍질이 부분적 또는 전체적으로 둘러싸고 있는 패류로 굴, 조개, 홍합, 가리비와 전복 등이 있다. 갑각류는 몸이 분절되어 있으면서 단단한 외피로 둘러싸여 있는 바닷가재, 게, 새우와 가재류가 포함된다. 연체류에 속하는 것은 문어, 오징어, 낙지, 해파리 등이 있다.

(3) 극피동물

극피동물에는 체표면에 돌기가 돋아 있어 모양이 오이 같은 해삼과, 우리나라 전 연해의 암초에 분포하는 멍게가 속한다.

2) 어류의 구조

어류는 머리, 동체, 꼬리의 세 부분으로 나뉘며 지느러미를 가지고 있다. 생선의 근육은 근섬유가 모인 다발로 몸통에서 꼬리에 이르는 측근을 주로 식용한다. 측근선을 중심으로 하여 등쪽의 고기는 두꺼우나 배쪽은 내장을 둘러싸고 있어 얇다. 등쪽 고기와 배쪽 고기가 갈라지는 부분에 암갈색의 혈합육이 있다(그림 12-14). 어육 중의 혈합육 양은 어종과 어체의 부위에 따라 다르다. 보통육은 수축이 빠르지만 피로하기 쉽고, 혈합육은 수축이 느린 대신 잘 피로하지 않고 지구력이 있어 일반적으로 운동성이 왕성한 붉은살 생선에 많다(표 12-16).

혈합육과 보통육을 비교하면 일반적으로 혈합육에는 지질이 많고 수분과 단백질은 적다(표 12-17). 혈합육에는 미오글로빈, 헤모글로빈 같은 색소단백질이 많이 함유되어 있으며 결합조직과 비타민류 및 철, 황, 구리 등의 무기질 함량이 높다. 같은 개체에서도 부위에 따라서 성분 조성에 차이가 있는데, 특히 지질 함량에 있어서 더욱 뚜렷하여 배 부위는 등 주위보다, 머리 부위는 꼬리 부위보다, 표피는 내부보다 지질 함량이 더 높은 것이

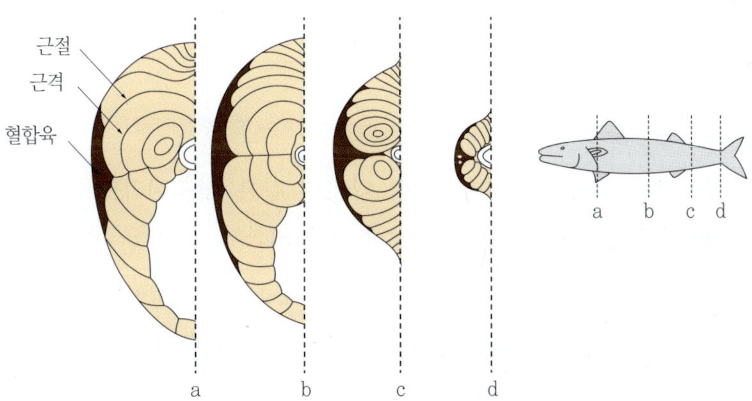

그림 12-14 어류 근육조직의 형태
자료 : 박영호 외(1994), 수산가공이용학.

표 12-16 어종에 따른 보통육에 대한 혈합육 비율

(단위 : %)

어종	정어리	꽁치	청어	고등어	방어	삼치	가물치
혈합육	31.1	23.2	19.5	18.1	16.4	4.5	0.5

표 12-17 어종에 따른 보통육에 대한 혈합육 비율

(단위 : %)

어 종		육의 종류	수 분	단백질	지 질	회 분
붉은살생선	고등어	혈합육	73.6	19.4	4.9	1.1
		보통육	75.8	23.6	0.8	1.4
흰살생선	대구	혈합육	77.8	18.6	2.5	1.1
		보통육	78.4	19.9	0.5	1.3

일반적이다.

어육에는 미오신과 미오겐 같은 근원섬유단백질과 근장단백질이 많은 반면에 콜라겐과 같은 결합단백질이 적게 함유되어 있어 부드럽고 소화가 잘된다.

어육의 근절은 등쪽과 배쪽에 각각 동심원상으로 배열되어 있어 육류보다 근절이 짧다(그림 12-14 참조). 근절과 근절은 콜라겐으로 된 얇은 막으로 결합되어 있어 가열하면 콜라겐이 젤라틴화되면서 근절이 쉽게 분리되고 부서진다.

어피는 여러 층의 표피세포로 구성된 표피와 결합조직으로 된 진피로 이루어져 있다. 표피에는 점액을 분비하는 점액선이 분포하며 진피에는 석회질이 쌓여 형성된 비늘이 있다. 표피와 진피 사이에는 색소세포가 있고 진피와 그 아래 근육층 사이에 색소과립세포가 존재한다.

3) 어패류의 영양 성분

어패류의 일반 성분 조성은 어종에 따라 다르며 같은 어종이라도 계절, 암수, 나이, 어장, 영양 상태에 따라 차이가 나지만 대략 수분이 70~85%, 단백질 15~25%, 지질 1~10%, 당질 0.5~1.5%, 회분이 1~2% 정도이다(표 12-19). 전체적인 조성은 육류의 살코기와 유사하여 어패류도 우수한 단백질 공급원이며, 식이에서 전체 단백질의 18~20%를 어패류로부터 공급받고 있다.

어패류의 가식부율은 대략적으로 어류는 50~60%, 패류는 20~40% 정도이다.

(1) 단백질

어패류는 우수한 단백질 급원으로 어류는 16~25%, 연체류는 13~17%, 조개류는 7~10% 정도의 단백질을 함유한다. 아미노산 조성은 어패류의 종류에 따라 다르지만 대부분의 필수아미노산을 함유하고 있으며 쌀을 주식으로 하는 사람에게 부족하기 쉬운

표 12-18 어패류의 일반 조성

(단위 : 가식부 100 g당)

식품		에너지 (kcal)	수분 (g)	단백질 (g)	지질 (g)	회분 (g)	탄수화물 (g)	칼슘 (mg)	인 (mg)	철 (mg)	레티놀 (μg)	베타카로틴 (μg)	비타민 B_1 (mg)	비타민 B_2 (mg)	니아신 (mg)	폐기율 (%)
청어		201	66.3	16.3	15.1	1.9	0.4	35	304	0.8	69	-	0.03	0.25	6.3	42
고등어		172	68.1	20.2	10.4	1.3	0	26	232	1.6	23	-	0.18	0.46	8.2	41
정어리		160	69.2	20.0	9.1	1.5	0.2	94	224	1.9	21	-	0.03	0.35	8.1	45
참조기		110	76.3	19.02	4.04	1.30	0	19	158	0.43	-	-	0.050	0.210	-	42
꽁치		132	70.9	22.7	4.7	1.3	0.4	42	241	1.7	21	-	0.02	0.28	6.4	44
갈치		140	72.7	18.5	7.5	1.2	0.1	46	191	1.0	20	-	0.13	0.11	2.3	33
삼치		104	76.0	20.08	2.93	2.05	0	5	211	0.10	-	-	0.080	0.060	-	56
참다랑어		166	67.1	23.99	8.09	0.81	0	27	235	1.96	-	-	0	0.100	-	53
전어		100	75.7	19.2	2.7	2.2	0.2	141	311	1.2	0	-	0.02	0.29	6.1	48
송어		112	73.8	21.0	3.4	1.7	0.1	35	263	1.3	26	-	0.46	0.12	9.8	36
가자미		120	72.3	22.1	3.7	1.6	0.3	40	196	0.7	8	0	0.18	0.26	4.3	45
넙치(광어)		116	74.5	22.36	3.28	1.14	0	61	274	0.45	-	-	0.090	0.120	-	46
민어		79	79.4	18.0	0.8	1.3	0.5	22	178	0.3	9	-	0.05	0.29	3.7	50
방어		80	75.6	18.4	0.8	1.5	0.4	16	289	0.7	14	-	0.15	0.16	7.8	41
참돔		76	79.3	18.4	0.1	1.4	0.8	33	270	0.5	9	-	0.26	0.15	4.8	55
상어(까치)		103	73.0	24.1	0.7	1.3	0.9	19	176	7.8	9	-	0.06	0.15	4.1	48
연어		98	75.8	20.6	1.9	1.5	0.2	24	243	1.1	18	-	0.19	0.15	7.5	39
농어		88	78.5	18.2	1.9	1.2	0.2	58	196	1.5	36	-	0.18	0.13	3.1	48
졸복		76	78.8	18.9	0.1	1.7	0.5	11	215	2.5	-	-	-	-	-	64
쥐치		76	79.0	19.1	0.1	1.5	0.3	56	283	0.4	0	-	0.02	0.08	3.5	57
명태		74	80.3	17.5	0.7	1.5	0	109	202	1.5	17	-	0.04	0.13	2.3	61
대구		79	78.6	19.5	0.3	1.3	0.3	35	193	0.4	23	-	0.12	0.16	2.4	52
갑각류	새우(대하)	76	80.0	18.1	0.6	1.2	0.1	74	210	1.4	tr	0	0.02	0.06	1.9	46
	게(꽃게)	71	80.6	16.19	0.70	2.08	0.43	127	137	0.74	-	-	0.040	0.120	-	76
	게(대게)	78	79.7	17.4	1.0	1.4	0.5	158	114	0.5	0	9	0.02	0.06	0.8	85

(계속)

식품		에너지 (kcal)	수분 (g)	단백질 (g)	지질 (g)	회분 (g)	탄수화물 (g)	칼슘 (mg)	인 (mg)	철 (mg)	레티놀 (μg)	베타카로틴 (μg)	비타민 B_1 (mg)	비타민 B_2 (mg)	니아신 (mg)	폐기율 (%)
조개류	바지락	70	80.4	12.27	0.93	3.20	3.20	70	129	2.68	-	-	0.040	0.300	-	68
	백합	70	79.9	11.7	1.0	3.8	3.6	161	133	11.9	0	tr	0.03	0.22	3.4	77
	참굴	80	80.3	9.66	2.19	2.58	5.27	428	159	8.72	-	-	0.220	0.124	-	84
	참전복	86	77.2	15.0	0.7	2.0	5.1	49	141	2.4	tr	tr	0.26	0.25	3.5	53
	소라	100	72.5	20.7	0.3	2.5	4.0	92	185	8.2	0	-	0.04	0.23	1.7	87
두족류	문어	68	81.5	15.5	0.8	2.0	0.2	31	188	1.0	tr	0	0.03	0.12	2.2	18
	오징어	87	78.3	18.84	1.44	1.26	0.16	11	270	0.18	-	-	0.05	0.02	-	31
	세발낙지	50	86.6	11.5	0.6	1.2	0.1	15	149	0.5	0	0	0.04	0.05	1.5	13

자료 : 농촌진흥청 국립농업과학원(2016), 제9개정판 식품성분표.

라이신(lysine)이 풍부하게 들어 있다.

생선의 근육단백질은 세포 내 단백질과 세포 외 단백질로 나뉜다(표 12-19). 세포 내 단백질은 액틴, 미오신 같은 섬유상의 근원섬유단백질과 주로 효소단백질과 같은 구상의 근장단백질이 있다. 근원섬유단백질인 액틴과 미오신은 생선이 사후경직되면서 액토미오신으로 되어 근육의 수축이 일어난다. 세포 외 단백질은 결합조직단백질로 콜라겐과 엘라스틴이 있는데 육류와 비교하면 콜라겐의 함량이 적으며 엘라스틴은 더 적은 양이 존재한다. 생선을 가열하면 껍질이 수축하거나 살이 굽어지는 것은 콜라겐 단백질의 수축에 기인한다.

표 12-19 어육 단백질의 분류

분류		함유량(%)	단백질의 종류	소재	용해도
세포 내 단백질	근장단백질	20~50	다양한 효소 미오글로빈	근세포 사이 근원섬유 사이	수용성
	근원섬유단백질	50~70	미오신, 액틴 트로포미오신 트로포닌	근원섬유	염용성
세포 외 단백질	결합단백질	<10	콜라겐 엘라스틴	근격막, 혈관, 근세포막 등의 결합조직	불용성

어육의 근원섬유단백질은 염용성으로 소금을 1~2% 정도 첨가하면 용해되어 보수성이 향상되어 생선 살이 단단해지고 탄력성이 증가하면서 투명해진다. 소금의 농도가 2%가 넘으면 단백질 용출량이 급격히 증가하고 2~6%에서 용출된 미오신과 액틴이 액토미오신을 형성한다. 이 액토미오신이 서로 엉겨 입체적 망상구조의 겔을 형성하는 것이 어묵 제조의 원리이다.

(2) 지질

어류의 지방을 구성하는 지방산은 포화지방산이 20%, 불포화지방산이 80% 수준으로 동물성 식품임에도 불포화지방산의 비율이 높다. 어유는 에이코사펜타엔산(eicosapentaenoic acid, EPA)과 도코사헥사엔산(docosahexaenoic acid, DHA)과 같은 ω-3계의 고도불포화지방산을 많이 함유하고 있다. 일반적으로 생선은 8~12%의 EPA를 포함하며 총 ω-3계 고도불포화지방산으로는 30~45%를 함유하고 있어 영양학적으로 매우 중요하다. EPA는 섭취 시 혈중 콜레스테롤을 저하시켜 관상동맥 심장병의 발병 위험을 감소시키는 효과가 있으며, DHA는 뇌세포의 구성성분으로 어린이의 두뇌 발달을 촉진시킨다.

그러나 다량의 불포화지방산으로 인해 쉽게 산화되어 이미, 이취가 생기고 갈변하는 현상이 나타나므로 선도 유지에 주의하여야 한다.

(3) 탄수화물

패류는 글리코겐 형태의 탄수화물을 함유하고 있다. 바닷가재는 글리코겐 함유량이 1% 미만이지만 전복, 조개, 홍합, 굴과 가리비에는 3~5%까지 함유되어 있다. 패류의 단맛은 효소의 작용으로 글리코겐이 분해되어 생성된 포도당에 기인한다. 어패류의 선도가 떨어지면 해당작용에 의해 글리코겐이 분해되어 거의 존재하지 않는다.

(4) 비타민과 무기질

비타민은 어종, 부위에 따라 함유량의 차이가 크다. 지방 함량이 높은 붉은살생선은 지방 함량이 낮은 흰살생선보다 비타민 A 함량이 높으며 비타민 D, 리보플라빈과 니아신의 좋은 급원이기도 하다. 특히, 비타민 A와 D는 어유와 간에 많다. 조리하지 않은 생선에는 티아미네이스(thiaminase)가 있어 티아민을 파괴하기 때문에 조리하지 않은 상태로 생선을 보관하는 것은 적절하지 않다.

무기질은 1.0~2.05%가량 함유되어 있는데 주로 인과 황이 많으며, 나트륨, 마그네슘, 구리 등도 들어 있다. 뼈째로 다 먹을 수 있는 멸치나 실치 같은 작은 어류와 굴, 조개와 새우 등의 패류는 칼슘의 좋은 급원이 된다. 굴에는 특히 아연, 철과 구리가 풍부하며, 해수어는 요오드의 중요한 급원이 된다.

4) 어패류의 특수 성분

(1) 맛 성분

어패류는 조리하면 엑기스 성분이 생성되면서 독특한 맛을 낸다. 생선의 맛 성분은 글리신, 알라닌, 글루탐산 등의 유리아미노산이 감칠맛 성분으로 작용한다. 저분자 질소화합물인 트라이메틸아민옥사이드(trimethylamine oxide, TMAO)는 살아 있는 생선의 강한 단맛을 내는 성분이다. 그 외에 ATP 분해산물 중 IMP, AMP, ATP 등의 핵산계 화합물들이 구수한 맛을 내는 성분으로 작용한다. 베타인(betaine)은 청량한 단맛을 내는 염기성 물질로 글리신과 더불어 근육의 단맛을 내는 주체 물질로 오징어, 문어, 새우 등의 무척추동물에 많이 함유되어 있다. 조개류에는 유기산이 많이 함유되어 있는데 조개류의 시원하고 구수한 맛은 석신산에 기인한다.

핵산계 물질인 GMP와 IMP는 글루탐산과 맛의 상승작용을 하여 맛난 맛을 더 강화시킨다. 일반적으로 어패류의 맛이 가장 좋은 때는 지방과 글리코겐 함량이 많은 시기로 엑기스분 외에 글리코겐과 지방은 자체의 맛은 없으나 다른 맛 성분과 혼합되면서 어패류의 맛에 영향을 미친다.

(2) 냄새 성분

생선의 비린내는 생선의 종류나 선도에 따라 다른데 담수어의 비린내는 라이신에서 생긴 피페리딘과 아세트알데하이드의 축합물질이며, 해수어의 비린내는 TMAO가 세균에 의해 환원되면서 생기는 트라이메틸아민(TMA)에 기인한다. TMAO는 해수어에는 비교적 많이 존재하지만 담수어에는 거의 존재하지 않는다. 신선한 해수어에서 TMAO는 암모니아의 해독작용 및 삼투압 조절작용을 하며 그 자체는 냄새가 없는데 어류의 선도가 떨어져 산도가 저하되면서 증식한 세균에 의해 환원되어 냄새가 강한 트라이메틸아민으로 변화된다.

오래된 생선은 선도가 떨어지고 아미노산이 분해되어 아민류, 이산화탄소, 유기산, 지방산과 암모니아 등을 생성하여 부패취를 발생한다.

(3) 색소

어육의 색소는 헤모글로빈, 미오글로빈과 사이토크롬(cytochrome) 등의 헴계 수용성 물질과 지용성 카로티노이드로 나눌 수 있다. 송어와 연어의 붉은 살은 카로티노이드계의 아스타잔틴(astaxanthin)으로 가재, 새우와 게의 껍질에서도 발견된다. 새우나 게 껍질의 아스타잔틴은 단백질과 결합되어 청록색을 띠고 있지만 70℃ 이상으로 가열하면 단백질이 분리되고 산화되어 적색의 아스타신(astacin)이 된다.

전복, 소라와 같은 패류의 청색은 구리를 함유하는 청색혈색소인 헤모사이아닌(hemocyanin)에 의한 것이며, 갈치의 은색은 구아닌(guanine)과 요산 침착물이 빛에 반사되어 나타나는 색이다. 생선 껍질의 흑색, 문어와 오징어의 먹물은 멜라닌(melanin) 색소이다.

5) 사후경직과 자가소화

어패류도 수조육류와 마찬가지로 사후 산소의 공급이 중단되면 혐기적 해당 과정을 통해 글리코겐이 젖산으로 분해되면서 pH가 저하되어 사후경직이 일어난다. 사후경직이 일어나는 시간은 어종, 어획법, 보관 온도와 보관 방법 등에 따라 달라지지만, 육류보다 근섬유가 짧고 결합조직이 적어 일반적으로 1~4시간 내에 최대 경직 상태를 유지한다. 어종에 따라서는 운동량이 많은 참치나 고등어 등이 운동량이 적은 어종보다 사후경직이 빨리 일어난다. 사후경직은 혐기적 해당작용으로 ATP가 소실되면서 수축한 액토미오신이 액틴과 미오신으로 분리되지 못해 근육이 이완되지 못하는 상태이다. 경직된 근육은 시간이 경과하면 경직이 해소되어 부드럽게 되는데 이는 근육조직 내 단백질분해효소의 작용으로 근육이 자가소화되기 때문이다. 이러한 자가소화는 근육뿐 아니라 간, 신장 등의 내장기관에서도 일어나므로 생선의 자가소화는 선도의 저하로 이어진다. 육류의 경우에는 자가소화 과정에서 감칠맛 성분이 많이 생성되고 육질이 부드러워지면서 보수성이 좋아지지만 어류는 어체가 작고 근육이 짧아 자가소화가 빠르게 일어나면서 부패로 이어지기 때문에 최대 경직 상태를 유지할 때 육질이 탄력이 있고 신선하여 가장 품질이 좋은 상태이다.

6) 선도 판정법

어패류의 선도를 판정하는 방법은 관능적 방법, 이화학적 방법 및 미생물적 검사법이 있는데 일반적으로 소비자는 어패류 구매 시 관능적 방법으로 감별한다.

(1) 관능적 검사

어류는 몸체의 근육이 단단하게 밀착되어 있어 손으로 눌러도 자국이 생기지 않고 빳

표 12-20 생선 신선도 체크 포인트

부위	신선한 생선	신선하지 않은 생선
냄새	냄새가 없는 것	비린 냄새가 나는 것
눈	깨끗하고 윤기가 나며 돌출된 것	흐릿하고 움푹 들어간 것
비늘	윤기 있고 피부에 밀착	군데군데 떨어져 있고 윤기가 없는 것
아가미	선홍색이고 결이 선명한 것	갈색 또는 회색이고 점착성이 있는 것
복부	탄력성 있고 단단한 것	물러지고 항문으로 내장이 침출
어육	견고하고 윤기가 있으며 뼈에 단단하게 밀착된 것	탄력성이 없고 뼈에 밀착되어 있는 정도 감소

빳한 외형을 유지해야 신선한 것이다. 선도가 떨어지면 몸체를 들었을 때 힘없이 쳐지고 근육의 치밀도가 약화되면서 탄력성이 없어진다(표 12-20).

신선한 생선의 표면은 윤기가 흐르고 비늘이 가지런히 단단하게 붙어 있다. 선도가 떨어지면 윤기가 없어지고 비늘이 떨어지면서 색이 변한다. 또한, 점액물질이 분비되어 미끈거리면서 생선 특유의 비린내가 나기 시작한다. 생선의 복부에는 다양한 효소와 미생물이 존재하기 때문에 선도가 저하되면 복부 부분이 가장 빠르게 연화되어 내장이 터져 나오게 된다. 신선한 생선의 아가미는 색이 선명한 적색이며 단단하나 선도가 떨어지면 점차 회색을 띠고 윤기가 없어진다. 안구는 광채가 있고 투명하면서 움푹 들어가지 않은 것이 신선하다. 선도가 떨어지면 안구의 광채가 없어지고 색이 탁해지면서 각막이 눈 속으로 내려앉아 움푹하게 된다.

신선한 생선은 신선한 바다 냄새가 나지만 선도가 저하되면 트라이메틸아민, 암모니아, 아민류, 지방산화물이 생성되어 비린내가 강해진다.

(2) 이화학적 검사법

생선이 부패하면서 생성되는 암모니아, 트라이메틸아민 등을 측정하거나 휘발성 유기산, 인돌, 휘발성 환원물질, 히스타민 등을 정량분석하는 방법이 있다. 휘발성 염기질소 30~40 mg/100 g, 트라이메틸아민 3~4 mg/100 g 정도를 초기 부패로 간주한다.

이외에 ATP 분해산물의 양을 측정하는 K값과 어육의 pH 등을 측정하여 선도를 판정할 수도 있다. 신선한 생선의 pH는 7.0 전후인데 사후 젖산과 인산이 쌓이면서 경직 상태에서는 pH 5.4~5.6 정도로 저하된다. 그 후 자가소화로 신선도가 떨어지면서 pH가 서서히 증가하여 pH 6.2~6.5인 상태를 초기 부패로 본다.

(3) 미생물학적 검사법

어패류의 세균 수를 측정하여 그 번식 정도에 따라서 선도 판정을 하는 방법이다. 1 g의 근육에 세균 수가 10^5 이하이면 신선하며, 10^5~10^6이면 초기 부패 상태, 10^6 이상이면 부패한 것으로 판정한다. 부위에 따라 세균 수의 차이가 크고 미생물을 배양하여 판정하는 데 시간이 오래 걸리는 단점이 있다.

7) 어패류의 선택과 보관

어패류는 살아 있는 것이나 살아 있을 때와 거의 같은 정도의 선도를 가지는 것을 선택해야 한다. 신선한 생선은 부패가 아주 쉬워 빠르게 상한다. 따라서, 어획 직후부터 판매하기 전까지 조각 얼음이나 냉동염용액에 보관해야 한다. 구입한 생선은 포장 그대로 조리하기 전까지 냉장고 온도가 가장 낮은 곳에 보관해야 한다. 신선한 생선은 구입한 후 이틀 내에 소비하여야 하며 장기간 저장 시에는 냉동해야 하지만 -18℃ 이하라도 6개월 이상 저장하지 않는다. 급속 냉동해야 세포의 손상이 적으며 해동할 때 육즙 손실의 원인이 되는 커다란 얼음 결정의 생성을 막을 수 있다.

5. 식용곤충

국내에서 식용이 가능한 곤충은 총 7종이다. 예전부터 오랫동안 먹어 왔던 벼메뚜기, 누에번데기, 백강잠은 식용 가능한 식품으로 『식품공전』에 이미 등재되어 있었으며, 최근 농림축산식품부와 농촌진흥청에서는 새로운 식품으로서 식용곤충의 안전성과 영양 우수성 등에 대한 과학적 입증과 사육 지침 등을 제시하고 갈색거저리 유충(*Tenebrio molitor*, 고소애), 쌍별귀뚜라미(*Gryllus bimaculatus*, 쌍별이), 흰점박이꽃무지 유충(*Protaetia brevitarsis*, 꽃벵이), 장수풍뎅이 유충(*Allomyrina dichotoma*, 장수애)을 새로운 식품 원료로 등록하였다. 갈색거저리 유충과 쌍별귀뚜라미는 2016년 3월에, 장수풍뎅이 유충과 흰점박이 꽃무지는 12월에 각각 정식으로 식품 원료로 등록됨으로써 일반 식품으로 널리 사용할 수 있게 되었다.

농림축산식품부에서는 곤충이 식품 원료로서 위생적이고 안전하게 사육될 수 있도록 「식용곤충의 사육기준」(2016. 10. 5 고시)을 제정하였다. 식용곤충이 믿을 수 있는 좋은 식

그림 12-15 식용곤충 건조체

품 소재로서 널리 사용되려면 생산농가에서는 기준에 적합한 사육과 수확 후 관리를 통하여 위생적이고 안전한 제품을 생산하여야 할 것이며, 이를 소비자가 사용하기 쉽도록 일정한 품질규격을 갖춘 곤충 건조 제품도 널리 보급되어야 할 것이다.

식용곤충을 사용하기 위하여 사육농장에서 수확할 때에는 곤충의 소화관을 비우기 위하여 절식을 시킨다. 갈색거저리 유충과 같은 작은 개체의 경우 2~3일, 장수풍뎅이 유충 같이 큰 개체일 경우에는 4~5일 정도 절식시키는데, 절식 전에는 과일이나 채소 같이 이취가 적은 사료로 대체하는 것도 효과적이다.

수확한 식용곤충의 경우 내재적으로 오염되어 있는 미생물이나 자가분해효소작용으로 인해 일반적으로 다른 동물에 비하여 생체반응이 빨라서 안전하게 관리하지 않으면 변패와 변색이 쉽게 되고 쓴맛이나 이취가 날 수 있다. 또한, 살아 있는 식용곤충 생체는 수분 함량이 높고 단백질과 지방의 함량도 높은 편이어서 육류나 생선류와 같은 다른 동물성 단백질의 급원 식품처럼 쉽게 변패될 수 있으므로 안전하게 취급해야 한다.

식용곤충은 일반적으로 건조체나 분말 형태의 제품으로 판매되는 경우가 많은데 사용 중에도 잘 밀봉하여 가급적 냉장 또는 냉동 보관하는 것이 좋다. 농장에서 곤충 생체를 구매한 경우에는 끓는 물에 데친 후 팬에 볶아 사용하거나, 오븐이나 전자레인지에 넣어 바삭해질 때까지 굽거나 가열 건조시켜서 요리에 사용하거나 보관하도록 한다.

식용곤충은 영양 우수성과 친환경성으로 인해 전통적으로 식용해 왔던 중국, 동남아시아나 우리나라에서뿐만이 아니라 현재 유럽, 미국, 호주 등 전 세계적으로 관심을 받으

표 12-21 식용곤충의 일반 성분 조성

(가식부 100g당)

식품 (마른 것)	에너지 (kcal)	수분 (g)	단백질 (g)	지질 (g)	회분 (g)	탄수화물 (g)	총 식이섬유 (g)	칼슘 (mg)	철 (mg)	칼륨 (mg)
메뚜기	278	23.6	64.2	2.4	3.5	0	-	25	42.0	814
갈색거저리유충	537	0.3	51.39	30.43	3.47	14.41	12.8	46	4.92	947
쌍별귀뚜라미	406	1.4	64.3	16.6	5.4	12.3	9.8	0.3	82	0.95
흰점박이 꽃무지	463	1.6	54.13	18.52	5.76	19.99	19.1	218	7.63	1856
장수풍뎅이유충	384	1.6	39.3	25.2	5.3	28.6	0.3	302.4	26.7	1,029

자료 : 농촌진흥청 국립농업과학원(2016), 제9개정판 식품성분표.; 백민희, 황재삼, 김미애, 김수희, 구태원, 윤은영(2017). 새로운 식품원료로 등록된 식용곤충의 영양성분 비교 분석, 생명과학회지, 27(3):334~338; 김은미, 김대현, 임정호, 장윤제, 이용환, 박진수, 안미영(2015). 산지별 식용 귀뚜라미의 이화학적 특성, 22(6):831~837

번데기

갈색거저리 유충 쌀전병

식용곤충을 이용한 여러 가지 요리

그림 12-16 식용곤충을 이용한 요리

며 급성장하고 있는 새로운 농식품산업이다. 그러나 아직까지는 식용곤충에 대한 소비자들의 거부감이 상당하여 이에 대한 대책이 시급하다. 즉, 식용곤충의 우수성에 대한 연구, 다양한 메뉴 개발과 식용곤충 가공품의 확대 등으로 소비자들의 혐오감 장벽을 낮추고 선택의 폭을 넓혀 좀 더 널리 보급될 수 있도록 해야 할 것이다.

연습문제

1. 육류의 사후경직과 해소가 육류의 품질에 어떻게 영향을 끼치는지 설명하시오.

2. 돼지고기와 쇠고기의 조직감이 다른 이유를 지질의 관점에서 설명하시오.

3. 우유 단백질을 분류하고, 식품 가공 시 각 단백질의 특성이 어떻게 이용되는지를 설명하시오.

4. 버터의 풍미를 지방산 조성으로 설명하시오.

5. 우유 살균법의 종류와 그 특성을 설명하시오.

6. 난황과 난백의 성분 조성 차이와 특성을 설명하시오.

7. 흰살생선과 붉은살생선을 분류하는 기준에 대하여 설명하시오.

8. 생선 신선도의 체크 포인트는 어떤 것이 있는지 설명하시오.

CHAPTER 13 · FAVORITE

기호식품

학습목표

1. 기호음료인 차, 커피의 성분과 특성을 이해하고 설명할 수 있다.
2. 알코올음료의 종류와 특성을 파악하고 설명할 수 있다.

1. 차

1) 차의 분류

차(*Thea sinensis* L.)는 동남아 원산으로 우리나라의 전남, 전북, 경남, 제주 그리고 일본, 중국, 인도 등지에서 재배된다.

찻잎을 가공하는 제법(그림 13-1)에 따라 녹차, 홍차, 우롱차로 나누며, 맛과 향기가 다르다.

녹차(green tea)

찻잎을 건조시키기 전에 증기로 쪄서 효소를 불활성화시킨 후 압착 롤러로 즙액을 짜내고 건조시킨 것으로 녹색을 띤다. 비발효차인 녹차는 중국 북부지방과 일본, 우리나라, 베트남 등에서 주로 생산되고 있다.

홍차(black tea)

찻잎을 일정 기간 발효시켜서 만든다. 자체 내의 효소에 의해 발효하는 과정에서 독특한 색, 맛, 향이 부여된다.

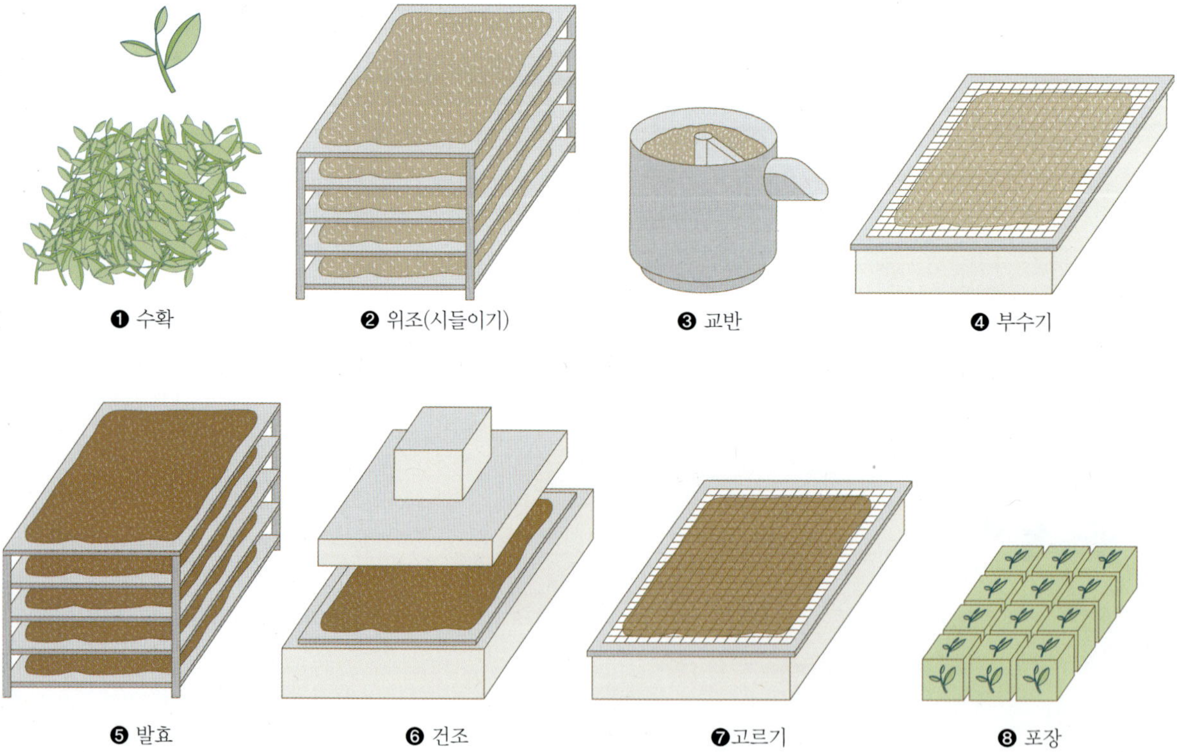

그림 13-1 차 제조 과정

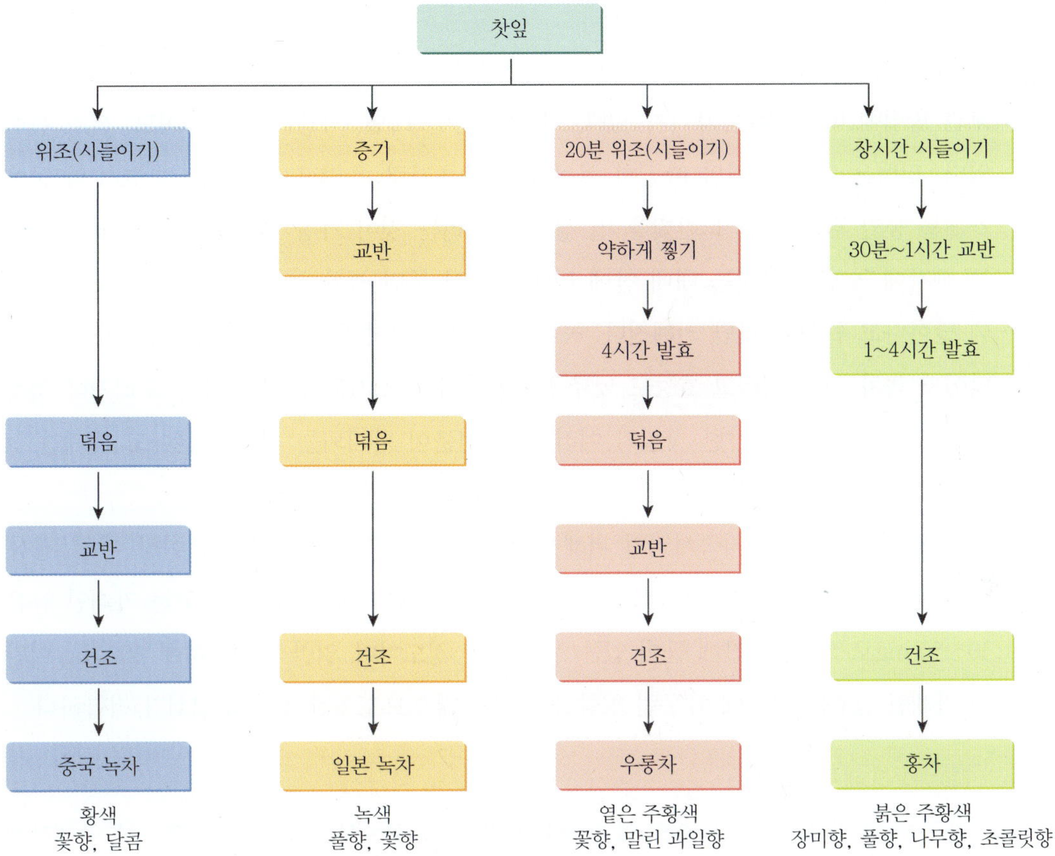

그림 13-2 녹차, 우롱차, 홍차의 제조 과정
신선한 찻잎으로부터 다양한 제조 공정을 통해 다른 색깔, 풍미를 생산함

우롱차(ooloong tea)

발효 과정에서 반발효시키고 건조, 압착, 가열 처리해서 만든 것으로, 색은 홍차의 붉은색에 가깝고 향기는 녹차에 가깝다. 우롱차는 중국의 관동지방과 타이완에서 생산되고 있다.

표 13-1 차의 발효에 따른 분류

발효에 따른 분류	대표적인 차
불발효차	전차, 옥로차, 덖음차(한국 전통 녹차)
비발효차	백차, 화차(재스민차), 포종차, 우롱차
발효차	홍차
후발효차	군산은침, 보이차

2) 차의 성분

차의 성분은 차나무의 품종, 재배조건, 찻잎의 채취 시기, 토질, 기후, 차나무의 나이, 보관 방법에 따라 많은 차이가 있다. 차의 성분은 타닌, 각종 플라보노이드, 색소 등이 있다. 티백은 70℃ 내외의 따끈한 물에 20~30초가량 우리고, 잎차는 60~70℃의 물에 2~3분 동안 담가 연한 노란빛을 띨 정도로 우리는 것이 가장 적당하다. 귀찮고 아깝다는 생각에 녹차를 마시는 내내 잔에 티백을 넣어 두면 녹차 특유의 담백하고 고소한 맛이 달아나고 씁쓸한 맛만 진해진다. 녹차를 오래 우리면 용출되는 카페인의 양도 덩달아 많아져 녹차 맛도 버리고 효능도 낮추게 된다. 너무 뜨거운 물에 녹차를 우리거나 녹차를 넣고 끓이면 열에 약한 찻잎의 여러 영양 성분이 파괴되는 것은 물론이고 카페인 성분도 더 많이 용출된다.

녹차의 항산화력을 지속시키기 위해서는 적어도 녹차를 하루에 3번 이상 아침, 점심, 저녁에 4~5시간 간격으로 마시는 게 좋다고 한다. 녹차 한 잔에 들어 있는 카페인 양은 30~50 mg로 커피 한 잔에 들어 있는 양의 절반 정도이며, 일반적으로 하루 300 mg 미만의 카페인 섭취는 건강에 아무런 영향을 미치지 않으므로 6잔 정도의 섭취가 적합하다.

(1) 폴리페놀

찻잎 중의 카테킨(catechin)은 일조량에 따라 합성되는 양이 다르므로 온도와 일조량에 따라 함량이 다르다. 기온이 낮은 첫물차는 카테킨 함량이 적어 녹차 제조에 적합한 반면에 일조량을 많이 받는 여름철 찻잎은 떫은맛이 강하므로 우롱차나 홍차 제조에 적합하다. 또한 카테킨 중 쓴맛을 내는 유리형 카테킨은 계절에 따라 큰 변화가 없으나, 쓰고

표 13-2 차의 기능과 관련 성분

기능	성분
1차 기능 (영양성)	• 비타민 : 비타민 C, 비타민 E, 프로비타민(β-카로틴) 등 • 미네랄 : 칼륨, 인, 미량 필수원소 등
2차 기능 (기호성)	• 맛 : 테아닌, 유리아미노산(감칠맛), 카테킨(떫은맛), 카페인(쓴맛) 등 • 향기 : 터펜, 알코올, 카보닐, 에스터 등 • 색 : 플라본올, 테아플라빈, 카테킨 산화물, 엽록소 등
3차 기능 (생체 조절 기능성)	• 폴리페놀(카테킨, 카테킨 산화물, 플라본올), 카페인, 다당류 • 항산화 비타민(비타민 C, 비타민 E, β-카로틴), 사포닌 • γ-아미노부티르산(γ-aminobutyric acid) • 미량 필수원소(아연, 망간, 플루오르, 셀레늄 등)

떫은맛을 내는 에스터형 카테킨은 첫물차보다 두물차와 세물차에서 그 함량이 월등히 높아진다.

(2) 카페인

찻잎 중의 카페인은 원두커피나 마테차(mate)에 비해 함량이 많지만, 차를 우려낼 때 60~70% 정도만이 우러나서 차 한 잔을 마실 때 카페인 섭취량은 커피의 반 잔 정도에 해당한다. 찻잎에는 커피에 함유되어 있지 않은 카테킨과 테아닌(theanine) 성분이 있어 카페인 흡수가 저해되고 생리적 작용이 억제되기 때문에 신경과민 등의 커피와 같은 부작용이 적은 것도 차만이 갖는 특징이라 할 수 있다.

(3) 아미노산

녹차 중에는 1~5%의 유리아미노산이 함유되어 있는데, 차의 맛에 큰 영향을 주며 약 28종의 아미노산으로 구성되어 있다. 차나무 중의 아미노산 분포는 채엽 시기, 품종, 질소 비료의 종류 등에 따라 달라진다. 특히, 테아닌 성분은 첫물차에 많고, 두물차, 세물차로 내려갈수록 적으며, 부위별로는 뿌리에 가장 많고 어린잎, 어린줄기, 큰줄기 순으로 함유되어 있다.

(4) 단백질

찻잎 중의 단백질은 대부분이 불용성 물질로서 영양적 가치보다는 가루차(抹茶)의 거품 형성과 지속성에 영향을 주는 주요 성분이다.

(5) 색소

찻잎 중의 식물성 색소는 찻잎의 외관에 직접적인 영향을 주며, 맛과 향미에도 약간의 영향을 미친다. 찻잎 중에 존재하는 식물성 색소로는 엽록소(chlorophyll), 카로티노이드(carotenoids), 안토사이아닌(anthocyanin), 안토잔틴(anthoxanthin) 등이 있으며, 엽록소와 카로티노이드 성분은 물에 불용성이다.

안토사이아닌은 적색을 나타내며, 물에 녹기 쉽고 일조량에 따라 함량이 달라진다. 녹차의 경우 안토사이아닌의 함량이 낮은 것이 품질이 좋으며, 싹이 성장함에 따라 함량이 줄어들고 가수분해되면 플라본과 플라본올 성분으로 된다.

엽록소는 홍차 제조 시에는 엽록소분해효소인 클로로필레이스(chlorophyllase)에 의해 분해되어 클로로필라이드(chlorophyllide) 또는 페오포바이드(pheophorbide)로 변한다.

(6) 유기산

찻잎 중의 유기산은 석신산(succinic acid), 말산(malic acid), 시트르산(citric acid, isocitric acid), 쿠마르산(coumaric acid), 엘라그산(ellagic acid), 클로로겐산(chlorogenic acid) 등이 존재하며, 식물의 호흡작용에 영향을 준다.

(7) 향기 성분

찻잎 중의 향기 성분은 녹차의 경우 약 200종, 홍차의 경우 약 300종 이상이나 되지만, 양적으로는 극히 적어 녹차는 0.005%, 홍차는 0.02%에 불과하다.

녹차나 홍차 향기의 주요 성분으로 탄화수소류, 알코올류, 케톤류, 에스터류, 락톤류, 산류, 페놀류, 기타 탄소 함유 화합물, 질소 함유 화합물 등이 있다.

3) 차의 생리활성

차의 기능성 성분과 그 생리작용을 요약하면 〈표 13-3〉과 같다.

1981년 일본 국립유전학연구소에서 녹차가 돌연변이 인자에 대한 항돌연변이원성이 강하다는 보고를 한 이후, 차의 항암 성분에 대한 관심이 높아지기 시작했다. 찻잎 성분 중 타닌이 발암성을 갖는 불안정한 라디칼(radical)과 결합함으로써 항암 효과와 노화 억제 효과를 가지는 것으로 알려져 있다.

찻잎 중의 콜레스테롤과 혈압을 낮추어 주는 물질, 혈당 저하 효과 물질인 분자량이 4만 가량인 다당류 등에 대한 연구가 활발하며 에피갈로카테킨갈레이트(epigallocatechin gallate, EGCG) 등의 카테킨은 수은, 카드뮴, 크롬, 납, 구리 등의 중금속들과 결합력을 가지고 있어 체내에서 결합물을 형성하여 배설을 유도하므로 중금속의 해로부터 몸을 어느 정도 보호하는 효과도 기대할 수 있다.

4) 찻잎의 이용

최근 식품 소재로서 차에 대한 관심이 집중되고 있는데, 분말차를 첨가한 녹차국수, 녹차아이스크림, 차사탕, 차초콜릿, 차껌, 녹차양갱, 녹차푸딩, 녹차빵, 차젤리, 녹차쉐이크, 녹차비스킷, 녹차떡 등 식품 전반에 걸쳐 사용되고 있다.

차를 이용한 제품들은 차의 제조 가공 중에서 발생되는 가루나 중하급 차 또는 생잎을 직접 열탕이나 유기용제를 사용하여 추출한 뒤에 찻잎 중의 각종 유효 성분을 분리

표 13-3 차의 기능성 성분과 효능

성분	함량	생리작용	용도
카테킨 (산화물 포함)	10~18%	항산화, 항돌연변이, 항암, 혈중 콜레스테롤 낮춤, 혈압 상승 억제, 혈당 상승 억제, 항바이러스, 혈소판 응집 억제작용, 항균, 충치 예방, 항궤양, 항알레르기, 소취작용	식품산화방지제, 항균제, 탈취제, 항충치제
플라본올	0.6~0.7%	모세혈관 저항성 증가, 항산화, 혈압 강하, 소취작용	탈취제
카페인	2~4%	중추신경 흥분, 수면 방지, 강심, 이뇨, 항천식대사항진	수면방지제, 두통감기약, 강심제, 알레르기 경감제
다당류	약 0.6%	혈당 상승 억제(항당뇨)	
비타민 C	150~250 mg%	항괴혈병, 항산화, 암 예방	
비타민 E	25~70 mg%	항산화, 암 예방, 항불임	산화방지제
β-카로틴	13~29 mg%	항산화, 암 예방, 면역력 증강	
GABA (γ-aminobutyric acid)	100~200 mg% (처리 후)	혈압 상승 억제, 억제성 신경 전달	가바(GABA)차
사포닌	약 0.1%	항암, 항염증	
불소	90~350 ppm	충치 예방	
아연	35~75 ppm	미각 이상 방지, 피부염 방지, 면역력 저하 억제	
셀렌·셀레늄	1.0~1.8 ppm	항산화, 암 예방, 심근장애 방지	

정제하여 사용한다. 각종 항산화제, 소취제, 치약, 화장품, 세척제, 입욕제, 비누, 구취 제거용품 등 일상 생활용품에 다양하게 이용하고 있다.

(1) 소취 제품

차의 소취 효과는 예로부터 경험적으로 알려져 각종 요리 등에 많이 이용되어 왔으나, 최근에는 여러 가지 실험을 통해 녹차 추출액이 다른 소취제보다 뛰어난 효력이 있음이 과학적으로 입증되고 있다.

녹차의 소취 효과를 이용하여 개발된 제품으로는 구취 제거용 껌인 후라보노껌, 구취 스프레이, 주방 소취제, 냉장고 소취제, 구취 제거용 캔디, 소취용 종이수건 등이 상품화되어 판매되고 있다.

(2) 충치 예방

찻잎 중에는 200 ppm 정도의 불소가 들어 있어 이 중 2~4.7 ppm이 우러나는데, 주로 치아 표면의 에나멜질을 강화시켜 산에 대한 저항성을 높여 충치를 예방한다.

차의 폴리페놀 성분은 충치 번식의 온상이 되는 치석 형성을 억제하는데, 치석 형성의 원인이 되는 효소 활성을 억제하므로 치석으로 인한 세균 번식을 어렵게 한다.

(3) 항산화 제품

찻잎 중의 카테킨은 강한 황산화력을 가지는 대표적인 성분으로, 여러 동물실험에서도 카테킨 투여 시에 활성산소의 작용에 매우 강한 방어 메커니즘을 나타냈다 또한 자유 라디칼 소거 효과에 있어서도 녹차 중의 EGCG가 가장 강한 효과를 보였다. 이외에 피부 노화와 관계되는 활성산소에 대해서도 강한 저해 활성을 나타낸다는 것이 밝혀져 국내외에서 화장품에 널리 사용하고 있다.

식품에 있어서도 각종 식용유나 유지가 첨가된 스낵류, 라면 등의 산화 방지에 널리 이용되고 있다. 뛰어난 항산화 효과와 합성품이 아닌 천연물이라는 점 때문에 좋은 반응을 얻고 있다.

(4) 차 음료 제품

최근 시장에서 관심이 높아지고 있는 녹차 음료는 현대인들의 자연 지향적인 욕구와 잘 부합되어 앞으로도 크게 신장할 것으로 보인다.

2. 커피

커피는 열대지방 상록의 관목에서 얻은 열매를 볶아서 원두로 사용한다. 에티오피아 원산의 아라비카종(arabica)과 콩고 원산의 로부스타종(robusta)이 전체 생산 품종의 95%를 차지한다. 커피는 수확 후 정제를 마친 생콩으로, 여러 공정을 거쳐 레귤러 커피

그림 13-3 커피 열매(왼쪽)와 생두(오른쪽)

(regular coffee)라고 하는 분쇄품을 제조한다.

생두(green coffee)는 암녹색의 딱딱하고 탄력이 있는 섬세한 조직을 가지며 가열반응(roasting, 볶기)에 의해 열분해, 팽창 등 조직 변화가 일어나면서 커피의 색 및 풍부한 향을 가진 볶은 콩(roasted coffee)이 된다. 이 가열반응은 갈변이 시작되면 짧은 시간에 진행되므로 각각 생두의 품질 특성에 따라 적절한 조절이 중요하다.

1) 커피콩

커피콩은 커피나무의 붉은 열매에서 과피와 과육을 제거하면 나오는 씨앗을 건조시킨 것으로, 커피의 맛과 향기의 원천이다(그림 13-4). 커피콩의 종류, 재배 지역, 생산 연도 등 생산지 정보와 크기, 향미, 밀도, 수분 함량, 결점두(결함이 있는 커피콩)와 이물질, 로스팅(배전) 특성을 분석하여 선택해야 한다.

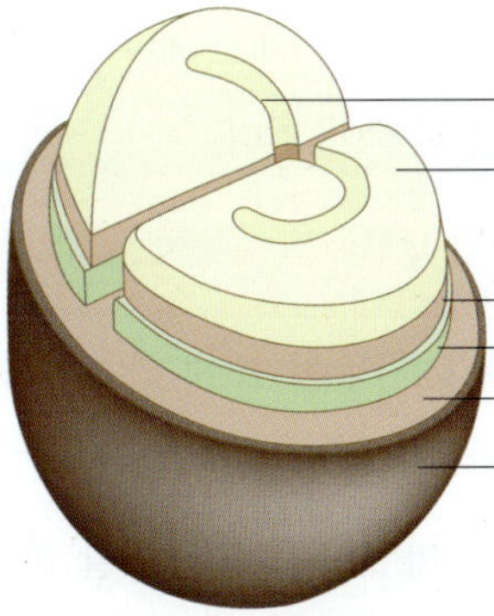

그림 13-4 커피의 구조

커피콩은 수백 종이지만, 현재 상업적으로 재배하는 주요 품종은 아라비카종의 마일드종(mild)과 브라질종(brazil), 로부스타종이 세계 3대 커피종이다. 로부스타종은 아라비카종에 비하여 풍미는 떨어지지만 재배가 쉽고 수확량도 많아서 블렌드용으로 사용되며, 추출물의 함량이 많아 인스턴트커피용으로 주로 사용된다(표 13-4).

커피나무의 열매는 붉게 익으면 수확하여 과피와 과육을 없애고 두 쪽으로 된 씨앗을 분리하여 정선한 뒤 건조하는 공정을 거친다.

표 13-4 커피의 분류

산지명에 따른 분류	특성
아라비카(arabica)	• 마일드(Mild) : 에티오피아 고산지대, 맛과 향이 좋음 • 브라질(Brazil) : 맛이 강한 편, 배합 커피의 원료 • 700 m 이상 고지에서 생산 • 카페인 적음
로부스타(robusta)	• 아프리카 콩고에서 재배 • 인스턴트커피의 주원료 • 300 m 이상 고지에서 재배
리베리카(liberica)	• 리베리카, 수리남, 가나 등의 평지에서 재배 • 향미가 떨어지고 쓴맛이 강함

(1) 자연건조법

자연건조법은 커피나무에 열린 열매를 따지 않고 과피와 과육이 마를 때까지 그냥 두어 어느 정도 건조하면 한꺼번에 거두어 껍질을 기계로 벗기고 정선하는 방법이다. 결점두와 이물질이 많고 품질이 균일하지 않은 단점이 있다.

(2) 물세척법

물세척법은 붉게 익은 열매를 2~3주마다 거두어 물에 담가 가라앉는 알찬 것만 골라 과피와 과육을 제거하고 탱크 안에서 얼마간 발효시킨 뒤 물로 씻어 수분 함량이 11% 이하가 되도록 말리는 방법이다. 대부분의 마일드종을 가공할 때 쓰는 방법이며, 커피콩이 깨끗하고 품질이 균일하며 결점두가 적은 장점이 있다.

(3) 커피콩의 품질 평가 기준

크기 커피콩은 클수록 고급이며 가격도 비싸다.

색상 커피콩은 청록색을 띨수록 고급이며 황갈색은 오래된 것이어서 품질이 떨어진다. 커피콩을 1년 이상 보관하면 퇴색하여 황갈색이나 갈색으로 변한다. 아라비카종은 청록색에서 녹황색이고, 로부스타종은 백색에서 황갈색이다.

향미 가장 중요한 요소인 향미는 커피콩의 종류와 볶는 정도에 따라 크게 차이가 난다. 커피의 향기는 800여 종의 휘발성 화합물로 이루어지며 그중에서 20여 종류가 중요하다.

밀도 커피콩은 조직이 단단할수록 고급이며, 해발고도가 높고 서늘한 지역에서 자란

커피콩의 밀도가 높다.

수분 함량　커피콩의 표준 수분 함량은 11%로서 13% 이상이면 수송과 저장 과정에서 곰팡이가 번식하기 쉽다. 8~9% 이하는 오래된 것이다.

결점두와 이물질　일정한 양의 견본 커피콩에 섞여 있는 검은 콩, 작은 열매, 변질된 콩, 덜 익은 콩, 쪼개진 콩, 과피, 부스러기, 줄기, 돌 등을 세어 상품 가치를 평가한다.

2) 로스팅

로스팅(roasting)은 배전이라고 하며 맛과 향기를 창조하는 과정으로, 볶는 온도와 시간, 속도, 균일한 혼합이 중요한 요소이다. 로스팅 기술은 800가지 이상의 휘발성 화합물이 이루어내는 향기 성분을 만들어 내는 것으로 커피 생산회사와 소비자의 기호에 따라 결정된다.

(1) 로스팅 공정

커피콩에 뜨거운 열을 가해 볶으면 조직 내부의 온도가 상승하여 조직이 팽창하고 황갈색으로 변한다. 로스터 안에서 260~500℃의 열풍으로 가열되어 커피콩의 중심부가 150℃로 상승하면 팽창하면서 '탁'하는 팽창음을 낸다. 중심부의 온도가 200℃까지 상

그림 13-5 로스팅 정도에 따른 커피의 성상

승하면 갈변반응으로 캐러멜, 유기산, 알데하이드, 지방산 등의 향기 성분이 생성되면서 흑갈색으로 변화한다. 달콤하고 고소한 맛이 증가하고 신맛이 줄어든 후 내부 온도가 220~230℃가 되면 로스팅을 중단하고 물을 분사하거나 대량의 찬 공기로 냉각시킨다. 로스팅은 온도와 순환 방법에 따라 3~20분 소요되며 아주 짧은 순간에도 품질이 변화하므로 커피의 맛과 향을 좌우하는 결정적인 단계라 할 수 있다.

가장 많이 쓰이는 로스터는 드럼 로스터로 직화식, 반열풍식, 열풍식으로 발전해 왔다. 로스터는 짧은 시간에 균일하게 볶기, 시간과 온도의 자동제어 방식, 에너지 효율, 매연을 2차 연소시켜 환경 공해를 줄이기에 주력하면서 개발되었다. 드럼 로스터는 복사열과 대류에 의해 볶으며 드럼 안에서 회전하면서 볶은 후 냉각판으로 옮겨 찬 공기로 식히는 방식이다. 시설비가 적어 비교적 경제적이며 균일하게 로스팅되는 장점이 있다.

유동층 로스터는 커피콩이 가열된 공기 중에서 자유롭게 움직이므로 열교환 효과가 높아서 시간이 짧게 걸린다.

(2) 물리적·화학적 변화

로스팅으로 내부 온도가 130℃에 이르면 색상이 변하기 시작해 215℃에서 황색, 230℃에서 짙은 갈색으로 변화된다. 커피콩은 열로 조직이 팽창하여 부피가 2~5배 증가하고 고온에서 단시간 볶으면 저온 장시간보다 20% 더 팽창한다. 커피콩을 볶으면 수분 함량

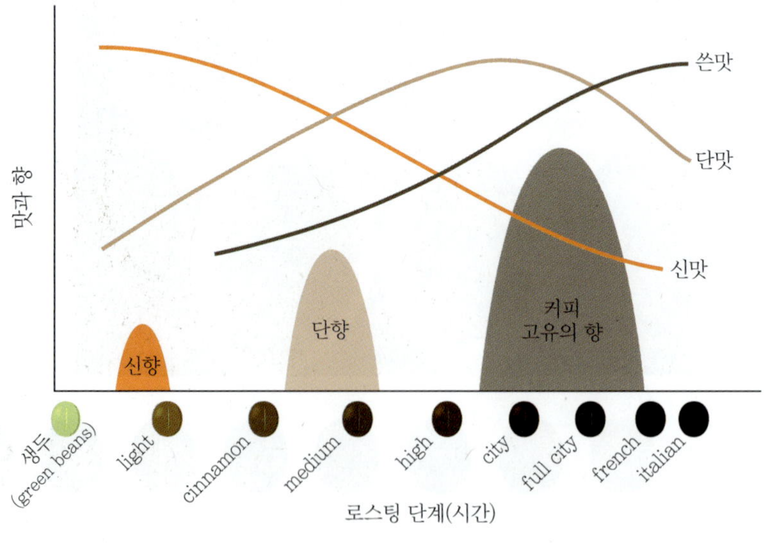

그림 13-6 로스팅 단계(시간)에 따른 성분의 변화

이 1~5%로 감소하며 화학적으로 가용성 성분이 증가하게 되어 맛과 향이 짙어진다.

볶은 분쇄커피의 가용성 성분은 품종, 로스팅 방법, 온도, 분쇄 입도에 따라 다르며 로부스타종은 아라비카종보다 가용성 성분이 2% 더 많다. 볶은 커피콩을 가늘게 분쇄하면 가용성 성분의 양이 증가하며, 추출액에는 실제 가용성 성분의 65~70% 정도가 용출되고 나머지는 커피 찌꺼기에 남는다.

볶은 커피의 신맛은 클로로겐산, 옥살산, 말산, 시트르산, 타타르산 같은 유기산 성분에서 기인한다. 단맛은 환원당, 캐러멜(caramel) 등이 내며 역시 아라비카종이 강하다. 쓴맛은 알칼로이드인 카페인과 트라이고넬린(trigonelline), 카페산(caffeic acid), 퀸산(quinic acid) 등의 유기산과 페놀 화합물이 내며 로부스타종이 강하다.

커피콩의 당분, 아미노산, 유기산 등은 갈변반응을 거치면서 향기 성분이 되는데, 중량의 0.5% 미만이지만 양이 적으면 맛이 없는 묽은 바디, 밋밋한 맛으로 평가된다. 고지대에서 재배하는 아라비카종의 향기가 풍부하고 물세척법으로 가공한 커피콩의 향기가 더 강하다.

3) 블렌딩

한 가지 원두만으로 만든 커피를 '스트레이트(straight) 커피'라 하고 몇 가지 원두를 혼합하여 만든 커피를 '블렌드(blend) 커피'라고 한다. 전 세계 70여 개국에서 재배되고 있는 커피 원두는 국가명, 산지명, 품질 등급에 따라 다양하고 로스팅 방법에 따라서도 맛과 향이 결정된다. 커피를 블렌딩(blending)하는 이유는 이처럼 특성이 각기 다른 원두의 장단점을 파악해 서로 보완하여 보다 조화롭고 균형 잡힌 독특한 맛과 향의 커피를 만들기 위해서이다. 대표적 블렌딩 커피인 모카자바(Mocha Java)는 예멘 모카 1/3과 자바 아라비카 2/3를 배합해서 자바 아라비카의 맛과 향기를 살리면서 예멘 모카의 장점을 더해 새로운 맛을 창조한 것이다.

블렌딩을 할 때는 고객의 기호도, 커피콩의 공급 여건, 가격, 품종별 특성을 고려하여 향이 풍부하면서 품질을 높일 수 있는 배합을 창조한다.

4) 커피의 신선도

신선한 볶은 커피는 시간이 지남에 따라 공기 중의 산소, 수분, 온도에 의해 산패하여 맛과 향이 변질된다. 상온에서 볶은 콩은 2주, 분쇄한 볶은 콩은 3일 후부터 향이 현저히 감소한다. 볶은 커피는 조직이 다공질이어서 흡습성이 매우 강하므로 건조한 상대습도 25%에서도 방습 포장을 하지 않으면 수분 함량이 증가한다. 온도는 상온에서 저장하면 냉장고(0℃)에서보다 10배 정도 향기 성분의 변화가 증가하므로 밀봉하여 냉장고에 보관해야 한다. 질소를 이용한 진공 포장은 향기의 손실을 억제할 수 있다.

5) 추출

볶은 커피콩의 맛과 향기 성분을 최상으로 추출(brewing)하려면 볶은 커피콩을 마쇄하지 않고 절삭(cutting)하여 커피콩 조직의 세포 파괴와 열 발생을 막고 분쇄 입도를 고르게 하여 가용성 성분이 빠르게 추출되도록 해야 한다.

일반적으로 가정에서 많이 쓰는 추출기는 연속순환식(siphon), 여과식(filtering, 커피메이커), 가압여과식(dripper, 드립퍼), 순환식(percolator), 가압증기식(espresso)이다. 향기가 가장 풍부한 방법은 여과식이며, 에스프레소기는 압력을 가한 뜨거운 물을 커피층에 통과시켜 자연여과식보다 매우 빠르게 추출하므로 짙은 맛과 향기를 낸다. 〈그림 13-7〉과 같이 에스프레소에 우유거품, 휘핑크림, 물 등 다양한 부재료 종류와 비율에 따라 여러 가지 커피음료를 만들 수 있다.

6) 커피의 성분

커피의 주된 수용성 유기산은 클로로겐산으로 볶은 커피 중량의 4% 정도이며 전체 유

그림 13-7 커피 음료의 종류

기산의 2/3 정도로 신맛과 약간 쓴맛을 나타낸다. 신맛이 강한 커피의 향이 더 우수하다. 이외에도 아세트산, 피루브산(pyruvic acid), 카페산, 시트르산, 말산, 석신산 등이 존재한다. 신맛은 볶음 정도에 따라 크게 달라지며 아라비카종은 유기산이 많고 신맛이 강해 pH 4.9~5.1이며 로부스타종은 pH 5.2~5.6이다. 커피에는 수백 개의 휘발성 화합물이 존재하며 황화합물이 주요한 성분으로 알려져 있다.

카페인은 60여 종 이상의 식물에 천연적으로 존재하는 메틸잔틴(methylxanthines)계 화합물의 하나이다. 커피의 카페인 함량은 원두의 종류, 입자의 크기, 침출 방법에 따라 다르게 나타난다. 카페인은 무색, 무취의 약간 쓴맛이 나는 물질로 과다하게 복용하면 중독 증상이 나타나지만 적정량을 복용하면 체내의 신진대사를 촉진시키는 역할도 하므로 음료수는 물론 진통제, 거담제 등에 널리 쓰이고 있다.

카페인이 체내에 흡수되면 중추신경계를 자극하여 카테콜아민(catecholamines), γ-아미노부티르산(γ-aminobutyric acid), 노에피네프린(norepinephrine), 아세틸콜린 등 신경전달물질의 생성 및 분비를 자극하는 역할을 하므로 각성 효과나 피로 해소 등 정신이 맑아지는 것을 느끼게 된다. 카페인은 혈관의 평활근을 이완시키므로 혈관 확장 및 혈류량 증가에 직접적으로 작용하여 말초 저항을 감소시키기 때문에 카페인에 대해 감수성이 예민한 사람은 일시적인 혈압 상승과 가슴의 두근거림을 호소하기도 한다. 그러나 적당량(하루 1~2잔)의 커피의 섭취는 심장 질환과 무관하다고 본다. 카페인의 작용으로 증가한 혈류량은 신장에서 감지되어 수분이 체외로 배설되도록 한다. 4 mg/kg의 카페인으로도 배뇨량의 증가와 함께 나트륨, 칼륨, 염소 등 무기염류의 체외 배설 또한 촉진하게 된다. 카페인은 체내에서 폐혈관을 확장시키고, 이산화탄소에 대한 호흡기의 감수성을 증가시키거나 심장박출량을 증가시켜 호흡 속도가 빨라지게 할 수 있다. 카페인은 위산의 분비를 증가시키므로 궤양 환자는 커피 등의 음료를 삼가야 한다.

3. 알코올음료

알코올음료는 알코올 성분이 1% 이상인 음료를 말한다. 제조법에 따라 양조주, 증류주, 양조주와 증류주에 향료나 색소를 첨가한 혼성주가 있다(표 13-5).

1) 양조주

양조주는 탁주, 약주, 청주, 맥주, 사오싱주〔紹興酒, 중국〕 등 곡류를 원료로 당화시켜서

표 13-5 알코올성 음료의 분류

양조주(fermented)	증류주(distilled)	혼성주(compounded)
탁주, 약주, 청주 포도주(wine) 맥주(beer)	소주 위스키(whisky) 브랜디(brandy) 보드카(vodka) 럼(rum) 데킬라(tequila) 아쿠아비트(aquavit)	약초, 향초류(herbs and spices) 과실류(fruits)

발효시킨 술과, 포도·사과 등 당분이 있는 것을 그대로 발효시켜 만든 술이다. 발효주(醱酵酒)라고도 하며 알코올 함량은 1~18%로 낮다. 증류주와 달라서 알코올 발효에 따르는 휘발성 향기에 관계가 있는 여러 성분 이외에 맛과 관계가 있는 당분, 아미노산, 불휘발산을 2~8%나 함유하고 있어 맛과 향미가 뛰어나다.

(1) 탁주

탁주(생막걸리)는 우리나라 고유의 술로서 찹쌀, 멥쌀, 밀가루 등으로 제조되어 왔으나 요즘에는 주로 잡곡으로 만든다. 발효할 때에 알코올 발효 이외에 유산균 발효도 일어나며 알코올 도수는 6~8% 정도로 낮다. 찹쌀, 멥쌀, 보리, 밀가루 등을 쪄서 식힌 다음 누룩과 물을 섞어 일정한 온도에서 발효시킨 것을 그대로 걸러 짠다. 거르지 않고 밥풀이 그대로 뜬 것은 동동주라고 한다.

1980년대 말 쌀막걸리 생산이 허용되면서 후발효로 인한 탄산가스의 발생을 억제하고 보존 기간을 연장하는 기술의 개발로 인한 품질 향상과 플라스틱 용기의 도입으로 상품성이 제고되었다.

(2) 약주

약주는 우리나라 고유의 누룩을 사용하여 발효시키며 지방에 따라 차이가 있다. 최근 한약재를 첨가한 전통주의 상품화가 증가하고 있다.

(3) 청주

청주는 일본에서 발달한 술로서 찐쌀에 코지균을 번식시켜 당화시키고 알코올 발효한 것이다. 시판되는 청주의 알코올 함량은 16%이며 향이 좋고 순한 맛이 있다.

(4) 포도주

포도주는 포도 표면에 존재하는 효모에 의해 발효되며, 600가지 이상의 물질이 와인의 맛·향·색을 좌우하고 레스베라트롤(resveratrol), 안토사이아닌 등은 대표적인 생리활성

포도주 생산에 사용되는 포도 품종

적포도주용

- 카베르네 소비뇽(Cabernet Sauvignon) : 프랑스의 보르도, 보르도를 감싸는 남서 지역, 르와르, 랑그독-루시옹에서 재배하며 이탈리아 토스카나에서 슈퍼투스칸 스타일의 와인을 만드는 데 사용되기도 한다. 기타 신세계 국가(와인에서 신세계 국가라고 하면 보통 미국, 칠레, 아르헨티나, 오스트레일리아, 남아프리카공화국 등의 나라를 말함)에서도 재배된다. 풀-바디(full body)한 맛을 가지고 있고 블랙커런트나 다크초콜릿을 연상시키는 향을 가지고 있어 스테이크 같은 중후하고 고급스러운 고기 요리에 잘 어울린다.
- 피노 느와(Pinot Noir) : 프랑스 버건디(부르고뉴) 지방의 주품종으로 버건디에서 생산된 레드와인은 99.9% 이상이 피노 느와로 만든 와인이다. 그 외에 이탈리아와 독일, 신세계 국가에서 재배한다. 껍질이 얇아 타닌이 적고 베리 계열(딸기, 블루베리 등)의 향을 띠어 가벼운 느낌을 주는 와인을 만들 수 있다. 산도도 다른 레드와인에 비해 높아 해산물과 잘 어울리는 것으로 알려져 있다. 하지만, 병충해에 약하기 때문에 버건디 지방처럼 자연 재배로 만든 와인일 경우에는 값이 비싸다. 고급 샴페인을 만들 때도 쓰인다.
- 시라(Syrah) : 프랑스 론 북부 지역에서 많이 재배되며 랑그독 지역 등에서도 재배된다. 특히, 호주에서는 이 시라즈(영어식 이름) 품종을 고급 와인의 주품종으로 사용한다. 타닌이 다른 레드 품종에 비해 매우 높으며 모든 레드 품종 중에서 가장 터프하고 풀-바디한 맛의 와인을 만든다. 과일향은 많지 않고, 스파이스 계열이나 스모키향, 후추향이 대부분의 향을 이루고 있다.
- 메를로(Merlot) : 프랑스 보르도, 생테밀리옹, 포므롤에서 주로 사용되는 품종으로, 최근에는 조금 강한 듯한 느낌의 카베르네 소비뇽을 대체하는 추세이다. 보르도 지방에서는 보통 카베르네 소비뇽, 메를로, 카베르네 프랑을 섞어 와인을 만드는데, 점점 카베르네 소비뇽보다 이 메를로의 배합 비율을 높이고 있는 추세라고 한다. 그 외에 이탈리아와 신세계 국가에서 사용된다. 맛은 카베르네 소비뇽보다 더 부드럽고 신선하며 적당한 타닌과 산도로 부담스럽지 않은 맛으로 평가받고 있다. 포므롤의 최고급 와인 '샤토 페트루스'와 '르 팽'의 주품종이기도 하다. 기본 향은 자두, 약간의 박하와 장미향이다.
- 가메(Gamay) : 보졸레 누보로 유명한 프랑스 보졸레 지방의 주품종이다. 동유럽, 미국 캘리포니아 등지에서도 재배한다. 가메는 다른 포도 품종에 비해 매우 옅은 맛을 가지고 있으며 라이트-바디(light body)한 맛과 높은 산도, 적은 타닌으로 생선 요리에도 잘 어울린다.

백포도주용

- 리슬링(Riesling) : 독일 알자스 지방에서 가장 오래된 포도 품종으로 아이스바인을 만드는 주재료이다. 이 품종으로 만든 포도주는 전 세계적으로 최고급 포도주로 알려져 있다. 리슬링으로 만든 연한 노란색의 백포도주는 상쾌한 사과향과 복숭아향이 기품 있어 인기가 있고 여름에 즐겨 마신다.
- 샤르도네(Chardonnay) : 전 세계적으로 많이 생산되며 화이트와인의 상당 부분을 차지한다. 프랑스 샤블리 지역의 와인이 유명하다.
- 슈냉 블랑(Chenin Blanc) : 상큼하고, 과일향이 좋고 쉽게 마실 수 있는 스타일의 품종으로서 스파클링 와인이나 브랜디 생산에 쓰인다.

기능을 한다. 색상에 따라 레드와인, 로제와인, 화이트 와인으로 분류하는데, 포도의 즙과 함께 적포도의 껍질과 씨를 같이 발효시켰느냐의 여부에 따라 색이 결정된다. 포도를 껍질과 통째로 으깨는 작업 과정을 거치는 레드와인과는 달리 화이트와인의 경우는 포도송이를 압착해서 과즙만을 얻어 발효탱크로 옮겨지고 남은 껍질은 드러내어 발효시킨다. 알코올 함량은 12~14% 정도이다. 또한 식사 용도에 따라 전식, 본식, 그리고 후식 와인으로 나누기도 한다.

진정한 와인은 포도 외에 어떤 것도 넣지 않고 오로지 포도만으로 만든 것을 말한다. 양조용 포도는 전 세계적으로 약 8,500종의 품종 중 200종에 불과하다. 와인의 원료로 쓰이는 포도는 식용 포도에 비해 알갱이가 작고 촘촘하며 껍질이 더 두껍고 당도와 산도가 동시에 높아야 한다. 당도는 알코올량을, 산도는 와인의 향과 맛을 결정한다. 또한, 양조용 포도에는 당분을 알코올과 탄산가스로 분해시킬 수 있는 천연효모(wild yeast)의 양이 많아야 한다.

(5) 맥주

맥주는 보리 싹인 맥아의 전분을 아밀레이스(amylase)로 당화하고 홉(hop)을 첨가하여 효모로 발효한 것이다.

라거 맥주 vs 에일 맥주

맥주는 발효 형태, 효모의 종류와 특성, 숙성 기간 등에 따라 하면발효맥주와 상면발효맥주로 구분한다.

- 하면발효맥주 : 발효 도중이나 발효가 끝났을 때 가라앉는 효모를 이용하여 만드는 맥주로, 비교적 저온에서 발효되며 일반적으로 라거 맥주(Lager Beer)라고도 부른다. 라거 맥주는 영상 7~15℃의 저온에서 7~12일 정도 발효한 후 다시 0℃ 이하에서 1~2개월 동안의 숙성 기간을 거쳐 만들어진다. 라거 맥주의 양조 방법은 맥주의 품질을 안정시키기 위해 근세에 개발된 보다 우수한 정통 맥주 양조법으로, 현재 영국을 제외한 전 세계 맥주시장을 주도하고 있다. 체코의 필젠(Pilsen) 맥주, 독일의 도르트문트(Dortmund)와 뮌헨(Munchen) 맥주, 아메리칸 맥주, 오스트리아 빈(Wien) 맥주가 이에 속한다.
- 상면발효맥주 : 발효 도중에 생기는 거품과 함께 상면으로 떠오르는 성질을 가진 효모를 이용하여 만드는 맥주이다. 상면발효맥주는 18~25℃의 비교적 고온에서 2주 정도 발효한 후 15℃ 정도에서 약 1주 동안의 숙성 과정을 거쳐 만들어진다. 냉각 설비가 개발되지 않았던 15세기 이전까지 주로 사용되던 양조 방법인데, 현재도 영국 등지에서는 이 방법으로 맥주를 만들고 있다. 영국의 에일(Ale), 스타우트(Stout), 포터(Porter) 맥주가 이에 속한다.

자료 : 이기중(2010). 맥주수첩. 우듬지

2) 증류주

증류주(spirits)는 알코올 발효액과 찌꺼기를 증류시켜서 만든 알코올 도수가 높은 술을 말한다.

(1) 소주

소주에는 증류식과 희석식이 있다. 희석식은 고구마, 옥수수, 보리 등의 전분을 발효시킨 후 연속식 증류기로 증류할 때 불순물을 거의 다 제거하고 얻은 95%가량의 알코올을 20~35%로 희석한 것이다. 증류식 소주는 간단한 증류기로 증류한 제품이며, 원료 및 알코올 발효 부산물 중 휘발성 물질을 불순물로 함유하기 때문에 특이한 향미를 가진다.

(2) 위스키

위스키(whiskey)는 맥아만을 원료로 한 몰트 위스키(malt whiskey), 옥수수 및 보리, 호밀, 밀 등에 맥아를 첨가하여 제조한 그레인 위스키(grain whiskey), 두 개를 혼합한 블렌디드 위스키(blended whiskey)가 있다. 오늘날 대부분의 위스키는 블렌디드 위스키에 속한다. 위스키에 보통 10~50% 몰트 위스키를 섞는데, 고급 브랜드일수록 몰트 위스키의 비중이 높다.

(3) 브랜디

브랜디(brandy)는 과일주를 증류한 것이며 주로 포도주를 증류하여 제조한다. 숙성 기간은 2~8년 정도이고 도수가 최소 35도이며 대개는 물을 섞지 않고 마시거나 리큐르 같은 다른 증류주와 섞어 마신다.

(4) 보드카

보드카(vodka)는 러시아의 증류주로서 알코올 도수는 45~50도이며 작은 잔에 따라서 마시거나 칵테일의 원료로 널리 애용되고 있다.

(5) 럼

럼(rum)은 당밀이나 사탕수수를 발효시켜 증류한 술이다. 럼의 도수는 40도이며, 숙성시키는 과정에 따라 흰색 또는 황갈색을 띤다. 대개 코코넛주스, 라임주스, 파인애플주스, 콜라 같은 다른 음료와 섞어 마신다.

(6) 고량주

고량주는 수수로 만든 증류주로 배갈이라고도 한다. 중국, 타이완 등지에서 애용되며 도수는 대개 40~63도이다.

3) 혼성주

혼성주는 양조주나 증류주에 과실, 향료, 감미료, 약초 등을 첨가하여 침출하거나 증류하여 만든 술이다. 인삼주, 매실주, 오가피주, 진, 각종 칵테일주 등 종류가 매우 다양하다.

연습문제

1. 발효 정도에 따라 차를 분류하시오.

2. 커피원두를 로스팅하는 과정 중 일어나는 변화에 대해 설명하시오.

3. 커피 카페인의 섭취로 인한 인체의 영향에 대해 설명하시오.

4. 알코올음료의 제조법에 따른 분류를 쓰시오.

식품첨가물

학습목표

1. 식품첨가물의 정의와 사용 목적을 이해할 수 있다.
2. 식품첨가물의 종류와 기능을 설명할 수 있다.
3. 식품첨가물의 안전성에 대해 이해하고 설명할 수 있다.
4. 가공식품을 선택할 때 식품첨가물 표시사항을 확인할 수 있다.
5. 식품첨가물에 대한 대중매체의 잘못된 정보를 비평할 수 있다.

1. 식품첨가물의 개요

1) 식품첨가물의 정의 및 사용 목적

현대인의 식생활에서 식품첨가물이 없다면 어떨까? 식품첨가물은 시리얼, 두부, 음료 등 소비자들이 요구하는 다양하고 편리한 가공식품을 제조하기 위해서 필수적으로 사용되는 식품 소재이다. 따라서, 식품첨가물이 없다면 우리가 선택할 수 있는 식품의 수는 매우 제한될 것이다.

식품첨가물이란 '식품의 일반적인 구성성분이 아니며 그 자체를 식품으로 사용하지 않고 영양가와 상관없이 식품의 저장, 수송, 포장, 충전, 조제, 가공에 기술적 목적으로 식품에 의도적으로 첨가하는 물질(국제식품규격위원회, CODEX)', '감미, 착색 또는 보존 등과 같은 일정한 기술적 기능을 획득하기 위해 식품에 의도적으로 첨가된 물질(유럽연합)', '식품을 제조·가공·조리 또는 보존하는 과정에서 감미(甘味), 착색(着色), 표백(漂白) 또는 산화방지 등을 목적으로 식품에 사용되는 물질을 말하며, 이 경우 기구(器具)·용기·포장을 살균·소독하는 데에 사용되어 간접적으로 식품으로 옮아갈 수 있는 물질을 포함한다(우리나라 「식품위생법」)' 등과 같이 국제적으로나 국가에 따라 다양하게 정의되고 있다. 이렇게 표현은 다소 다르지만 그 내용을 살펴보면 식품의 외관, 향미, 조리 또는 저장성을 향상시키기 위한 목적으로 식품에 소량 첨가되는 물질이란 의미로 유사하게 정의되고 있다.

우리나라는 식품의약품안전처에서 『식품첨가물공전』을 별도로 마련하여 관리하고 있으며, 현재 600여 종의 식품첨가물이 허용되고 있다. 설탕이나 소금처럼 일상적으로 사용할 수 있는 소재는 식품첨가물이 아니다.

식품첨가물을 사용하는 목적은 크게 4가지로 나뉜다. 첫째, 식품의 부패나 변패를 막기 위함이다. 식품의 부패란 식품에 오염되어 있는 미생물이 번식하여 상하는 것인데, 이를 막아 식품을 오랫동안 보존해 준다. 식품 유통망이 확대되고 집단급식이 보편화되면서 안전한 식생활에 대한 요구는 더욱 강조되고 있다. 집에서 조리해서 바로 섭취하는 음식과는 달리, 대량 생산되는 식품은 가공, 운송, 판매되는 긴 유통 과정을 거치기 때문에 다양한 기술을 적용하여 식품의 부패를 막아야 한다. 우유나 빙과류 같이 냉장, 냉동 등 온도를 낮춰 미생물의 번식을 막는 방법, 통조림처럼 가공 및 포장 기술을 적용하여 살균과 함께 외부로부터의 부패균을 차단하는 기술이 활용되고 있는데, 이러한 기술을 적

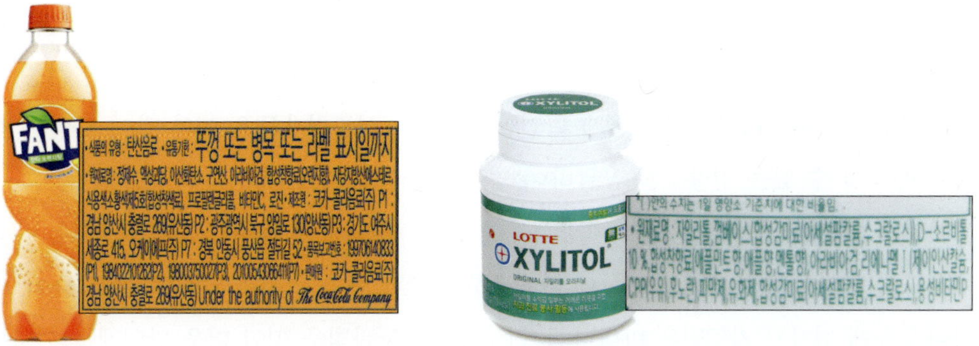

그림 14-1 가공식품의 표시에서 확인할 수 있는 식품첨가물의 사용 목적

용하기 어렵거나 추가적인 조치가 필요한 식품인 경우에는 보존료를 사용하여 상당히 긴 시간 동안 식품이 상하지 않고 원래의 품질을 유지할 수 있도록 한다. 햄, 소시지, 치즈 등에 사용되는 소르빈산, 탄산음료 등에 사용되는 안식향산, 빵 등에 사용되는 프로피온산 등을 예로 들 수 있다.

변패란 미생물의 관여 없이도 일어난다. 예를 들어 식용유가 공기 중에 오래 노출되어 찌든 냄새가 나거나, 사과주스가 시간이 지나면 갈변이 일어나면서 외관상 음료로서의 매력이 떨어지는 것 등이다. 이때 식품첨가물인 산화방지제를 사용하면 식용유의 산패나 사과주스의 변색을 지연시키고 영양가의 손실도 막아 준다. 이 두 가지 예는 식품첨가물의 '안전과 품질 지키기' 기능이라고 할 수 있다.

둘째는 다양한 입맛을 충족시켜 주는 역할을 한다. 일인가구가 급증하고 있는 가운데 현대인들은 번거로운 전 처리나 조리 과정이 생략된 라면이나 레토르트 식품을 많이 구매하고 있다. 이들 식품에는 멸치나 다시마로 국물을 내는 번거로움 없이도 향미증진제인 MSG 또는 핵산 성분이 들어 있어서 곧바로 감칠맛을 낸다. 그리고 설탕이나 꿀처럼 단맛을 내면서도 열량은 낮아 설탕 대용물로 쓸 수 있는 감미료들도 사용되고 있다. 이러한 예들은 식품첨가물이 우리에게 기호도 충족과 함께 편리성을 제공하는 기능을 보여 준다.

셋째는 부족한 영양소를 공급해 주기 위해 사용한다. 조제분유를 예로 들어 보면, 여성취업의 증가로 충분한 수유 기간을 확보하지 못하는 아기들에게는 성장 단계에 맞춰 제조된 조제분유가 생명 유지와 성장 발달에 없어서는 안 되는 필수 식량이다. 이러한 조제분유의 식품표시를 읽어 보면 수십 종의 비타민과 무기질 같은 미량영양소들이 들어 있는 것을 확인할 수 있는데 바로 이들이 모두 식품첨가물이다. 아침식사 대용으로 보편화되어 있는 시리얼, 칼슘이 강화된 우유, 비타민 음료 등에서도 식품첨가물인 각종 비타민, 무기질들이 사용된 것을 쉽게 확인할 수 있다. 식품첨가물은 이와 같이 다양한 식품에 부족할 수 있는 영양소를 공급하여 영양을 높여 주기 위해 사용되기도 한다.

넷째는 다양한 색깔과 형태의 가공식품을 만들 수 있도록 해주는 역할을 한다. 음식에서도 심미성을 추구하면서 식품에 다채로운 색깔과 향을 입히게 되었다. 예를 들어, 바나나우유에 첨가된 카로틴은 바나나를 연상시키는 노란빛을 띠어 더욱 맛있게 느끼도록 해준다. 아이들의 기호식품인 다양한 색깔과 향의 캔디류도 이와 마찬가지로 여러 가지 착향료와 함께 착색료를 사용하여 입뿐만 아니라 눈과 코로도 식품을 즐길 수 있게 해준다. 또한, 빵은 반죽에 탄산수소나트륨과 같은 팽창제를 넣어 이산화탄소를 발생시켜서 반죽을 부풀리게 하는데 이 또한 식품첨가물이다. 적절하게 부풀어 오른 빵은 기공이 형성되면서 부드러운 식감을 제공한다. 아이스크림과 마요네즈에는 서로 섞이지 않는 물과 유지가 섞이도록 유화제를 사용하는데, 이로 인해 식재료 상태에서는 상상도 할 수 없는 새로운 모양이나 형태의 식품으로 탄생할 수 있게 해준다.

이와 같이 식품첨가물은 현대인들의 식생활 변화에 따른 수요에 부응하여 개발된 식품

표 14-1 식품첨가물의 일반 사용기준

기준	세부 내용
최소량 사용 원칙	식품 중에 첨가되는 식품첨가물의 양은 물리적, 영양학적 또는 기타 기술적 효과를 달성하는 데 필요한 최소량으로 사용하여야 한다.
은폐 목적 차단	식품첨가물은 식품 제조·가공 과정 중 결함 있는 원재료나 비위생적인 제조 방법을 은폐하기 위하여 사용되어서는 아니 된다.
영양 균형 유지	식품 중에 첨가되는 영양강화제는 식품의 영양학적 품질을 유지하거나 개선시키는 데 사용되어야 하며, 영양소의 과잉 섭취 또는 불균형한 섭취를 유발해서는 아니 된다.
국제적 용도의 정당성 인정	이 고시에서 품목별로 정해진 주용도 이외에 국제적으로 다른 용도로서 기술적 효과가 입증되어 사용의 정당성이 인정되는 경우, 해당 용도로 사용할 수 있다.
특수 예외 사례 인정	「대외무역관리규정」(산업통상자원부 고시)에 따른 외화 획득용 원료 및 제품(주식회사 한국관광용품센터에서 수입하는 식품 제외), 「관세법」 제143조에 따라 세관장의 허가를 받아 외국으로 왕래하는 선박 또는 항공기 안에서 소비되는 식품 및 선천성 대사이상질환 환자용 식품을 제조·가공·수입함에 있어 사용되는 식품첨가물은 「식품위생법」 제6조 및 이 기준·규격의 적용을 받지 아니할 수 있다.

자료 : 식품의약품안전처, 식품첨가물의 기준 및 규격(2016. 4. 29. 전부개정 고시)

소재로, 우리가 섭취하는 식품의 안전성, 기호성 및 편리성, 영양을 높여 주는 동시에 다양성과 심미성을 충족시켜 주기 위해 사용되고 있다.

2) 사용기준

식품첨가물은 사용하고 싶은 가공식품에 마음대로 사용해도 되는 것일까? 식품첨가물은 대부분 안전성 확보를 위해 제조 시 사용할 수 있는 가공식품, 또는 사용할 수 없는 식품, 그리고 사용할 수 있는 양 등이 설정되어 있다(표 14.1).

「식품첨가물의 기준 및 규격」(2016. 4. 29. 전부개정 고시)에 따르면 식품첨가물의 사용은 첫째, 최소량 사용의 원칙, 둘째, 식재료의 결함 등을 가리기 위한 사용의 원천적 배제, 셋째, 영양강화제의 균형적 사용, 넷째, 국제적인 용도의 정당성 인정, 다섯째, 외화 획득 및 선천성 대사질환자를 위한 식품첨가물의 예외적 인정 등을 포함하고 있다.

2. 식품첨가물의 종류

우리나라는 식품첨가물의 용도를 감미료부터 효소제까지 총 31가지로 구분하고 있다(식품의약품안전처, 2016). 기존에 식품첨가물을 천연첨가물과 화학적 합성품으로 구분하여 전자는 좋은 것이고 후자는 나쁜 것이라는 일부 오해를 불러오던 방식에서 벗어나, 2018년부터는 소비자에게 가공식품에 사용되어 나타나는 기술적 효과를 감미료부터 효소제

그림 14-2 식품의약품안전처 식품첨가물 정보 사이트, 안전미인(www.safetyin.kr)

까지 31가지로 구분하여 가나다의 순으로 제시하고 있다. 이와 관련된 식품첨가물에 대한 정보를 식품의약품안전처 식품첨가물 정보사이트 '안전미인(안전味iN)'을 통해 제공하고 있다(그림 14-2).

식품첨가물의 31가지 용도와 종류, 그리고 해당 식품첨가물이 사용된 가공식품의 예는 〈표 14-2〉와 같다. 물론, 한 가지 식품첨가물이 다른 용도로도 사용될 수 있다. 예를 들어 아질산나트륨이 발색제이면서 보존료로서도 사용된다거나, 글리세린이 습윤제 또는 안정제로 사용되는 경우가 해당한다.

표 14-2 식품첨가물의 용도별 종류와 예시

용도	기능	종류	식품 예
1. 감미료	식품에 단맛을 부여하는 식품첨가물	수크랄로스, 삭카린나트륨, 아스파탐	과자, 껌, 아이스크림
2. 고결방지제	식품의 입자 등이 서로 부착되어 고형화되는 것을 감소시키는 식품첨가물	결정셀룰로스, 분말셀룰로스, 규산마그네슘, 규산칼슘	분말유크림, 분유, 식염 등
3. 거품제거제	식품의 거품 생성을 방지하거나 감소시키는 식품첨가물	올레인산, 라우린산, 옥시스테아린 등	식용유지류, 식용우지, 식용돈지 등
4. 껌기초제	적당한 점성과 탄력성을 갖는 비영양성의 씹는 물질로, 껌 제조의 기초 원료가 되는 식품첨가물	검레진, 폴리부텐, 폴리이소부틸렌, 글리세린지방산에스테르	껌류
5. 밀가루개량제	밀가루나 반죽에 첨가되어 빵의 품질이나 색을 증진시키는 식품첨가물	과산화벤조일(희석), 과황산암모늄, L-시스테인염산염, 염소	밀가루류
6. 발색제	식품의 색을 안정화시키거나 유지 또는 강화시키는 식품첨가물	아질산나트륨, 질산나트륨, 질산칼륨	식육가공품(햄, 소시지), 치즈, 명란젓, 연어알젓
7. 보존료	미생물에 의한 품질 저하를 방지하여 식품의 보존 기간을 연장시키는 식품첨가물	소브산, 데히드로초산나트륨, 안식향산칼슘, 아질산나트륨, 황산나트륨, 자몽종자추출물, ε-폴리리신, 프로피온산, 니신	빵, 소시지, 치즈, 과일·채소 음료(비가열 제품), 탄산음료류, 간장, 마요네즈, 잼류, 식초 절임 등
8. 분사제	용기에서 식품을 방출시키는 가스 식품첨가물	산소, 아산화질소, 이산화탄소, 질소	과자, 탄산음료
9. 산도조절제	식품의 산도 또는 알칼리도를 조절하는 식품첨가물	수산화나트륨, 황산, 구연산	면, 치즈, 발효유
10. 산화방지제	산화에 의한 식품의 품질 저하를 방지하는 식품첨가물	아황산나트륨, 아스코르빈산나트륨, 이산화황, 디부틸히드록시톨루엔, 이.디.티.에이.이나트륨, 터셔리부틸히드로퀴논	껌, 식용유, 마요네즈, 와인, 건조과실류, 음료류, 통조림식품, 드레싱류, 소스류
11. 살균제	식품 표면의 미생물을 단시간 내에 사멸시키는 작용을 하는 식품첨가물	과산화수소, 오존수, 이산화염소, 차아염소산나트륨	과실류, 채소류

(계속)

용도	기능	종류	식품 예
12. 습윤제	식품이 건조되는 것을 방지하는 식품첨가물	글리세린, 락티톨, 만니톨, 말티톨, 소비톨, 에리스리톨, 자일리톨, 프로필렌글리콜 등	만두류, 견과류 가공품, 아이스크림류, 기타 식품
13. 안정제	두 가지 또는 그 이상의 성분을 일정한 분산 형태로 유지시키는 식품첨가물	가티검, 결정셀룰로스, 글리세린, 덱스트란, 변성전분, 아라비아검, 히드록시프로필메틸셀룰로스, 히알루론산	건강기능식품 등
14. 여과보조제	불순물 또는 미세한 입자를 흡착하여 제거하기 위해 사용되는 식품첨가물	탤크, 퍼라이트, 폴리비닐폴리피로리돈, 활성탄(최종 식품 완성 전 제거)	-
15. 영양강화제	식품의 영양학적 품질을 유지하기 위해 제조 공정 중 손실된 영양소를 복원하거나 영양소를 강화시키는 식품첨가물	비타민(니코틴산, 디벤조일티아민 등), 무기질(헴철, 황산칼슘, 황산아연 등), 아미노산	시리얼, 조제분유, 영양강화식품 등
16. 유화제	물과 기름 등 섞이지 않는 두 가지 또는 그 이상의 상(phases)을 균질하게 섞어 주거나 유지시키는 식품첨가물	글리세린지방산에스테르, 라우릴황산나트륨, 레시틴, 스테아린산마그네슘, 알긴산, 암모늄포스파타이드, 카세인	아이스크림, 마요네즈, 소스류 등
17. 이형제	식품의 형태를 유지하기 위해 원료가 용기에 붙는 것을 방지하여 분리하기 쉽도록 하는 식품첨가물	유동파라핀, 피마자유,	빵류, 캡슐류, 건조과실류, 과실류·채소류(표피의 피막제), 캔디류
18. 응고제	식품 성분을 결착 또는 응고시키거나, 과일 및 채소류의 조직을 단단하거나 바삭하게 유지시키는 식품첨가물	황산마그네슘, 황산칼슘, 글루코노-δ-락톤, 염화마그네슘, 염화칼슘, 조제해수염화마그네슘	두부
19. 제조용제	식품의 제조·가공 시 촉매, 침전, 분해, 청정 등의 역할을 하는 보조제 식품첨가물	과산화수소, 라우린산, 메톡사이드나트륨, 미리스트산, 수산, 수산화나트륨, 염산, 이온교환수지	-
20. 젤형성제	젤을 형성하여 식품에 물성을 부여하는 식품첨가물	염화칼륨, 젤라틴	-
21. 증점제	식품의 점도를 증가시키는 식품첨가물	알긴산프로필렌글리콜, 구아검, 펙틴	젤리, 푸딩, 발효유
22. 착색료	식품에 색을 부여하거나 복원시키는 식품첨가물	카라멜색소, 치자색소, 식용색소황색제4호, 식용색소청색제1호, 알루미늄레이크, 적양배추색소, 적무색소, 카라멜색소, β-카로틴, 카카오색소, 토마토색소, 금박, 락색소	사탕, 초콜릿, 젤리, 빙과류
23. 추출용제	유용한 성분 등을 추출하거나 용해시키는 식품첨가물	메틸알콜, 부탄, 아세톤, 이소프로필알콜, 초산에틸, 헥산	건강기능식품(잔류량 0.005~0.05 g/kg), 식용유지 추출
24. 충전제	산화나 부패로부터 식품을 보호하기 위해 식품의 제조 시 포장용기에 의도적으로 주입시키는 가스 식품첨가물	질소, 아산화질소, 이산화탄소,	과자(유탕 처리 제품)

(계속)

용도	기능	종류	식품 예
25. 팽창제	가스를 방출하여 반죽의 부피를 증가시키는 식품첨가물	탄산암모늄, 중탄산염류, 효모	케이크, 빵, 도넛
26. 표백제	식품의 색을 제거하기 위해 사용되는 식품첨가물	아황산나트륨, 무수아황산, 차아황산나트륨	건조과실류, 박고지, 과실주, 설탕, 건조감자, 소스류, 향신료조제품, 곤약분, 새우
27. 표면처리제	식품의 표면을 매끄럽게 하거나 정돈하기 위해 사용되는 식품첨가물	탤크	추잉껌(5% 이하)
28. 피막제	식품의 표면에 광택을 내거나 보호막을 형성하는 식품첨가물	담마검, 몰포린지방산염, 밀납, 석유왁스, 쉘락, 쌀겨왁스, 유동파라핀, 초산비닐알콜	과실류·채소류의 표피 피막, 건강기능식품 정제 캡슐 피막
29. 향미증진제	식품의 맛 또는 향미를 증진시키는 식품첨가물	L-글루탐산, L-글루타민산나트륨(MSG), 핵산류5′-구아닐산이나트륨, 5′-리보뉴클레오티드이나트륨, 데히드로초산나트륨, 글리신, 나린진, 베타인, 변성호프추출물(맥주), 염화칼륨, 카페인	조미료류, 맥주, 탄산음료
30. 향료	식품에 특유한 향을 부여하거나 제조 공정 중 손실된 식품 본래의 향을 보강시키는 식품첨가물	천연/합성향료 : 바닐라향, 딸기향, 레몬 정유, 오렌지 정유	껌, 아이스크림, 음료
31. 효소제	특정한 생화학반응의 촉매작용을 하는 식품첨가물	국, β-글루카나아제, α-글루코시다아제, 알파갈락토시다아제, 덱스트라나아제, 카탈라아제, 탄나아제 등	-

3. 식품첨가물의 안전성

1) 식품첨가물과 일일섭취허용량(ADI)

식품첨가물은 일부 전 처리에 사용되는 소재를 제외하고는 대부분 가공식품을 제조할 때에 인위적으로 첨가하기 때문에 해당 가공식품을 섭취하게 되면 자연스레 체내에 노출되게 된다. 따라서, 식품첨가물로 허용하기 전에 일련의 엄격한 안전성 시험을 거쳐 인체에 해가 없는 것들만 식품에 사용될 수 있다.

1단계는 식품첨가물이 안전하다는 것을 입증하기 위해서는, 실제 사람이 가공식품을 통해 섭취하게 될 양보다 훨씬 높은 농도로 실험동물의 식이에 후보 식품첨가물을 섞어 섭취시킨 후 단기 또는 장기적으로 나타날 수 있는 부작용을 평가한다. 예를 들어, 체내 유전물질과 작용하여 암을 일으키거나 후세대에 악영향을 끼칠 수 있는 생식독성 등을 평가한다.

2단계로는 동물실험에서 안전성이 입증된 식품첨가물에 대해서 국가별로 독립적인 안전성평가위원회를 구성하여 사람이 섭취해도 되는 일일섭취허용량(acceptable daily intake, ADI)을 설정하여 관리한다.

3단계로는 실제 가공식품에 사용되는 식품첨가물의 양은 ADI 값보다는 훨씬 낮은 농도에서 사용될 수 있도록 가공식품 종류에 따라 사용할 수 있는 양을 정해 놓고 있다(그림 14-3).

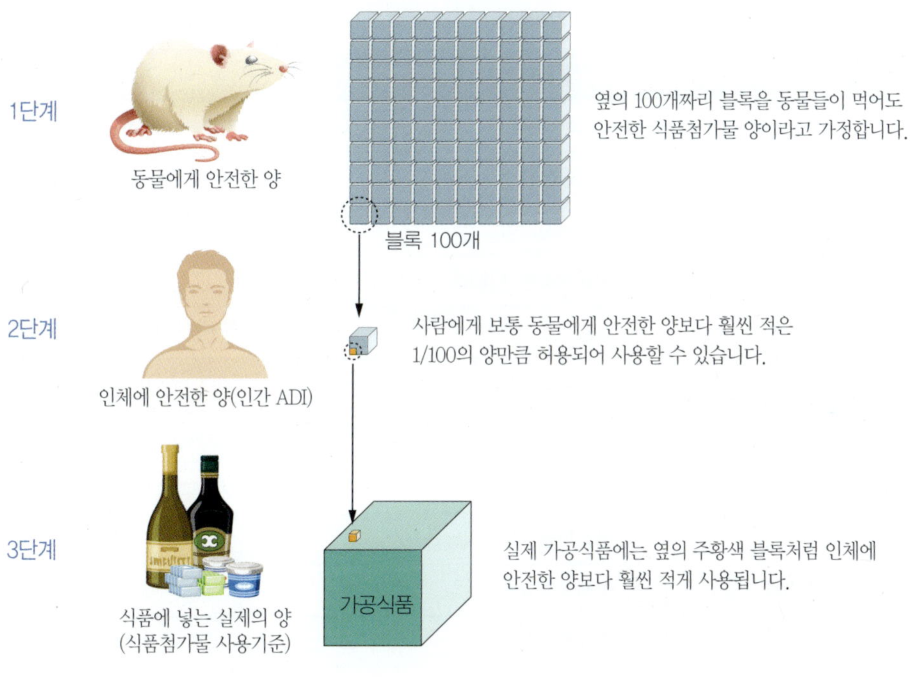

그림 14-3 식품첨가물 섭취의 안전성 확보를 위한 3단계

일일섭취허용량(ADI)이란 사람이 일생 동안 매일 섭취해도 인체에 해를 끼치지 않는 체중 1 kg당 섭취량(mg/kg body weight/day)이다. 각 식품첨가물의 ADI값은 사람을 대상으로 실험을 할 수 없기 때문에 먼저 일련의 동물실험을 통해 어떤 위해도 나타나지 않는 농도값을 구하고, 그 값을 다시 사람이라는 종간의 차이 및 개인차를 고려한 안전계수(보통 100 또는 1,000)로 나누어 사람의 ADI값으로 적용하고 있다. 물론, 모든 식품첨가물들이 ADI를 갖고 있는 것은 아니다. 예를 들어, 글루탐산나트륨(monosodium glutamate,

MSG)처럼 그 독성이 아주 미미하여 사용량에 대한 기준을 설정해 놓지 않은 것들도 있다.

이러한 식품첨가물의 안전성 관리는 식품의약품안전처에서 담당하고 있다. 국제적으로는 국제식량농업기구/세계보건기구 합동식품첨가물전문가위원회(Joint FAO/WHO Expert Committee on Food Additives, JECFA)가 각 식품첨가물에 대한 일련의 안전성 평가 자료를 바탕으로 평가 과정을 거쳐 안전성이 확보된 식품첨가물 데이터베이스를 제시하고 있으며, 우리나라도 이와 같은 국제적 기준을 준용하고 있다.

표 14-3 식품첨가물의 유형과 종류별 ADI값 예시

유형	종류	ADI(mg/kg bw/day)
보존료	소브산류	25
	안식향산류	5
	파아옥시안식향산류	10
착색료	식용색소녹색제3호	0~25
	식용색소적색제2호	0~0.5
	식용색소청색제2호	0~5
	식용색소황색제4호	0~7.5
감미료	삭카린나트륨	0~5
	아스파탐	0~40
	아세설팜칼륨	0~15
	수크랄로스	0~15
	스테이오사이드	-

2) 식품첨가물 지정에 필요한 안전성 평가 자료

식품첨가물로 허용을 받기 위해서는 철저한 안전성 평가가 선행되어야 한다. 식품첨가물로 지정받기 위해 제출하여야 하는 서류 목록을 살펴보면 어떤 안전평가시험이 수행되어야 하는지 확인할 수 있다(표 14-4).

식품첨가물 안전성에 관한 자료는 크게 독성에 관한 자료, 체내 동태에 관한 자료, 그리고 1일 섭취량에 관한 자료가 제출되어야 한다. 먼저, 독성에 관한 자료는 반복투여독

표 14-4 식품첨가물의 기준 및 규격 설정과 사용기준 개정 신청 시 요구되는 제출 자료

자료의 종류	설정 신청	사용기준 개정 신청	성분규격 개정 신청
1. 자료 개요	○	○	○
2. 기원 또는 발견의 경위 및 외국에서의 사용 현황			
가. 기원 또는 발견의 경위	○	△	△
나. 외국에서의 (사용)현황	○	○	○
3. 제조 방법	○	△	△
4. 성분 규격(안)에 관한 자료			○ (아래 항목 중 해당 항목 자료 제출)
가. 명칭	○	△	
나. 구조식 또는 시성식	○	△	
다. 분자식 또는 분자량	○	△	
라. 정의	○	△	
마. 함량	○	△	
바. 성상	○	△	
사. 확인시험	○	△	
아. 순도시험	○	△	
자. 건조감량, 강열감량 또는 수분	○	△	
차. 강열잔류물	○	△	
카. 정량법	○	△	
타. 식품첨가물의 안정성	○	△	
파. 식품 중의 식품첨가물 분석법	○	△	
하. 성분 규격(안)의 설정 근거	○	△	○
5. 사용의 기술적 필요성 및 정당성	○	○	△
6. 안전성에 관한 자료			
가. 독성에 관한 자료			
1) 반복투여독성시험	○	△	△
2) 생식·발생독성시험	○	△	△
3) 유전독성시험	○	△	△
4) 면역독성시험	○	△	△
5) 발암성시험	○	△	△
6) 일반약리시험	○	△	△
나. 체내 동태에 관한 자료	○	△	△
다. 1일섭취량에 관한 자료	○	○	△
7. 사용기준(안)에 관한 자료	○	○	△

자료 : 식품의약품안전처(2016). 식품첨가물의 기준 및 규격. 식품의약품안전처 고시 제2016-32호

성실험, 생식·발생독성시험, 유전독성시험, 면역독성시험, 발암성시험, 일반약리시험의 6가지 자료가 필요하다.

(1) 반복투여독성실험

반복투여독성실험이란 실험동물에 식품첨가물 후보 물질을 치사량 이하에서 여러 농도로 반복 투여하거나 식이와 함께 연속적으로 투여하면서 1개월에서 12개월 정도 나타나는 독성 증상을 관찰하는 실험이다. 1개월 이내로 종료하는 경우는 아급성시험, 3~12개월 정도 걸리는 실험은 아만성시험, 1년 이상 관찰하면서 실험동물의 전 생애에 걸쳐 관찰하는 것을 만성시험이라고 한다. 만성독성시험은 실험동물 대상 최대무독성량(no observable adverse effect level, NOAEL)을 구하는 데 사용된다.

(2) 생식·발생독성시험

생식·발생독성시험이란 식품첨가물 후보 물질이 차세대에 미치는 영향을 평가하기 위한 시험으로, 암수 모두에 후보 물질을 투여한 후 교배시켜 차세대 또는 그 다음 세대까지 독성을 관찰한다. 임신율, 임신 기간, 출산율, 분만 새끼의 수, 사산율, 생존 차세대의 체중, 기형 등을 관찰한다. 최기형성시험(teratogenicity test)은 후보 물질이 태내에 있는 자녀 세대에 미치는 영향을 평가하는 것으로, 각종 장기조직이나 그 형성에 미치는 영향 등을 관찰한다.

(3) 유전독성시험

유전독성시험은 식품첨가물 후보 물질이 세포 내 핵산 염기순서나 염색체에 변형을 일으키는지 여부를 시험하는 것이다. 가장 간편한 유전독성시험은 에임스시험법(Ames test)으로, 세균의 돌연변이를 관찰한다. 그러나 포유동물은 단세포생물인 세균과는 다르기 때문에 포유동물의 세포를 이용한 염색체 이상, DNA 염기 손상 등을 시험하기도 한다.

(4) 면역독성시험

면역독성시험은 식품첨가물 후보 물질이 실험동물의 면역계에 이상 증상을 일으키는지 조사하는 시험이다. 면역 기능 저하, 면역 기능의 이상, 면역원성, 항원성, 과민성, 자가면역 등을 조사한다.

(5) 발암성시험

발암성시험은 식품첨가물 후보 물질이 실험동물에 종양을 유발하는지 평가하는 것으로, 보통 설치류의 전 생애 기간인 2년 동안 진행된다. 실험동물에게 후보 물질을 고농도로 노출시킨 후 장기에 종양의 생성 빈도와 조직의 이상을 관찰한다.

(6) 일반약리시험

일반약리시험이란 독성시험 및 효력시험, 흡수/분포/대사/배설에 관한 시험을 제외한 전 임상시험으로, 후보 물질이 신체 각 부위(계) 및 기능 등에 미치는 영향에 관한 시험을 말한다.

체내 동태에 관한 자료는 식품첨가물 후보 물질을 섭취하였을 때 실험동물의 체내에서 흡수, 분포, 대사, 배설되는 것을 추정하기 위한 시험 결과이다. 1일 섭취량에 관한 자료는 가공식품에 통상적으로 사용하였을 때 섭취하게 되는 양에 관한 내용이다.

3) 주기적 모니터링을 통한 안전성 평가

우리나라는 식품의약품안전처에서 식품첨가물 안전성 평가를 지속적으로 실시하고 있다. 안전성 평가는 먼저, 식품첨가물 종류별로 국민들이 섭취하는 가공식품을 수거하여 분석함으로써 해당 식품첨가물의 농도를 측정하고 그 농도값을 '국민건강영양조사' 결과에서 얻은 우리 국민이 하루에 섭취하는 해당 가공식품의 양에 곱함으로써 가공식품을 통한 식품첨가물 섭취량을 확보하는 것으로 시작된다. 그 결과를 ADI와 비교함으로써 안전성을 평가하고, 이러한 평가를 지속적으로 수행하고 있다. 지금까지 우리 국민의 식품첨가물 섭취 수준은 ADI 대비 0.00~10% 수준으로 나타나고 있어 안심할 만한 수준이다.

현재 우리나라에서는 600여 종의 식품첨가물이 허용되고 있는데, 그 숫자는 신규 지정이나 취소가 이루어지면서 계속 변화한다. 즉, 좋은 식품첨가물 소재가 충분한 연구 결과로 그 기능과 안전성이 입증되면 신규로 지정되기도 하고, 국제적인 안전성 평가 결과를 지속적으로 모니터링함으로써 안전성에 대한 우려가 발생하거나 또는 지속적으로 사용되지 않는 경우는 취소하기도 한다.

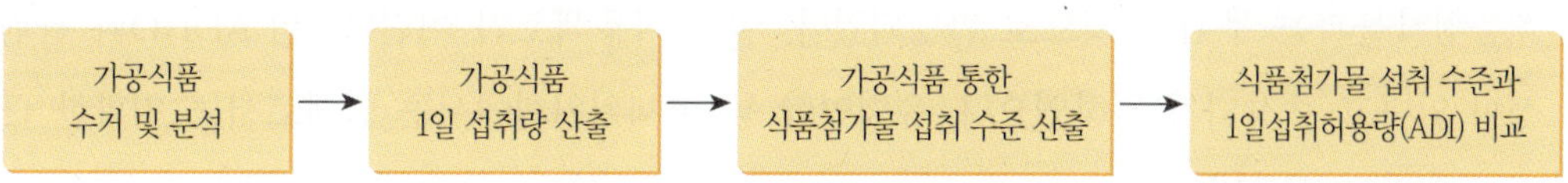

그림 14-4 식품첨가물 섭취에 대한 모니터링 단계

4. 식품첨가물과 안전한 식생활

1) 식품첨가물에 대한 올바른 이해

식품첨가물은 일반인들이 일상생활에서 섭취하는 가공식품에 인위적으로 첨가되는 식품 소재이므로 철저한 안전성 평가를 거쳐 사용되고 있다. 생애주기별로 다소 차이는 있으나(그림 14-5), 우리 국민이 하루 섭취하는 식품 중 약 50%를 가공식품이 차지하고 있기 때문에 식품첨가물은 우리의 식생활에서 중요한 위치를 차지하고 있다. 이와 같이 우리 식생활에 깊숙이 자리 잡고 있는 식품첨가물은 그동안 대중매체 등의 영향으로 소비자에게 막연히 식품의 안전을 위협하는 주요 요소로 오인되어 온 경향이 있다. 식품첨가물을 그 제조 방법에 따라 화학적 합성품과 천연첨가물로 분류하였던 방식도, 소비자들에게 화학적 합성품은 나쁜 것이고 천연첨가물은 좋은 것이라는 이분법적 사고를 조장하는 마케팅에 사용되기도 하였다.

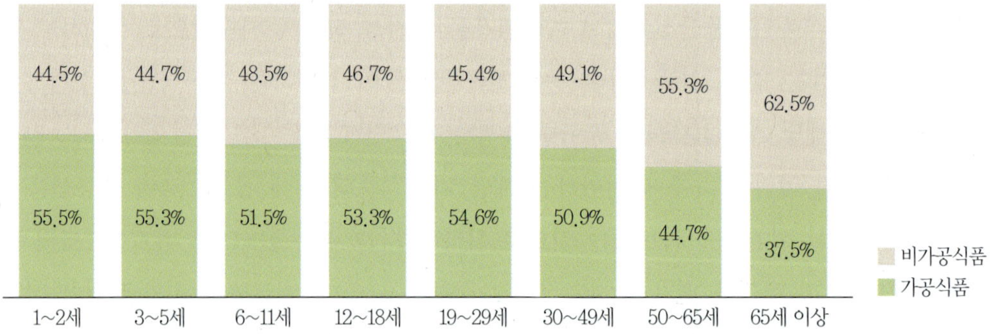

그림 14-5 우리 국민의 연령별 가공식품 섭취비율(2011년 국민건강영양조사 결과를 근거로 산출)
자료 : 식품의약품안전처, 식품의약품안전평가원(2014). 식품첨가물 바르게 알기(보존료 편)

대중매체 등에서 접할 수 있는 대표적인 식품첨가물에 대한 오해로는, 식품첨가물이 몸에 쌓인다는 것, 발암물질이라는 것, 그리고 아토피와 ADHD를 일으킨다는 것 등이다. 그러나 체내에 쌓이는 것은 식품첨가물로 허용될 수 없으며, 발암성시험을 거쳐 안전이 확인된 것들만 허용되고 있다. 또한, 아토피는 2006년 식품의약품안전처 연구를 통해 식품첨가물과는 무관한 것으로 판명되었다. 일부 식용색소가 어린이들의 ADHD와 관련성이 있다고 주장되기도 하였으나, 유럽연합 등 국제위원회에서는 현재로서는 명확한 근거가 없다고 결론지었다.

2) 주의가 필요한 식품첨가물

식품첨가물은 철저한 안전성 평가를 바탕으로 허용되고, 이를 사용하고 있기 때문에 불안해 할 필요가 없다. 다만, 개인에 따라 알레르기나 특이체질인 경우 주의가 필요한 식품첨가물들이 있다. 예를 들어, 천식 환자의 경우는 표백제로 쓰이는 아황산을 식품표시에서 꼭 확인할 필요가 있다. 일부 민감한 사람은 아황산을 과다 섭취하지 않아도 호흡곤란(천식)이나 알레르기 반응이 나타날 수 있기 때문이다. 또한, 흔하지는 않으나 페닐케톤뇨증(PKU) 환자는 아스파탐이 들어 있는지 확인하여야 한다. 아스파탐은 탄산음료 등에 사용되는 대표적인 감미료로, 아스파탐과 페닐알라닌이라는 두 개의 아미노산이 결합되어 있으며 설탕보다 200배 정도 단맛을 낸다. 이 아스파탐이 분해되거나 소화되면 두 개의 아미노산으로 분리되면서 페닐알라닌에 노출된다. 페닐케톤뇨증 환자는 선천성 효소 이상으로 페닐알라닌을 대사하지 못하여 지능 장애나 멜라닌 색소 결핍증이 나타날 수 있기 때문에 아스파탐이 든 음료는 피하여야 한다.

3) 가공식품과 균형 잡힌 식생활

식품첨가물은 철저한 안전성 평가를 거친 안전한 소재로서 현대인들에게 식생활의 편리함, 안전함, 즐거움 등을 제공하고 있다. 그럼에도, 대다수의 소비자들은 아직도 식품첨

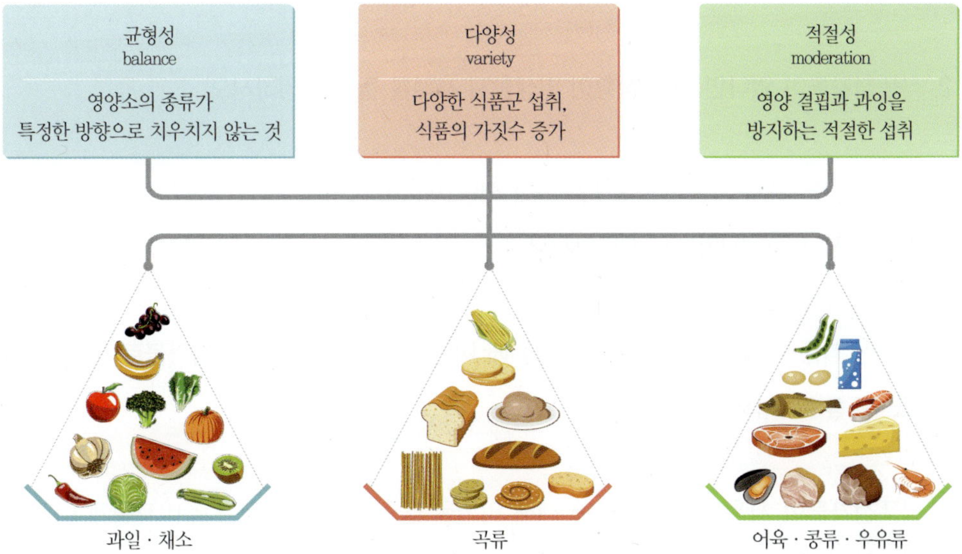

그림 14-6 균형 잡힌 식생활 실천을 위한 고려사항

가물에 대한 막연한 불안감을 가지고 있으며 가공식품은 식품첨가물이 들어 있어서 위험하다고 인식하고 있다(김정원 등, 2016).

그렇다면, 가공식품의 섭취와 관련하여 실제 소비자들이 염려해야 하는 것은 무엇일까? 그것은 가공식품 속 식품첨가물이 아니라 자신의 식생활 패턴이다. 편리한 식생활만을 추구하여 가공식품의 섭취가 늘어나면 다양한 식품을 섭취하지 못할 뿐 아니라 가공 중 정제된 식재료의 사용이나 손실되는 영양 등으로 인해 영양 불균형이 일어날 수 있다. 또한, 가공식품에만 의존하면 당, 나트륨, 지방과 같은 영양 성분의 섭취가 증가하게 되어 건강에 나쁜 영향을 주기 쉽다. 따라서 가공되지 않은 천연식품과 가공식품을 적절하게 골고루 섭취하여 균형 잡힌 식생활을 실천하는 것이 바람직하다(그림 14-6).

연습문제

1. 식품첨가물이 설탕이나 소금과 어떻게 다른지 설명하시오.

2. 식품첨가물이 없다면 어떤 상황이 발생할지 사례를 들어 설명하시오.

3. 주변의 한두 가지 가공식품을 선택하여 해당 제품에 사용된 식품첨가물들이 어떠한 목적을 가지고 사용되었는지 설명하시오.

4. 유용한 식품첨가물 소재를 발견하였을 때 어떤 단계를 거쳐야 식품첨가물로 허용될 수 있는지 설명하시오.

5. 식품첨가물이 사용된 가공식품에 대해 막연한 불안감을 갖고 있는 소비자에게 어떻게 식생활을 영위하라고 조언해 줄 것인지 설명해 보시오.

참고문헌

국내문헌

김봉찬 (2006). 녹차. 김영사.

김수희 (2017). 식용곤충요리. 경민대학교.

농촌진흥청 국립농업과학원 (2006). 식품성분표, 제7개정판.

농촌진흥청 국립농업과학원 (2011). 식품성분표, 제8개정판.

농촌진흥청 국립농업과학원 (2017). 국가표준 식품성분표, 제9개정판.

맹영선, 허태련 (2002). 식품과 건강. 유한문화사

박종철 (2002). 기능성 식품의 천연물과학. 효일.

보건복지부 식품의약품안전청 (2009). 건강기능식품 기능성 원료 분류 및 인정.

보건복지부·한국영양학회 (2015). 2015 한국인 영양소 섭취기준.

송재철 외 7인 (2006). 건강기능성 식품학. 보문각.

식품의약품안전처 (2014). 식품첨가물 바르게 알기. 식품첨가물 시리즈 1.

식품의약품안전처 (2016). 「식품첨가물의 기준 및 규격」

안승요 외 6인 (2005). 식품화학. 교문사.

엄우흠 외 2인 (2005). 설탕. 김영사.

엠디벨스 의학사업부 (2003). 기능성 식품 혁명. 노보컨설팅.

오훈일 외 5인 (2005). 식품화학. 수학사.

윤석후 (2017). 4차 산업혁명과 식품산업의 미래. 식품과학과 산업 50(2) : 60~73.

윤선 외 4인 (2006). 기능성식품학. 라이프사이언스.

이경애 외 4인 (2017). 이해하기 쉬운 식품학. 파워북

이숙영 외 5인 (2009). 식품화학. 파워북.

이형주 외 8인 (2017). 식품화학. 수학사.

조경련 외 5인 (2009). 실험조리과학. 교문사.

천연물화학 교재편찬위원회 (2003). 천연물 화학. 영림사.

최혜미 외 9인 (2002). 21세기 영양학원리. 교문사.

한국대학식품영양관련학과 교수협의회 (2008). 식품학. 문운당.

한국식품과학회 (2007). 식품과학과 산업, 2007 Vol. 40

한국식품조리과학회 (2007). 식품조리과학 용어사전. 교문사.

한진숙, 강희진(2014). 최신 식품조리원리. 효일출판사.

한춘섭, 염진철 (2011). 정통이태리요리. 백산출판사.

허석현 외 3인 (2009). 건강기능식품학 개론. 효일.

현영희 외 3인 (2007). 식품재료학. 형설출판사.

홍윤호 (2003). 기능성식품학. 전남대학교출판부.

국외문헌

Belitz, H. D., Grosch, W., & Schieberle, P. (2009). Food Chemistry. Springer.

McGee, Harold. (2007). On Food and Cooking: The Science and Lore of the Kitchen. Scribner.

McWilliams, M. (2005). Foods, Experimental Perspectives (5th ed). Upper Saddle River, Prentice Hall.

Mehas, K. Y., & Rodgers, S. L. (2006). Food Science, The Biochemistry of Food and Nutrition (5th ed). New York: McGraw Hill.

Nathan Myhrvold, Chris Young, Maxime Bilet (2011). Modernist Cuisine Vols. 1-6. The Cooking Lab.

Potter, N. N., & Hotchkiss, J. H. (1995). Food Science (5th ed). New York, Chapman & Hall.

Risch, S. J., & Ho, C. T. (2000). Flavor Chemistry-Industrial and Academic Research. American Chemical Society, Washington D.C.

Roday, S. (2007). Food Science and Nutrition. Oxford University Press.

Srinivasan Damodaran, Kirk L. Parkin (2017). Fennema's Food Chemistry (5th ed). CRC Press.

참고 사이트

Naver 백과사전 http://100.naver.com/

Naver 키친 http://kitchen.naver.com/food/

농식품종합정보시스템 http://koreafood.rda.go.kr

농촌진흥청 국립농업과학원 http://www.naas.go.kr

두산백과사전 http://www.doopedia.co.kr

식품의약품안전처 식품안전정보포털 http://www.foodsafetykorea.go.kr/portal/board/boardDetail.do

식품의약품안전처 식품첨가물 정보사이트. 안전미인 http://www.safetyin.kr

OECDdata http://data.oecd.org

위키백과 http://www.wikipedia.org/

축산물품질평가원 http://www.ekape.or.kr

한국건강기능식품협회 http://www.hfood.or.kr

한국유가공협회 http://www.kreadia.or.kr

사진자료 협조

경기도 농업기술원 버섯연구소('11장 식물성 식품' 중 버섯 사진)

국립식량과학원('11장 식물성 식품' 중 곡류 사진)

찾아보기

저자 소개

황인경
서울대학교 식품영양학과(학사, 석사)
The University of Georgia, Ph.D. in Food Science
현 서울대학교 식품영양학과 명예교수

김정원
서울대학교 식품영양학과(학사, 석사)
The Pennsylvania State University, Ph.D. in Food Science
현 서울교육대학교 생활과학교육과 교수

변진원
서울대학교 식품영양학과(학사, 석사, 박사)
현 수원여자대학교 식품영양학과 교수

한진숙
서울대학교 식품영양학과(학사, 석사, 박사)
일본종합기술연구소 연구원
현 동의과학대학교 식품영양조리계열 교수

김수희
서울대학교 식품영양학과(학사, 석사, 박사)
현 경민대학교 호텔외식조리과 교수

박찬경
서울대학교 식품영양학과(학사, 석사, 박사)
현 서울여자대학교 입학사정단 연구원

강희진
서울대학교 식품영양학과(학사, 석사, 박사)
현 명지대학교 식품영양학과 교수

스마트 식품학

2025년 8월 10일 초판 8쇄 발행
2018년 2월 26일 초판 1쇄 발행

지은이 황인경·김정원·변진원·한진숙·김수희·박찬경·강희진
발행인 이 영 호
발행처 **수 학 사**
10881 경기도 파주시 회동길 56 기한재 1층
출판등록 1953년 7월 23일 제2020-000143호
전화번호 031) 946-4642(代) 팩스 031) 944-1457
http://www.soohaksa.co.kr
디자인 북큐브

정가 26,000원

ISBN 978-89-7140-715-8 (93570)